普通高等教育“十二五”规划教材

结构力学

主　编　郭松年
副主编　张立文　董克宝

中国水利水电出版社
www.waterpub.com.cn

内 容 提 要

本书是参照教育部高等学校力学教学指导委员会非力学类专业力学基础课教学指导分委员会提出的结构力学课程教学基本要求进行编写的“十二五”规划教材。全书共十二章，包括绪论、平面体系的几何组成分析、静定梁与静定刚架、三铰拱、静定平面桁架、静定结构位移计算、力法、位移法、渐进法计算超静定结构、影响线及其应用、矩阵位移法、结构动力分析等。为便于学习，全书章节后均附有思考题和习题，以及参考答案。

本书可作为高等院校农业工程、土建、水利、水土保持等类专业结构力学课程的教材，也可作为其他专业和有关工程技术人员的参考书。

图书在版编目（CIP）数据

结构力学/郭松年主编．—北京：中国水利水电出版社，2012.5（2015.9重印）
普通高等教育“十二五”规划教材
ISBN 978-7-5084-9806-5

Ⅰ．①结… Ⅱ．①郭… Ⅲ．①结构力学-高等学校-教材 Ⅳ．①O342

中国版本图书馆CIP数据核字（2012）第101855号

书　　名	普通高等教育“十二五”规划教材 **结构力学**
作　　者	主编　郭松年　副主编　张立文　董克宝
出版发行	中国水利水电出版社 （北京市海淀区玉渊潭南路1号D座　100038） 网址：www.waterpub.com.cn E-mail：sales@waterpub.com.cn 电话：（010）68367658（发行部）
经　　售	北京科水图书销售中心（零售） 电话：（010）88383994、63202643、68545874 全国各地新华书店和相关出版物销售网点
排　　版	中国水利水电出版社微机排版中心
印　　刷	北京嘉恒彩色印刷有限责任公司
规　　格	184mm×260mm　16开本　17印张　403千字
版　　次	2012年5月第1版　2015年9月第2次印刷
印　　数	3001—5000册
定　　价	**34.00元**

前言

在高等学校水电类规划教材指导委员会与中国水利水电出版社共同组织下，由甘肃农业大学、东北农业大学、云南农业大学等高校为水利水电工程、土木工程、农业水利工程、给排水工程及相关专业编写了这本“十二五”规划教材。

本教材是参照教育部高等学校力学教学指导委员会非力学类专业力学基础课教学指导分委员会提出的结构力学课程教学基本要求进行编写的。以培养和造就“厚基础、强能力、高素质、广适应”的创造性复合型人才为宗旨，在阐述结构力学的基本概念、基本原理和基本方法的基础上，将经典内容与计算机数值分析方法相结合，力求做到文字精练，表述严谨，层次分明，概念准确。为使本教材具有较广的适应面，还注意到了农业工程不同专业和其他学科专业的学时需求，内容选编上达到了多学时专业要求的广度和深度，中、少学时在教学中可适度取舍。

参加本书编写工作的有：甘肃农业大学李晓飞（第一章 、第二章 、第十二章 、附录），云南农业大学张立文（第八章），沈阳农业大学董克宝（第六章、第九章、第十一章），甘肃农业大学郭松年（第三章、第四章、第五章、第七章、第十章）。由郭松年任主编，张立文、董克宝任副主编。

本书的编写和出版得到了高等学校水电类规划教材指导委员会、中国水利水电出版社、甘肃农业大学以及参编院校的大力支持和帮助，谨此，我们表示衷心的感谢。

限于编者水平，书中定有不少缺点和错误，敬请读者批评指正。

编者

2012年3月

目录

前言

第一章　绪论 …… 1

第一节　结构力学的研究对象及任务 …… 1

第二节　结构的计算简图 …… 2

第三节　结构的分类 …… 6

第四节　荷载的分类 …… 8

思考题 …… 9

第二章　平面体系的几何组成分析 …… 10

第一节　几何组成分析的目的 …… 10

第二节　平面杆件体系的自由度和约束 …… 10

第三节　平面几何不变体系的组成规律 …… 15

第四节　瞬变体系 …… 17

第五节　机动分析示例 …… 18

第六节　体系几何构造与静定性的关系 …… 20

小结 …… 21

思考题 …… 22

习题 …… 22

参考答案 …… 24

第三章　静定梁与静定刚架 …… 25

第一节　单跨静定梁 …… 25

第二节　多跨静定梁 …… 28

第三节　静定平面刚架 …… 31

第四节　静定结构的静力特性 …… 37

小结 …… 39

思考题 …… 39

习题 …… 40

参考答案 …… 43

第四章　三铰拱 …… 45

第一节　概述 …… 45

第二节　三铰拱的计算 …… 46
第三节　三铰拱的合理拱轴线 …… 50
小结 …… 52
思考题 …… 53
习题 …… 53
参考答案 …… 54
第五章　静定平面桁架 …… 55
第一节　平面桁架的计算简图 …… 55
第二节　结点法 …… 56
第三节　截面法 …… 59
第四节　截面法和结点法的联合应用 …… 61
第五节　组合结构的计算 …… 62
小结 …… 64
思考题 …… 64
习题 …… 64
参考答案 …… 65
第六章　静定结构位移计算 …… 66
第一节　概述 …… 66
第二节　虚功原理 …… 67
第三节　计算结构位移的一般公式　单位荷载法 …… 70
第四节　静定结构在荷载作用下的位移计算 …… 73
第五节　图乘法 …… 77
第六节　静定结构由于温度改变和支座移动引起的位移 …… 83
第七节　线弹性结构的互等定理 …… 86
第八节　空间刚架的位移计算公式 …… 89
小结 …… 89
思考题 …… 91
习题 …… 91
参考答案 …… 94
第七章　力法 …… 96
第一节　超静定结构概述 …… 96
第二节　力法的基本概念 …… 96
第三节　超静定次数的确定 …… 98
第四节　力法的典型方程 …… 100
第五节　力法的计算步骤和示例 …… 102
第六节　对称性的利用 …… 111
第七节　支座移动和温度变化时的计算 …… 116
第八节　超静定结构的位移计算 …… 118

第九节　超静定结构的特性 …… 121
小结 …… 121
思考题 …… 122
习题 …… 123
参考答案 …… 127

第八章　位移法 …… 129

第一节　位移法的基本概念 …… 129
第二节　等截面直杆的转角位移方程 …… 130
第三节　位移法的基本未知量与基本结构 …… 134
第四节　位移法的典型方程及计算步骤 …… 136
第五节　对称性利用 …… 141
第六节　支座位移和温度改变时的计算 …… 144
小结 …… 147
思考题 …… 148
习题 …… 148
参考答案 …… 150

第九章　渐进法计算超静定结构 …… 152

第一节　力矩分配法的基本概念 …… 152
第二节　用力矩分配法计算连续梁和无侧移刚架 …… 157
第三节　力矩分配法和位移法的联合应用 …… 162
第四节　无剪力分配法 …… 164
小结 …… 168
思考题 …… 169
习题 …… 169
参考答案 …… 171

第十章　影响线及其应用 …… 173

第一节　影响线的概念 …… 173
第二节　用静力法作影响线 …… 174
第三节　用机动法作影响线 …… 179
第四节　影响线的应用 …… 181
第五节　简支梁的包络图和绝对最大弯矩 …… 188
第六节　用机动法作超静定梁影响线的概念 …… 192
第七节　连续梁的内力包络图 …… 194
小结 …… 198
思考题 …… 198
习题 …… 199
参考答案 …… 202

第十一章　矩阵位移法 …… 204
第一节　概述 …… 204
第二节　单元刚度矩阵 …… 204
第三节　单元刚度矩阵的坐标转换 …… 208
第四节　整体分析 …… 211
第五节　非结点荷载的处理 …… 215
第六节　矩阵位移法举例 …… 217
小结 …… 225
思考题 …… 226
习题 …… 226
参考答案 …… 227
第十二章　结构动力分析 …… 229
第一节　概述 …… 229
第二节　动力自由度 …… 230
第三节　单自由度体系的振动分析 …… 232
第四节　多自由度体系的振动分析 …… 241
第五节　计算频率的近似方法 …… 245
小结 …… 250
思考题 …… 250
习题 …… 251
参考答案 …… 252
附录　平面刚架静力分析程序 …… 254
第一部分　平面刚架程序的总框图 …… 254
第二部分　标识符号说明 …… 255
第三部分　源程序 …… 255
参考文献 …… 263

第一章　绪　　论

第一节　结构力学的研究对象及任务

一、结构

在土木、水利、港口等各类工程建筑物中，由建筑材料构成，以一定方式组成，能承受和传递荷载并起到骨架作用的部分或体系称为结构。工业厂房中由屋架、梁、柱、基础等构件组成的结构（图1-1），水工建筑中承受水压力的堤坝、闸门，公路和铁路工程中承受车辆等荷载的桥梁、涵洞、隧道以及承受土压力的挡土墙等构筑物都是结构的例子（图1-2）。

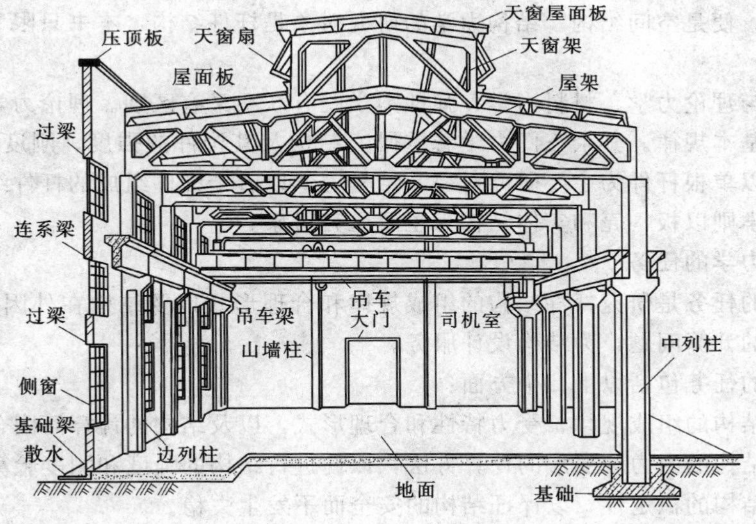

图1-1　结构示例（一）

二、结构力学的研究对象

结构力学作为力学学科的一个分支，其研究对象涉及较广。根据所涉及的研究范围的不同，可将结构力学分为狭义结构力学、广义结构力学和现代结构力学。

（1）狭义结构力学：其研究对象为由杆件所组成的体系，即杆件结构。而通常所说的结构力学就是指的杆件结构力学，又称为经典结构力学。

（2）广义结构力学：其研究对象为可变形的结构，包括可变形的杆件结构和可变形的连续体（板、块体、壳体等）。

（3）现代结构力学：将工程项目中的各类结构从论证到设计、从施工到使用期限内维护的整个过程作为大体系结构，研究大体系结构中的各种力学问题，其研究范围更广。

图 1-2　结构示例（二）

杆件结构可分为平面结构和空间结构。在平面结构中，各杆的轴线和荷载的作用面在同一平面，否则，便是空间结构。结构力学的研究对象是杆件结构，本书只限于研究平面杆件结构。

结构力学与理论力学、材料力学、弹性力学既有联系又有区别。理论力学着重研究刚体静、动力学的基本规律。其余三门力学着重研究结构及其构件的强度、刚度和稳定性问题。其中材料力学以单根杆件为主要研究对象。结构力学以若干杆件组成的杆件结构为主要研究对象。弹性力学则以板、壳和实体结构为主要研究对象。

三、结构力学的任务

结构力学的任务是研究杆件结构的组成规律和合理形式以及结构在外因作用下的强度、刚度和稳定性的计算问题，为结构设计服务。

结构力学的任务包括以下几个方面：

（1）研究结构的组成规律、受力特性和合理形式，以及结构的计算简图合理选择。

（2）研究结构的内力和变形的计算方法，以便进行结构的强度和刚度验算。

（3）研究结构的稳定性，以保证结构的安全而不发生失稳。

（4）研究结构在动力荷载作用下的动力反应规律。

（5）研究结构的合理形式，以便有效地选用材料，使结构受力性能得到充分地发挥。

结构力学是土木工程类、水利类、农业工程类等专业的一门重要的技术基础课程。在修完数学、理论力学、材料力学的基础上，通过本课程的学习，可进一步掌握杆件结构的计算原理和方法，了解各类结构的力学性能，为学习有关工程结构课程、结构设计和科学研究，以及毕业后从事结构工程的设计、施工和管理打好力学理论基础。

第二节　结构的计算简图

一、计算简图的定义及其选择原则

实际结构是很复杂的，要完全按照实际结构受力情况进行力学分析是不可能的，也是不必要的。因此，对实际结构进行力学计算以前，必须要加以简化，略去次要因素，显示其基本特征，用一种能反映结构基本受力和变形性能的简化计算图形来代替实际结构，这个图形称为结构的计算简图。结构的受力分析都是在计算简图中进行的，因此，计算简图的选择是结构受力分析的基础，选择不当会导致计算结果不能反映结构的实际工作状态，严重的话将会造成工程事故。所以，应该十分重视对计算简图的选择。

结构计算简图的选择原则是：

(1) 结构计算简图应能正确地反映实际结构的主要受力情况和变形性能，使计算结果接近实际情况。

(2) 计算简图要保留主要因素，略去次要因素，便于结构分析计算。

当然，对于一个实际结构来说，其计算简图并不是一成不变的，要根据当时当地的具体要求和条件来选用。例如在结构初步设计阶段，可以采用一种较为简单的计算简图；当最后计算时，再用一种较为复杂的计算简图，以保证结构的设计精度。

二、确定结构计算简图的要点

确定结构的计算简图时，应从结构体系、材料、支座、荷载四个方面进行简化。

(一) 结构体系的简化

结构体系的简化包含了体系、杆件及结点的简化。实际结构一般都是空间结构，承受来自各方向可能出现的荷载。但对多数空间结构而言，常可以略去一些次要的空间约束，将空间结构简化为平面结构，使计算得以大大简化。对于组成结构的杆件而言，由于其横截面尺寸比长度要小得多，而截面上的应力可由截面内力来确定，因此，在计算杆件内力时，杆件用轴线表示，杆件之间的连接处则简化为结点。

结点按其连接方式不同，可分为铰结点、刚结点和组合结点。

(1) 铰结点：铰结点的特点是各杆件在铰结点处可以相对转动，但不能相对移动。如果假定不存在转动摩擦，则铰结点可传递力，但不能传递力矩。这种理想情况在实际结构中并不存在，但在螺栓、铆钉的连接处、木屋架的端结点处刚性不大，而变形、受力特性大致接近铰结点，可按铰结点处理。钢桁架结点图如图 1-3 所示。

(2) 刚结点：刚性结点的特点是与刚结点相连接的各杆件在连接点处既不能相对移动，也不能相对转动，因此刚结点即能传递力，也能传递力矩。如图 1-4 (a) 所示，现浇钢筋混凝土框架结点或其他连接方法连接的刚性很大的结点常可视为刚结点，其计算简图如图 1-4 (b) 所示。

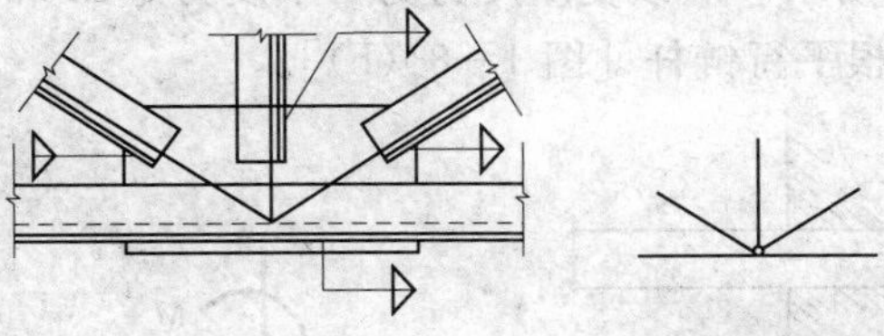

(a) 结点构造图　　(b) 铰结点计算简图

图 1-3　钢桁架结点

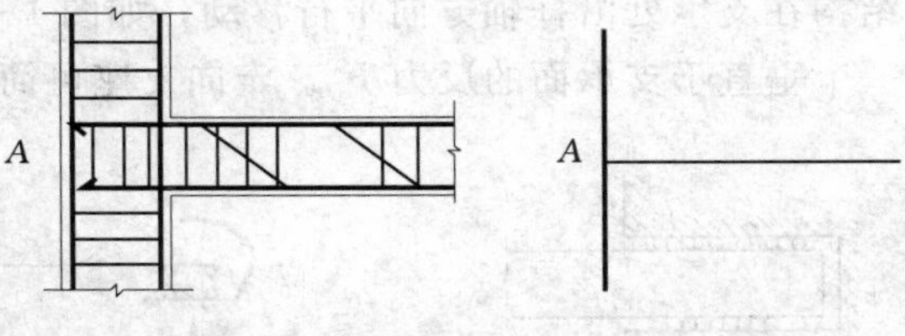

(a) 现浇钢筋混凝土结点构造图　　(b) 刚结点计算简图

图 1-4　现浇钢筋混凝土结点

(3) 组合结点：将铰结点和刚结点组合在一起形成的结点称为组合结点。如图 1-5 中所示的 E 点即为组合结点。组合结点 E 是由 EF、ED、EB 三杆在该结点相连，其中 EF 与 EB 二杆是刚性连接，ED 杆与 EF、EB 杆则由铰连接。组合结点处的铰又称为不完全铰。

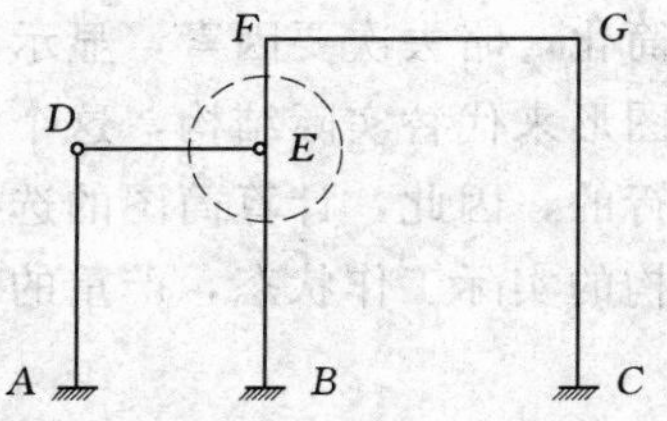

图 1-5 组合结点示例

（二）材料性质的简化

在土木、水利工程中结构常用的建筑材料有钢材、混凝土、钢筋混凝土、砖、石、木材等。在结构受力分析和计算中，为了简化，一般均可将这些材料假设为连续、均匀、各向同性、完全弹性或弹塑性体。但要注意这些假设是对于金属材料而言，在一定的受力范围内是适合的，但对其他材料而言只能是近似的。如木材，其顺纹和横纹的物理性质是不同的，所以，在应用这些假设时要引起足够的重视。

（三）支座的简化

支座是支承结构或构件，并将结构和基础连接起来的装置。其作用是：①限制位移，将结构固定于基础上，限制结构朝某方向移动或转动；②作为传递力，将结构上的荷载通过支座传到基础和地基。支座对结构的支承反力称为支座反力。

平面结构的支座，一般简化为以下四种形式。

(1) 活动铰支座：这种支座的特点是支座只约束结构的竖向移动，不能约束其转动和水平移动，如图 1-6 (a) 所示。所以该支座提供的支反力只有竖向反力 F_y。根据上述特点，这种支座的计算简图可用一根链杆表示［图 1-6 (b)］。在实际结构中对于自由放置在其他构件上的构件，例如门窗洞口上的过梁等，其支座就可以简化为这种支座形式。

(2) 固定铰支座：这种支座的特点是它容许结构在支承处转动，但不能作水平和竖向移动，如图 1-7 (a) 所示。所以支座反力除竖向反力 F_y 外、还有水平反力 F_x。固定铰支座的计算简图可以简化为交于一点 A 的两根链杆［图 1-7 (b)］。实际结构中，例如柱子插入预制的杯形基础内，若用沥青麻丝填充，则可以简化为此种支座。

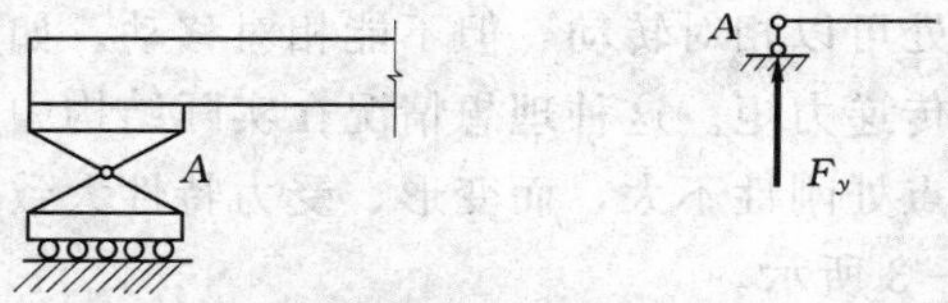

(a) 活动铰支座构造简图 (b) 活动铰支座计算简图

图 1-6 活动铰支座

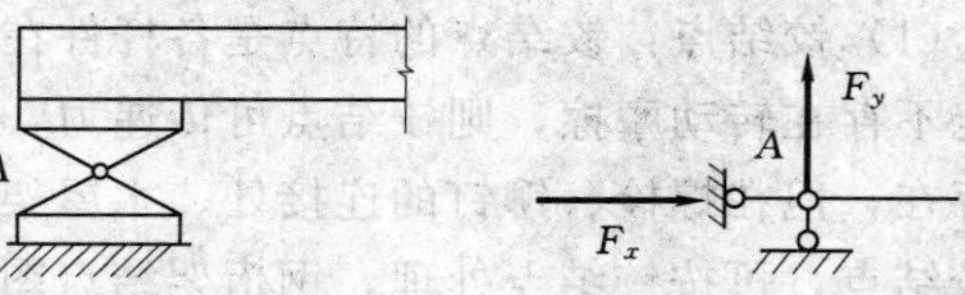

(a) 固定铰支座构造简图 (b) 固定铰支座计算简图

图 1-7 固定铰支座

(3) 定向支座：这种支座的特点是支座约束结构的转动和垂直于支承面的移动，它容许结构在支承处沿杆轴方向平行移动，如图 1-8 (a) 所示。所以支座反力为一个反力矩 M 和一个垂直于支承面的反力 F_y。定向支座可简化为两根平行链杆［图 1-8 (b)］。

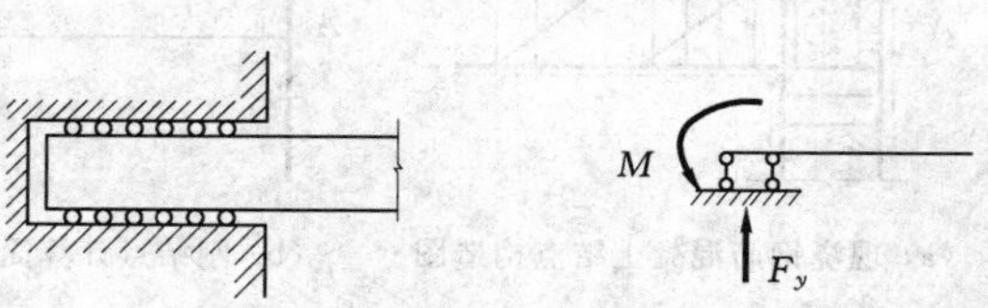

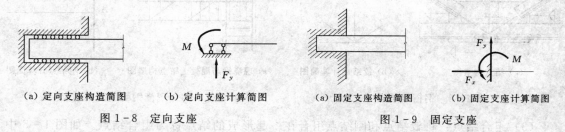

(a) 定向支座构造简图 (b) 定向支座计算简图

图 1-8 定向支座

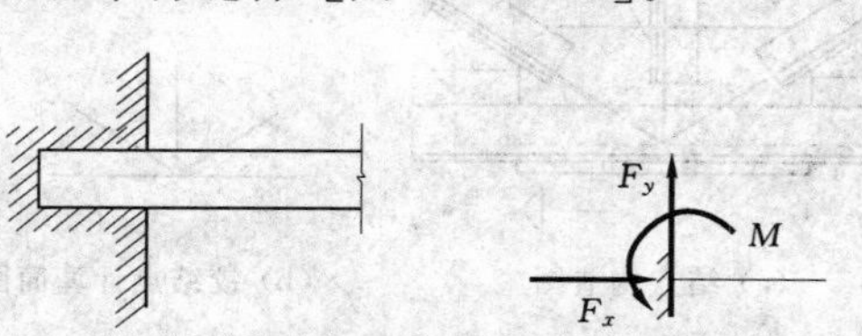

(a) 固定支座构造简图 (b) 固定支座计算简图

图 1-9 固定支座

(4) 固定支座：这种支座的特点是它不容许结构发生任何方向的移动和转动。如图 1-9 (a) 所示。所以支座反力有水平和竖向反力 F_x、F_y 和反力矩 M。在计算简图中这种支座按图1-9（b）表示。

（四）荷载的简化

作用在结构上的荷载可分为体力和表面力两大类。体力是指分布于物体体积内的力，例如结构的自重和惯性力等。表面力是指作用于物体外表面的力，是由物体之间通过接触面而传给结构的作用力，例如土压力、风压力、车辆的轮压力、楼板上的作用力等。由于在杆件结构受力分析时将杆件简化为轴线来表示，因此体力和表面力均可简化为作用于杆轴上的力。当荷载作用区域与结构本身的区域相比很小时，可简化为集中荷载，较大时，则简化为分布荷载。

下面用一个简单的实例来说明结构计算简图的确定方法。

如图1-10（a）所示为工业建筑中的一个现浇式钢筋混凝土厂房的屋架。基础部分先浇筑，然后浇筑柱和梁，使全部屋架成为一个整体。梁、吊车梁两端由柱子上的牛腿支承。

（1）结构体系的简化：实际的工业厂房是空间结构，但从其受力和变形特点来看，屋面活载和恒载由屋架传递给梁和柱，吊车荷载由梁传递给柱，再由柱将上部荷载传到基础和地基。各榀框架之间再由连接构件连接。所以，可将该空间结构简化为平面结构来处理。

杆件的简化：杆件的梁、柱、弦杆都可视为杆件，故可用各自的轴线来代替。

结点的简化：在实际的受力分析中，把实际结点简化为理想结点时，除考虑实际结点构造外，还要考虑其他因素。如图1-10（a）所示的钢筋混凝土屋架，就结点的实际构造而言，它们近于刚结点，由此得到的计算结果虽然比较精确，但计算是很繁琐复杂的。实验与算例表明，对于如图1-10（a）所示结构，当屋架仅承受结点荷载时，各杆将主要承受轴力，弯矩和剪力很小，若取如图1-10（b）所示桁架作为计算简图，则所得各杆轴力与实际受力情况较为接近。

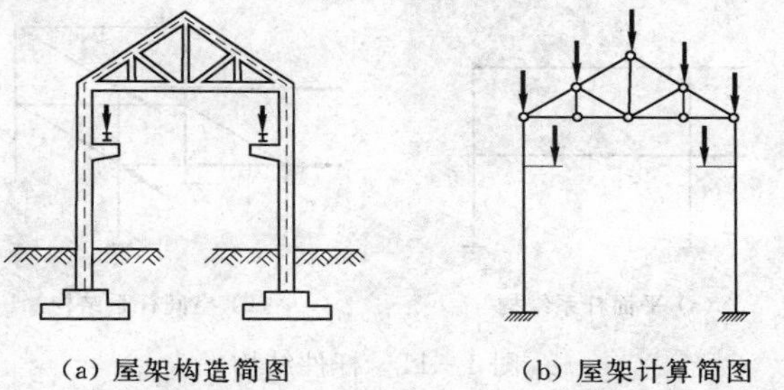

（a）屋架构造简图　　（b）屋架计算简图

图1-10　现浇式钢筋混凝土厂房屋架计算简图

（2）材料性质的简化：对与梁、柱和屋盖结构都是钢筋混凝土材料制成的建筑，为了简化，一般均可将这些材料假设为连续、均匀、各向同性、完全弹性或弹塑性体。

（3）支座的简化：柱和基础的连接处可视为固定支座，屋架与柱连接处可视为固定铰支座。

（4）荷载的简化：吊车梁上的荷载作用于牛腿上可视为集中荷载，实际荷载作用于屋架上弦杆上并非集中荷载，但实验与算例表明，当屋架仅承受结点荷载时，各杆将主要承受轴力，弯矩和剪力很小，若取如图1-10（b）所示计算简图，则所得各杆轴力与实际受力情况较为接近。

用计算简图代替实际结构进行分析计算，虽然存在着一定的差异，但这是一种科学的抽象。在力学计算中，突出主要因素，忽略次要因素，这样更能深入了解问题的实质，认识事物的内在规律。对于复杂问题的计算简图选择时需要较多的实践经验。对于一些新型的、复杂的结构，其计算简图往往要经过反复的理论分析与实验研究才能确定。对于常用的结构，前人已经积累了许多经验，已有成功的计算简图可以直接采用。应当注意，计算简图一经确定，在作结构设计时必须采取相应的构造措施，以使实际结构的内力分布和变形特点与计算简图的情况相符。

还应指出，计算简图的选择与采用的方法和工具有关。若采用的工具先进，则可选择较为精确的计算简图。例如，结构的矩阵位移分析方法和计算机的应用使得较为复杂的计算简图的计算得以实现。

第三节　结构的分类

结构的分类是指结构计算简图的分类。结构的类型是多种多样的，平面杆件结构是本书的研究对象。它通常按以下方式进行分类。

一、按几何特征区分

按几何特征区分，有杆件结构、薄壁结构和实体结构三类。

（一）杆件结构

杆件是指长度方向尺寸远大于横截面尺寸的构件。由杆件或若干根杆件通过一定方式相互连接而成结构，如框架结构（图 1-11）和桁架结构等。

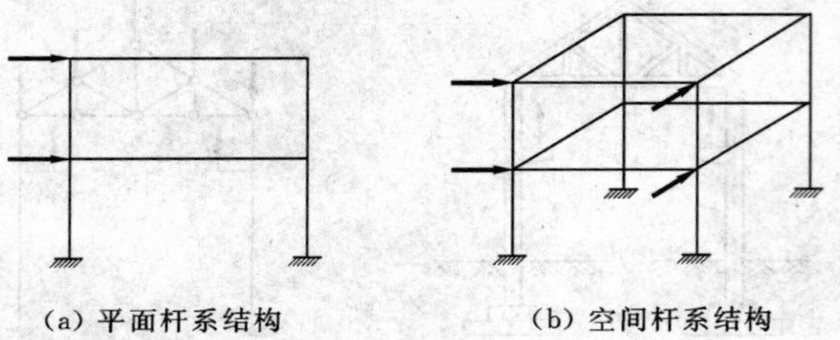

(a) 平面杆系结构　　(b) 空间杆系结构

图 1-11　杆件结构

（二）板壳结构

厚度方向的尺寸远要小于长度和宽度方向的尺寸的结构。表面为平面的结构称为平板结构，如图 1-12（a）所示。平面板状的薄壁结构称为薄板，由若干块薄板可组成各种薄壁结构。表面为曲面的结构称为壳，具有曲面外形的薄壁结构称为薄壳结构。如图 1-12（b）所示的薄壳屋顶等是典型的薄壁结构形式。

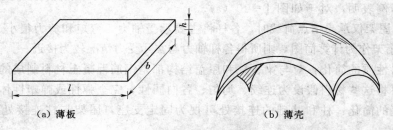

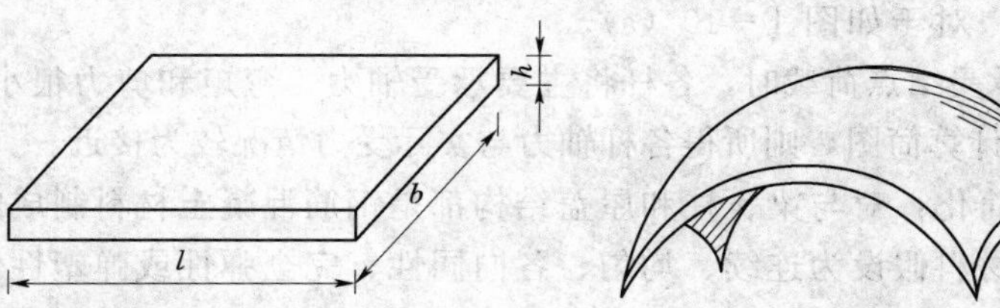

(a) 薄板　　(b) 薄壳

图 1-12　板壳结构

（三）实体结构

实体结构是指长、宽、厚三个方向的尺寸大约为同一数量级的结构，如挡土墙（图 1-13）、堤坝和块状基础（图 1-14）等。

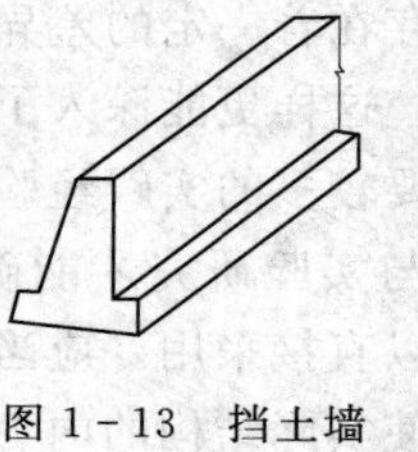

图 1-13　挡土墙

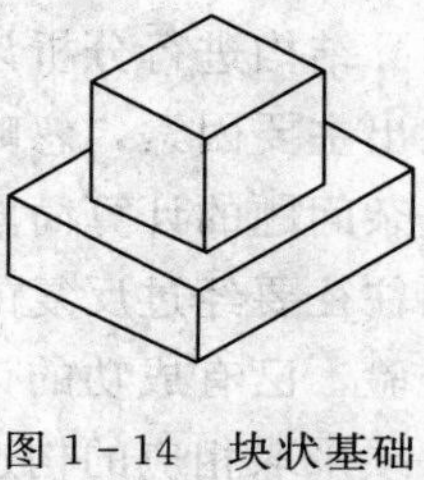

图 1-14　块状基础

二、按结构组成和受力特点分

(1) 梁：梁是一种受弯构件，梁的轴线通常为直线（也可是曲线如曲梁），水平放置的梁在竖向荷载作用下没有水平支座反力，内力有弯矩和剪力，但没有轴力。梁可以是单跨的［图 1－15 (a)］或是多跨的［图 1－15 (b)］。

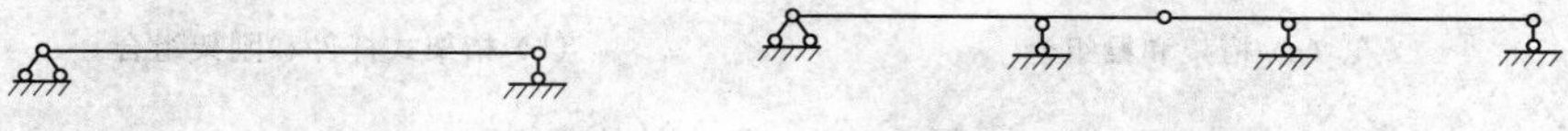

图 1－15　梁

(2) 拱：拱的轴线是曲线，它的力学特点是在竖向荷载作用下产生水平支座反力。这种水平反力使拱内弯矩远小于荷载、跨度及支承情况相同的梁的弯矩，如图 1－16 所示。

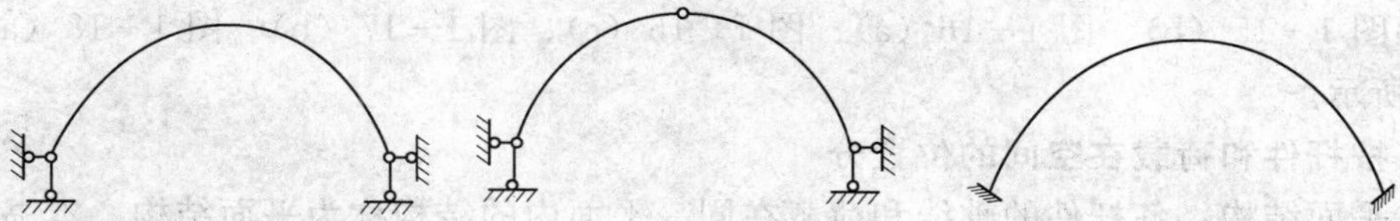

图 1－16　拱

(3) 刚架（或框架）：刚架是由梁和柱等直杆组成的结构，杆件间多采用刚结点连接。杆件内力一般有弯矩、剪力和轴力，各杆件主要以受弯为主，故弯矩为主要内力，如图 1－17 所示。

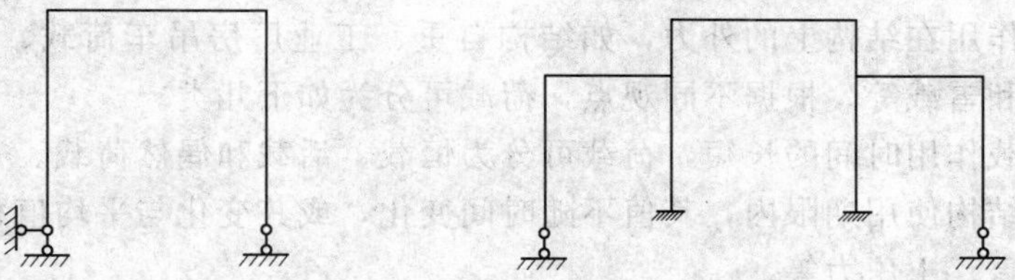

图 1－17　刚架

(4) 桁架：由直杆组成，所有结点均为铰结点，在结点荷载作用下，各杆只产生轴力（二力杆），如图 1－18 所示。

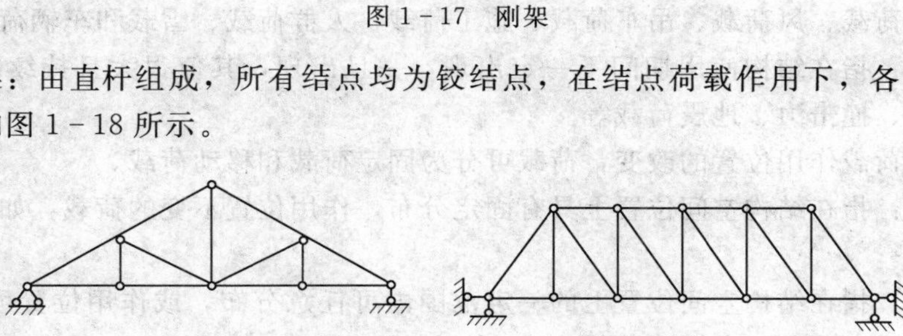

图 1－18　桁架

(5) 组合结构：是由梁和桁架或刚架和桁架组合而成的结构。结构中，梁式杆内力以受弯为主，而桁架杆件（二力杆）只承受轴力，其中含有组合结点，如图 1－19 所示。

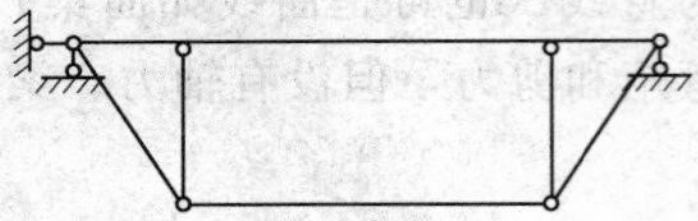
(a) 桁架和梁组合

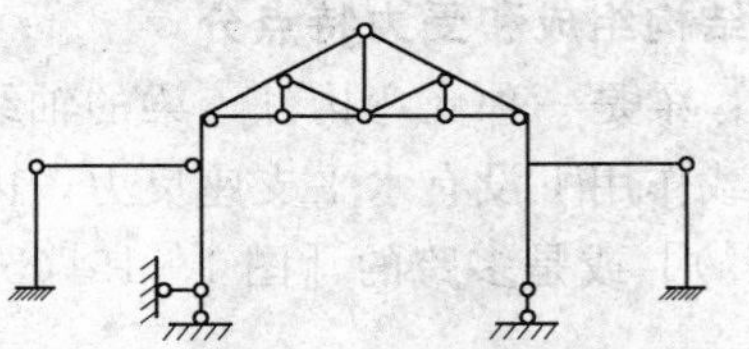
(b) 桁架式杆件和刚架组合

图 1-19　组合结构

三、按计算方法的特点分

(1) 静定结构：凡用静力平衡条件可以确定结构的所有支座反力和内力的结构，称为静定结构，如图 1-15 (a)、图 1-16 (b)、图 1-17 (a)、图 1-18 (a) 所示。

(2) 超静定结构：凡不能用静力平衡条件求出所有支座反力和内力的结构，称为超静定结构，如图 1-15 (b)、图 1-16 (a)、图 1-16 (c)、图 1-17 (b)、图 1-18 (a)、图 1-19 (b) 所示。

四、按杆件和荷载在空间的位置分

(1) 平面结构：各杆件的轴线和荷载在同一平面内的结构称为平面结构。本书主要介绍的就是平面结构。

(2) 空间结构：各杆件的轴线和荷载不在同一平面内或杆件轴线在同一平面内，但荷载不在同一平面内的结构称为空间结构。

第四节　荷 载 的 分 类

荷载是主动作用在结构上的外力，如结构自重、工业厂房吊车荷载、土压力、水压力、风载、车辆荷载和雪载等。根据不同观点，荷载可分为如下几类。

(1) 根据荷载作用时间的长短，荷载可分为恒载、活载和偶然荷载。

恒载：指在结构使用期限内，其值不随时间变化，或其变化与平均值相比可忽略不计的荷载。如结构自重、土压力等。

活载：指在结构使用期间，其值随时间变化，且其变化值与平均值相比不可忽略的荷载。如楼面活荷载、风荷载、吊车荷载、施工荷载、人群荷载、雪载和车辆荷载等。

偶然荷载：指在结构使用期间不一定出现，一旦出现，其值很大且持续时间较短的荷载。如爆炸力、撞击力、地震荷载等。

(2) 根据荷载作用位置的改变，荷载可分为固定荷载和移动荷载。

固定荷载：指在结构空间位置上具有固定分布，作用位置不变的荷载，如结构自重、固定设备荷载等。

可动荷载：指在结构空间位置上的一定范围内可任意分布，或作用位置可移动的荷载，如人群荷载、吊车荷载、车辆荷载等。

(3) 根据荷载作用的性质，荷载可分为静力荷载和动力荷载。

静力荷载；荷载的大小、方向和作用位置不随时间变化或变化极为缓慢，不使结构或构件产生加速度或所产生的加速度可忽略不计的荷载：如结构白重、楼面活载等荷载。

动力荷载：荷载的大小、方向和作用位置随时间迅速变化，使结构或构件产生不可忽略的加速度的荷载。如地震、设备振动、高耸建筑上的风荷载、爆炸荷载等。

应当指出：结构除上述荷载外，还可能受到其他外在因素的作用，如温度变化、材料收缩、制造误差、支座移动等，也可以使结构产生内力或变形，从广义上讲，这些外在因素也称为荷载。

此外，荷载的合理确定是进行结构计算和设计的前提。若荷载估计过高，则会造成浪费；过低则会使设计的结构不安全。因此，确定荷载需要综合考虑多种因素，然后进行详细地统计分析，要查阅有关的《建筑结构荷载规范》（GB 50009—2001），还要深入实际进行调查研究等，只有这样才能合理地确定荷载。

思　考　题

1-1　什么是结构的计算简图？它与实际结构有什么关系与区别？为什么要将实际结构简化为计算简图？

1-2　什么是荷载？如何分类？

1-3　平面杆件结构的结点和支座通常简化为哪几种情形？它们的构造、限制结构运动和受力的特征各是什么？

1-4　常用的杆件结构有哪几类？

第二章　平面体系的几何组成分析

第一节　几何组成分析的目的

杆件结构通常是由若干杆件通过一定方式连接而成的结构体系。那么若干杆件是否随意组合都能成为结构呢？如图 2－1（a）所示体系，当体系受到荷载作用后，在不考虑材料应变的条件下，其几何形状和位置均能保持不变的，这种体系称为几何不变体系。另外有一些体系，如图 2－1（b）所示，即使不考虑材料的应变，在很小的荷载作用下，其几何形状和位置也会发生改变，这类体系称为几何可变体系。显然，几何可变体系不能承受荷载而作为结构的。工程实际中的结构必须是几何不变体系。为确定体系是否几何不变而进行的分析，称为体系的几何组成分析，又称机动分析或几何构造分析。

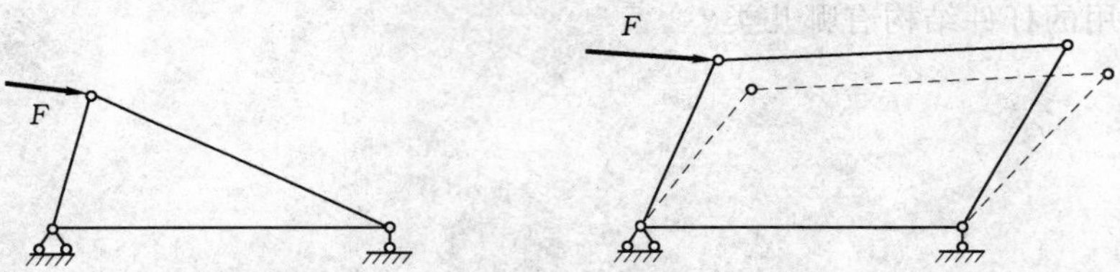

（a）几何不变体系　　（b）几何可变体系

图 2－1　体系

体系几何组成分析的目的在于：

（1）判定某一体系是否几何不变，从而决定它是否可以作为结构。

（2）研究几何不变体系的组成规律，以保证设计的结构能承受荷载并维持平衡。

（3）正确区分静定结构和超静定结构。

在几何组成分析中，由于不考虑材料的应变，因此可将一根梁、一根链杆或体系中已判明为几何不变的某个部分或是支承结构的地基看作一个刚体，在平面体系中又将刚体称为刚片。例如图 2－1（a）所示三角形整体可视为一个刚片，地基也可作为一个刚片，三根杆件各自独立也可作为 3 个刚片。一个体系总是由若干个刚片相互连接而成的，由于几何可变体系的各部分之间能够发生相对转动，因此，在分析平面体系的几何组成时，可以从体系机械运动的自由度和所受约束两个方面来研究。

第二节　平面杆件体系的自由度和约束

一、自由度

所谓某一体系的自由度是指该体系运动时所具有的独立运动方程的数目，也就是体系运动时可以独立变化的几何参数的数目，或者说是用来确定该体系的位置所需独立坐标的数目。

例如图 2-2（a）所示的平面内的一动点 A，它的位置由横坐标 x 和纵坐标 y 来确定，所以平面内一点的自由度等于 2。如图 2-2（b）所示的在平面内自由运动的一个刚片，它的位置可由其上的任一点 A 的坐标 x、y 和过 A 点的任一直线 AB 与水平方向夹角 φ 来确定。因此，平面内一刚片的自由度等于 3。几何不变体系的几何形状和位置不会发生改变，故其自由度应等于零。因此，凡是自由度大于零的体系都是几何可变体系。

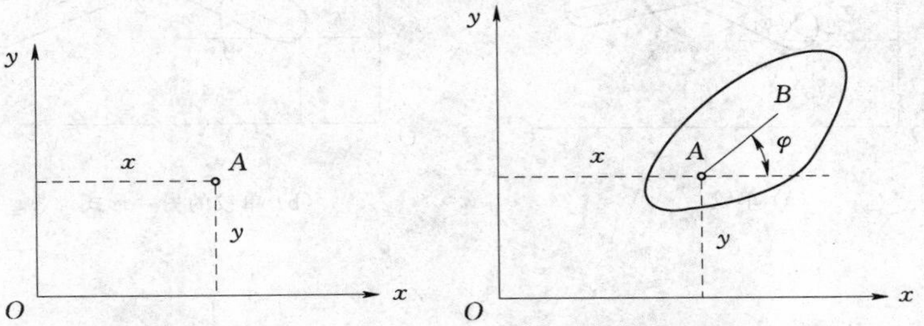

(a) 自由度为 2　　(b) 自由度为 3

图 2-2　平面内一点和一刚片的自由度

二、约束

体系有自由度，若加入限制运动的装置，可使其自由度减少。我们把减少自由度的装置称为约束或联系，如果一个装置能减少 1 个自由度，则称它为 1 个约束或 1 个联系，如果一个装置能减少 n 个自由度，则称它为 n 个约束或 n 个联系。常见的约束有

（1）链杆：如图 2-3（a）所示，一刚片 AB 通过一根链杆 AC 与基础相连，连接之前刚片有 3 个自由度，连接之后刚片不能沿链杆方向移动，但可沿垂直链杆方向移动和绕 A 点转动，刚片的自由度由 3 减少为 2，因而减少了一个自由度，故一根链杆相当于一个约束（联系）。

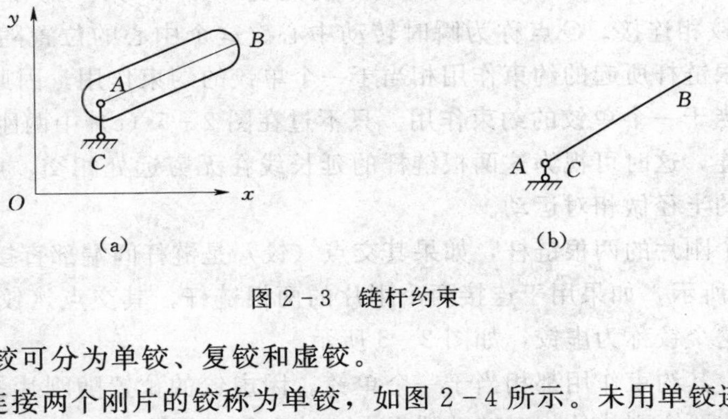

(a)　　(b)

图 2-3　链杆约束

（2）铰结点：铰可分为单铰、复铰和虚铰。

1）单铰：仅连接两个刚片的铰称为单铰，如图 2-4 所示。未用单铰连接前，刚片Ⅰ和Ⅱ处于自由状态，共有 6 个自由度。用单铰 A 连接后，刚片Ⅰ仍有 3 个自由度，在刚片Ⅰ的位置被确定后，刚片Ⅱ只能绕铰 A 作相对转动，此时由刚片Ⅰ和Ⅱ所组成的体系在平面内只有 4 个自由度，体系的自由度减少了两个。由此可见，一个单铰相当于两个约束，也相当于两根相交链杆的约束作用［图 2-4（b）］。固定铰支座和单铰的约束作用相同。

2）复铰：同时连接两个以上刚片的铰称为复铰。如图 2-4（c）所示三个刚片Ⅰ、Ⅱ、

Ⅲ用一个铰 A 相连接。未连接前，体系有 9 个自由度，用 A 铰连接后，若刚片Ⅰ的位置被固定，则刚片Ⅱ和Ⅲ都只能作绕 A 点的转动，此时体系有 5 个自由度，减少了 4 个自由度。故此连接三个刚片的复铰相当于两个单铰的作用。由此可见：连接 n 个刚片的复铰相当于（$n-1$）个单铰，可以减少 2（$n-1$）个自由度。

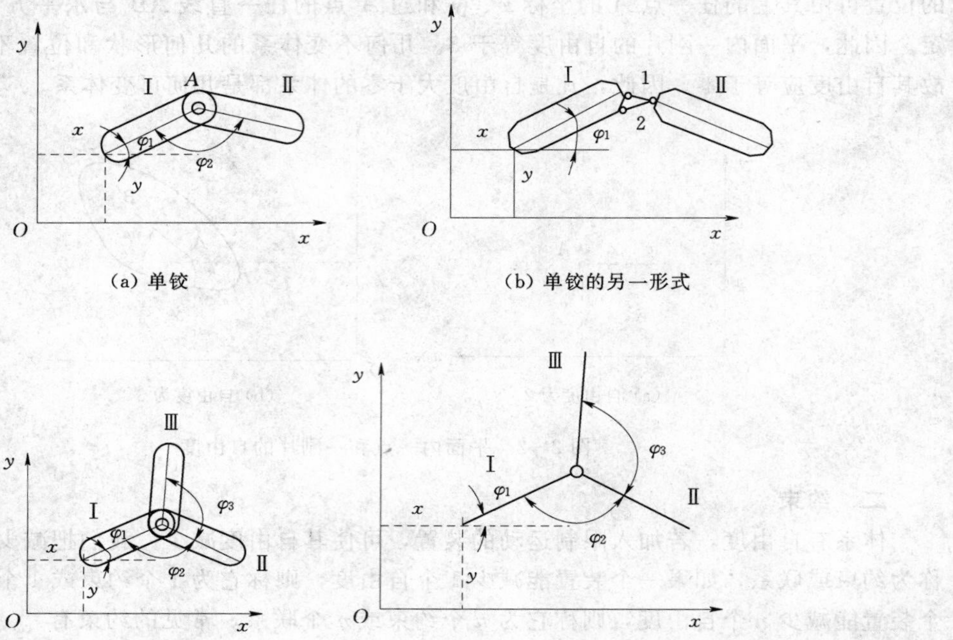

(a) 单铰　(b) 单铰的另一形式

(c) 复铰　(d) 复铰的简图

图 2-4　铰约束

3）虚铰（瞬铰）：如图 2-5（a）所示两刚片Ⅰ和Ⅱ用两根链杆相连，两根链杆轴线的延长线交于 O 点。这样两刚片间的相对运动只能是绕 O 点相对转动。因此，两个刚片可看成是在点 O 处用铰相连接。O 点称为瞬时转动中心。这个中心的位置随着刚片作微小转动而改变。可见两根链杆所起的约束作用相当于一个单铰的约束作用。因此，图 2-5（b）中的两根链杆也相当于一个单铰的约束作用。只不过在图 2-5（c）中两刚片Ⅰ和Ⅱ用两根相互平行的链杆相连，这时可视为这两根链杆的延长线在无穷远处相交，虚铰也在无穷远处，两刚片沿无穷大的半径做相对运动。

用于连接两个刚片的两根链杆，如果其交点（铰）是链杆间端部直接相交，则称该铰为实铰，如图 2-4 所示，如果用于连接两个刚片的两根链杆，其交点（铰）是在其轴线的延长线上相交，则这个铰称为虚铰，如图 2-5 所示。

实铰和虚铰，其约束作用都相当于一个单铰。因虚铰的位置随刚片的微小转动而改变，所以此虚铰也称为两个刚片的相对转动瞬心，虚铰也称为瞬铰。

（3）刚结点：刚结点分单刚结点和复刚结点。

1）单刚结点：仅联结两个刚片的刚结点称为单刚结点，如图 2-6（a）所示的刚结点为单刚结点。未用刚结点联结前，刚片Ⅰ、Ⅱ处于自由状态，体系共有 6 个自由度，用刚结点联结后，两刚片成为一个整体，体系只有 3 个自由度（即 x、y 和 φ_1）。由此可见，一个

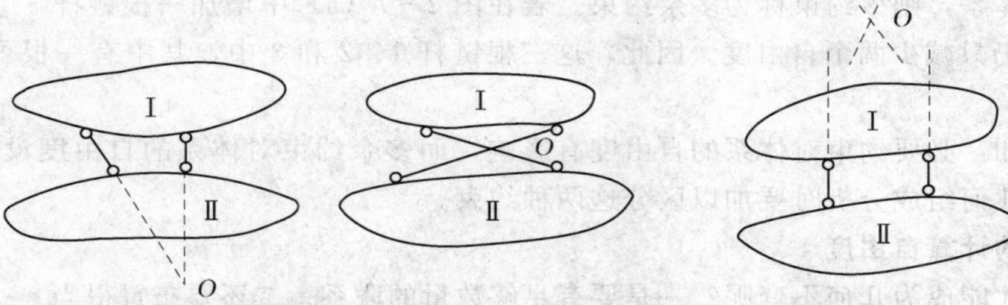

(a) 两链杆延长线交点组成的虚铰　(b) 两链杆相交组成的虚铰　(c) 两平行链杆组成的无穷远处虚铰

图 2-5　虚铰

单刚结点使体系减少了 3 个自由度，所以说一个单刚结点相当于 3 个约束（联系）。固定端支座和单刚结点的约束作用相同。

2）复刚结点：有时会用一个刚结点同时连接多个刚片，这种同时连接两个以上刚片的刚结点叫复刚结点。图 2-6（b）表示 4 个刚片用一个复刚结点相连，未用刚结点连接前，4 个刚片处于自由状态，共有 12 个自由度，用刚结点连接后，体系还有 3 个自由度。由上述可推知，连接 4 个刚片的复刚结点相当于 3 个单刚结点的作用。一般来说，连接 n 个刚片的复刚结点相当于（$n-1$）个单刚结点的作用，可以减少 3（$n-1$）个自由度。

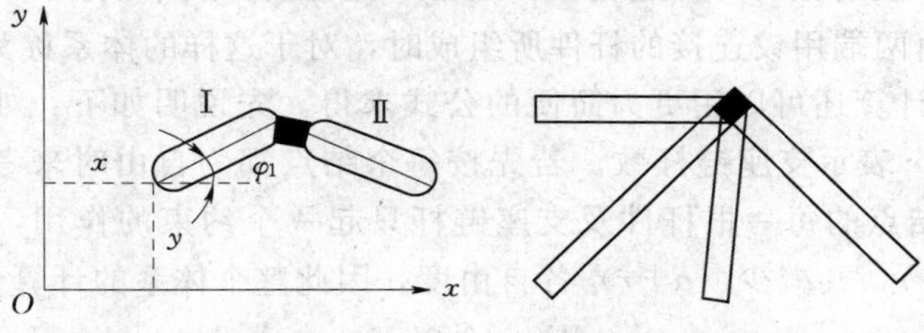

(a) 单刚结点　(b) 复刚结点

图 2-6　刚结点

综上所述，1 个链杆相当于 1 个约束；1 个单铰相当于 2 个约束，也相当于 2 个链杆的作用，1 个单刚结点相当于 3 个约束。

三、约束的分类

根据对自由度的影响，体系中的约束可分为必要约束和多余约束两类。

（1）当去除约束后，原体系将变成几何可变体，这类约束称为必要约束。例如，平面内一点 A 有两个自由度。如果用不共线的两根链杆 1 和 2 把 A 点与基础相连，如图 2-7（a）所示，则 A 点被固定，因此减少了两个自由度。由此可见：链杆 1 和 2 都是非多余约束。除去链杆 1 或 2 后，原来的结构变为可动体系，即几何可变体系，因此该链杆 1 或 2 是必要约束。

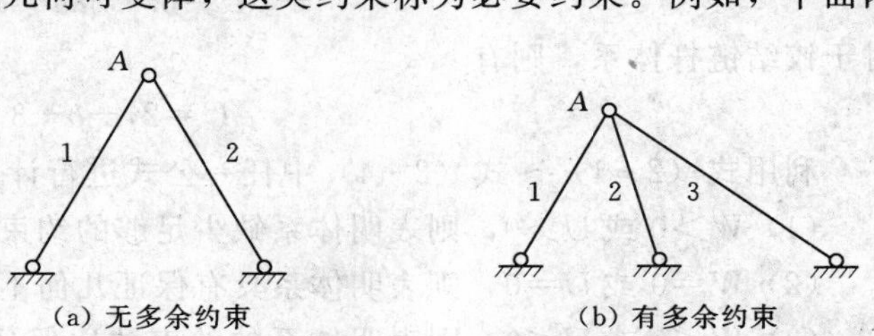

(a) 无多余约束　(b) 有多余约束

图 2-7　多余约束和非多余约束

（2）如果在一个体系中增加（去掉）一个约束，体系的自由度并不因此而增加（减少），仍是几何不变体系，则该约束称为多余约束。若在图 2－7（a）中增加一根链杆 3［图 2－7（b)］，实际上仍只减少两个自由度。因此，这三根链杆 1、2 和 3 中，其中有一根可视为多余约束。

由上述可知：必要约束对体系的自由度有影响，而多余约束对体系的自由度没有影响，故对体系进行几何组成分析时要加以区分这两种约束。

四、体系的计算自由度

体系怎样才能成为几何不变呢？一是要有足够数量的联系；二还要布置得当。一个体系可由若干个刚片通过加入某些约束（联系）而组成。计算一个平面体系的自由度时，可按下列步骤进行：首先按照各刚片都是自由的情况算出其自由度的数目，然后计算所加入的约束数，最后将两者相减，便得到该体系的自由度。

如果用 W 表示平面体系的自由度数，则可定义为

$$W=\text{各刚片的自由度总和}-\text{全部约束数}$$

如果用 m 表示体系中的刚片数，h 表示其单铰数，r 表示其支座链杆数，则各刚片的自由度总和为 $3m$，全部约束数为（$2h+r$），由此得到平面体系的计算自由度公式为

$$W=3m-2h-r \tag{2-1}$$

应该注意，当约束为固定铰时它相当于两根链杆，当约束为固定端支座时它相当于三根链杆，式中 h 是指单铰的数目，如遇复铰，则必须把它换算成单铰。

当体系完全是由两端用铰连接的杆件所组成时，对于这样的体系称为铰结链杆体系（如桁架）。其自由度的计算还可以用更为简便的公式求得，先说明如下：如果用 j 表示铰结点数，b 表示杆件数，r 表示支座链杆数。若先按每个结点都为自由时来考虑，则结点的自由度总和为 $2j$，连接结点的每一根杆件及支座链杆只起一个约束的作用，于是杆件和链杆的约束数总和为（$b+r$），共减少（$b+r$）各自由度。因此整个体系的计算自由度为

$$W=2j-b-r \tag{2-2}$$

在计算中，有时只检查体系本身的几何不变性而不考虑支座链杆，这时可把体系的自由度分为两个部分：

（1）体系在平面内的做整体运动时的自由度，其数目等于 3。

（2）体系内部各部分构件之间作相对运动时的自由度简称为内部可变度，用 U 表示。

显然，在式（2－1）和式（2－2）中，令 $W=U+3$，$r=0$，则不难得出内部可变度 U 的计算公式。对于一般体系，有

$$U=3m-2h-3 \tag{2-3}$$

对于铰结链杆体系，则有

$$U=2j-b-3 \tag{2-4}$$

利用式（2－1）～式（2－4）中任一公式进行计算的结果，将有如下三种情况：

（1）$W>0$ 或 $U>0$，则表明体系缺少足够的约束（联系），体系是几何可变的。

（2）$W=0$ 或 $U=0$，则表明体系具有保证几何不变所需的最小约束数目。

（3）$W<0$ 或 $U<0$，则表明体系的约束数比保证其几何不变所需最少的约束还多。但不一定就是几何不变体系。

这里说明几点：

（1）式（2－1）～式（2－4）的计算结果只能表明体系在维持几何不变方面它所必须的

约束数与实际的约束数之间的关系，并不一定就能代表体系的实际自由度。例如图 2-8 (a)、图 2-8 (b) 所示两个体系，各有 $j=6$，$b=9$，$r=3$，按式 (2-2) 计算都得 $W=2\times6-9-3=0$，如果布置得当。没有多余联系，体系将是几何不变的 [图 2-8 (a)]，即它的实际自由度和公式计算结果是一致的。如果布置不当，具有多余联系，则体系是几何可变的，如图 2-8 (b) 所示体系，虽然 $W=0$，从整体上来看，它具有足够数目的约束，但由于布置不当，其上部有多余联系而下部又缺少联系，致使体系能够发生运动，因而是几何可变的。

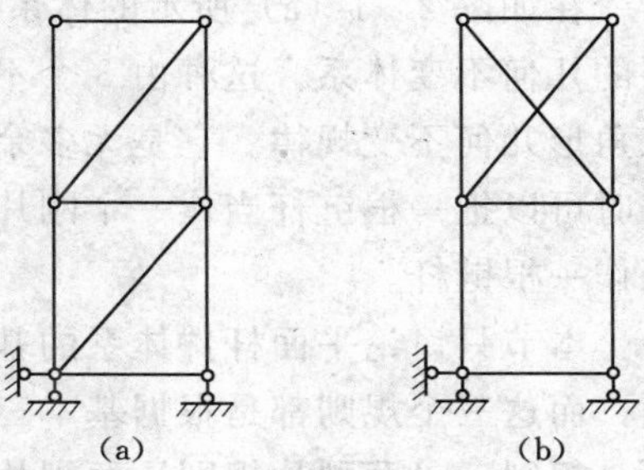

图 2-8　桁架体系

可见，只有当体系没有多余约束时，按式 (2-1) ~式 (2-4) 求得的计算自由度才会等于体系的实际自由度。因此 $W\leqslant0$ 或 $U\leqslant0$ 是保证体系为几何不变的必要条件，而不是充分条件。为了能最终确定体系是否几何不变，还需用几何不变体系的组成规律对体系作进一步分析。

(2) 由于表示体系运动情况的自由度数不可能为负值，因此，当按照公式求得的 $W<0$ 或 $U<0$ 时，就表明体系上一定有某些约束是对于约束体系运动而言是多余的，或者说它们不能起到减少自由度的作用，这些约束就称为多余约束。但体系不一定就是几何不变体系。

【例 2-1】　求图 2-9 所示体系的计算自由度 W。

解： 按式 (2-1) 计算，体系是由 $BCEF$、AD、DE 和 CD 四个刚片组成。复铰 C 相当于两个单铰，D 处和 E 处各为一个单铰，F 处为固定支座，相当于三根链杆，故刚片数 $m=4$，单铰数 $h=4$，支座链杆数 $r=6$。

由 $W=3m-2h-r=3\times4-2\times4-6=-2<0$，故体系有两个多余约束。

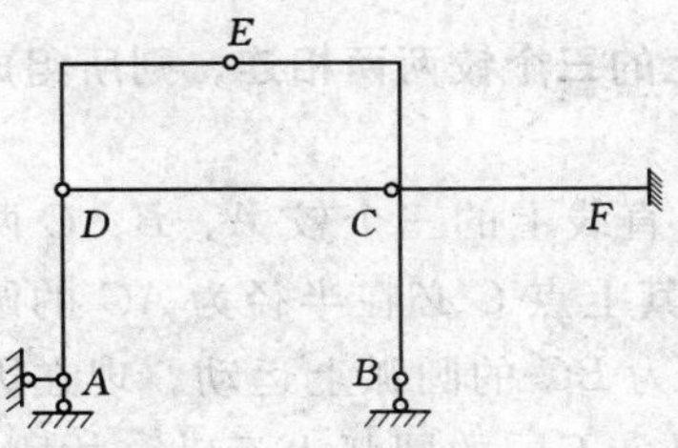

图 2-9　例 2-1 图

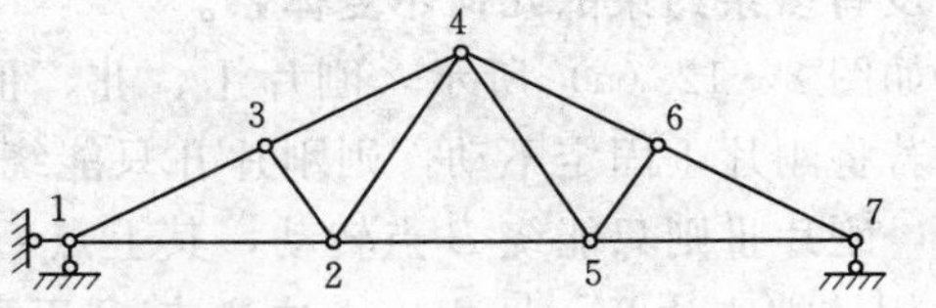

图 2-10　例 2-2 图

【例 2-2】　求如图 2-10 所示桁架体系的计算自由度 W。

解： 按式 (2-2) 计算，结点数 $j=7$，杆件数 $b=11$，支座链杆数 $r=3$，则

$$W=2j-b-r=2\times7-11-3=0$$

第三节　平面几何不变体系的组成规律

体系的几何不变性是由体系的各刚片之间有足够的联系且这些联系布置合理这两个条件来保证的。

在如图 2-1（a）所示的体系中，三根杆件之间用三个单铰两两相连，构成了无多余联系的几何不变体系。这种由 3 个不共线的铰相互连接而成的三角形不变体系的规律称为铰结三角形几何不变规律。它是无多余联系几何不变体系组成的基本规律。为了便于分析问题，有时可以把一根链杆当作一个刚片；而一个刚片如果只用两个铰与其他体系相连接，也可以当作一根链杆。

本节只讨论平面杆件体系的基本组成规则，由上述“三角形规律”一般可归结为三个规则，而这三个规则都是根据基本三角形几何不变的性质建立起来的。

规则一（两刚片规则）两刚片用不全交于一点也不全平行的三根链杆相连，则所组成的体系是没有多余约束的几何不变体系。

如图 2-11（a）所示，若将刚片Ⅰ和Ⅱ只用两根链杆 1 和 2 相连，则会发生相对转动，若再增加一根链杆 3，且其延长线不通过 O 点，它就能阻止刚片Ⅰ和Ⅱ的相对转动，因此，这时所组成的体系是无多余约束的几何不变体系。

由于连接两个刚片的两根链杆的作用相当于一个单铰，故规则一也可叙述为：两刚片用一个铰和一根不通过该铰心的链杆相连，则所组成的体系是无多余约束的几何不变体系［图 2-11（b）、图 2-11（c）］。

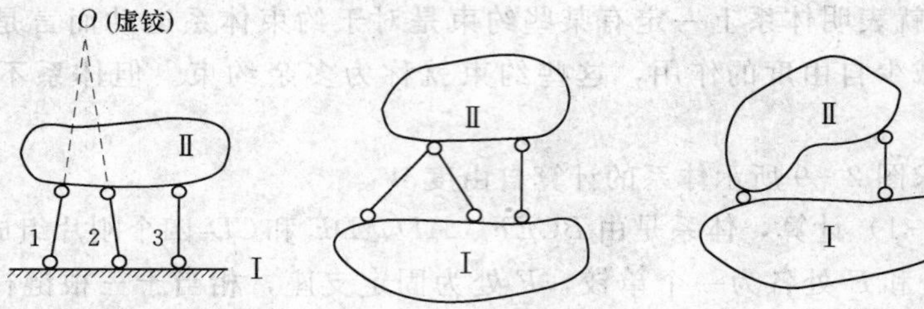

（a）三杆相连　　（b）相当于一铰和一杆相连　　（c）一铰一杆相连

图 2-11　两刚片规则

规则二（三刚片规则）三个刚片用不在同一条直线上的三个铰两两相连，则所组成的体系是没有多余约束的几何不变体系。

如图 2-12（a）所示，刚片Ⅰ、Ⅱ、Ⅲ用不在同一直线上的三个铰 A、B、C 两两相连。若将刚片Ⅰ固定不动，则刚片Ⅱ只能绕 A 点转动，其上点 C 必在半径为 AC 的圆弧上运动，刚片Ⅲ则只能绕 B 点转动，其上点 C 又必在半径为 BC 的圆弧上运动。现在因为在点 C 用铰把刚片Ⅱ、Ⅲ相连，这样点 C 不可能同时在两个不同的圆弧上运动，故刚片Ⅰ、Ⅱ、Ⅲ之间不可能发生相对运动，它们所组成的体系是没有多余约束的几何不变体系。

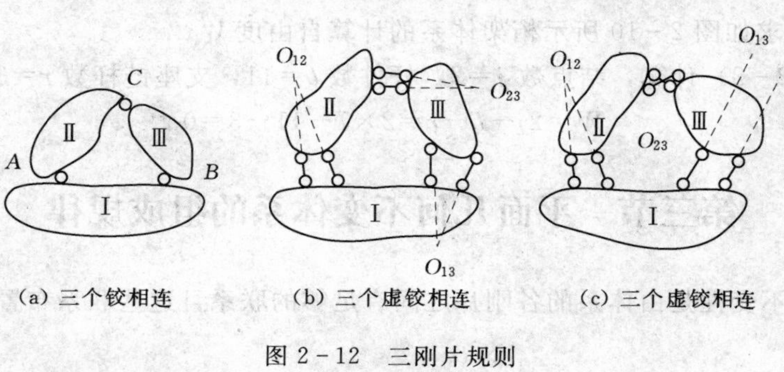

（a）三个铰相连　　（b）三个虚铰相连　　（c）三个虚铰相连

图 2-12　三刚片规则

由于连接两刚片的两根链杆的作用相当于一个单铰，故可将任一单铰转换为两根链杆所构成的虚铰。因此，如图 2-12（b）所示体系也是无多余约束的几何不变体系。对于图 2-12（c）所示体系，三刚片用不在同一直线上的三个虚铰相连，故该体系满足三刚片规则，也为无多余约束的几何不变体系。

规则三（二元体规则）在一个刚片上增加或去掉一个二元体仍为几何不变体系，且无多余联系。

所谓二元体是指由两根不在同一直线上的链杆连接一个新结点的装置，如图 2-13 所示的 ABC 部分。这种新增加的二元体不会改变原体系的自由度。因为在平面内新增加一个点 A，就会增加两个自由度，而新增加的两根不共线链杆，恰好能减去新增加的结点 A 的两个自由度，故对于原体系而言，自由度的数目没有变化。因此，当原体系为几何不变体系时，则新增加一个二元体，其仍然是几何不变体系；当原体系为几何可变体系时，增加一个二元体也不会改变原体系的几何可变性。由此可见，在一个已知体系上依次加入二元体，不会改变原体系的几何组成性质。同理，在一个已知体系上，依次撤除二元体，也不会改变原体系的几何组成性质。

二元体的形式多种多样，图 2-14 列出了一些常见的二元体形式。在几何组成分析中，常利用二元体规则来对体系进行简化来判断体系的组成规则。

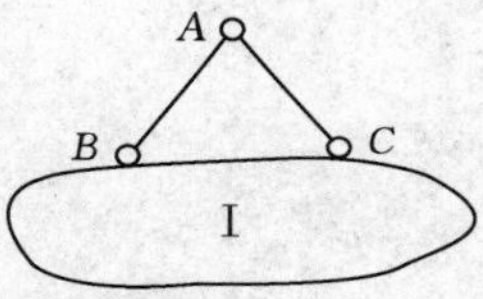

图 2-13 二元体
（ABC 部分）

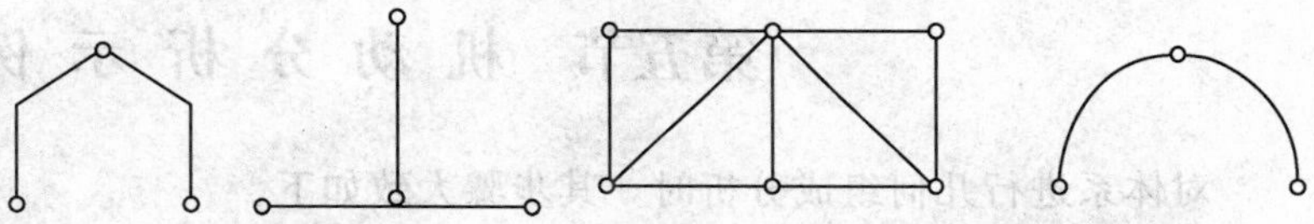

图 2-14 常见的二元体形式

第四节 瞬 变 体 系

值得指出，在上述几项规则中，都提出了一些限制条件，如连接两刚片的三根链杆不能全交于一点也不能全平行；连接三刚片的三个铰不能在同一直线上。现在来研究如果不加这些限制条件，其结果将会如何。

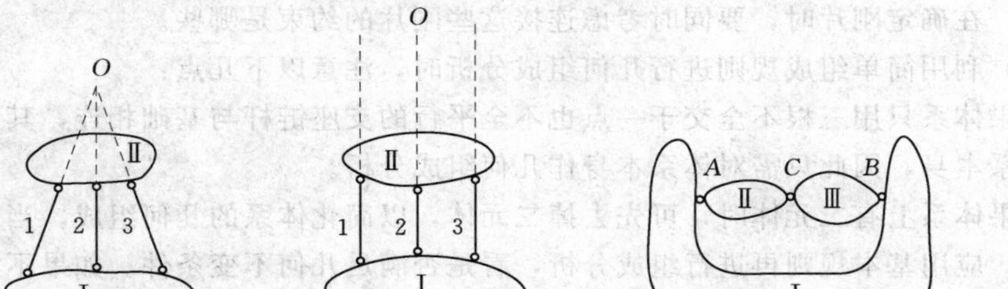

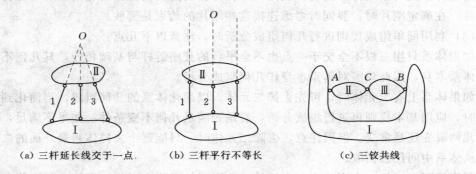

(a) 三杆延长线交于一点 (b) 三杆平行不等长 (c) 三铰共线

图 2-15 瞬变体系

如图 2-15（a）所示的两刚片用三根链杆相连，三杆的延长线交于虚铰 O 处，此时，两刚片可以绕虚铰作相对转动，但在发生一微小转动后，三杆的延长线不再全交于一点，从而不再继续发生相对转动，满足规则一条件，体系变成几何不变。这种原为几何可变体系，在某一瞬时经过微小位移后就不能继续运动，而变为几何不变的体系称为瞬变体系。

同理，如图 2-15（b）所示体系，两刚片用三根互相平行但不等长的链杆相连，此时，两刚片可以绕无穷远处虚铰作相对移动，但在发生一微小移动后，三根链杆就不再相互平行而构成瞬变体系。又如图 2-15（c）所示体系，三个刚片用位于同一直线上的三个铰两两相连，此时 C 点可沿以 AC 和 BC 为半径的两圆弧的公切线上作微小的运动，但是发生一微小运动后，三个铰不再位于一直线上，运动也就不再继续下去，故此体系也是一瞬变体系。

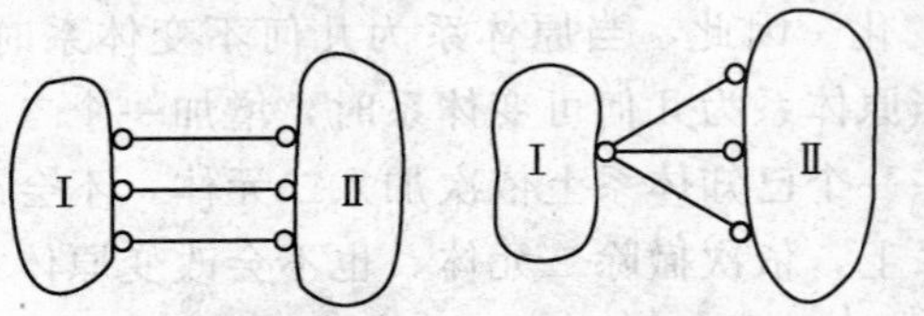

(a) 三杆平行等长　　(b) 三杆交于一点

图 2-16　常变体系

应该注意：若两刚片用三根相互平行且等长的链杆相连接，如图 2-16（a）所示，则在两刚片发生一相对运动后，此三根链杆仍相互平行，将会继续发生运动。故把这种可以发生大位移的体系称为常变体系。图 2-16（b）也为按两刚片连接而成的常变体系。

瞬变体系和常变体系在工程中都是不能采用的。

第五节　机动分析示例

对体系进行几何组成分析时，其步骤大致如下。

（1）对于较复杂的体系，首先可通过计算自由度的计算，检查体系是否具备足够数目的约束；然后进行几何组成分析。若 $W>0$（或 $U>0$），则可判定它为几何可变体系。若 $W\leqslant 0$（或 $U\leqslant 0$），只表示具备了必要约束数目，满足了几何不变的必要条件，尚需进一步作几何组成分析，分析的依据是前面的无多余约束几何不变体系的组成规则。但对于不太复杂的体系，常可略去自由度计算这一步骤，直接进行几何组成分析。

（2）确定刚片及约束。在不考虑材料应变的前提下，一根杆件以及能直接判明的、无多余约束的几何不变部分都可当作刚片。体系中的铰和链杆都是约束。在进行几何组成分析时，如果一个刚片只用两个铰与其他刚片（包括基础）连接，则此刚片可看成一根通过这两个铰的链杆。此时，刚片、链杆和铰是可以视分析的需要而相互转化的，有时链杆也可看作是刚片。在确定刚片时，要同时考虑连接这些刚片的约束是哪些。

（3）利用简单组成规则进行几何组成分析时，注意以下几点：

如果体系只用三根不全交于一点也不全平行的支座链杆与基础相连，其几何不变性只取决于体系本身，因此只需对体系本身作几何组成分析。

如果体系上有二元体时，可先去掉二元体，以简化体系的几何组成。当简化到二至三个刚片时，应用基本规则再进行组成分析，看是否满足几何不变条件。如果不满足，再判别体系是几何瞬变还是常变。但因注意，去除二元体时，只能逐个去掉体系最外面的二元体，而不可从体系中间任意抽取。

利用规则三，从一个刚片或一个铰结三角形开始，依次增加二元体，尽可能扩大刚片范围，将体系中的刚片数目尽量减少，以便于分析。

【例 2-3】 试对如图 2-17 所示体系进行几何组成分析。

解： 图 2-17 中 ACF 部分是由杆 AC 加上二元体 AFB 组成的几何不变部分，同理，ECG 部分也为几何不变部分。故可将 ACF 部分和 ECG 部分看作刚片Ⅰ和刚片Ⅱ，这两个刚片分别用铰 C 和不通过该铰心的链杆 FG 连接组成几何不变的上部体系 $ACEFG$，它与基础再用三根不全交于一点也不全平行的链杆连接，故可以判定该体系是没有多余约束的几何不变体系。

由此题可知，这一体系是由三根不全交于一点也不全平行的链杆与基础连接，故在作几何组成分析时，可直接取其上部作几何组成分析。

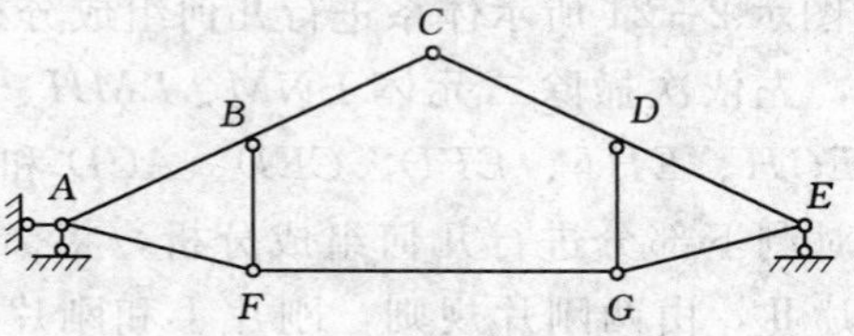

图 2-17　例 2-3 图

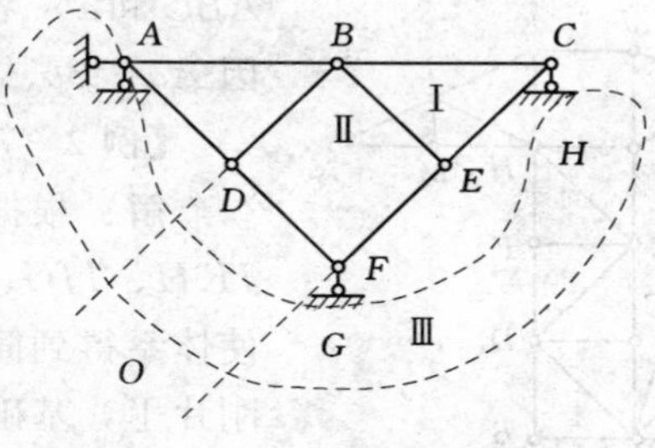

图 2-18　例 2-4 图

【例 2-4】 试对如图 2-18 所示体系进行几何组成分析。

解： 先按式（2-2）求得计算自由度为

$$W=2j-b-r=2\times6-8-4=0$$

体系满足几何不变所必需的最小约束数。

然后进行几何组成分析。选三角形 CBE 为刚片Ⅰ，DF 杆为刚片Ⅱ，地基为刚片Ⅲ，A 铰的两根支座链杆可视为在基础上增加的二元体，属于地基。由三刚片规则，刚片Ⅰ、Ⅱ用杆 BD、EF 相连，两根杆件平行，虚铰 O 在两根杆件延长线无穷远处；刚片Ⅱ和Ⅲ用杆 AD、FG 相连，虚铰在 F 点；刚片Ⅰ和Ⅲ用杆 AB 和 CH 相连，虚铰在 C 点。于是可知 F、C 铰在同一直线上，因虚铰 O 在无穷远处，故可看作在 EF 的延长线上，于是 F、C、O 铰可视为在同一直线上，所以该体系为一瞬变体系。

由题可见，体系自由度为零并不是保证体系几何不变的充分条件。

【例 2-5】 试对图示 2-19 所示体系进行几何组成分析。

解： 因该体系是由三根既不平行又不交于一点的链杆与基础相连，故可由式（2-3）算得此体系得内部可变度为

$$U=3m-2h-3=3\times6-2\times8-3=-1$$

现对体系内部进行几何组成分析，将 AB 视为刚片，再在其上增加 ACE 和 BDF 两个二元体，此外，又添加了一根链杆 CD。故此体系为具有一个多余约束的几何不变体系。

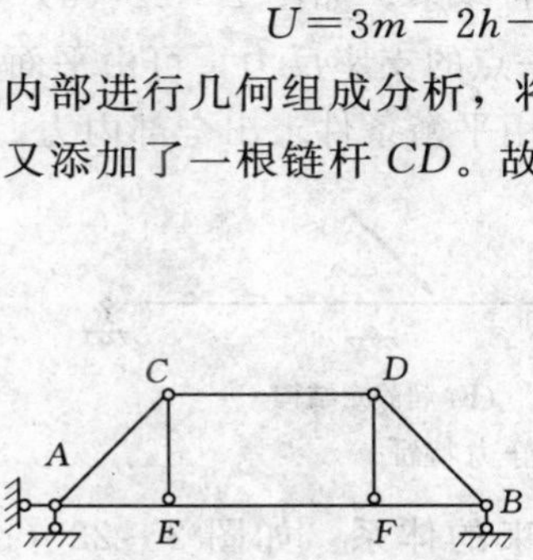

图 2-19　例 2-5 图

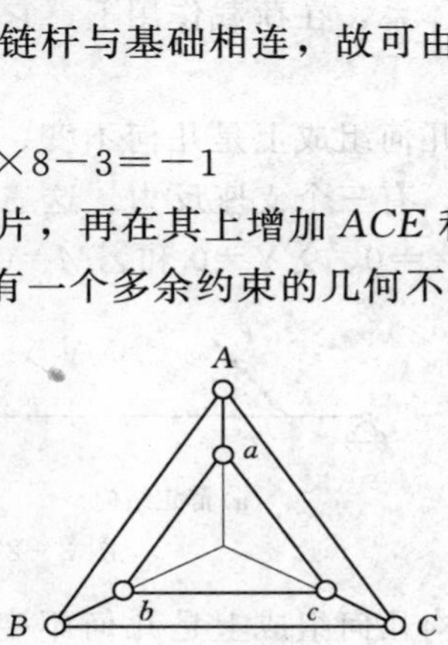

图 2-20　例 2-6 图

【例 2-6】 试对如图 2-20 所示体系进行几何组成分析。已知 $AB/\!/ab$，$BC/\!/bc$，$AC/\!/ac$。

解： 将杆件 Aa、Bb、Cc 分别看作是刚片Ⅰ、Ⅱ、Ⅲ，Aa 和 Bb 之间用 AB 和 ab 两平行链杆连接，Bb 和 Cc 之间用 BC 和 bc 两平行链杆连接，Aa 和 Cc 之间用 AC 和 ac 两平行链杆连接，三对平行链杆构成的虚铰都在无穷远处。在无穷远处的三个铰可以看成是同在无穷远处的一条直线上，故此体系为瞬变体系。

另解： 根据已知条件可知，Aa、Bb、Cc 三根杆件的延长线必交于一点。将铰结三角形 ABC 和 abc 各视为一个刚片，其间用三根链杆 Aa、Bb、Cc 连接，因 Aa、Bb、Cc 的延长线交于一点，故此体系为瞬变体系。

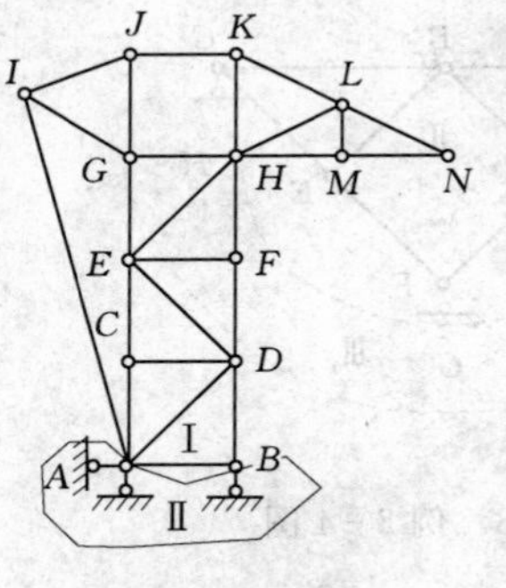

图 2-21　例 2-7 图

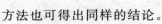

【例 2-7】 试对图示 2-21 所示体系进行几何组成分析。

解： 根据规则三，先依次撤除二元体 LNM、LMH、KLH、JKH、IJG、AIG、EGH、EHF、EFD、CED、ACD 和 ADB，使体系得到简化。再对剩下部分进行几何组成分析，将 AB 视为刚片Ⅰ，基础视为刚片Ⅱ，由两刚片规则，刚片Ⅰ和刚片Ⅱ用三根既不平行又不交于一点的链杆相连，该体系是几何不变的。因此，整个体系为无多余约束的几何不变体系。

另一种方法是：从基础开始分析，然后用逐步添加二元体的方法也可得出同样的结论。

第六节　体系几何构造与静定性的关系

通过上述讨论，得知体系可分为几何不变（有多余约束和无多余约束）和几何可变（瞬变和常变）两大类。几何组成分析还有一个重要作用是通过判定几何不变体系是否有多余约束，来判定结构是静定结构还是超静定结构。下面根据各类体系的组成特点，就静力学方面作一探讨。

对于常变体系，由于在任意荷载作用下，一般不能维持平衡而将发生运动，因而静力平衡方程无解。

对于瞬变体系，在荷载作用下，它的反力和内力将是无穷大或不定的，也可以说平衡方程无解。

静定结构几何组成上是几何不变、无多余约束的体系。如图 2-22（a）所示体系，有三根支座链杆，有三个支座反力。这三个不交于同一点的支座反力，可由平面一般力系的三个平衡方程 $\sum X=0$、$\sum Y=0$ 和 $\sum M=0$ 求出，从而用平衡条件求出全部内力。

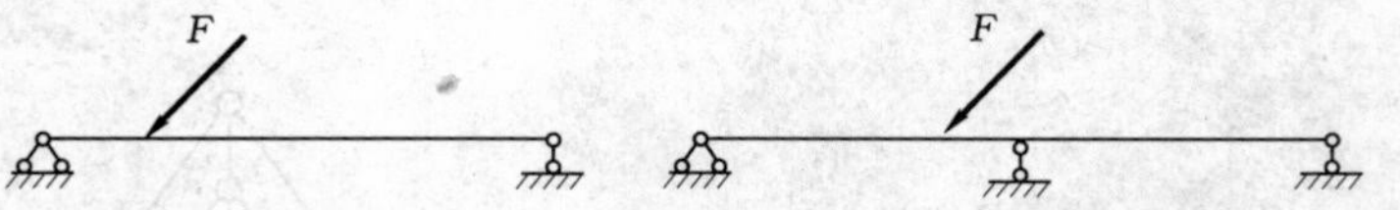

(a) 静定结构　　(b) 超静定结构

图 2-22　几何组成与静力特征

超静定结构几何组成上是几何不变、有多余约束的体系。如图 2-22（b）所示体系，有四个未知支座反力。而由此可以建立三个独立的平衡方程。显然，未知支座反力数大于平衡方程数，不能用三个方程求解四个未知支座反力。因而不能用平衡条件求解全部内力。

因此，静定结构在几何组成上是无多余约束的几何不变体系，其全部支座反力和内力可由静力平衡条件求得唯一和确定的值；超静定结构在几何组成上是有多余约束的几何不变体系，其全部支座反力和内力不能由静力平衡条件求得唯一和确定的值。

小　结

(1) 几何组成分析的目的主要为：判定体系是否几何不变，从而决定它能否用作结构；研究几何不变体系的组成规则，以便正确选择静力计算方法和计算次序，这一点下面各章要经常用到。

(2) 无多余约束几何不变体系的组成规则有三个：

1) 两刚片规则。两刚片用不全交于一点也不全平行的三根链杆或用一个铰和一根不通过此铰心的链杆相连。

2) 三刚片规则。三刚片用不在一条直线上的三个铰两两相连。

3) 二元体规则。一刚片和一个点用不共线的两根链杆连接。

三个规则的实质是三角形规则，即三角形的三个边长一定，其几何图形是唯一确定的。了解这三个规则并不难，重要的是要能够熟练地运用它来依次分析各种复杂的杆件体系，这是本章的重点，但初学者往往难于下手，为此，进行一定量的练习是必要的。应用三个规则分析体系时，一方面要注意它的严格性：分清被约束的对象和起限制自由度作用的约束，它们的数目和布置是否满足组成规则的要求。另一方面又要注意灵活性：被约束对象或约束的代换关系、瞬铰的概念等，不被形式的变化所迷惑。

(3) 各种约束的性质：

1) 一根链杆相当于一个约束。

2) 一个单铰相当于两个约束，也相当于两根相交链杆的约束作用；连接 n 个刚片的复铰相当于 $(n-1)$ 个单铰。

3) 一个单刚结点相当于三个约束；连接 n 个刚片的复刚结点相当于 $(n-1)$ 个单刚结点。

(4) 体系的几何组成与分析：

1) 体系通常是由多个单元逐步组成的。

2) 每个体系的组成过程各有特点。如有的从体系内部开始，有的从基础开始。

3) 注意约束的等效替换。如用虚铰替代对应的两根链杆等。

4) 有的体系有一种组成方式，那么就有一种分析过程；有的体系有几种组成方式，那么就有几种分析过程。

(5) 体系的计算自由度 W：

1) 若 $W>0$ 或 $U>0$，体系一定是几何可变的。

2) 若 $W\leqslant 0$ 或 $U\leqslant 0$，仅是体系几何不变的必要条件。这时还必须进行几何组成分析，才能判定是否几何不变。

(6) 掌握结构的几何组成和静力特征之间的关系：

1) 静定结构：几何不变，无多余约束，其全部的支座反力和内力都可以由静力平衡条件确定。

2）超静定结构：几何不变，有多余约束，其全部的支座反力和内力不能由静力平衡条件确定。

3）几何可变（包括瞬变）不能用作结构。

思　考　题

2-1　什么是自由度？什么是约束？试举出常见的约束。

2-2　什么是单铰、复铰和虚铰？体系中的任何两根链杆是否都相当于其交点处的一个虚铰？

2-3　刚片能作为链杆吗？链杆能作为刚片吗？刚片和镀杆有何区别？

2-4　自由度 $W>0$ 的体系一定是几何可变的吗？为什么？

2-5　自由度 $W\leqslant 0$ 的体系一定是几何不变的吗？为什么？

2-6　几何可变体系的自由度 W 一定大于 0 吗？为什么？

2-7　几何不变体系的自由度 W 一定小于或等于 0 吗？为什么？

2-8　什么是瞬变体系？为什么工程中要避免采用瞬变或接近瞬变的体系？

2-9　什么是虚铰？体系中任何两根链杆是否都相当于在其交点处的一个虚铰？

2-10　瞬变体系和常变体系各有何特征？如何鉴别瞬变体系？

2-11　在进行几何组成分析时，应注意体系的哪些特点，才能使分析得到最大限度的简化？

2-12　在一几何可变体系上依次添加或去掉二元体，能否将其变为几何不变体系？为什么？

2-13　在荷载作用下，超静定结构和瞬变体系中多余约束的内力，其静力特征各为怎样？

习　题

2-1　试对习题 2-1 图 1～图 30 所示体系作几何组成分析。若是具有多余约束的几何不变体系，需指出其多余约束的数目。

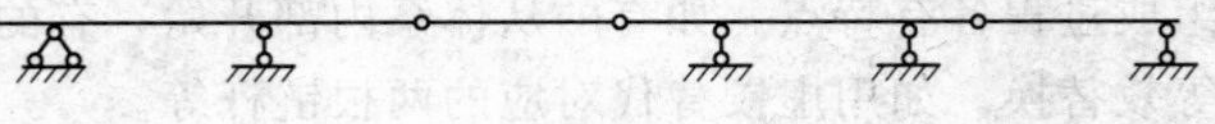

图 1

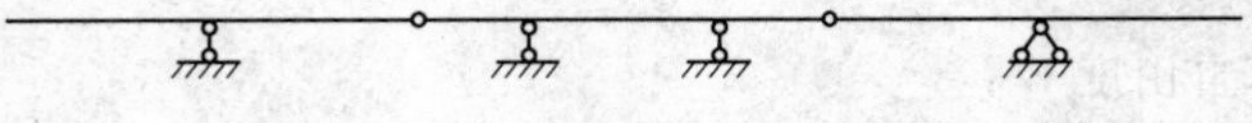

图 2

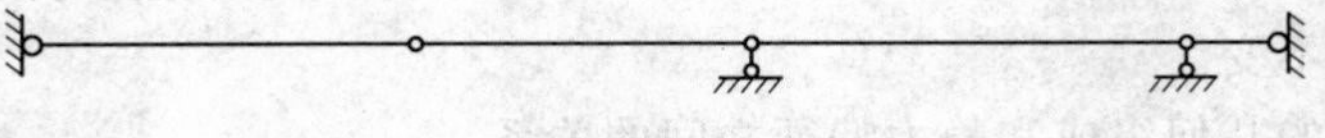

图 3

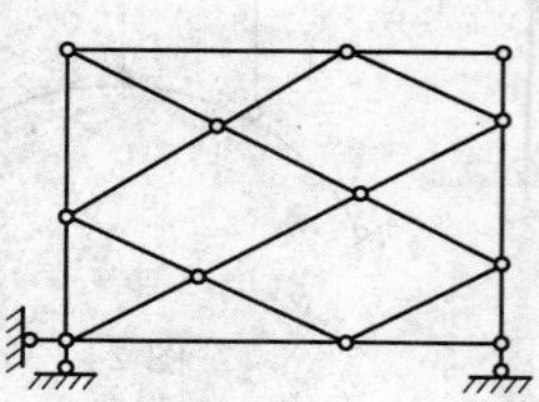

图 4

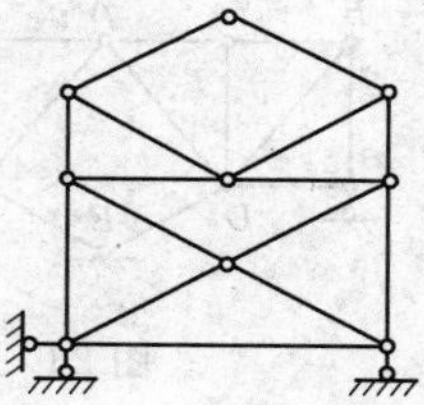

图 5

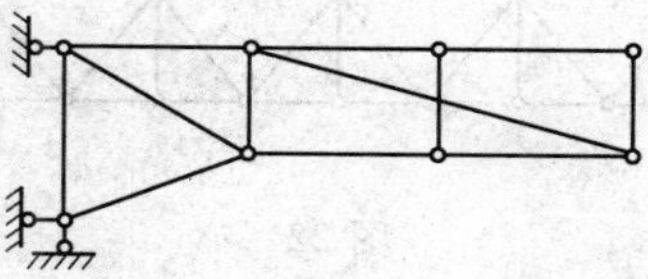

图 6

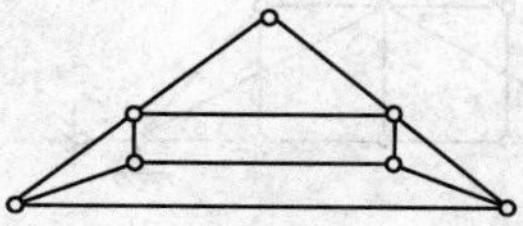

图 7

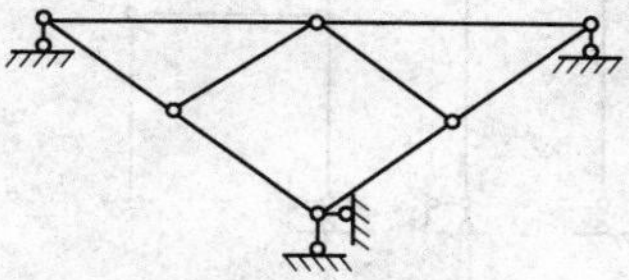

图 8

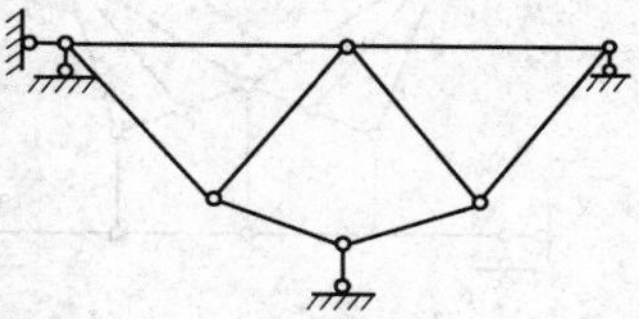

图 9

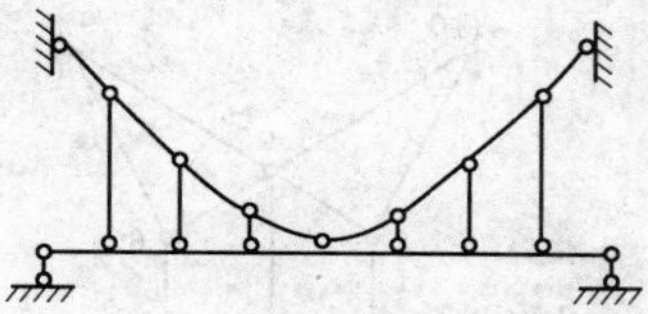

图 10

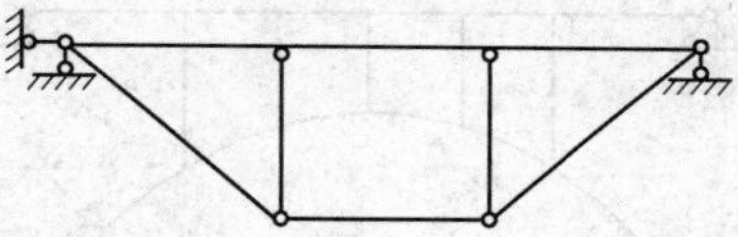

图 11

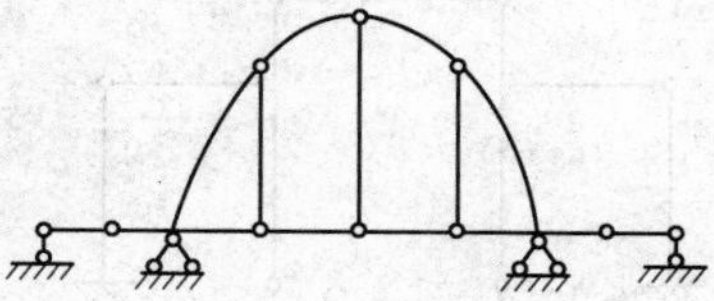

图 12

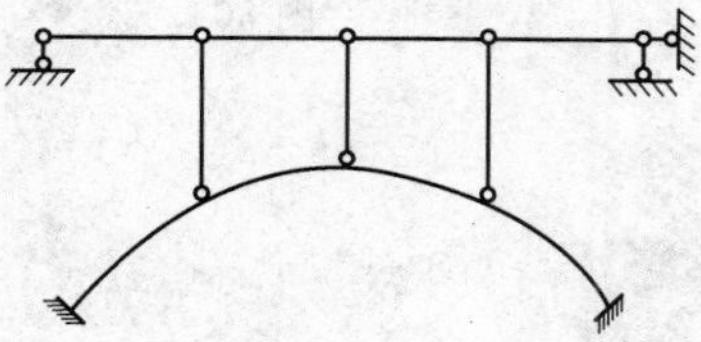

图 13

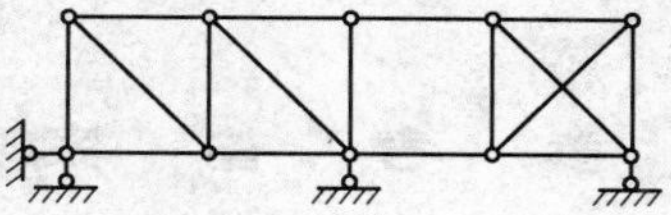

图 14

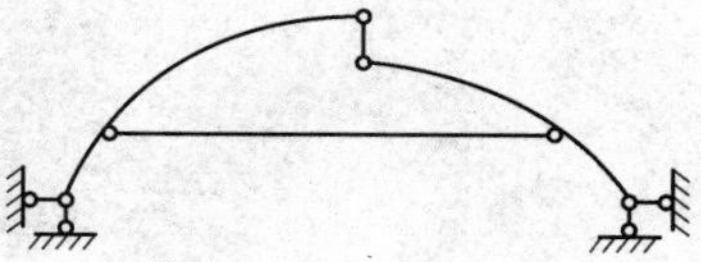

图 15

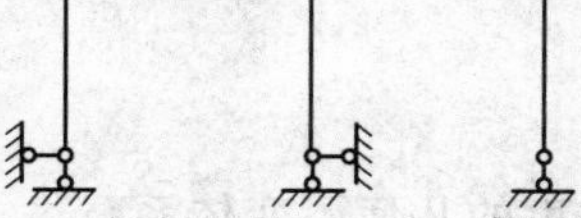

图 16

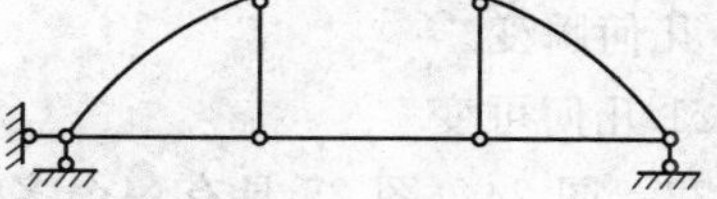

图 17

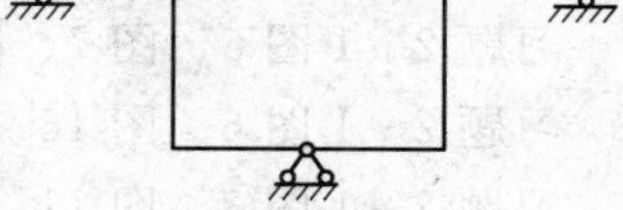

图 18

图 19

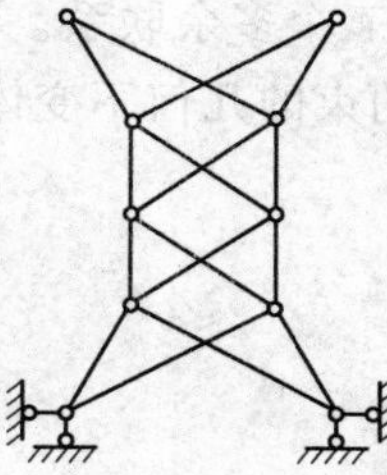

图 20

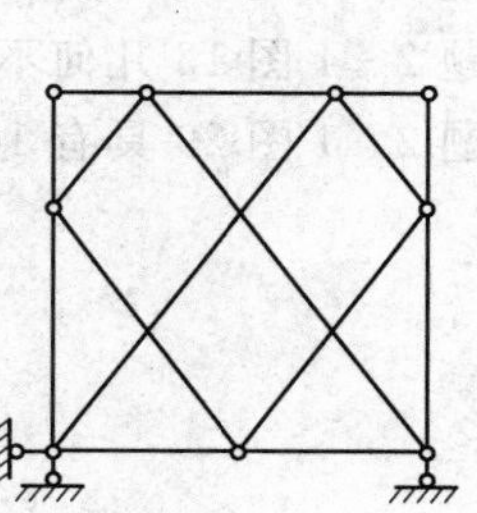

图 21

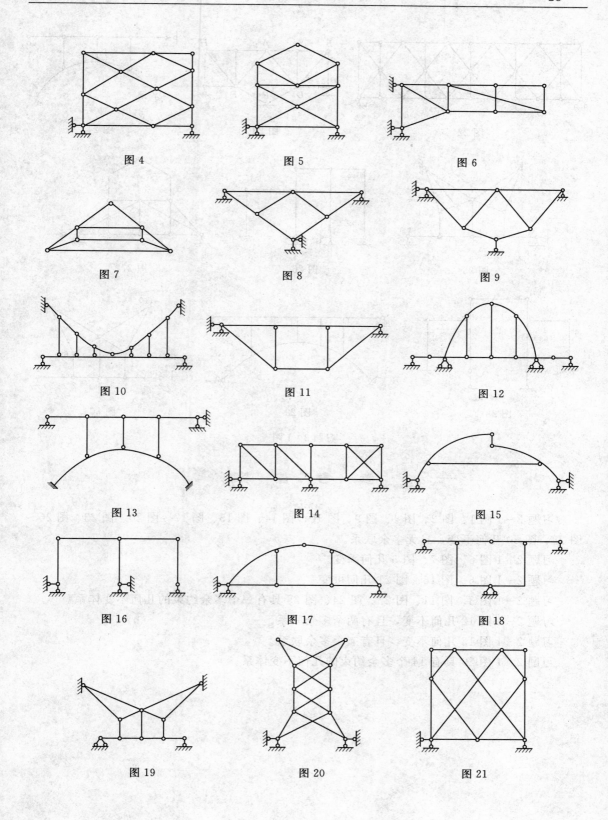

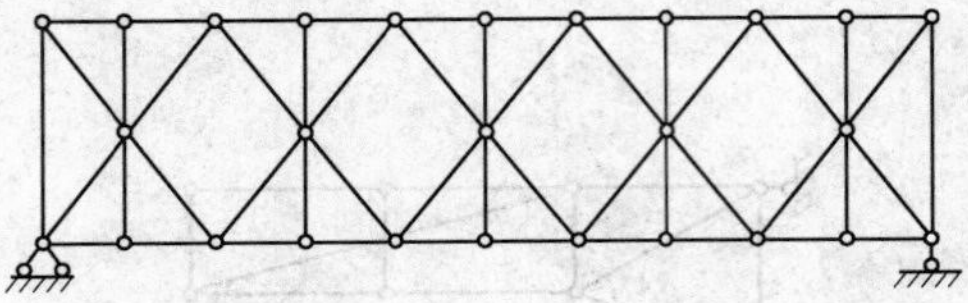

图 22

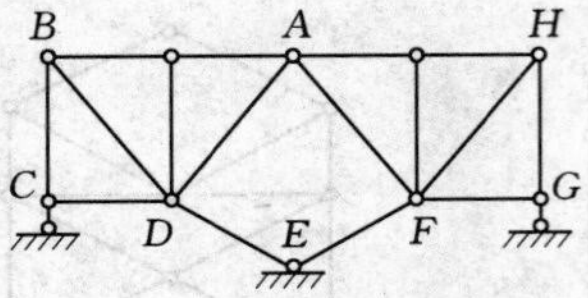

图 23

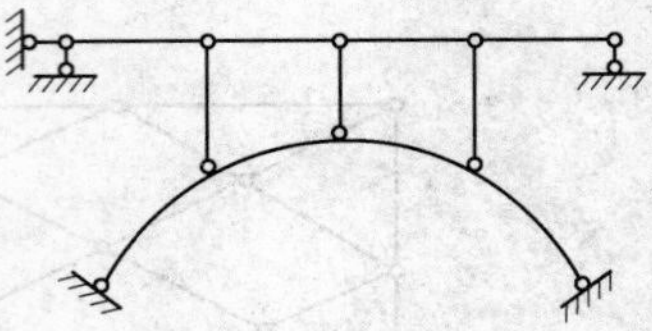

图 24

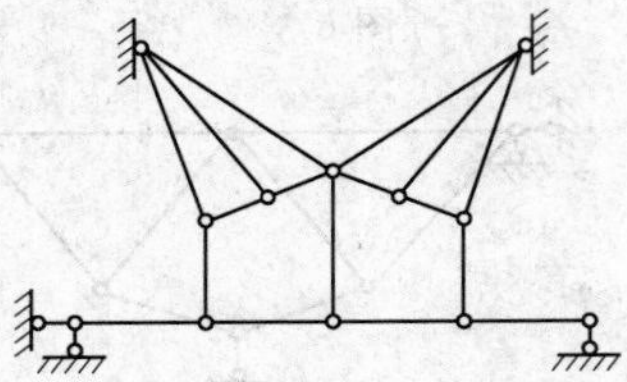

图 25

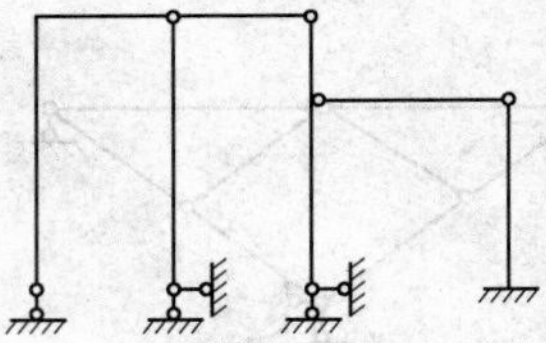

图 26

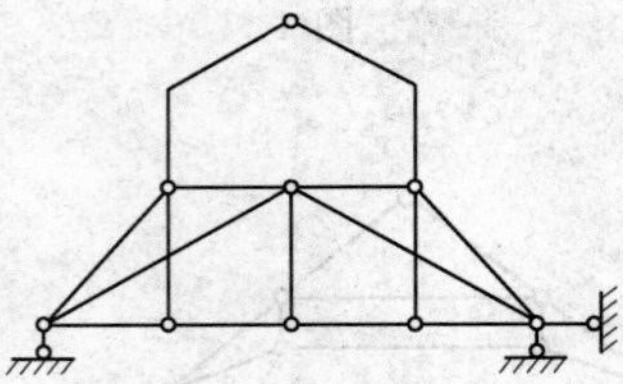

图 27

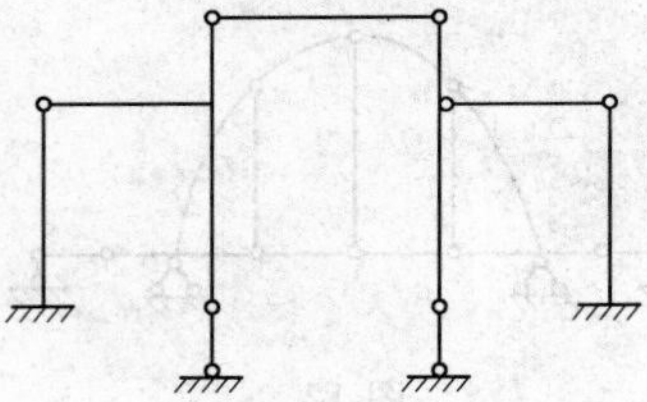

图 28

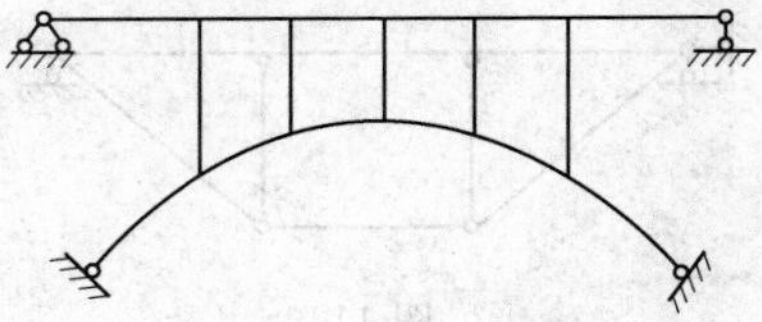

图 29

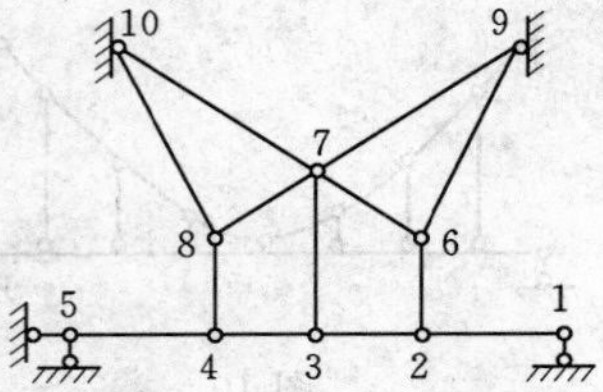

图 30

习题 2-1 图

参　考　答　案

习题 2-1 图 1、图 2、图 4、图 9、图 10、图 14、图 15、图 17～图 20、图 23、图 26～图 28、图 30 几何不变，且无多余联系。

习题 2-1 图 5、图 7、图 8 几何瞬变。

习题 2-1 图 6、图 16、图 21 几何可变

习题 2-1 图 3、图 11、图 22、图 24、图 25 具有一个多余约束的几何不变体系。

习题 2-1 图 12 几何不变，且有两个多余联系。

习题 2-1 图 13 几何不变，且有三个多余联系。

习题 2-1 图 29 具有 14 个多余约束的几何不变体系。

第三章　静定梁与静定刚架

第一节　单跨静定梁

本章将分别讲述单跨静定梁、多跨静定梁、静定平面刚架。主要讨论静定结构的受力分析问题，其中包括支座反力和内力的计算、内力图的绘制、受力性能的分析等内容。

一、单跨静定梁的形式

材料力学中的单跨梁包括简支梁［图 3-1 (a)］、外伸梁［图 3-1 (b)］、悬臂梁［图 3-1 (c)］三种基本型式，分别如图 3-1 所示。

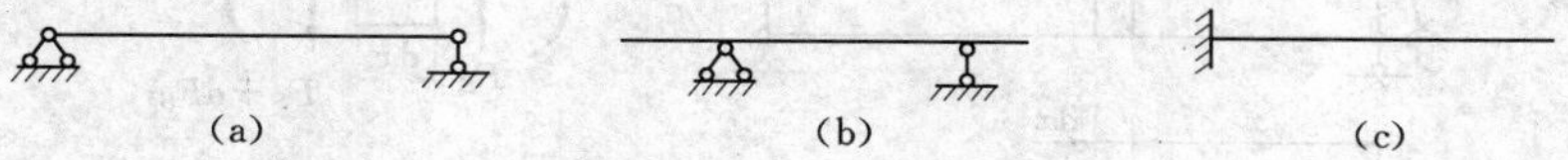

图 3-1　单跨梁的基本类型

二、用截面法求指定截面的内力

计算内力的方法是截面法：是指用假想截面沿某指定截面把杆件截开，取其中的一部分为脱离体，根据静力平衡方程求出指定截面上内力的方法。

梁在一般力系作用下，任一横截面上一般有三种内力分量：轴力 F_N、剪力 F_S 和弯矩 M。轴力以拉力为正，压力为负；剪力以使脱离体有顺时针转动趋势者为正，有逆时针转动趋势者为负；弯矩以使梁下部纤维受拉为正，上部纤维受拉为负。如图 3-2 所示 Ⅰ—Ⅰ 截面上的内力均假设为正。

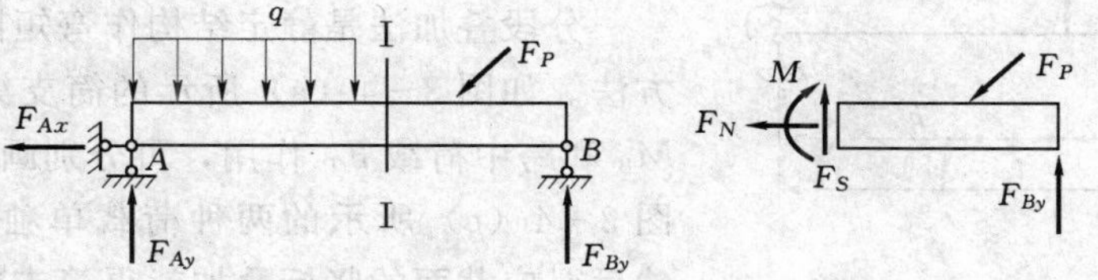

图 3-2　梁任一横截面上的内力

根据内力正负号规定，总结实例中内力和外力的关系，得出内力计算法则如下：

轴力等于脱离体上所有外力沿轴线切线方向投影的代数和，对切开面而言外力为拉力产生正的轴力，外力为压力产生负的轴力。

剪力等于脱离体上所有外力沿轴线法线方向投影的代数和，对切开面而言，使脱离体产生顺时针转动趋势的外力引起正的剪力，反之，使脱离体产生逆时针转动趋势的外力引起负的剪力。

弯矩等于脱离体上所有外力对切开面形心力矩的代数和，对水平杆件而言，使脱离体下侧受拉的外力引起正的弯矩，使脱离体上侧受拉的外力产生负的弯矩。

根据以上法则，求杆件某一指定截面上的内力时，不必再把脱离体单独画出来，可以针对所取的脱离体直接应用内力计算法则求出指定截面的内力。

三、内力与荷载集度之间的微积分关系

(1) 微分关系：从图 3-3 (a) 所示的梁内取出微段 dx 为脱离体，两侧面的内力均以正向标出，如图 3-3 (b) 所示。根据微段的平衡方程可以导出 F_S、M 和荷载集度 $q(x)$ 的微分关系。

$$\left.\begin{aligned}\frac{\mathrm{d}F_S(x)}{\mathrm{d}x}&=-q(x)\\\frac{\mathrm{d}M(x)}{\mathrm{d}x}&=F_S(x)\\\frac{\mathrm{d}^2M(x)}{\mathrm{d}x}&=-q(x)\end{aligned}\right\}\tag{3-1}$$

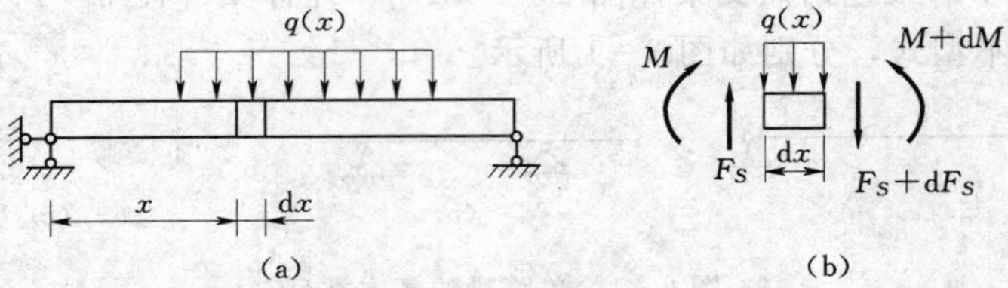

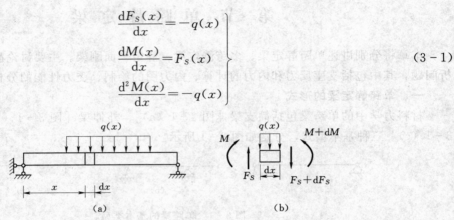

图 3-3　内外力的微积分关系

(2) 积分关系：由式 (3-1) 得出，在 $x=a$ 和 $x=b$ 处（从 a 到 b 应沿坐标轴的正方向）两个横截面 A、B 间的积分为

$$\left.\begin{aligned}F_{SB}&=F_{SA}-\int_a^b q(x)\mathrm{d}x\\M_B&=M_A+\int_a^b F_S(x)\mathrm{d}x\end{aligned}\right\}\tag{3-2}$$

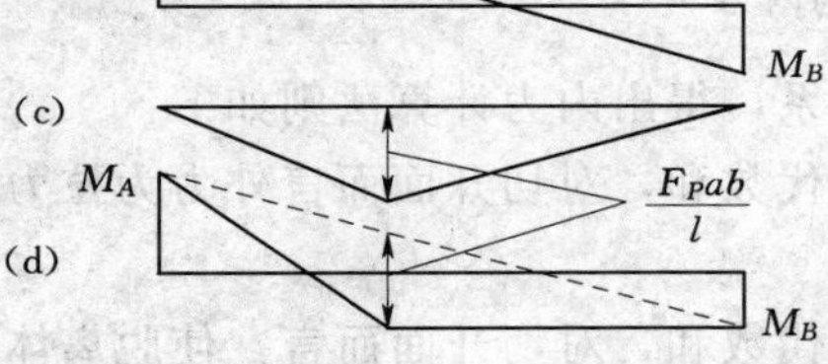

图 3-4　简支梁弯矩图的叠加法

四、分段叠加法作弯矩图

分段叠加法是静定结构作弯矩图的一种简便作图方法。如图 3-4 (a) 所示的简支梁受集中力偶 M_A、M_B 和跨中荷载 F_P 作用，可分别画出如图 3-4 (b)、图 3-4 (c) 所示的两种荷载单独作用下的弯矩图。然后对应截面的竖标叠加就得简支梁在原荷载作用下的弯矩图，如图 3-4 (d) 所示。

五、内力图

画内力图的有关规定：以杆轴表示横截面的位置，与杆轴垂直的坐标轴表示对应横截面上的内力。正的轴力（剪力）图画在轴线的上侧，负的轴力（剪力）图画在轴线的下侧，要标出正负号。弯矩图画在梁纤维受拉侧，一般不标正负。

画内力图的基本方法——控制截面法，其解题步骤一般为：

(1) 利用静力平衡方程求支座反力。

(2) 以集中力、集中力偶、分布荷载的起始点作为分段点，把杆件分为若干段，按截面法求控制截面（分段点所在的截面）的内力。

(3) 根据内力和荷载集度的微分关系确定各分段内 F_S 和 M 的变化规律。如当梁段上 $q(x)=0$ 时，F_S 图为平行于杆轴的直线，M 图为斜线，其斜率等于 F_S。当梁段上 $q(x)=$ 常数时，F_S 图为斜率等于 $q(x)$ 的斜直线，M 图为二次抛物线等。

(4) 根据控制截面的内力和各段内 F_S、M 的变化规律直接绘出 F_S、M 图。

【例 3-1】 作如图 3-5 (a) 所示简支梁的内力图。

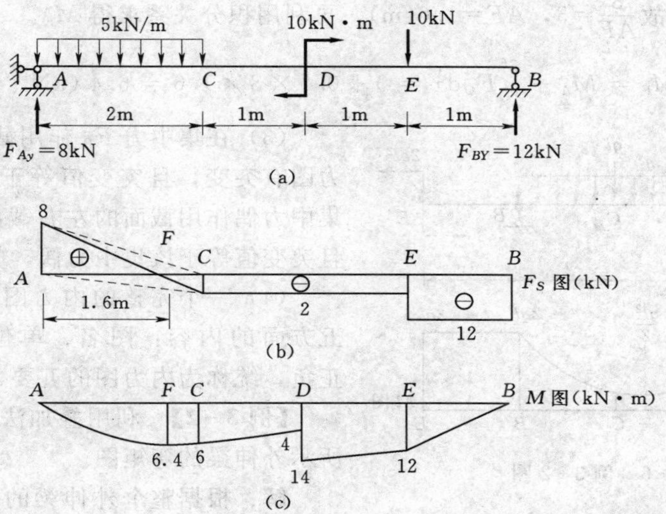

图 3-5 例 3-1 图

解：(1) 求支座反力：取整体 AB 为脱离体，由静力平衡方程求得

$$F_{Ay}=8\text{kN},F_{By}=12\text{kN}$$

(2) 根据 AB 杆的实际受力情况可以分为 AC、CD、DE、EB 四段。

(3) 利用积分关系直接求出控制截面 A、C、D、E、B 的内力。

剪力
$$F_{SA}^{R}=8(\text{kN})$$
$$F_{SC}=8-5\times 2=8-10=-2(\text{kN})$$
$$F_{SE}^{L}=F_{SC}=-2(\text{kN})$$
$$F_{SE}^{R}=-2-10=-12(\text{kN})$$

弯矩
$$M_A=0$$
$$M_C=\frac{1}{2}\times 8\times 2-\frac{1}{2}\times 2\times 2=6(\text{kN}\cdot\text{m})$$
$$M_D^L=6-2\times 1=4(\text{kN}\cdot\text{m})$$
$$M_D^R=4+10=14(\text{kN}\cdot\text{m})$$
$$M_E=14-2\times 1=12(\text{kN}\cdot\text{m})$$
$$M_B=0$$

(4) 根据内力和荷载集度的微分关系，判断各分段内 F_S、M 的变化规律。

AC 段，$q(x)$ 为常数，且方向向下，F_S 图为斜率是 $-q$ 的斜直线。M 图为二次抛物线。CD、DE、EB 段，$q(x)$ 为零，F_S 图为平行于杆轴的直线，M 图为斜率是 F_S 的斜直线。

(5) 据 3、4 的计算和分析直接画出 F_S 和 M 图，如图 3-5 (b)、图 3-5 (c) 所示。

总结以上例题，在具体画内力图时，还应注意以下几点：

(1) 单跨梁在画内力图时，一般按轴力图、剪力图、弯矩图的先后顺序画。

(2) 当荷载集度 $q(x)$ 为常数时，局部最大弯矩 M_{max} 的确定。根据 $q(x)$ 和 F_S、M 之间的微分关系，首先确定 $F_S=0$ 的截面位置。如图 3-5 (b) 中 AC 段，$\frac{dF_S}{dx}=-\frac{8}{AF}$，而 $\frac{dF_S}{dx}=-q=-5$，故 $\frac{8}{AF}=5$，$AF=1.6(\mathrm{m})$，再利用积分关系求得 M_F。

$$M_F = M_A + \int_A^F F_Q \mathrm{d}x = 0 + 0.5 \times 8 \times 1.6 = 6.4\,(\mathrm{kN \cdot m})$$

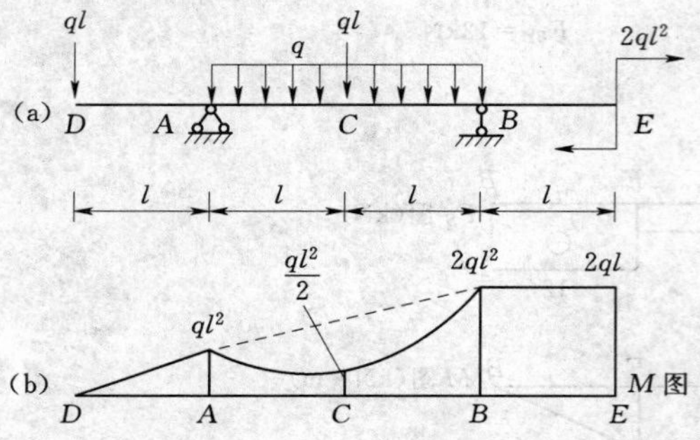

图 3-6　例 3-2 图

(3) 在集中力 F_P 作用截面的左右截面，剪力图有突变，且突变值等于 F_P，M 图有尖点。集中力偶作用截面的左右截面，弯矩图有突变，且突变值等于该集中力偶，剪力图无变化。

(4) 一个完整的内力图必须表示清楚以下五方面的内容：图名、单位、关键值、比例、正负，统称为内力图的五要素。

【例 3-2】 利用叠加法作出如图 3-6 (a) 所示外伸梁的弯矩图。

解： 根据整个外伸梁的受力情况分为 DA、AB、BE 三段。

控制截面的弯矩

$$M_D=0,\ M_A=-ql\cdot l=-ql^2,\ M_B=-2ql^2,\ M_E^L=-2ql^2$$

根据叠加原理

$$M_C=-\frac{1}{2}(ql^2+2ql^2)+\frac{1}{8}q\cdot(2l)^2+\frac{1}{4}\cdot ql\cdot 2l=-\frac{1}{2}ql^2$$

根据控制截面的弯矩，按弯矩和荷载集度的关系直接画出弯矩图，如图 3-6 (b) 所示。

第二节　多跨静定梁

多跨静定梁是工程实际中较常见的结构，它的基本组成形式为如图 3-7、图 3-8 所示的两种类型。图 3-7 为桥梁建设中较常采用的结构，其计算简图如图 3-7 (b) 所示。房屋建筑中的檩条有时也采用这种形式，在檩条接点处采用斜搭接的形式，并用螺栓系紧，这种接点可以看作铰接点，计算简图如图 3-8 (b) 所示。

对如图 3-7 (b) 所示的结构进行几何组成分析，梁 AB、CD 分别和基础按两刚片规则构成几何不变体系，梁 BC 两端支于梁 AB 和 CD 的伸臂上面，BC 和 AB、CD、基础共同构成的大刚片，也按二刚片规则构成几何不变体系。从整体上分析，结构是无多余约束的几何不变体系。从局部考虑，梁 AB 和 CD 不依赖梁 BC 就可以单独构成几何不变体系，独立承受荷载，称为基本部分，梁 BC 必须依赖基本部分 AB 和 CD 的支承才能构成几何不变体系而承受荷载，称为附属部分。通过以上分析可得出，基本部分和附属部分的几何组成特征分别为：基本部分不依赖于附属部分的存在而存在，能独立承受荷载，而附属部分必须依赖于基本部分的存在而存在，不能独立承受荷载。由上述基本部分和附属部分的依存关系可知，计算多跨静定梁的顺序应该是先附属部分，后基本部分，与几何组成的顺序相反，这样才能顺利地求出各铰接点处的约束反力和各支座反力，而避免求解联立方程。当每取一部分为隔离体进行分析时，都与单跨梁的情况无异，故其反力计算与内力图的绘制均无困难。

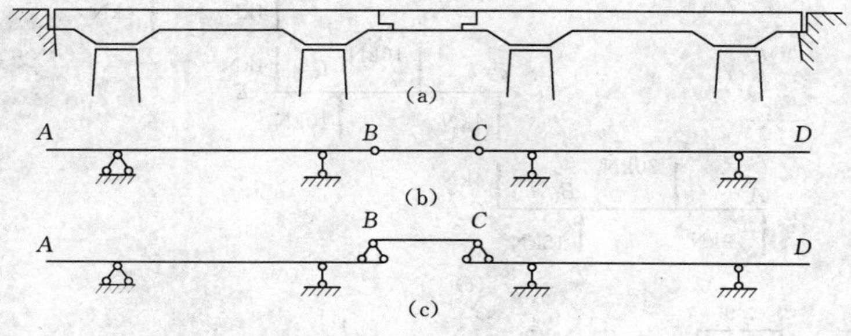

图 3-7　多跨静定梁实例

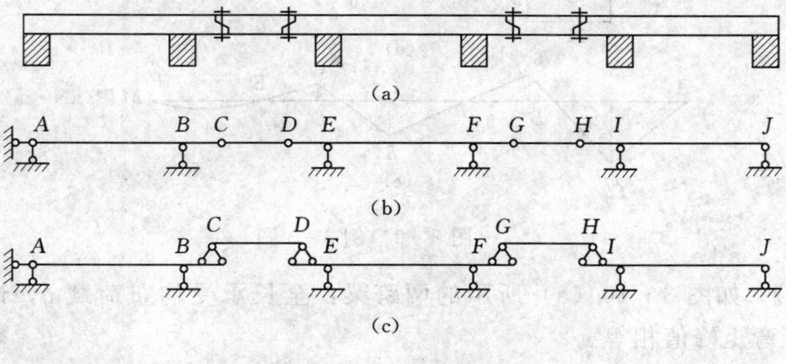

图 3-8　多跨静定梁实例

如图 3-7（b）所示结构的层次图如图 3-7（c）所示。对于如图 3-8（b）所示结构，梁 ABC、$DEFG$、HIJ 是基本部分，梁 CD、GH 是附属部分，其结构构成层次图如图 3-8（c）所示。整个结构是无多余约束的几何不变体系，是静定结构。

【例 3-3】 试绘制图 3-9（a）所示多跨静定梁的内力图。

解：（1）绘层次图。梁 ABC 固定在基础上，是基本部分；梁 CDE 固定在梁 AB 上，是第一级附属部分；梁 EF 固定在梁 CDE 上，是第二级附属部分，其层次图如图 3-9（b）所示。

（2）根据如图 3-9（b）所示的层次图，按先附属后基本的原则，依次取各段梁为脱离体，受力图如图 3-9（c）所示，根据平衡方程分别求出各梁段的约束反力，计算过程略。

（3）绘内力图。依据图 3-9（c）中计算出的约束力，按单跨梁绘制内力图的方法，分别绘出各梁段的内力图。然后连在一起如图 3-9（d）、图 3-9（e）所示即为所求的多跨静定梁的剪力图和弯矩图。

(4) 校核。反力校核：由图 3-9 (c) 列出

$$\sum F_y=9+15+10+4-20-10-8=0$$

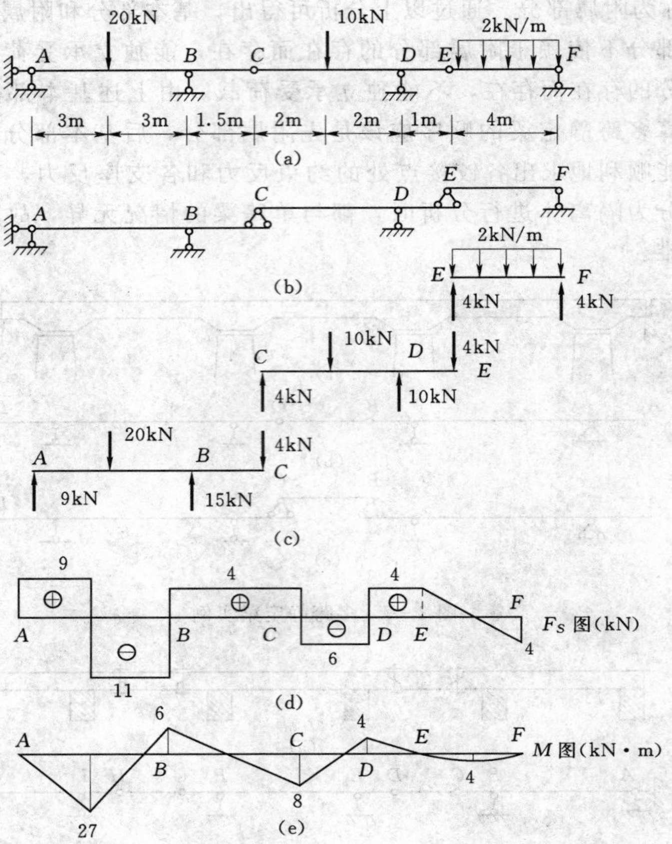

图 3-9　例 3-3 图

【例 3-4】　如图 3-10 (a) 所示的两跨梁，全长承受均布荷载 q，试求铰 D 的位置，使负弯矩与正弯矩峰值相等。

解：(1) 绘层次图。设铰 D 距支座 B 为 x，其层次图如图 3-10 (b) 所示。

(2) 确定铰的位置。对于附属部分 DC，支座反力为 $\frac{1}{2}q(l-x)$。跨中正弯矩峰值为 $\frac{1}{8}q(l-x)^2$。对于基本部分 ABD，根据图 3-10 (c)，支座 B 的负弯矩峰值为 $\frac{1}{2}q(l-x)x+\frac{1}{2}qx^2$。根据题意，正负弯矩的峰值彼此相等，即 $\frac{1}{8}q(l-x)^2=\frac{1}{2}q(l-x)x+\frac{1}{2}qx^2$，解得 $x=0.172l$。

(3) 作弯矩图。铰的位置确定后，把 x 的具体数值代入图 3-10 (a) 即可作出弯矩图如图 3-10 (d) 所示，其中正负弯矩峰值都等于 $0.086ql^2$。

如果改用两跨度为 l 的简支梁，则弯矩图如图 3-10 (e) 所示。由此可知，多跨静定梁的弯矩峰值比一系列简支梁的弯矩峰值要小得多，两者的比值为 0.086/0.125=68.8%，故多跨静定梁的材料用量少，但构造复杂，施工较困难。

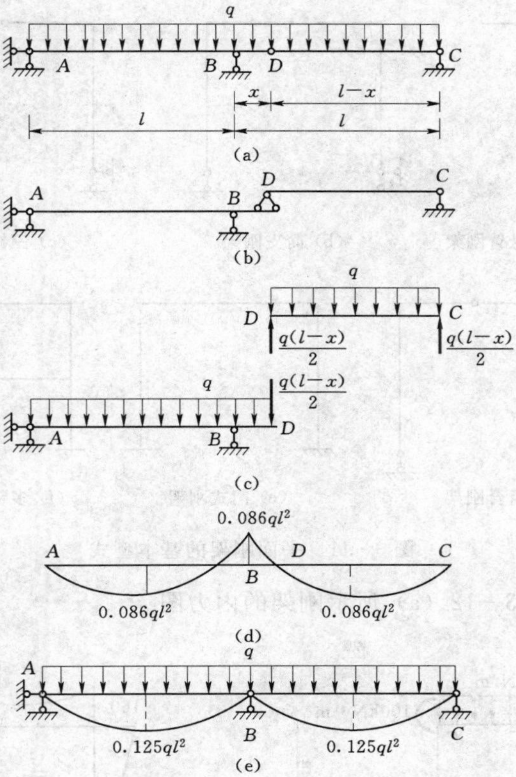

图 3-10　例 3-4 图

第三节　静 定 平 面 刚 架

刚架是由若干直杆组成，直杆杆端主要用刚性结点连接。所谓刚性结点是指相交于该结点的各根杆件不能相对移动和转动，因此，从变形角度来看，各杆件的夹角始终保持不变；从受力角度来看，刚性结点可以承受和传递弯矩。刚结点增加了结构的刚度，使结构的整体刚性加强，内力分布比较均匀，杆件少并且可以组成较大的空间，制作施工较方便，工程上使用较多。刚架中各杆轴线、支座反力、外荷载均作用于同一平面内，称为平面刚架，否则称为空间刚架。平面刚架分为静定平面刚架［如图 3-11（a）～图 3-11（d）］和超静定平面刚架［如图 3-11（e）、图 3-11（f）］。

工程上大量采用的是超静定平面刚架，其内力计算是在静定平面刚架的基础上进行的。因此，静定平面刚架的内力计算十分重要。

静定平面刚架内力计算的基本方法也是截面法。利用截面法可以求出刚架任一截面的内力。作内力图时一般以各杆杆端作为控制截面，利用平衡条件求出各控制截面的内力，再根据内力和外力的微分、积分关系，画出各杆的内力图，然后组合在一起即为整个刚架的内力图。

为了表示刚架上不同截面的内力，在内力符号后引用两个脚标：第一个下标表示内力所在杆端截面，第二个表示另一端。如 M_{AB} 表示 AB 杆 A 端截面的弯矩，F_{SAB} 表示 AB 杆 A 端截面的剪力等。

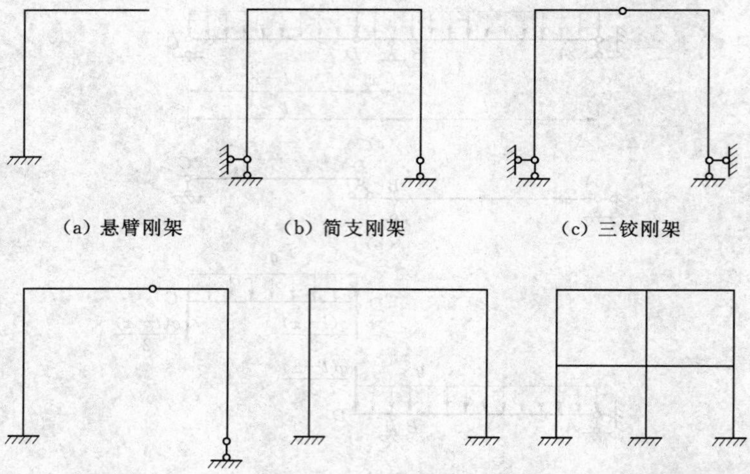

图 3－11　平面刚架的基本型式

【例 3－5】 绘制图 3－12（a）所示刚架的内力图。

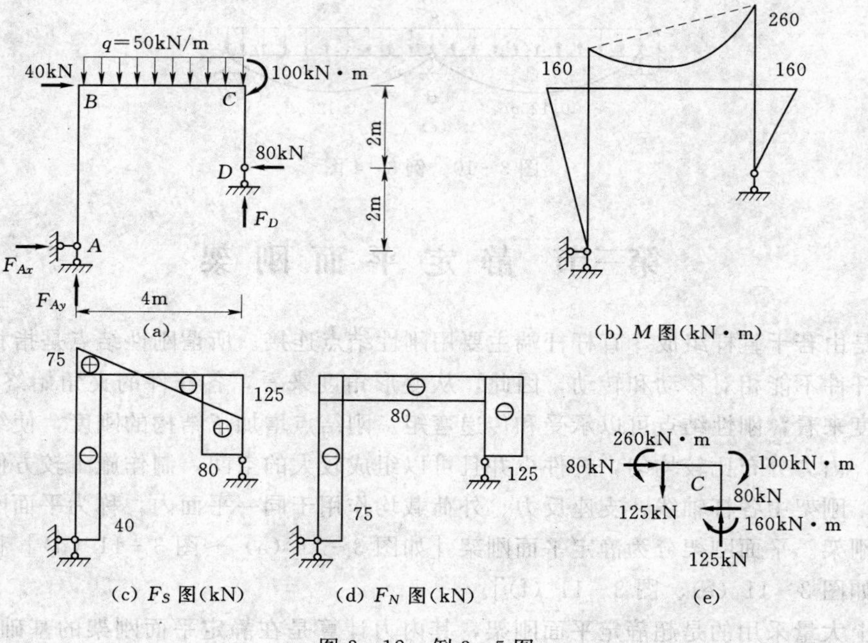

图 3－12　例 3－5 图

解：（1）计算支座反力。此为一简支刚架，反力只有三个，考虑刚架的整体平衡。

由 $\sum F_x=0$，　$F_{Ax}=40\text{kN}(\rightarrow)$

由 $\sum M_A=0$，　$F_D=125\text{kN}(\uparrow)$

由 $\sum F_y=0$，　$F_{Ay}=75\text{kN}(\uparrow)$

（2）绘制弯矩图。作弯矩图时应逐杆考虑，把刚架分为三段，并以刚架内侧受拉为正。

AB 段：$M_{AB}=0$；$M_{BA}=-40\times4=-160(\text{kN}\cdot\text{m})$（外侧受拉）

AB 之间无荷载，M 图为直线。

BC 段：该段受均布荷载作用，可用叠加法来绘制弯矩图。为此，先求出该杆两端的弯矩

$$M_{BC}=-160\text{kN}\cdot\text{m}\ (\text{外侧受拉})$$

$$M_{CB}=-80\times2-100=-260(\text{kN}\cdot\text{m})\ (\text{外侧受拉})$$

这里，M_{CB} 是取截面 C 的右边部分为脱离体算得的。将两端弯矩绘出并连以直线，再于此直线上叠加相应简支梁在均布荷载作用下的弯矩图即成。

CD 段：$M_{DC}=0$；$M_{CD}=-80\times2=-160(\text{kN}\cdot\text{m})$（外侧受拉）

由上所得整个刚架的弯矩图如图 3-12（b）所示。

（3）绘制剪力图和轴力图。作剪力图时同样逐杆考虑。根据荷载和已求出的反力，用截面法不难求得各控制截面的剪力值如下

AB 段：$F_{SAB}=F_{SBA}=-40\text{kN}$

BC 段：$F_{SBC}=F_{SAy}=75\text{kN}$；$F_{SCB}=-F_D=-125\text{kN}$

CD 段：$F_{SDC}=F_{SCD}=80\text{kN}$

据此可绘出剪力图如图 3-12（c）所示。

用同样方法可绘出轴力图如图 3-12（d）所示。

（4）校核。根据图 3-12（b）、3-12（c）、3-12（d）所画的内力图，可取任一部分进行计算正误校核。如取结点 C，如图 3-12（e）所示，有

$$\sum F_X=80-80=0$$

$$\sum F_Y=-125+125=0$$

$$\sum M_C=260-160-100=0$$

故知此结点的是满足。

【例 3-6】 绘制图 3-13（a）所示简支刚架的内力图。

解：（1）求支座反力。取整体为脱离体，受力图如图 3-13（a）所示。

由 $\sum F_x=0$，$-F_{Ax}-3+6=0$，$F_{Ax}=3\text{kN}$（←）

由 $\sum M_A=0$，$F_{Cy}\times3+3\times4-6-6\times3=0$，$F_{Cy}=4\text{kN}$（↑）

由 $\sum M_C=0$，$F_{Ay}\times3-3\times3+3\times1-6=0$，$F_{Ay}=4\text{kN}$（↓）

（2）求控制截面内力，绘制内力图。

1）弯矩图。BD 杆　$M_{DB}=6\text{kN}\cdot\text{m}$（左侧受拉）

$$M_{BD}=6-3\times1=3(\text{kN}\cdot\text{m})\ (\text{左侧受拉})$$

BC 杆　$M_{CB}=0$，$M_{BC}=4\times3=12(\text{kN}\cdot\text{m})$（下侧受拉）

AB 杆　$M_{AB}=0$，$M_{BA}=3\times3=9(\text{kN}\cdot\text{m})$（右侧受拉）

根据各杆杆端弯矩直接绘出各杆段弯矩图，组合而成整个刚架的弯矩图，如图 3-13（b）图所示。

2）剪力图。　BD 杆　$F_{SDB}=F_{SBD}=-3\text{kN}$

BC 杆　$F_{SCB}=F_{SBC}=-4\text{kN}$

AB 杆　$F_{SAB}=F_{SBA}=3\text{kN}$

根据各杆杆端剪力直接绘出各杆段的剪力图，组合形成刚架的剪力图，如图 3-13（c）所示。

3）轴力图。

$$BC\text{杆}\quad F_{NBC}=F_{NCB}=0$$

$$BD\text{杆}\quad F_{NBD}=F_{NDB}=0$$

$$AB\text{杆}\quad F_{NAB}=F_{NBA}=4\text{kN}\ (\text{拉力})$$

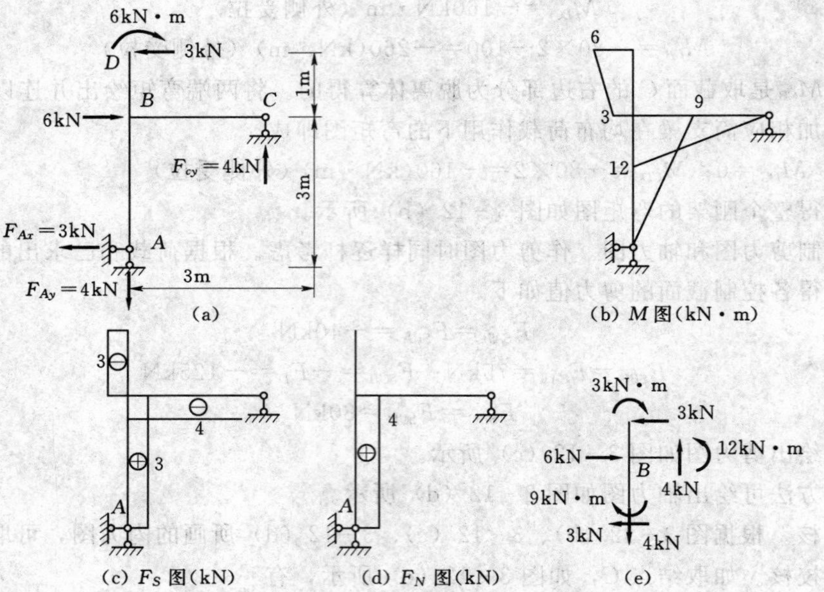

图 3-13　例 3-6 图

根据各杆杆端轴力直接绘出各杆段轴力图，组合形成刚架的轴力图，如图 3-13（d）所示。

（3）校核。根据图 3-13（b）、3-13（c）、3-13（d）所画的内力图，可取任一部分进行计算正误校核。如取结点 B，如图 3-13（e）所示，满足 $\sum M=9+3-12=0$、$\sum F_y=4-4=0$、$\sum F_x=3+3-6=0$ 的平衡条件。

内力图校核（略）。

【例 3-7】 绘制如图 3-14（a）所示门式三铰刚架的内力图。

解：（1）求支座反力。该刚架是按三刚片规则组成的，整体分析有四个支座反力，需建立四个平衡方程求解四个未知反力，取刚架整体为脱离体建立三个平衡方程。另外利用铰 C 处的弯矩为零这一已知条件，取左半刚架或右半刚架为脱离体，再建立一补充方程即可求出全部支座反力。取刚架整体为脱离体，受力如图 3-14（a），得平衡方程。

由 $$\sum M_B=0,F_{Ay}=\frac{2\times6\times9}{12}=9(\text{kN})(\uparrow)$$

由 $$\sum F_y=0,F_{By}=2\times6-F_{Ay}=12-9=3(\text{kN})(\uparrow)$$

由 $$\sum F_x=0,F_{Ax}-F_{Bx}=0,\ F_{Ax}=F_{Bx}$$

再取右半刚架 BEC 为脱离体，如图 3-15（a），由平衡方程 $\sum M_C=0$ 有

$$6F_{Bx}-6F_{By}=0$$

得 $$F_{Bx}=\frac{6F_{By}}{6}=3\text{kN}(\leftarrow),\ F_{Ax}=3\text{kN}\ (\rightarrow)$$

为了校核反力，取 AC 部分为脱离体，如图 3-15（b）所示，由平衡方程 $\sum M_C=0$ 有

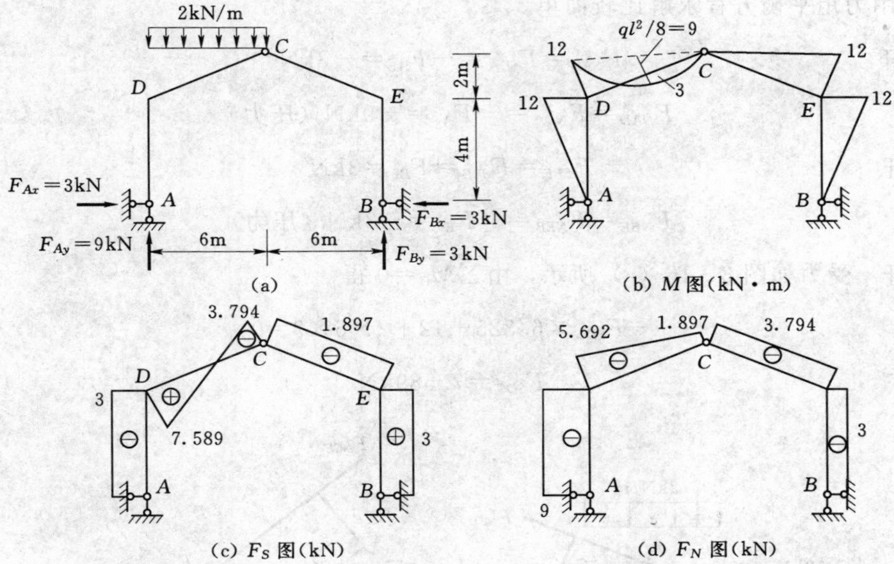

图 3-14　例 3-7 图

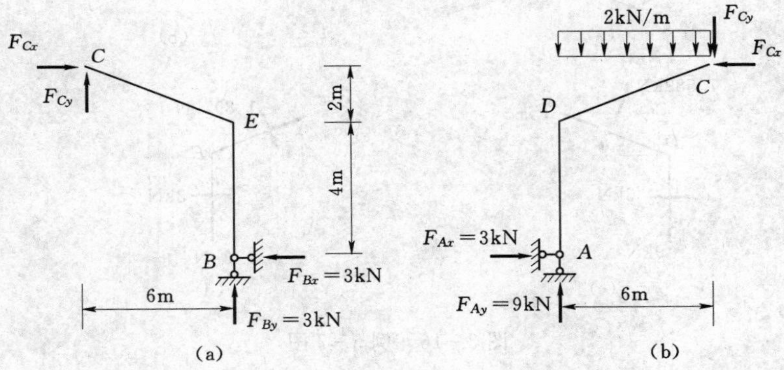

图 3-15　例 3-7 图

$3\times6-9\times6+2\times6\times3=18-54+36=0$ 反力计算无误。

(2) 作弯矩图。以刚架内侧受拉为正，各杆杆端弯矩为

AD 杆　$M_{AD}=0$　$M_{DA}=-3\times4=-12$(kN · m)(外侧受拉)

DC 杆　$M_{CD}=0$　$M_{DC}=M_{DA}=-12$(kN · m)(外侧受拉)

BE 杆　$M_{BE}=0$　$M_{EB}=-3\times4=-12$(kN · m)(外侧受拉)

EC 杆　$M_{CE}=0$　$M_{EC}=M_{EB}=-12$(kN · m)(外侧受拉)

根据各杆杆端弯矩，按叠加法绘出各杆的弯矩图，组合形成整个刚架的弯矩图，如图 3-14 (b) 所示，其中 DC 杆的中点弯矩为

$$\frac{1}{8}\times2\times6^2-\frac{1}{2}\times12=3(\text{kN}\cdot\text{m})(\text{下侧受拉})$$

(3) 作剪力图和轴力图。对于直杆 AD 和 BE 利用截面法求杆端剪力较为方便，而对于斜杆 DC 和 EC，若利用截面法求杆端剪力，则投影关系比较复杂，而取杆 DC 或 EC 为脱

离体，利用力矩平衡方程求解比较简单。

AD 杆　　$F_{SAD}=F_{SDA}=-F_{Ax}=-3\text{kN}$

$$F_{NAD}=F_{NDA}=-F_{Ay}=-9\text{kN}\ （压力）$$

BE 杆　　$F_{SBE}=F_{SEB}=F_{Bx}=3\text{kN}$

$$F_{NBE}=F_{NEB}=-F_{By}=-3\text{kN}\ （压力）$$

DC 杆　受力如图 3－16（a）所示，由 $\sum M_C=0$ 得

$$-F_{SDC}\times 6.325+12+2\times 6\times 3=0$$

$$F_{SDC}=7.589\text{kN}$$

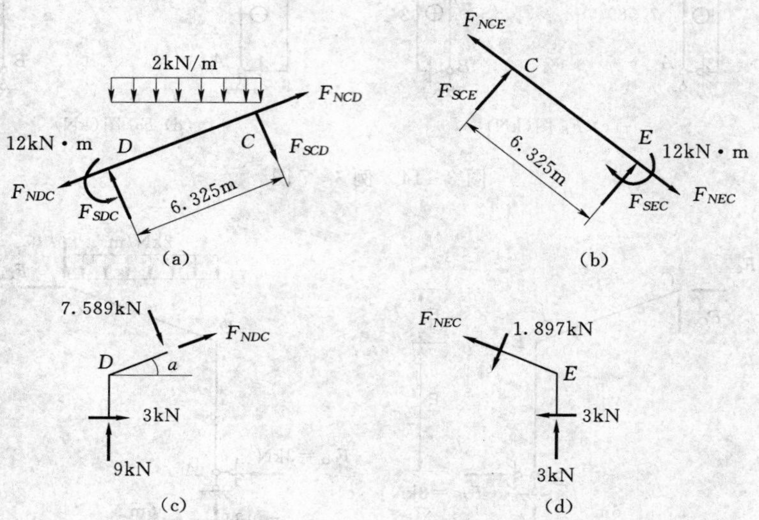

图 3－16　例 3－7 图

由 $\sum M_D=0$ 得

$$-F_{SCD}\times 6.325-2\times 6\times 3+12=0$$

$$F_{SCD}=-3.794\text{kN}$$

EC 杆：受力如图 3－16（b）所示，

$$F_{SEC}=F_{SCE}=-12/6.325=-1.897(\text{kN})$$

斜杆 *DC* 和 *EC* 的杆端轴力可利用结点平衡求解。

取结点 *D* 和结点 *E* [图 3－16（c）、图 3－16（d）]，由 $\sum F_x=0$ 得

$$F_{NDC}\cdot\cos\alpha+7.589\cdot\sin\alpha+3=0$$

其中　　$\sin\alpha=\dfrac{1}{\sqrt{10}}$，$\cos\alpha=\dfrac{3}{\sqrt{10}}$

代入上式可得　　$F_{NDC}=-5.692\text{kN}$

再由如图 3－16（a）所示 *DC* 脱离体，沿轴向 *DC* 投影得

$$F_{NCD}-F_{NDC}-2\times 6\times\sin\alpha=0$$

$$F_{NCD}=-1.897\text{kN}$$

取结点 E [图 3-16（d)]，由 $\sum F_x=0$ 得

$$F_{NEC}\cos\alpha+1.897\sin\alpha+3=0$$

$$F_{NEC}\times\frac{3}{\sqrt{10}}+1.879\times\frac{1}{\sqrt{10}}+3=0$$

$$F_{NEC}=-3.794\text{kN}$$

这样，绘出其剪力图和轴力图，如图 3-14（c)、(d) 所示。

(4) 内力图校核（略)。

综合以上例题，平面静定刚架绘制内力图的步骤如下：

(1) 求支座反力。选取刚架整体或局部为脱离体，利用脱离体的静力平衡条件，求出支座反力。当刚架组成比较复杂时，应先进行几何组成分析，确定出基本部分和附属部分，然后按先附属后基本的顺序进行计算。

(2) 求控制截面的内力，绘制内力图。作弯矩图时，先求各杆端弯矩，再按区段叠加法逐杆绘出弯矩图。弯矩图不注正负号，但必须绘在杆件的受拉一侧。

作剪力图时，先计算各杆端剪力。一般可根据截面一边的荷载和支座反力直接计算，可根据弯矩图取杆件为脱离体，在已求出的杆端弯矩的基础上，用力矩平衡方程求杆端剪力。剪力图可绘制在杆件的任一边，但必须注明正负号。

作轴力图时，先计算各杆端轴力。一般可根据截面一边的荷载和支座反力直接计算，但结构比较复杂时，亦可取刚架的结点为脱离体，利用已求出的杆端剪力，用投影平衡方程计算。轴力以拉为正。轴力图可绘制在杆件的任一边，但必须注明正负号。

(3) 校核。选取在计算过程中未用到的结点或杆件为脱离体，根据已绘出的内力图，画出脱离体的受力图，利用脱离体得平衡条件校核计算正误，然后按内、外力的微分关系校核内力图。

第四节 静定结构的静力特性

通过前几节常见静定结构的几何组成分析和内力计算，不难发现静定结构有两个基本特征：在几何组成方面，它是无多余约束的几何不变体系；在静力方面，静定结构的全部反力和内力都可由静力平衡方程求出，而且得到的解答是唯一的。这一静力特征称为静定结构解答的唯一性定理。在此基础上可以推演出静定结构其他的一些静力特性。

一、反力和内力与支座移动、温度改变、制造误差无关

支座移动、温度改变、制造误差等因素只能使静定结构产生位移，而不产生反力和内力。这是因为静定结构没有多余约束，当上述非荷载因素作用时，结构只能发生相对应的自由变形位移，而不产生反力和内力。如图 3-17（a）所示的悬臂梁，当 $t_1>t_2$ 时，杆件可以自由变形成虚线所示的形式，但梁内不会产生内力，如图 3-17（b）所示的简支梁；当支座 B 下沉发生支座位移到 B' 时，AB 仅产生了绕 A 点的转动，形成刚体位移 AB'，梁内不会产生内力。以上两种现象也可以从静定结构解答的唯一性定理找出答案，即没有荷载作用

时，支座反力、任一截面的内力均为零，零内力和零反力必然满足各部分的静力平衡条件，并且答案唯一。

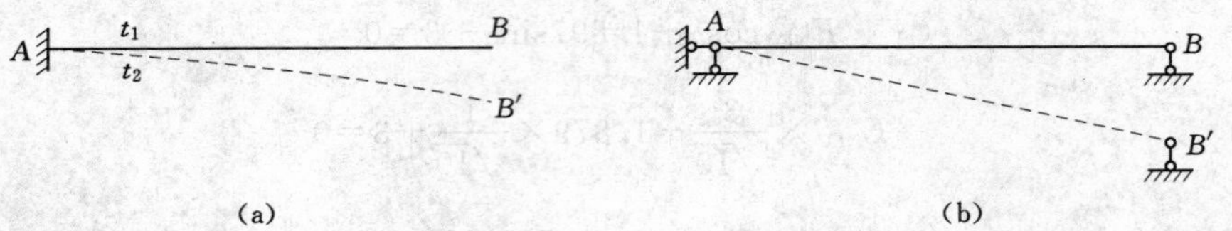

图 3-17 静定结构静力特性图

二、反力和内力与构件材料、截面形状和尺寸无关

通过前几节各种静定结构的内力计算结果可以得出，静定结构的反力和内力只与结构所受的荷载有关，而与构件所用的材料以及构件截面的形状和尺寸无关。

三、静定结构的基本部分和附属部分的受力特征

作用在基本部分的荷载，只在该部分产生反力和内力，而不影响附属部分；而作用在附属部分上的荷载，除在该部分产生反力和内力外，也在基本部分上产生内力和反力，也就是基本部分上的荷载不影响附属部分，而附属部分上的荷载影响基本部分。

四、静定结构在平衡力系作用下的局部平衡性

当由平衡力系组成的荷载作用于静定结构某一几何不变部分上时，只有该部分受力，而其余部分的反力和内力均等于零。如图 3-18（a）所示的多跨梁，25 段依靠 12 段构成几何不变部分，当在 34 段作用一平衡力系时，根据平衡条件，只有 34 段有内力，其余各段均无内力。

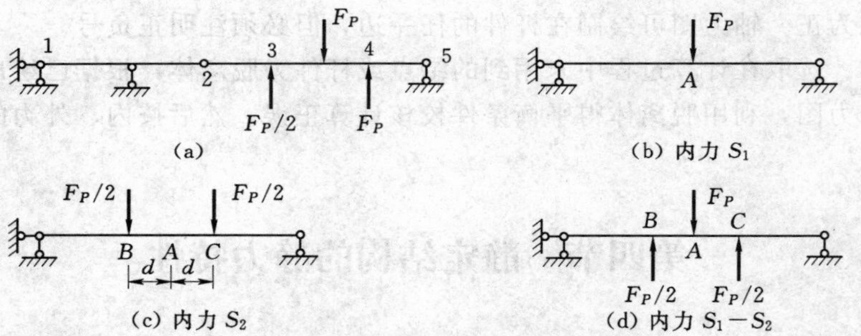

图 3-18 静定结构静力特性图

五、静定结构在静力等效荷载作用下的局部变化性

荷载的等效变换就是将一种荷载变换成另一种与其静力等效的荷载。而静力等效荷载是指具有同一合力的各种荷载。如图 3-18（b）所示的简支梁在 F_P 作用下的内力为 S_1，把荷载 F_P 等效变化成如图 3-18（c）所示的形式，产生的内力为 S_2。为了寻找 S_1 和 S_2 之间的关系，把两种情况组合成如图 3-18（d）所示的形式，其内力为 S_1-S_2，根据静定结构的局部平衡性可知，只有 BC 有内力，其余各段内力为零，也就是在 BC 段 $S_1\neq S_2$，而在其他各段 S_1 均恒等于 S_2。由以上分析可以得出：对作用于静定结构某一几何不变部分上的荷载进行等效变换时，只有该部分的内力发生变化，而其余部分的反力和内力均保持不变。

小　　结

本章主要讨论静定结构的受力分析，这是结构设计的需要，也是计算超静定结构的基础，要求熟练掌握。通过本章学习应掌握以下重要内容。

（1）应学会针对结构的不同形式和受力特点，灵活应用隔离体平衡条件，正确地计算内力并绘制相应的内力图。受弯构件内力以弯矩为主。内力图可按分段、定点、连线的方法作出。剪力图和轴力图可在作出弯矩图以后以杆段、结点为对象，用平衡条件在求得控制剪力和轴力后作出。

（2）静定结构的内力计算是在几何组成分析的基础上进行的，所谓几何组成分析，就是研究一个结构如何用单元体组合起来，研究“如何搭”的问题。所谓静力分析，就是研究如何把静定结构的内力计算问题分解为单元的内力计算问题，研究“如何拆”的问题。因此，在静力分析中，如果截取单元的次序与结构组成时添加单元的次序正好相反，则静力分析的工作就可以顺利进行。根据结构的几何组成情况，对于某些结构可以区分基本部分和附属部分。组成结构时由“基本”到“附属”，计算时则采取相反途径，即由“附属”到“基本”，以避免出现多元的联立方程，使计算得以简化。计算过程中所取的脱离体，可以是一个点、一根杆、多根杆件组成的局部系统、物体系统本身等，其原则为未知力的个数应小于或等于平衡方程的个数。

思　考　题

3－1　结构的基本部分与附属部分是如何划分的？当荷载作用在基本部分时，附属部分是否引起内力？反之，当荷载作用在附属部分时，基本部分是否引起内力？为什么？

3－2　在荷载作用下，刚架的弯矩图在刚结点处有何特点？

3－3　思考题 3－3 图所示（a）、（b）刚架的刚结点处内力图有何特点？试列出图示刚架在结点 C 处各杆端内力应满足的关系式。

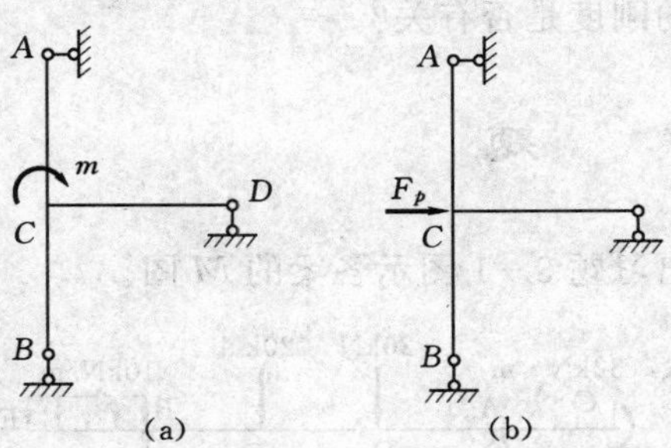

思考题 3－3 图

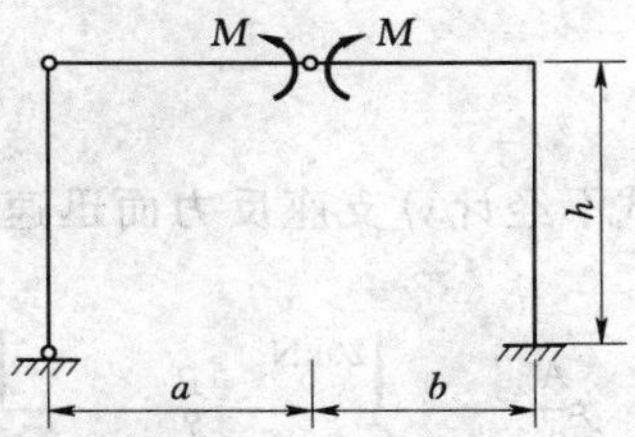

思考题 3－4 图

3－4　试不通过计算，直接画出如思考题 3－4 图所示结构的弯矩图。

3－5　作思考题 3－5 图示外伸梁的弯矩图时，要求分为 AB、BD 区段，AB 段可用叠加法进行绘制，你认为可以吗？应该如何进行？

3－6　指出思考题 3－6 图所示下列各弯矩图错误之处，简明说明理由，然后加以修正。

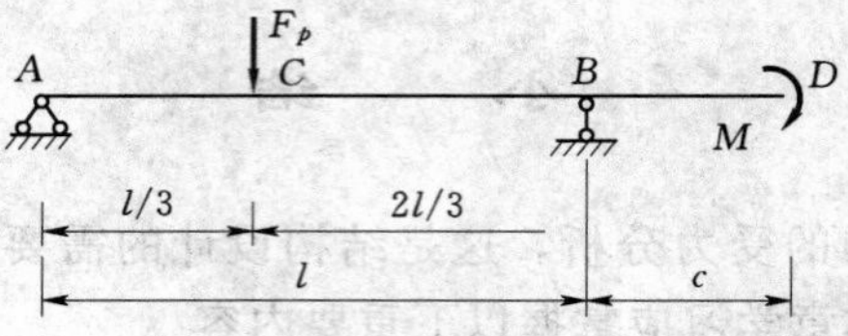

思考题 3-5 图

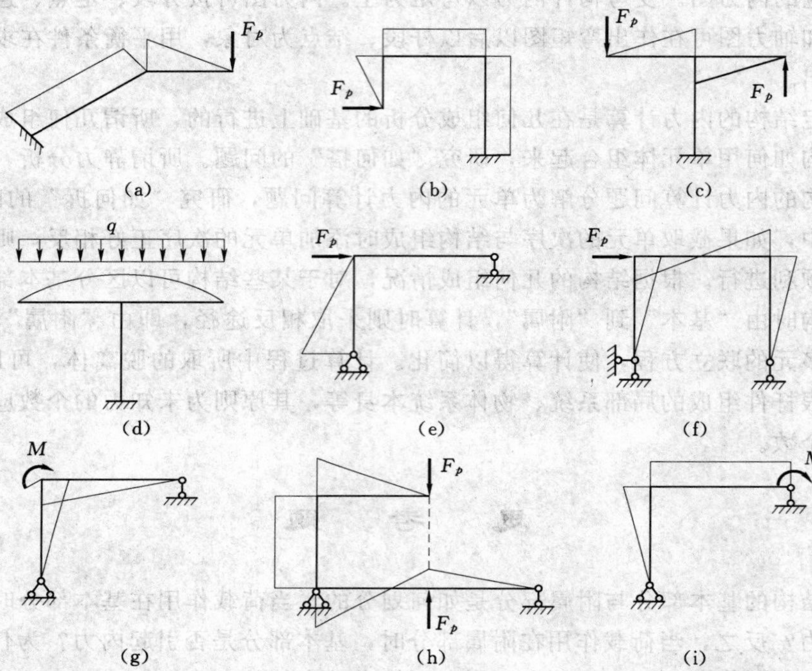

思考题 3-6 图

3-7　怎样根据弯矩图来做剪力图？又怎样进而作出轴力图及求出支座反力？

3-8　静定结构的内力和反力与杆件的刚度是否有关？

习　　题

3-1　试不经计算支座反力而迅速绘出习题 3-1 图示各梁的 M 图。

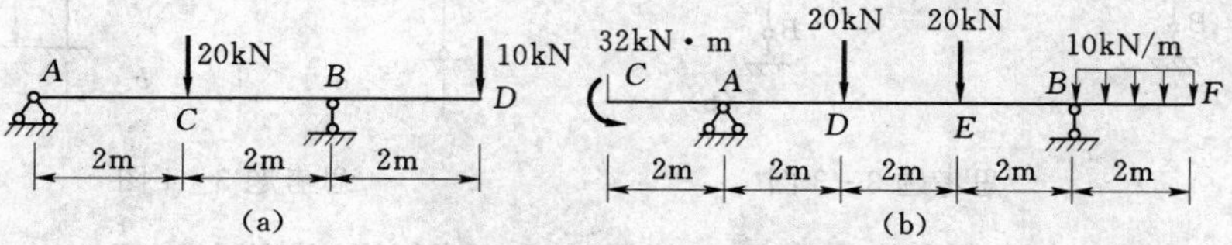

习题 3-1 图

3-2　指出习题 3-2 图示各多跨静定梁哪些是附属部分，哪些是基本部分，并求出各支座反力，并作梁的剪力图、弯矩图。

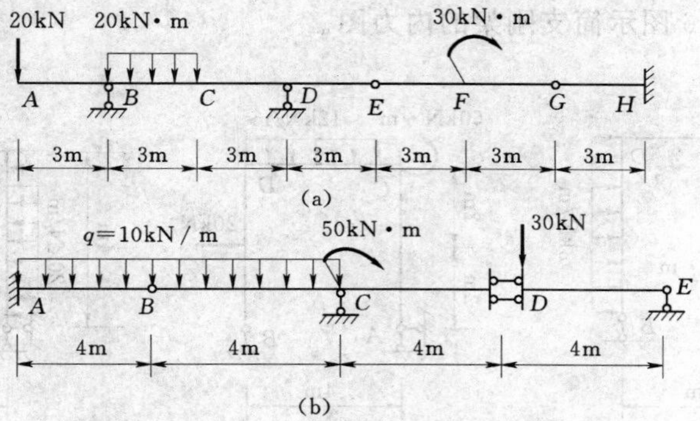

习题 3-2 图

3-3　试做习题 3-3 图示多跨静定梁的内力。

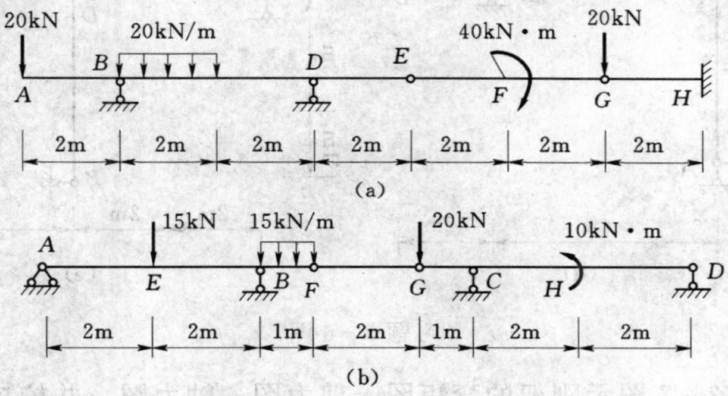

习题 3-3 图

3-4　试做习题 3-4 图示各简支梁的弯矩图、剪力图、轴力图，并比较其异同点。

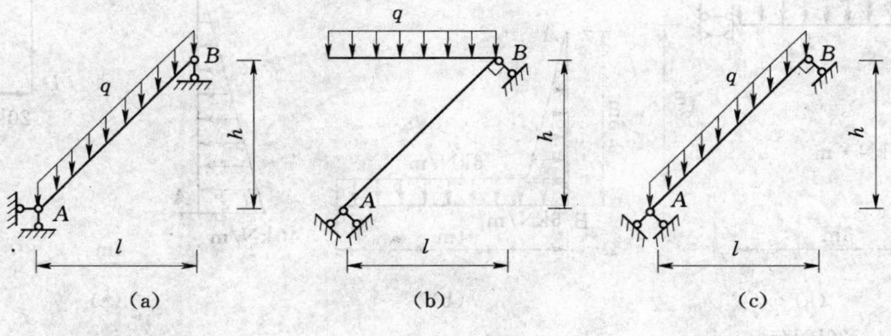

习题 3-4 图

3-5　试绘习题 3-5 图示结构的弯矩图、剪力图、轴力图。

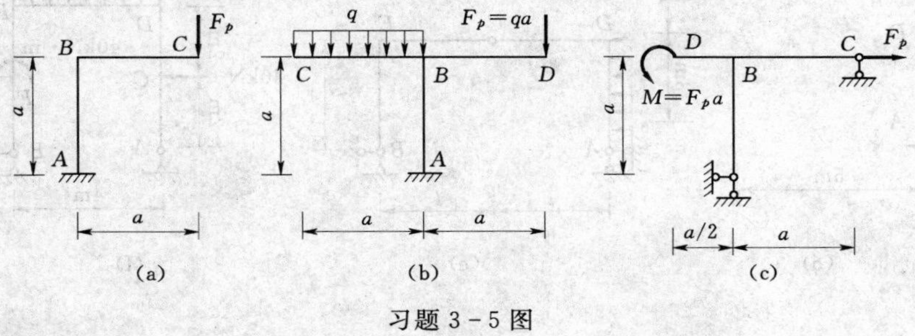

习题 3-5 图

3－6　做习题 3－6 图示简支刚架的内力图。

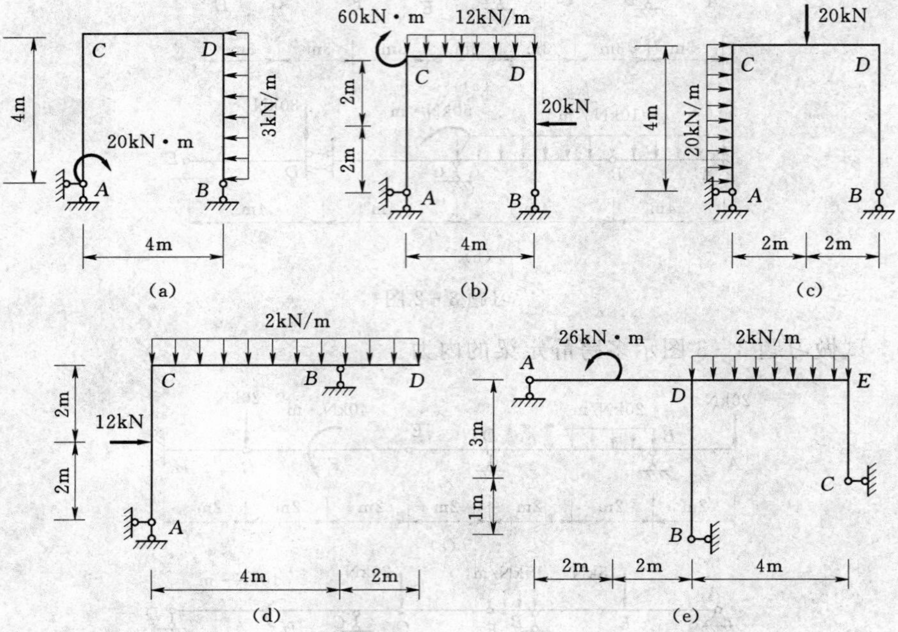

习题 3－6 图

3－7　试做习题 3－7 图示刚架的弯矩图、剪力图、轴力图，并校核所得结果。

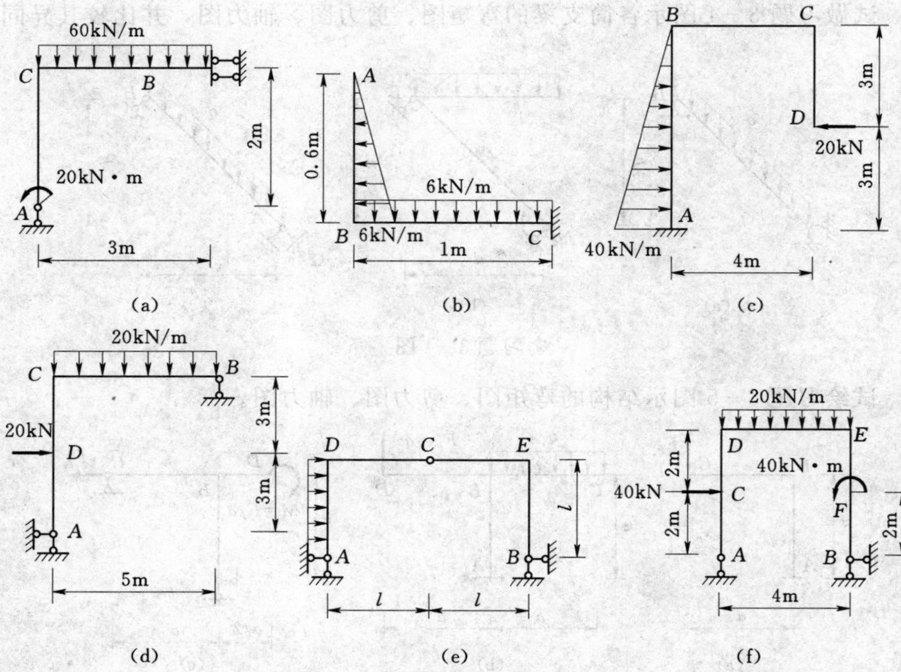

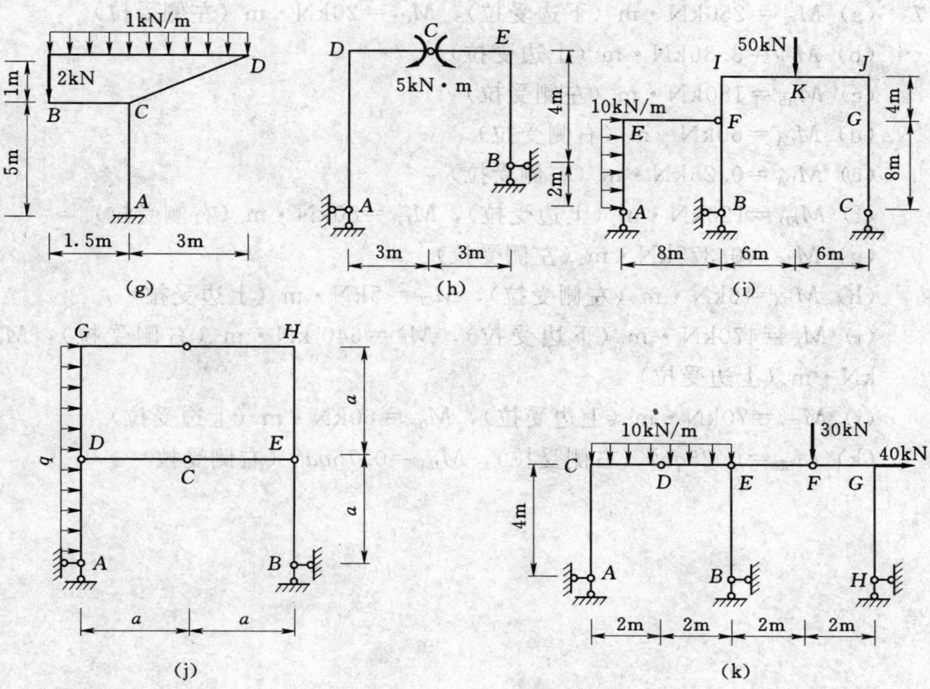

习题 3-7 图

参　考　答　案

3-1　(a) $M_C=10\text{kN}\cdot\text{m}$（下边受拉）　(d) $M_D=12\text{kN}\cdot\text{m}$（下边受拉）

3-2　(a) EFG 为附属部分；(b) AB 为基本部分。

3-3　(a) $M_C=10\text{kN}\cdot\text{m}$（下边受拉），$M_D^L=20\text{kN}\cdot\text{m}$（上边受拉），$F_{SB}^R=45\text{kN}$

(b) $M_E=11.25\text{kN}\cdot\text{m}$（下边受拉）

3-4　(b) $F_{SA}=\dfrac{ql^2}{2\sqrt{l^2+h^2}}$，$F_{NA}=-\dfrac{qlh}{\sqrt{l^2+h^2}}$

(a)、(c) $F_{SA}=\dfrac{1}{2}ql$，$F_{NA}=\dfrac{1}{2}qh$

3-5　(a) $M_{AB}=F_Pa$（左侧受拉）

(b) $M_{BA}=\dfrac{1}{2}qa^2$（左侧受拉）

(c) $M_{BA}=F_Pa$（右侧受拉）

3-6　(a) $M_{CA}=28\text{kN}\cdot\text{m}$（外侧受拉）

(b) $M_{CD}=20\text{kN}\cdot\text{m}$（内侧受拉）

(c) $M_{CA}=160\text{kN}\cdot\text{m}$（内侧受拉）

(d) $M_{CA}=24\text{kN}\cdot\text{m}$（内侧受拉）

(e) $M_{ED}=66\text{kN}\cdot\text{m}$（上侧受拉）

3-7 (a) $M_{BC}=250\text{kN}\cdot\text{m}$（下边受拉），$M_{CA}=20\text{kN}\cdot\text{m}$（左侧受拉）

(b) $M_{CB}=3.36\text{kN}\cdot\text{m}$（上边受拉）

(c) $M_{AB}=180\text{kN}\cdot\text{m}$（左侧受拉）

(d) $M_{CA}=60\text{kN}\cdot\text{m}$（右侧受拉）

(e) $M_{DA}=0.25\text{kN}\cdot\text{m}$（右侧受拉）

(f) $M_{ED}=120\text{kN}\cdot\text{m}$（上边受拉），$M_{FB}=80\text{kN}\cdot\text{m}$（右侧受拉）

(g) $M_{AC}=0.375\text{kN}\cdot\text{m}$（左侧受拉）

(h) $M_{DA}=6\text{kN}\cdot\text{m}$（左侧受拉），$M_{CE}=5\text{kN}\cdot\text{m}$（上边受拉）

(i) $M_{K}=470\text{kN}\cdot\text{m}$（下边受拉），$M_{F}=640\ \text{kN}\cdot\text{m}$（右侧受拉），$M_{EF}=320\ \text{kN}\cdot\text{m}$（上边受拉）

(j) $M_{ED}=70\text{kN}\cdot\text{m}$（上边受拉），$M_{GF}=60\text{kN}\cdot\text{m}$（上边受拉）

(k) $M_{GD}=0.25qa^2$（右侧受拉），$M_{DA}=0.75qa^2$（右侧受拉）

第四章　三　铰　拱

第一节　概　　述

拱式结构是一种重要的结构形式，在房屋建筑、桥梁建筑和水利工程建筑中常采用。拱结构的计算简图通常有三种，见图 4-1（a）、4-1（b）、4-1（c）。其中三铰拱是静定的，后两种是超静定的。

图 4-1　拱结构的计算简图

拱结构的杆轴为曲线，在竖向荷载作用下支座会产生水平反力。这种水平反力又称为推力。拱结构与梁结构的区别不仅在于外形不同，更重要的还在于受竖向荷载作用时是否产生水平推力。如图 4-2 所示的两个结构，虽然它们的杆轴都是曲线，但在如图 4-2（a）所示结构在竖向荷载作用下不产生水平推力，其弯矩与相应的（同跨度、同荷载）简支梁的弯矩相同，所以这种结构不是拱结构而是曲梁。如图 4-2（b）所示结构，由于其两端都有水平支座链杆，在竖向荷载作用下将产生水平推力，所以属于拱结构。由于水平推力的存在，拱中各截面的弯矩将比相应的曲梁或简支梁的弯矩要小，并且会使整个拱体主要承受压力。

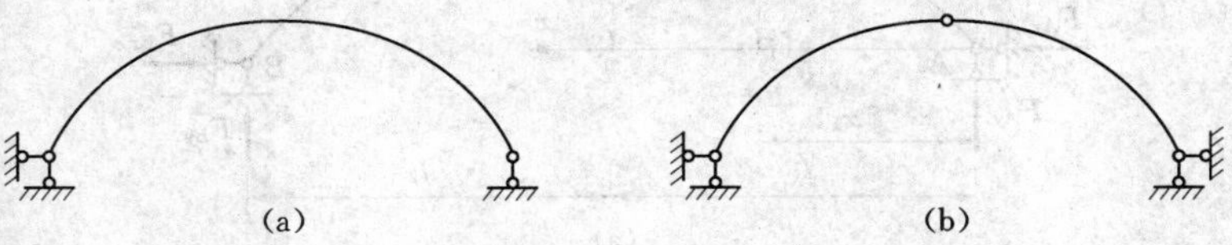

图 4-2　拱与曲梁

构成拱的曲杆称为拱肋。拱的两端支座称为拱趾或拱脚。拱中间最高点称为拱顶。三铰拱的拱顶通常是布置铰的地方，两拱趾间的水平距离称为拱的跨度，若两拱趾的连线为水平线，则该拱称为水平拱或等高拱；若两拱趾的连线为斜线，则该拱称为斜拱或不等高拱。拱顶到两拱趾连线的竖向距离 f 称为矢高。矢高 f 与跨度 l 之比 $\frac{f}{l}$ 称为拱的矢跨比或高跨比，它是影响拱的受力性能的重要参数。这个比值的变化范围是 0.1～1，如图 4-3（a）所示。

拱的轴线常采用抛物线或圆弧，在实际应用中，可以根据荷载及采用建材的情况进行选择。需要说明的是，在拱结构中，有时在支座铰之间连一水平拉杆，如图 4-3（b）所示。拉杆内产生的拉力代替了支座推力的作用，使在竖向荷载作用下支座只产生竖向反力，但是这种结构内部的受力性能与拱并无区别，故称为带拉杆的拱。它的优点在于消除了推力对支撑结构的影响。因此带拉杆的三铰拱常用于屋面支撑结构。

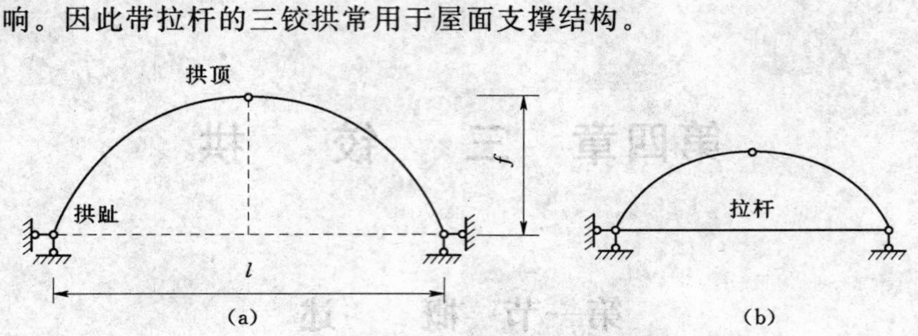

图 4-3　拱结构的局部名称

第二节　三 铰 拱 的 计 算

三铰拱为静定结构，其全部反力和内力都可由静力平衡方程求出。在讨论竖向荷载作用下三铰拱的内力时，常与同跨度、同荷载的简支梁（称为对应拱结构的代梁）的内力加以比较，找出二者的内力关系，以进一步说明拱的受力特性。现以等高拱为例说明三铰拱内力计算的方法。

一、支座反力的计算

三铰拱的尺寸、受力如图 4-4（a）所示，相应的代梁如图 4-4（c）所示。对于如图 4-4（a）所示的三铰拱结构，两端均为固定铰支座，有四个支座反力 F_{Ax}、F_{Ay}、F_{Bx}、F_{By}，需建立四个方程求解，考虑整体平衡可列出三个平衡方程，再利用中间铰处不能抵抗弯矩的

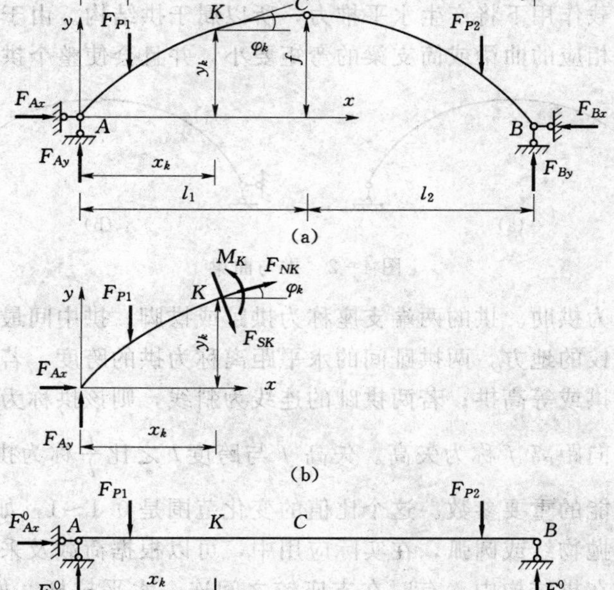

图 4-4　等高三铰拱内力求解图

特征即 $M_C=0$ 建立补充方程，可求出四个支座反力。

首先，考虑拱的整体平衡，取整体为脱离体，由整体平衡方程

$$\left.\begin{aligned}&\sum M_B=0\quad F_{Ay}=\frac{1}{l}(F_{P1}b_1+F_{P2}b_2)=\frac{\sum F_i b_i}{l}\\&\sum M_A=0\quad F_{By}=\frac{1}{l}(F_{P1}a_1+F_{P2}a_2)=\frac{\sum F_i a_i}{l}\\&\sum F_x=0\quad F_{Ax}=F_{Bx}=F_H\end{aligned}\right\}\tag{4-1}$$

A、B 两点水平推力大小相等、方向相反，以 F_H 表示推力的大小。

其次，取左半拱 AC 为脱离体，由 $\sum M_C=0$ 有

$$F_{Ay}l_1-F_{P1}(l_1-a_1)-F_Hf=0$$

可得

$$F_H=\frac{F_{Ay}l_1-F_{P1}(l_1-a_1)}{f}\tag{4-2}$$

对如图 4-4（c）所示的代梁，由于荷载是竖向的，梁没有水平反力，只有竖向反力 F^0_{Ay} 和 F^0_{By}，由代梁的整体平衡方程

$$\left.\begin{aligned}&\sum M_B=0\quad F^0_{AY}=\frac{1}{l}(F_{P1}b_1+F_{P2}b_2)\\&\sum M_B=0\quad F^0_{BY}=\frac{1}{l}(F_{P1}a_1+F_{P2}a_2)\end{aligned}\right\}\tag{4-3}$$

代梁跨中弯矩

$$M^0_C=F_{Ay}l_1-F_{P1}(l_1-a_1)\tag{4-4}$$

对比式（4-1）、式（4-3）和式（4-2）、式（4-4），得出三铰拱的支座反力与相应代梁的支座反力之间的关系为

$$\left.\begin{aligned}&F_{Ay}=F^0_{Ay}\\&F_{By}=F^0_{By}\\&F_H=F_{Ax}=F_{Bx}=\frac{M^0_C}{f}\end{aligned}\right\}\tag{4-5}$$

由式（4-5）可以看出，三铰拱只受竖向荷载作用时，两固定铰支座的竖向反力与代梁反力相等，水平推力等于代梁跨中弯矩与矢高之比，因此可利用代梁的支座反力和跨中弯矩来计算拱的支座反力。反力与荷载及三个铰的位置有关，与拱轴的曲线形式无关，而与拱高 f 成反比，拱愈低推力愈大。如果 f 趋近于零，推力趋于无限大。若 A、B、C 三铰在一条直线上，成为几何瞬变体系，不能作为结构。

二、内力计算

计算拱任一横截面上的内力，仍然利用截面法，取与拱轴线成正交的截面，并与对应代梁相应截面的内力加以比较，以找出二者对应截面上内力之间的关系。如求拱轴线上任一 K 截面的内力，K 截面的位置由该截面形心的坐标 x_k、y_k 以及该处拱轴的切线的倾角 φ_k 决定，x_k、y_k 的正负由坐标系确定，在图示坐标中 φ_k 左半拱为正，右半拱为负。取 AK 为脱离体，受力如图 4-4（b）所示，其中 K 截面上内力有弯矩 M_K、剪力 F_{SK}、轴力 F_{NK}。M_K 以内侧受拉为正，反之为负；F_{SK} 以使脱离体顺时针转为正，反之为负；F_{NK} 以拉力为正，反之为负。如图 4-4（b）所示 K 截面上的内力均按正向标出。考虑 AK 的平衡

$$\left.\begin{aligned}M_K&=[F_{Ay}x_K-F_{P1}(x_K-a_1)]-F_Hy_K\\F_{SK}&=(F_{Ay}-F_{P1})\cos\varphi_K-F_H\sin\varphi_K\\F_{NK}&=-(F_{Ay}-F_{P1})\sin\varphi_K-F_H\cos\varphi_K\end{aligned}\right\}\tag{4-6}$$

对于代梁的对应截面 K，其内力可根据平衡方程求得为

$$\left.\begin{aligned}M_K^0&=F_{Ay}^0\cdot x_K-F_{P1}(x_K-a_1)\\F_{SK}^0&=F_{Ay}-F_{P1}\\F_{NK}^0&=0\end{aligned}\right\}\tag{4-7}$$

对比式（4-6）和式（4-7）得出，在竖向荷载作用下，拱任一横截面上的内力与代梁对应横截面上的内力之间的关系为

$$\left.\begin{aligned}M_K&=M_K^0-F_Hy_K\\F_{SK}&=F_{SK}^0\cos\varphi_K-F_H\sin\varphi_K\\F_{NK}&=-F_{SK}^0\sin\varphi_K-F_H\cos\varphi_K\end{aligned}\right\}\tag{4-8}$$

由式（4-8）可知，三铰拱的内力不但与荷载及三个铰的位置有关，而且与各铰间拱轴线的形状有关。

【例 4-1】 已知三铰拱的受力和尺寸如图 4-5（a）所示，在图示坐标下，拱轴方程为 $y=\dfrac{4f}{l^2}(l-x)x$，试绘出三铰拱的内力图。

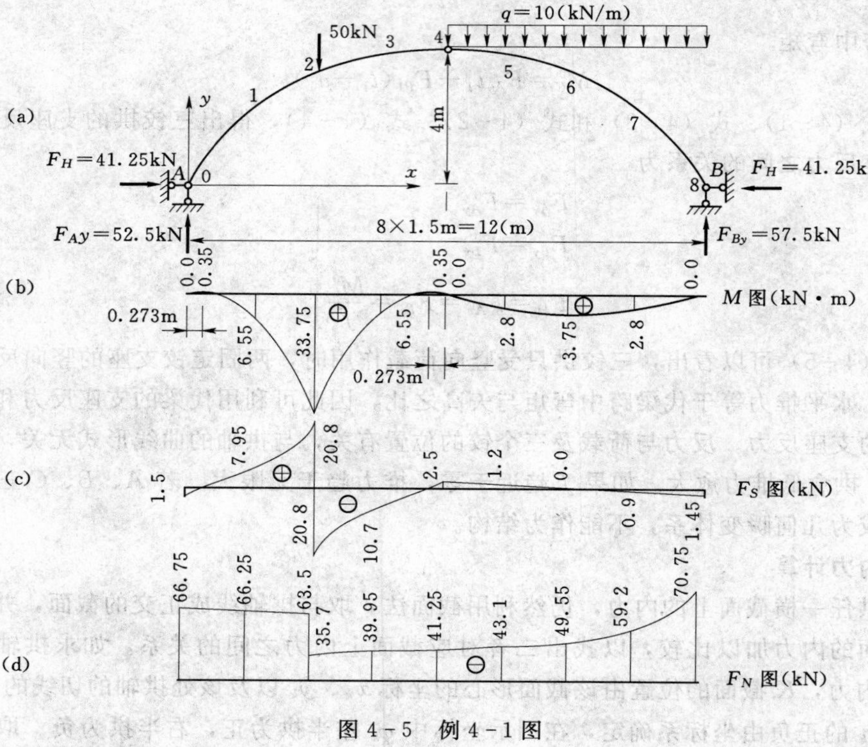

图 4-5　例 4-1 图

解：（1）求支座反力。由式（4-5）得

$$F_{Ay}=F_{Ay}^0=\frac{50\times9+10\times6\times3}{12}=52.5(\text{kN})$$

$$F_{By}=F_{By}^0=\frac{50\times 3+10\times 6\times 9}{12}=57.5(\text{kN})$$

$$F_H=\frac{M_C^0}{f}=\frac{52.5\times 6-50\times 3}{4}=41.25(\text{kN})$$

(2) 内力计算。为计算方便，将拱沿跨度方向分成八等份，如图 4-5 (a) 所示，按式 (4-8) 可以求出任一截面的内力。详细计算数据见表 4-1。

如截面 1 的几何参数：$x_1=1.5\text{m}$，由拱轴方程求得

$$y_1=\frac{4f}{l^2}x(l-x)=\frac{4\times 4}{12^2}\times 1.5\times(12-1.5)=1.75(\text{m})$$

截面 1 处的切线斜率为

$$\tan\varphi_1=\left(\frac{dy}{dx}\right)_1=\frac{4f}{l}\left(1-\frac{2x}{l}\right)=\frac{4\times 4}{12}\times\left(1-\frac{2\times 1.5}{12}\right)=1$$

据此可得 $\varphi_1=45°$，$\sin\varphi_1=0.707$，$\cos\varphi_1=0.707$

截面 1 的内力，由式 (4-8) 得

$$M_1=M_1^0-F_H y_1=52.5\times 1.5-41.25\times 1.75=6.55(\text{kN}\cdot\text{m})$$

$$F_{S1}=F_{S1}\cos\varphi_1-F_H\sin\varphi_1=52.5\times 0.707-41.25\times 0.707=7.95(\text{kN})$$

$$F_{N2}=-F_{S1}^0\sin\varphi_1-F_H\cos\varphi_1=-52.5\times 0.707-41.25\times 0.707=-66.25(\text{kN})$$

表 4-1 **三铰拱内力的计算表**

拱轴等分点	y(m)	$\tan\varphi_k$	$\sin\varphi_k$	$\cos\varphi_k$	F_{SK}^0 (kN)	M(kN·m)			F_S(kN)			F_N(kN)		
						M_K^0	$-F_H y_K$	M_K	$F_{SK}^0\cos\varphi_k$	$-F_H\sin\varphi_k$	F_{SK}	$F_{SK}^0\sin\varphi_k$	$F_H\cos\varphi_k$	F_{NK}
0	0	1.333	0.800	0.599	52.5	0	0	0	31.5	−33.0	−1.5	42.0	24.75	66.75
1	1.75	1.000	0.707	0.707	52.5	78.75	−72.2	6.55	37.1	−29.15	7.95	37.1	29.15	66.25
2_R^L	3	0.667	0.555	0.832	52.5 2.5	157.5	−123.75	33.8	43.7 2.1	−22.9	20.8 −20.8	29.2 1.4	34.3	63.5 35.7
3	3.75	0.333	0.316	0.948	2.5	161.25	−154.7	6.55	2.35	−13.05	−10.7	0.8	39.15	39.95
4	4	0.000	0.000	1.000	2.5	165.0	−165.0	0	2.5	0	2.5	0	41.25	41.25
5	3.75	−0.333	−0.316	0.948	−12.5	157.5	−154.7	2.8	−11.85	13.5	1.2	3.95	39.15	43.1
6	3	−0.667	−0.555	0.832	−27.5	127.5	−123.75	3.75	−22.9	22.9	0	15.25	34.3	49.55
7	1.75	−1.000	−0.707	0.707	−42.5	75.0	−72.2	2.8	−30.05	29.15	−0.9	30.05	29.15	59.2
8	0	−1.333	−0.800	0.599	−57.5	0	0	0	−34.45	33.0	−1.45	46.0	24.75	70.75

在截面 2 处有集中力作用，该截面两边的剪力和轴力不相等，此处 F_S、F_N 图将发生突变。该截面的内力计算如下

$x_2=3\text{m}$ 时，$y_2=3\text{m}$，$\tan\varphi_2=0.667$，$\varphi_2=30.7°$，并有

$$\sin\varphi_2=0.555,\cos\varphi_2=0.832$$

$$M_2=M_2^0-F_H y_2=52.5\times 3-41.25\times 3=33.75(\text{kN}\cdot\text{m})$$

$$F_{S2}^L=F_{S2}^{0L}\cos\varphi_2-F_H\sin\varphi_2=52.5\times 0.832-41.25\times 0.555=20.8(\text{kN})$$

$$F_{S2}^R=F_{S2}^{0R}\cos\varphi_2-F_H\sin\varphi_2=2.5\times 0.832-41.25\times 0.555=-20.8(\text{kN})$$

$$F_{N2}^L=-F_{S2}^{0L}\sin\varphi_2-F_H\cos\varphi_2=-52.5\times 0.555-41.25\times 0.832=-63.5(\text{kN})$$

$$F_{N2}^R=-F_{S2}^{0R}\sin\varphi_2-F_H\cos\varphi_2=-2.5\times 0.555-41.25\times 0.832=-35.7(\text{kN})$$

根据表 4-1 计算出的各等分点的内力，绘出拱的内力图如图 4-5（b）、图 4-5（c）、图 4-5（d）所示。在绘 M 图时应注意在剪力为零的截面上将出现弯矩极值，如在 0—1 分段上，根据 $F_S=0$ 的条件，可求得 $x=0.273\text{m}$，相应处 $y=0.356\text{m}$，代入式（4-8）得

$$M_{\min}=52.5\times0.273-41.25\times0.356=-0.35(\text{kN}\cdot\text{m})$$

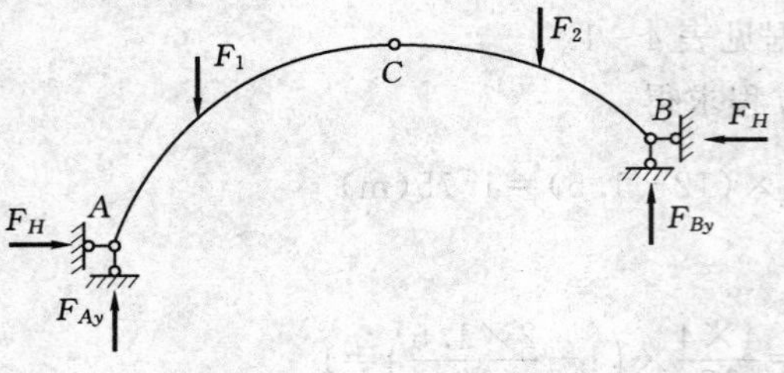

图 4-6　斜拱

若荷载不是竖向作用或三铰拱为斜拱（两拱趾不等高），如图 4-6 所示，上述计算不再适用，此时应根据平衡条件直接计算其反力和内力。求反力时可由整体平衡 $\sum M_B=0$ 及左半拱 $\sum M_C=0$ 两方程联解求出反力 F_{Ay} 和 F_H，然后可求得 F_{By}。反力求出后，及可进行内力计算。

第三节　三铰拱的合理拱轴线

由前已知，三铰拱的内力不但与荷载及三个铰的位置有关，而且与各铰间拱轴线的形状有关。在一般情况下截面上因有弯矩、剪力和轴力作用而处于偏心受压状态，其正应力分布不均匀。但是，若在给定的荷载作用下，可以选取一根适当的拱轴线尽量使弯矩为零，而只产生轴力。这时，任一截面上正应力将是均匀分布的，因而拱体材料能够得到充分利用，这样的拱轴线称为合理拱轴线。

由式（4-8）中的第一式，任意截面 K 的弯矩为

$$M_K=M_K^0-F_H\cdot y_K$$

在竖向荷载作用下，三铰平拱任一横截面的弯矩 M_K 是对应代梁的弯矩 M_K^0 和 F_{HyK} 叠加而成，而后者与拱的轴线有关，合理选择轴线，就有可能使拱处于无弯矩状态。若使拱轴为合理拱轴线，必须使得 $M_K=0$，于是得出三铰拱的合理拱轴方程为

$$y_K=\frac{M_K^0}{F_H}\tag{4-9}$$

式（4-9）表明，合理拱轴线的纵坐标 y 与相应代梁相应截面的弯矩竖标成正比，当拱上所受荷载已知时，只需要求出相应代梁的弯矩方程，然后除以推力 F_H，即得到拱的合理拱轴方程。

【例 4-2】 求图 4-7（a）所示三铰拱的合理拱轴线。

解： 如图 4-7（a）所示三铰拱的相应代梁如图 4-7（b）所示，其弯矩方程为

$$M^0=\frac{1}{2}qx(l-x)$$

由式（4-5）第三式求得图示荷载作用下的水平推力为

$$F_H=\frac{M_C^0}{f}=\frac{\frac{1}{8}ql^2}{f}=\frac{ql^2}{8f}$$

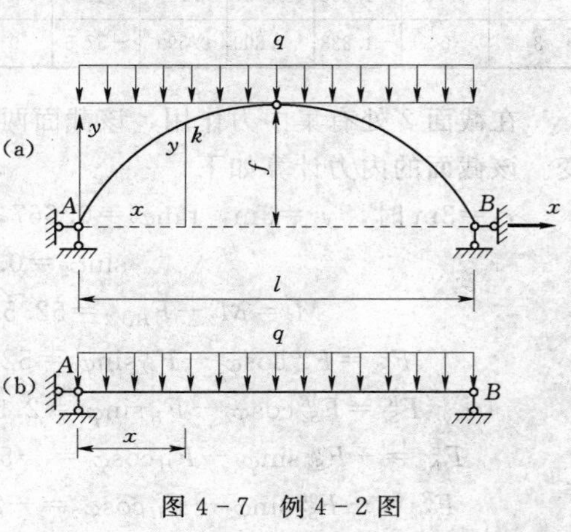

图 4-7　例 4-2 图

由式（4－9）求得拱的合理拱轴线方程为

$$y=\frac{M^0}{F_H}=\frac{4f}{l^2}x(l-x) \tag{4-10}$$

由此可知，三铰拱在水平均布竖向荷载作用下，合理拱轴线为一抛物线，并且是随着跨高不同而不同的一组抛物线，该拱轴形式常用于房屋建筑中。需要注意的是，三铰拱的合理拱轴线只有在已知静荷载的作用下才能确定，静荷载的大小、作用位置不同，合理拱轴线方程也不同。对于动荷载作用下的拱并不能得到真正意义上的合理拱轴线，而只是使拱轴相对的合理些。

【例 4－3】 三铰拱承受径向均匀水压力作用如图 4－8（a）所示，求其合理拱轴线方程。

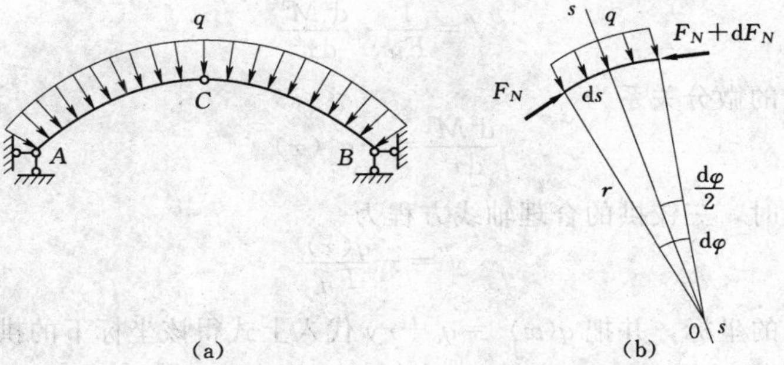

图 4－8　例 4－3 图

解： 假设在径向水压作用下，该三铰拱的轴线就是合理拱轴线，因而在受径向水压时，三铰拱横截面上无弯矩、无剪力，各横截面只有轴力，于是根据平衡条件推出合理轴线。

取三铰拱中的一微段 ds，夹角为 $d\varphi$，如图 4－8（b）所示，根据几何关系有 $r=\frac{ds}{d\varphi}$，由于拱处于无弯矩状态，所以任意截面上只有轴力。以微段的曲率中心 O 点为矩心，列力矩方程，$q$ds 通过矩心 O，只有 F_{NA} 和 F_N+dF_N 有矩，由 $\sum M_O=0$ 有

$$F_N\cdot r-(F_N+dF_N)\cdot r=0$$

略去微量得　　$F_N=$常量

说明：三铰拱在径向水压力 q 作用下，若处于无弯矩状态，则各横截面上的轴力相等。

由　　$$\sum F_S=0$$

得　　$$2F_N\cdot\sin\frac{d\varphi}{2}-q\cdot ds=0$$

因 $d\varphi$ 很小，可令 $\sin\frac{d\varphi}{2}=\frac{d\varphi}{2}$，带入上式得

$$2F_N\cdot\frac{d\varphi}{2}-q\cdot r\cdot d\varphi=0$$

$$\frac{F_N}{q}=\frac{ds}{d\varphi}=r \tag{4-11}$$

式（4－11）中，由于 F_N 不变，q 是常量，故曲率半径 r 为常数，说明拱在径向水压力作用下，其合理轴线为圆弧。因此，水管、高压隧洞和拱坝常用圆形截面。

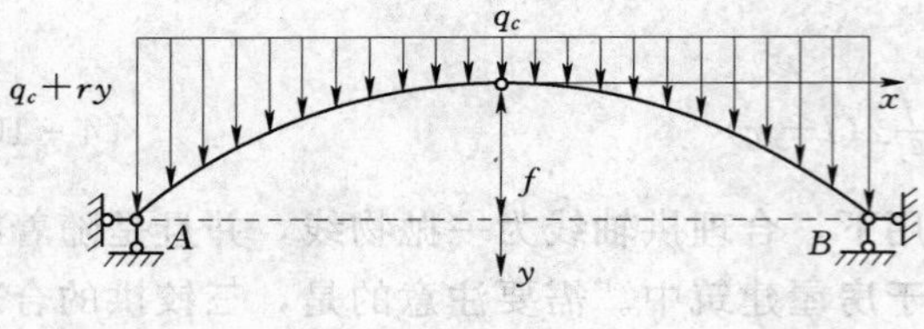

图 4-9　例 4-4 图

【例 4-4】 求考虑回填土重量时，如图 4-9 所示三铰拱的合理轴线。设回填土容重为 γ，拱所受的竖向分布荷载为 $q(x)=q_c+ry$。

解： 本题中竖向荷载是随回填土厚度变化的，故不能直接利用式（4-10）求合理轴线。但合理轴线与代梁弯矩有关，而代梁弯矩又与荷载集度有关，因此，可利用微分法找出合理轴线与荷载集度的关系：

$$M=M^0-F_H(f-y)$$

对式 $y=\dfrac{M^0}{F_H}$ 微分两次得

$$y''=\frac{1}{F_H}\cdot\frac{d^2M^0}{dx^2}$$

代梁内、外力的微分关系为

$$\frac{d^2M^0}{dx^2}=-q\ (x)$$

故考虑回填土时，三铰拱的合理轴线方程为

$$y''=-\frac{q(x)}{F_H}$$

根据本题建立的坐标，并把 $q(x)\ =q_c+ry$ 代入上式得该坐标下的拱轴方程

$$y''=\frac{1}{F_H}\ (q_c+ry)$$

$$y''-\frac{\gamma}{F_H}y=\frac{q_c}{F_H}$$

解微分方程得

$$y=A\text{ch}\sqrt{\frac{\gamma}{F_H}}x+B\text{sh}\sqrt{\frac{r}{F_H}}x-\frac{q_c}{\gamma}$$

积分常数 A、B 可由边界条件求出。

在 $x=0$ 时，$y=0$，得　　　　$A=\dfrac{q_c}{\gamma}$

当 $x=0$ 时，$\dfrac{dy}{dx}=0$，得　　　　$B=0$

因此

$$y=\frac{q_c}{\gamma}\left(\text{ch}\sqrt{\frac{r}{F_H}}x-1\right)$$

上式表明，在考虑回填土重量作用下，三铰拱的合理轴线是悬链线。

在实际工程中，同一结构往往要受到各种不同荷载的作用，对应不同荷载就有不同的合理轴线。因此，根据某一固定荷载所确定的合理轴线并不能保证拱在各种荷载作用下都处于无弯矩状态。在设计中应尽可能使拱的受力状态接近于无弯矩状态。通常是以主要荷载作用下的合理轴线作为拱的轴线。这样，在一般荷载作用下产生的弯矩就较小。

小　结

三铰拱与三铰刚架的几何组成相同，支座反力的计算相同。内力计算仍为截面法，截面

垂直于杆轴的切线方向。在竖向荷载作用下，拱趾在同一水平线上时，三铰拱的内力计算式为式（4-8），任何截面的内力均可按此式求出，中铰左侧的 φ 值取正值，右侧取负值。

若荷载不是竖向作用或三铰拱为斜拱（两拱趾不等高），如图 4-6 所示，上述计算不再适用，此时应根据平衡条件直接计算其反力和内力。

三铰拱与梁相比，拱有水平推力，这两个水平推力产生负弯矩，使拱中弯矩大为减少。

这类具有推力的结构，要注意水平推力对结构内力的影响，既要正确使用有关公式，更要熟悉平衡条件在曲杆中的应用。为充分利用材料强度，可通过桁架在结点荷载作用下形成理想的无弯矩状态、三铰拱利用合理轴线实现形状优化、移动多跨静定梁中间铰位置、合理设置组合结构拉杆、调节三铰拱水平推力等手段减小结构的跨中弯矩。

思　考　题

4-1　绘制三铰拱内力图的方法与绘制静定梁和静定刚架内力图时所采用的方法有何不同？为什么会有差别？

4-2　什么是拱的合理拱轴线？拱的合理拱轴线与哪些因素有关？

4-3　在非竖向荷载作用下怎样计算三铰拱的反力和内力？能否使用式（4-5）和式（4-8）？

习　题

4-1　求习题 4-1 图圆弧三铰拱的支座反力，并求截面 K 的内力。

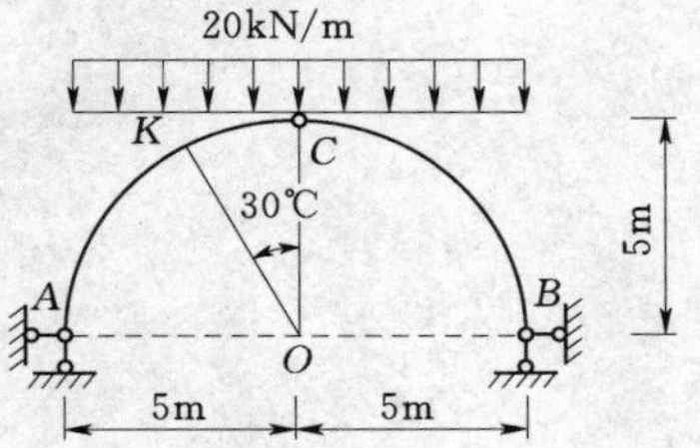

习题 4-1 图

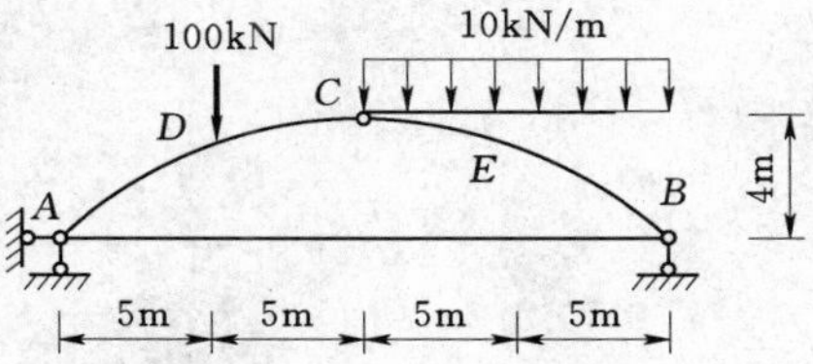

习题 4-2 图

4-2　求习题 4-2 图示抛物线三铰拱的支座反力，并求截面 D 和 E 的内力。

4-3　求习题 4-3 图示抛物线三铰拱中各连杆和截面 K 的内力。

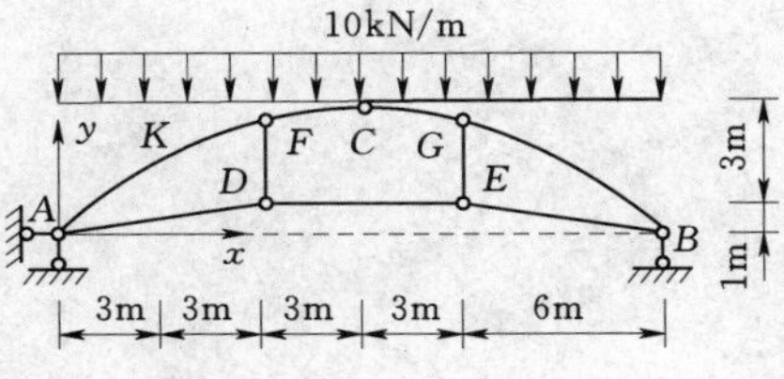

习题 4-3 图

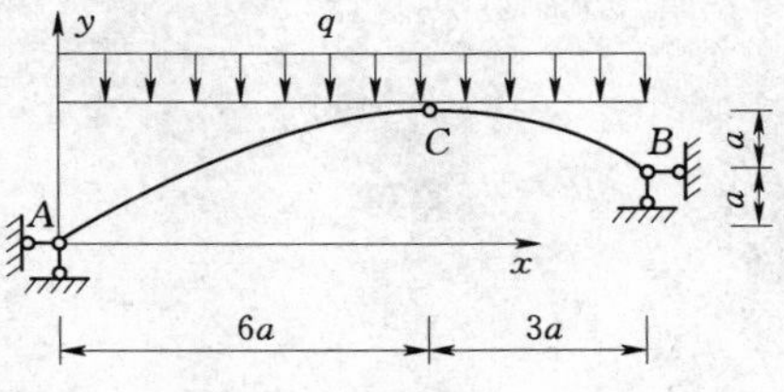

习题 4-4 图

4-4　求习题 4-4 图示三铰拱在均布荷载作用下的合理拱轴线。

参　考　答　案

4-1　$M_K=-29\text{kN}\cdot\text{m}$，$F_{SK}=18.3\text{kN}$，$F_{NK}=68.3\text{kN}$

4-2　$M_D=125\text{kN}\cdot\text{m}$，$F_{SD}^L=46.4\text{kN}$，$F_{SD}^R=-46.4\text{kN}$，$F_{ND}^L=153.2\text{kN}$，$F_{ND}^R=116.1\text{kN}$，$M_E=0$，$F_{SE}=0$，$F_{NE}=134.7\text{kN}$

4-3　$F_{NDE}=135\text{kN}$，$F_{NFD}=F_{NGB}=22.5\text{kN}$，$M_K=-7.5\text{kN}\cdot\text{m}$（外侧受拉），$F_{SK}=2.152\text{kN}$，$F_{NK}=158.2\text{kN}$（压力）

4-4　$y=\dfrac{x}{27}\left(21-\dfrac{2x}{a}\right)$

第五章　静 定 平 面 桁 架

第一节　平面桁架的计算简图

桁架在工程中应用很广，如桥梁、闸门中的桁架，厂房中的屋架等。经常见到如图 5-1 (a)、5-1 (b) 所示的结构。这些结构是由直杆组成，各直杆的交点称为结点，各结点的连接方式因材料不同而不同，常见的有铆接、拴接、焊接、榫接等。这些结构在竖向结点荷载作用下各杆的主要内力是轴力，按轴力进行结构设计，一般能够满足工程的精度要求，因此在进行结构简化时，作以下三点假定，以取其计算简图。

(1) 各杆的轴线都是直线。

(2) 各杆杆端用绝对光滑而无摩擦的理想铰互相连接，杆轴线都过铰心。

(3) 荷载和支座反力都作用在结点上并在桁架的平面内。

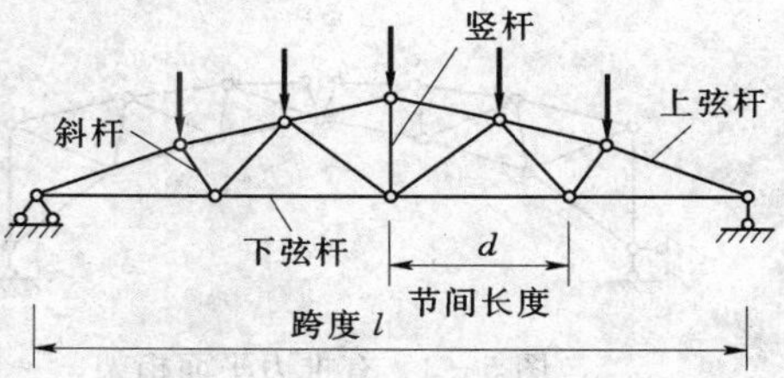

(a) 屋架计算简图

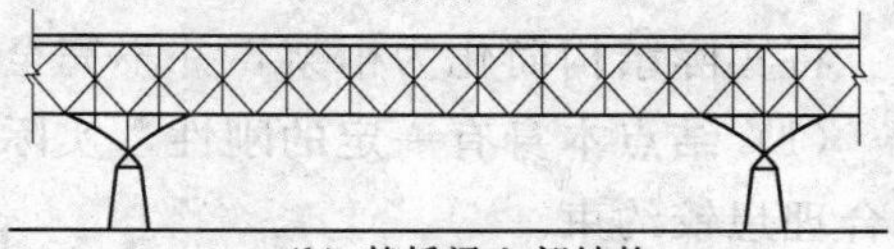

(b) 某桥梁上部结构

图 5-1　桁架结构图示

图 5-1 (a) 为满足上述假定的桁架计算简图。像这种用等截面直杆理想铰结而成，且仅受结点荷载作用的结构称为桁架。在实际工程中，为了简便，把能简化为桁架的实际结构也称为桁架。本节研究的是经过简化后的理想桁架。

桁架的杆件，依其所在位置不同，可分为弦杆和腹杆两大类，如图 5-1 (a) 所示。弦杆是指桁架上下外围的杆件，上边的杆件称为上弦杆，下边的杆件称为下弦杆。桁架上下弦杆之间的杆件称为腹杆。腹杆又分为竖杆和斜杆。弦杆上两相邻结点之间的区间称为节间，其间距称为节间长度。

分类的依据不同，桁架的名称也不同。荷载与各杆轴线在同一平面内称为平面桁架，反之称为空间桁架。平面桁架的形式很多，按照桁架的外形分为平行弦桁架、折弦桁架、三角桁架、梯形桁架，如图 5-2 所示。

按照有无水平反力可分为无推力桁架或梁式桁架（图 5-3）和有推力桁架（图 5-4）。

按照桁架的几何组成方式分为：简单桁架（由基础或一个基本铰接三角形开始，依次增加二元体所组成的桁架，如图 5-2 所示）、联合桁架（由几个简单桁架按照两刚片或三刚片规则所组成的桁架，如图 5-3 所示）、复杂桁架（不是按照上述两种方式组成的其他桁架，如图 5-4 所示）。

桁架由于只承受轴力，杆上应力分布均匀，材料能得到充分应用，因而它与同跨度的梁相比有用料省、自重轻、经济合理等优点。因此，在大跨度结构中多被采用。但其构造和施工较为复杂。

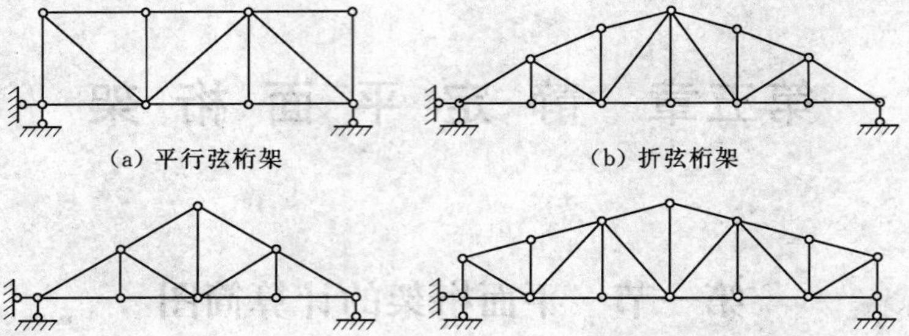

(a) 平行弦桁架　　(b) 折弦桁架

(c) 三角桁架　　(d) 梯形桁架

图 5-2　平面桁架基本形式

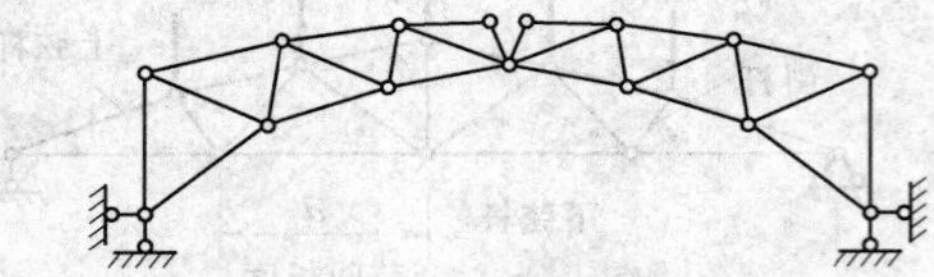

图 5-3　有推力平面桁架

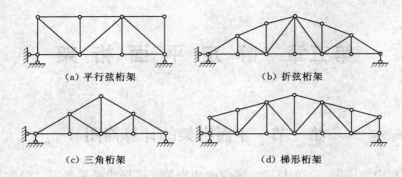

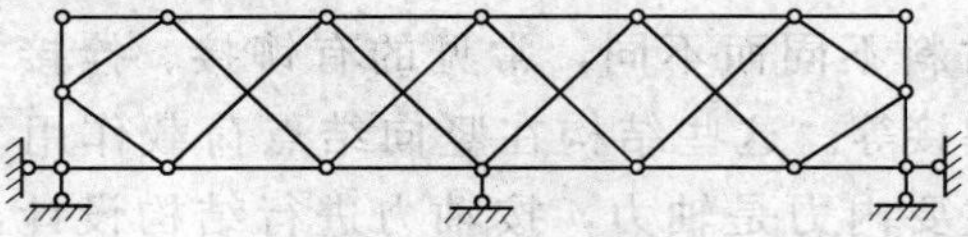

图 5-4　复杂平面桁架

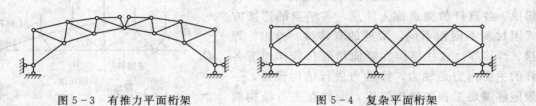

将实际结构简化为桁架，并不完全符合实际情况。其差别是由以上假设造成的。如：

(1) 结点本身有一定的刚性，实际结构的结点为铆接、拴接、焊接、榫接等，并不完全符合理想铰约束。

(2) 各杆轴线也无法绝对平直，有些荷载如自重也不是直接作用在结点上。

(3) 结构的空间作用等。

因此，实际桁架结构在荷载作用下必将产生弯曲应力，并不像理想情况下只产生轴向均匀分布的应力。在实际设计中，通常把按桁架的理想情况计算出的轴力称为主内力，与此对应的应力称为主应力；把不符合上述假定而产生的附加内力称为次内力（其中主要是弯矩），由次内力产生的应力称为次应力。在实际设计中，应采用相应的措施，使实际结构和理想情况尽可能的相符合。如采取必要的施工措施，尽量使各杆轴保持平直，把非结点荷载转化为结点荷载等。

第二节　结　点　法

所谓结点法就是截取桁架的结点作为脱离体，利用各结点的静力平衡条件求解各杆内力的方法称为结点法。由于桁架各杆都是二力杆，且承受结点荷载，故作用于任一结点的各力（包括荷载、反力和杆件轴力）组成一平面汇交力系，故每一结点可列出两个平衡方程进行计算。为了避免解算联立方程，应从未知力不超过两个的结点开始，依次推算。由于简单桁架是从一个基本铰接三角形开始，依次增加二元体所构成，其最后一个结点只包括两根杆件。因此，用结点法计算简单桁架时，先由整体平衡求出约束反力，然后按桁架组成的相反顺序依次取各结点为脱离体，就可以顺利地求出全部轴力。

在实际计算时，通常先假定各杆的轴力为拉力，若计算结果为负，则说明实际内力为压力。此外，在建立结点平衡方程时，要注意斜杆内力 F_N 在水平和竖直方向的投影 F_{Nx}、F_{Ny} 和对应杆长 l 在水平和竖直方向投影 l_x、l_y 对应比例关系的应用，如图 5-5 所示，三角形的比例关系得出

$$\frac{F_N}{l}=\frac{F_{Nx}}{l_x}=\frac{F_{Ny}}{l_y} \qquad (5-1)$$

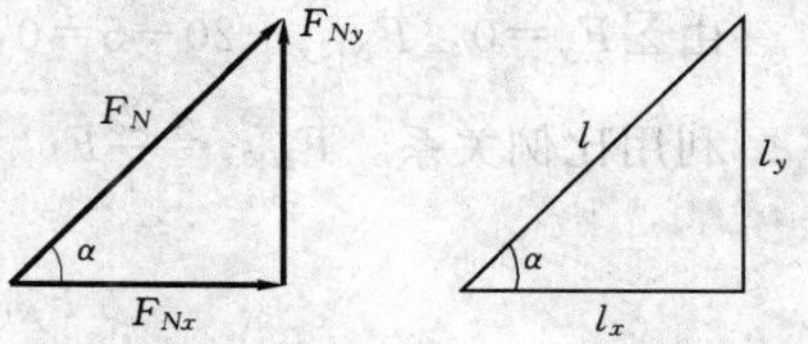

图 5-5　斜杆轴力及投影与杆长及其投影的关系

利用式（5-1），可由 F_N、F_{Nx} 和 F_{Ny} 三者中，任知其一便可方便地推算出其余两个，而无需使用三角函数。结点法适用于简单桁架的求解，下面举例说明结点法的运算。

【例 5-1】　试用结点法计算图 5-6 所示桁架各杆的内力。

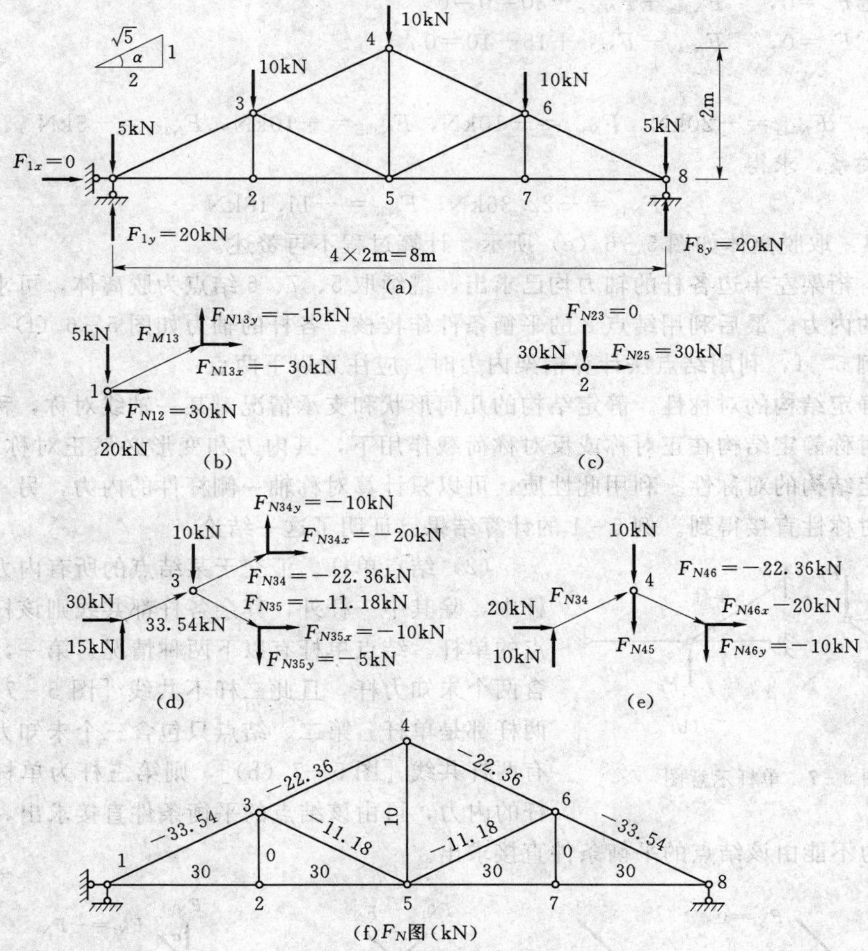

图 5-6　例 5-1 图

解：取整体为脱离体，利用整体平衡方程求得支座反力，如图 5-6（a）所示。

$$F_{1x}=0,\ F_{1y}=F_{8y}=\frac{1}{2}(2\times5+3\times10)=20\ \text{(kN)}$$

结点 1：取脱离体如图 5-6（b）所示。

由$\sum F_y=0$，$F_{N13y}+20-5=0$，$F_{N13y}=-15\text{kN}$

利用比例关系，$F_{N13x}=\frac{2}{1}F_{N13y}=-30(\text{kN})$

$$F_{N13}=\frac{\sqrt{5}}{1}F_{N13y}=-33.54(\text{kN})$$

由$\sum F_x=0$，$F_{N12}+F_{N13x}=0$，$F_{N12}=-F_{N13x}=30\text{kN}$

结点 2：取脱离体如图 5-6（c）所示。

由　$\sum F_x=0$，　$F_{N25}=30\text{kN}$

由　$\sum F_y=0$，　$F_{N23}=0$

结点 3：取脱离体如图 5-6（d）所示。

由　$\sum F_x=0$，　$F_{N34x}+F_{N35x}-30=0=0$

由　$\sum F_y=0$，　$F_{N34y}-F_{N35y}+15-10=0$

联立解得

$$F_{N34x}=-20\text{kN}，F_{N34y}=-10\text{kN}，F_{N35x}=-10\text{kN}，F_{N35y}=-5\text{kN}$$

利用比例关系，求得

$$F_{N34}=-22.36\text{kN}，F_{N35}=-11.18\text{kN}$$

结点 4：取脱离体如图 5-6（e）所示，计算过程不再赘述。

至此，桁架左半边各杆的轴力均已求出，继续取 5、7、6 结点为脱离体，可求得桁架右半边各杆的内力。最后利用结点 8 的平衡条件作校核。各杆的轴力如图 5-6（f）所示。

总结例 5-1，利用结点法计算桁架内力时，应注意以下两点：

（1）静定结构的对称性。静定结构的几何形状和支承情况对某一轴线对称，称为对称静定结构。对称静定结构在正对称或反对称荷载作用下，其内力和变形必然正对称或反对称，这称为静定结构的对称性。利用此性质，可以只计算对称轴一侧杆件的内力，另一侧杆件的内力可由对称性直接得到。例 5-1 的计算结果已证明了这一结论。

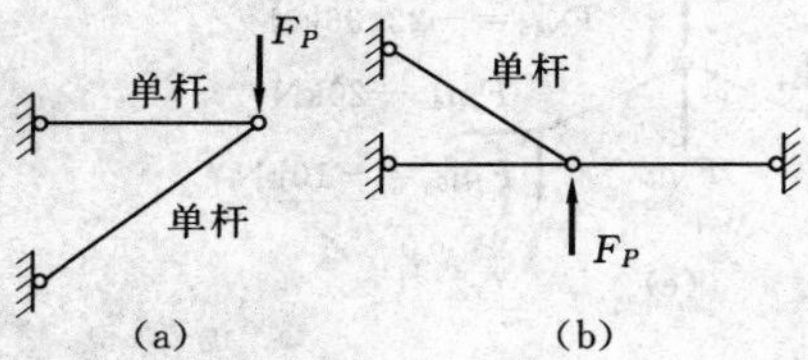

图 5-7　单杆示意图

（2）结点单杆。汇交于某结点的所有内力未知的各杆中，除其中一杆外，其余各杆都共线则该杆称为此结点的单杆。结点单杆有以下两种情况：第一，结点只包含两个未知力杆，且此二杆不共线［图 5-7（a）］，则两杆都是单杆。第二、结点只包含三个未知力杆，其中有两杆共线［图 5-7（b）］，则第三杆为单杆。结点单杆的内力，可由该结点的平衡条件直接求出，而非结点单杆的内力不能由该结点的平衡条件直接求出。

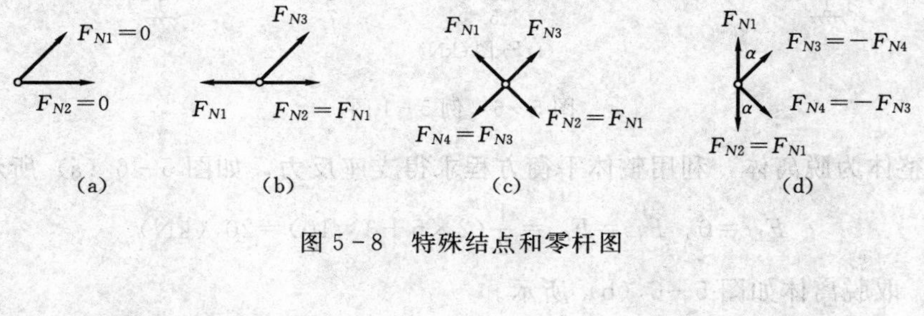

图 5-8　特殊结点和零杆图

顺便指出，特殊结点和零杆应用结点法时，利用一些结点平衡的特殊情况可使计算简化。

(1) 两杆结点（L形结点）上无何在作用时［图5-8 (a)］，则两杆内力都为零，即称为零杆。

(2) 三杆结点（T形结点）上无何在作用时，但其中有两杆在一直线上［图5-8 (b)］，则另一杆必为零杆，而在同一直线上的两杆的内力相等。

(3) 四杆结点（X形）上无荷载作用时，若其中有两杆在一直线上，而其他两杆又在另一直线上［图5-8 (c)］，则在同一直线上的内力相等。图5-8 (d) 所示（K形）结点，其中有两杆在一直线上，而另外两杆在直线同侧且交角相等，则非共线两杆内力大小相等而符号相反。

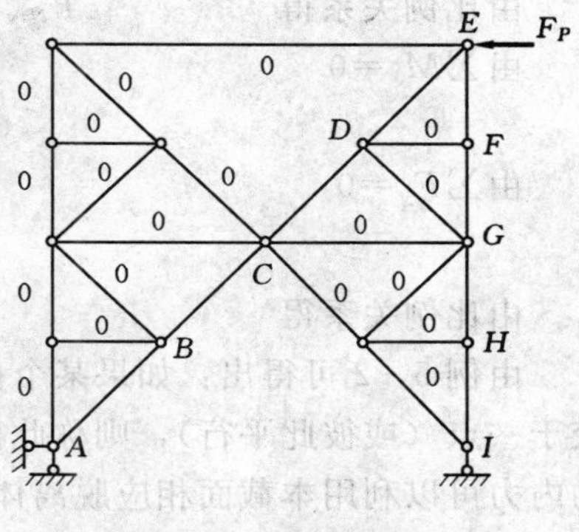

图5-9 零杆判别方法示意图

在计算桁架内力时，可先据如图5-8所示的情形判别出零杆，使计算简化。如图5-9所示桁架，在荷载 F_P 作用下只有杆件 AB、HI 内力不为零，其余各杆都是零杆。

第三节 截 面 法

在桁架分析中，有时仅需求出某一（或某些）指定杆件的内力，这时利用结点法求解相当繁琐，此时，可选择一适当截面，把桁架截开成两部分，取其中一部分为脱离体，其上作用有外荷载、支座反力，另一部分对留取部分的作用力，共同构成一平面任意力系，利用脱离体的平衡条件求出指定杆件的内力，这种方法称为截面法。利用截面法求解桁架内力时，脱离体上的未知力一般不多于三个，但特殊情况例外。计算时，仍先假设未知力为拉力，计算结果为正，则实际轴力就是拉力，反之则是压力。为了避免解联立方程，应注意对平衡方程加以选择。

【例5-2】 试计算如图5-10 (a) 所示桁架 a、b、c 三杆的内力。

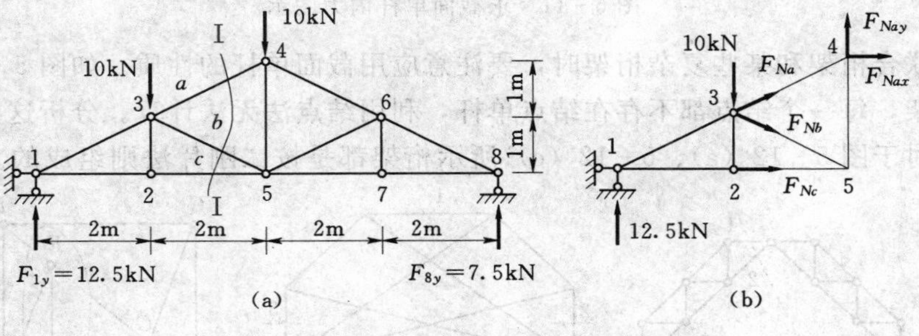

图5-10 例5-2图

解： 取整体为脱离体由平衡方程求得

$$F_{1y}=12.5\text{kN},\ F_{8y}=7.5\text{kN}$$

用Ⅰ—Ⅰ截面把桁架在图示位置切开分成两部分，取左半部分为脱离体，如图5-10

(b) 所示，为了避免解联立方程，将杆 a 的轴力 F_{Na} 在 4 结点处分解为 F_{Nx} 和 F_{Ny} 两个分量。

由 $\sum M_5=0$ 得

$$F_{Nax}\times 2+12.5\times 4-10\times 2=0$$

$$F_{Nax}=-15\text{kN}$$

由比例关系得 $\quad F_{Nay}=-7.5\text{kN},\ F_{Na}=-16.8\text{kN}$

由 $\sum M_3=0$

$$F_{Nc}\times 1-12.5\times 2=0$$

$$F_{Nc}=25\text{kN}$$

由 $\sum F_y=0$

$$F_{Nay}-10+125-F_{Nby}=0$$

$$F_{Nby}=-5\text{kN}$$

由比例关系得 $\quad F_{Nb}=-5\sqrt{5}\text{kN}$

由例 5-2 可得出：如果某个截面所截的内力未知的各杆中，除某一杆外，其余各杆都交于一点（或彼此平行），则称此杆为该截面的截面单杆。截面单杆有如下性质：截面单杆的内力可以利用本截面相应脱离体的平衡条件直接求出。根据这一性质，可以利用截面法求未知力大于 3 的特殊情况下脱离体上某截面单杆的内力。如图 5-11 (a) 所示的桁架，取Ⅰ—Ⅰ截面左部分或右部分为脱离体，这时虽然截面上有 5 个未知轴力，但除 a 杆外，其余各杆都汇交于 C 点，故 a 杆为截面单杆。利用 $\sum M_C=0$ 可直接求出单杆 a 的轴力 F_{Na}。如图 5-11 (b) 所示的桁架，取Ⅰ—Ⅰ截面的下部为脱离体，虽然截断四根杆件，但除 a 杆外，其余各杆都相互平行，故 a 杆为该截面的单杆，利用沿其余各杆垂直方向的投影方程可直接求出 a 杆的轴力。

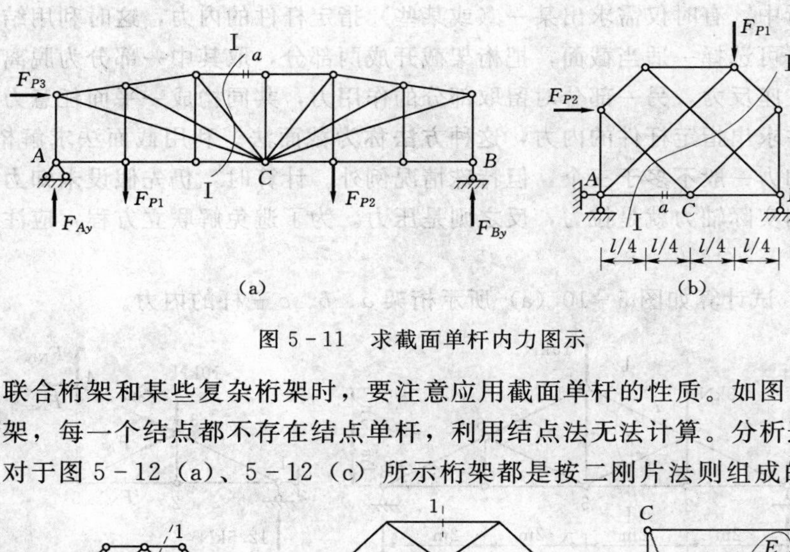

图 5-11　求截面单杆内力图示

在计算联合桁架和某些复杂桁架时，要注意应用截面单杆的性质。如图 5-12 所示桁架都是联合桁架，每一个结点都不存在结点单杆，利用结点法无法计算。分析这些联合桁架的几何组成，对于图 5-12 (a)、5-12 (c) 所示桁架都是按二刚片法则组成的。对于图中所

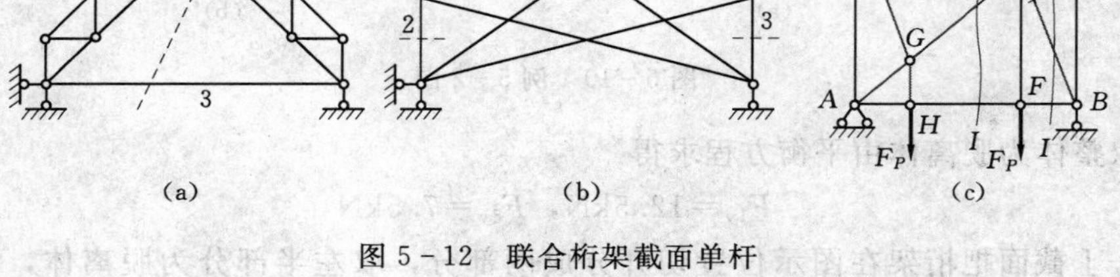

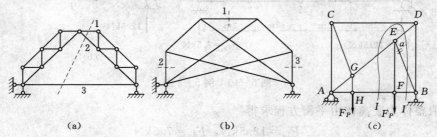

图 5-12　联合桁架截面单杆

示的截面，连接杆 1、2、3 都是截面单杆，因而可直接求出其轴力。由此可知，计算联合桁架时，一般宜先采用截面法，并从刚片之间的连接处开始计算，而对于图 5-12（c）所示联合桁架取Ⅰ—Ⅰ截面以内部分为脱离体，虽然截断了 5 根杆件，但除 a 杆外，其余 4 杆均交于 A 点，故可利用$\sum M_A=0$ 求出 F_{Na}。

第四节　截面法和结点法的联合应用

如图 5-13 所示桁架，要确定杆 HK 的内力需同时用结点法和截面法。凡是同时用结点法和截面法才能确定杆件内力时的方法称为联合法。

【例 5-3】 求如图 5-13（a）所示桁架中 HK 杆的内力。

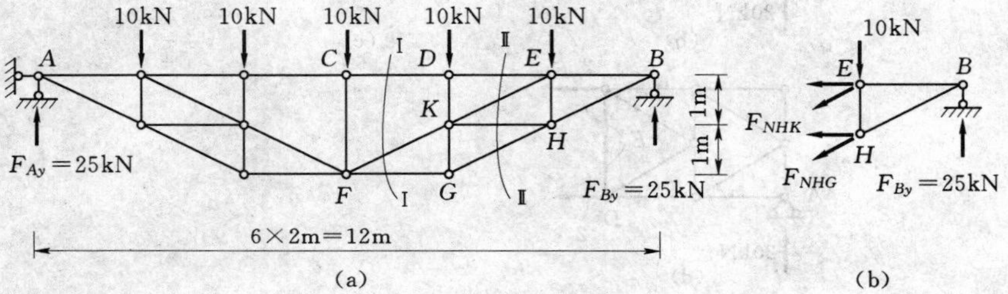

图 5-13　例 5-3 图

解： 通过几何组成分析可知，该桁架是由刚片 ACF 和 BDG 用链杆 CD、FK、FG 按二刚片规则组成的联合桁架。用截面Ⅰ—Ⅰ从连接杆处切开，取右半部分为脱离体，由$\sum M_E=0$ 求出 F_{NGF}，再取结点 G，由$\sum F_X=0$ 求出 F_{NGHx}，最后取截面Ⅱ—Ⅱ以右部分为脱离体，利用$\sum M_E=0$ 求出 F_{NHK}。计算过程如下。

支座反力：$F_{Ay}=F_{By}=25$kN

取截面Ⅰ—Ⅰ以右部分为脱离体，由$\sum M_E=0$ 得

$$F_{NGF}=\frac{10\times2+25\times2}{2}=35(\text{kN})$$

取结点 G，　$F_{NGHx}=F_{NGF}$

最后取Ⅱ—Ⅱ截面以右部分为脱离体，如图 5-13（b）所示。

由$\sum M_E=0$　$F_{NHK}\times1+35\times1-25\times2=0$

$$F_{NHK}=15\text{kN}$$

【例 5-4】 求图 5-14 所示桁架中杆 a、b 的内力。

解： 通过几何组成分析可知，这是一个简单桁架。用结点法可算出全部杆件的内力。但现在只求杆 a 及杆 b 的内力，所以联合使用结点法和截面法较为简便。

支座反力：$F_{Ay}=20$kN，$F_{By}=40$kN

求杆 a 和杆 b 的内力，以截面Ⅰ—Ⅰ截取桁架左边部分为脱离体如图 5-14（b）所示。此时脱离体上有四个未知力，而平衡方程只有三个，故不能解算。为此，可取结点 E 为脱离体如图 5-14（c）所示，找出 F_{Na} 和 F_{Nb} 的关系。由投影方程$\sum F_X=0$ 得

$$F_{Nax}=-F_{Ncx}，或\ F_{Na}=-F_{Nc}$$

再由截面Ⅰ—Ⅰ用投影方程$\sum F_y=0$

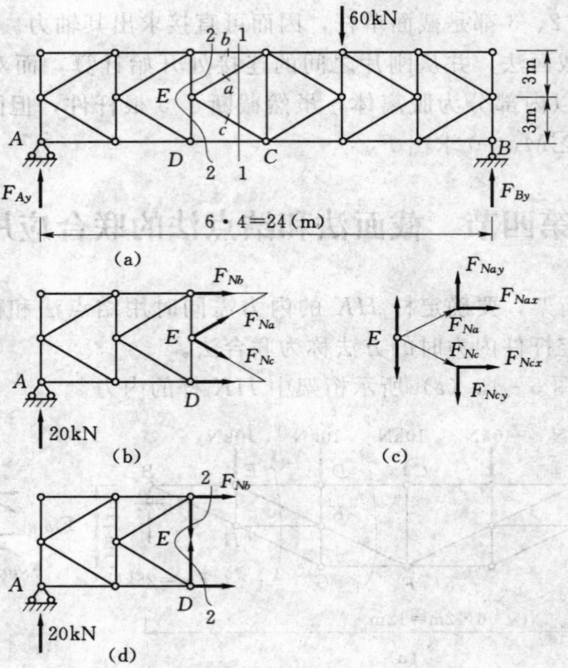

图 5-14　例 5-4 图

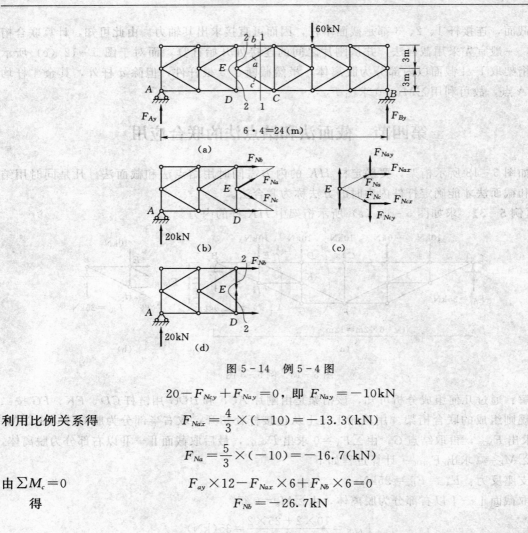

$$20-F_{Ncy}+F_{Nay}=0，即\ F_{Nay}=-10\text{kN}$$

利用比例关系得

$$F_{Nax}=\frac{4}{3}\times(-10)=-13.3(\text{kN})$$

$$F_{Na}=\frac{5}{3}\times(-10)=-16.7(\text{kN})$$

由 $\sum M_c=0$

$$F_{ay}\times 12-F_{Nax}\times 6+F_{Nb}\times 6=0$$

得

$$F_{Nb}=-26.7\text{kN}$$

第五节　组合结构的计算

组合结构是由只承受轴力的二力杆和承受弯矩、剪力、轴力的梁式杆件所组成的，常用于房屋建筑中的屋架，吊车梁以及桥梁的承重结构。如图 5-15（a）所示的三铰屋架和如图 5-15（b）所示的下撑式五角形屋架就是较常见的静定组合结构，称为组合式屋架。其上弦杆都是由钢筋混凝土制成，主要承受弯矩和剪力，下弦及腹杆则用型钢做成，主要承受轴力。

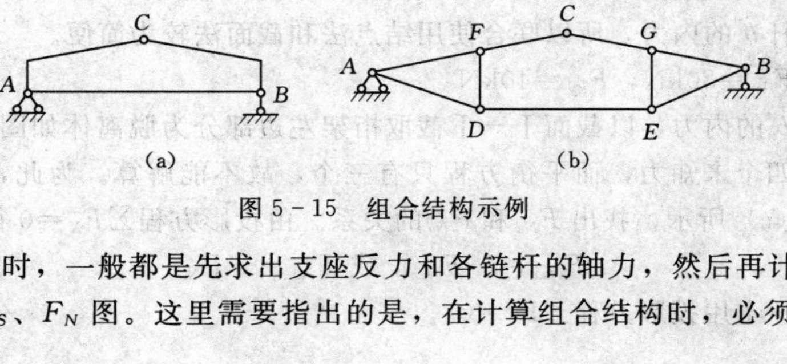

图 5-15　组合结构示例

计算组合结构时，一般都是先求出支座反力和各链杆的轴力，然后再计算梁式杆件的内力并作出其 M、F_S、F_N 图。这里需要指出的是，在计算组合结构时，必须特别注意区分只受轴力的二力杆和兼有轴力、剪力和弯矩的梁式杆。在平衡计算中，要避免截取由这两者相连的结点。

【例 5-5】 试计算如图 5-16（a）所示组合结构。

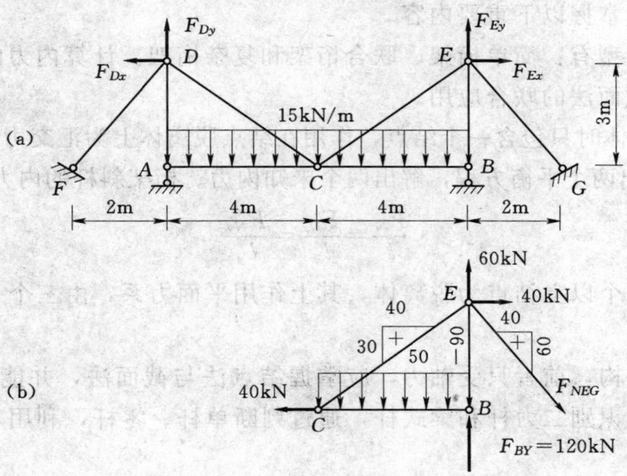

图 5-16 例 3-5 图

解： 本题支撑情况较为复杂，应从结构几何组成分析入手。两个铰结三角形 ACD、BCE 与基础采用铰 C 和分别由支座链杆 A、B 与链杆 CF、EG 所构成的虚铰 D、E 两两相连，且 C、D、E 三铰不在一条直线上。将虚铰处的反力分别用水平和竖向反力表示，用三铰拱反力的求法可得。

先根据整体平衡条件求支座反力

$$\sum M_D=0 \quad 8F_{Ey}-\frac{1}{2}\times 15\times 8^2=0$$

$$F_{Ey}=60\text{kN}$$

同理，由 $\sum M_E=0$ 得 $\qquad F_{Dy}=60\text{kN}$

再取铰 C 右侧为隔离体，由

$$\sum M_C=0 \quad 3F_{Ex}+\frac{1}{2}\times 15\times 4^2-60\times 4=0$$

$$F_{Ex}=F_{Dx}=40\text{kN}$$

由 $\sum F_x=0$ $\qquad F_{Cx}=40\text{kN}$

由 $\sum F_y=0$ $\qquad F_{Cy}=0$

虚铰的反力由链杆支座 EG 和 B 产生［图 3-16（b）］，故 $F_{NEGx}=F_{Ex}$，即 $\frac{2}{\sqrt{2^2+3^2}}F_{NEG}=F_{Ex}$，可得 $F_{NEG}=72.1\text{kN}$。再由铰结点 E 的平衡，求得链杆 EC 中 $F_{NEC}=50\text{kN}$，链杆 EB 中 $F_{NEB}=-90\text{kN}$。

因 $F_{NEGy}+F_{By}=F_{Ey}$，故链杆支座 B 处 $F_{By}=120\text{kN}$（↑），结点 B 的平衡必须考虑梁式杆 BC 在 B 端的剪力，BC 相当于简支梁，结构左半部分受力与右半部分受力对称，请读者自己完成。

小 结

通过本章学习应掌握以下重要内容。

静定平面桁架类型有：简单桁架、联合桁架和复杂桁架。计算内力的方法是结点法、截面法以及结点法和截面法的联合应用。

结点法：取脱离体时只包含一个结点，作用在结点脱离体上为汇交力系（包括荷载、支座反力、轴力），可列出两个平衡方程，解出两个未知内力。桁架斜杆的内力可用比例关系，即

$$\frac{F_N}{l}=\frac{F_{Nx}}{l_x}=\frac{F_{Ny}}{l_y}$$

截面法：截取两个以上结点为脱离体，其上作用平面力系，由三个平衡方程可解算出三个未知力。

对桁架和组合结构，前者只受轴力，应掌握结点法与截面法，并能联合运用进行计算；后者分析的关键在于识别二力杆和梁式杆，通过判断单杆、零杆，利用对称性，以及适当的选取截面进行计算。

思 考 题

5-1 什么是结点单杆和截面单杆？它们各有什么特点，在桁架内力计算中各有什么用处？

5-2 桁架的计算简图做了哪些假设？

5-3 在结点法和截面法中，怎样尽量避免解联立方程？

习 题

5-1 试判断习题 5-1 图示桁架中的零杆。

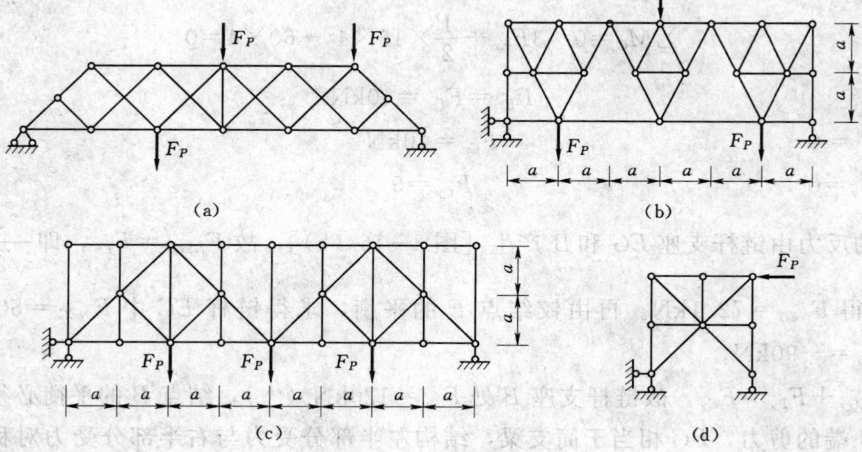

习题 5-1 图

5－2 用结点法计算习题 5－2 图示桁架各杆的内力。

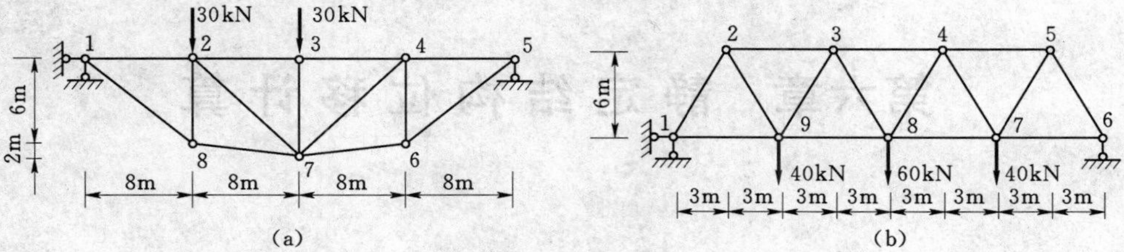

习题 5－2 图

5－3 试选择简便方法计算习题 5－3 图示桁架中指定杆中的内力。

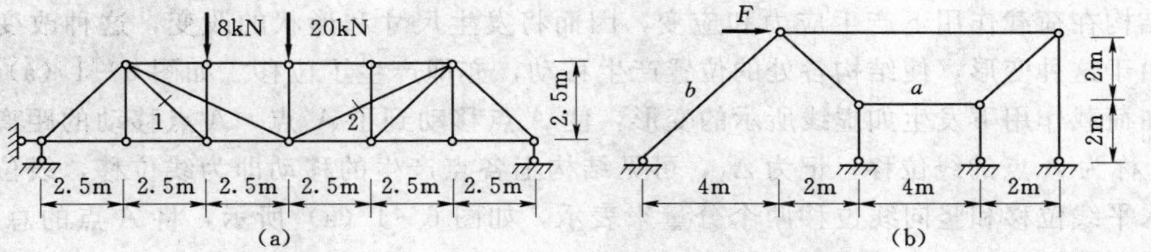

习题 5－3 图

参 考 答 案

5－1 略

5－2 (a) $F_{N27}=-5\sqrt{2}\text{kN}$，$F_{N47}=15\sqrt{2}\text{kN}$

(b) $F_{N29}=35\sqrt{5}\text{kN}$，$F_{N48}=15\sqrt{5}\text{kN}$

5－3 (a) $F_1=8\sqrt{2}\text{kN}$，$F_2=\dfrac{38}{3}\sqrt{5}\text{kN}$

(b) $F_{Na}=-F$，$F_{Nb}=\sqrt{2}F$

第六章 静定结构位移计算

第一节 概 述

一、结构的变形和位移

结构在荷载作用下产生应力和应变，因而将发生尺寸和形状的改变，这种改变称为变形。由于这种变形，使结构各处的位置产生移动，亦即产生了位移。如图 6-1（a）所示刚架，在荷载作用下发生如虚线所示的变形，使 A 点移动到了 A' 点，A 点移动的距离（线段 AA'）称为 A 点的线位移，记为 Δ_A，可见结构上各点产生的移动即为线位移，线位移也可以用水平线位移和竖向线位移两个分量来表示，如图 6-1（a）所示，将 A 点的总位移 Δ_A 沿水平和竖向分解，它的两个分量 Δ_{Ax} 和 Δ_{Ay} 分别称为 A 点的水平线位移和竖向线位移。同时，截面 A 还转动了一个角度，称为截面 A 的角位移，记为 θ_A，可见结构上杆件横截面的转角即为角位移。

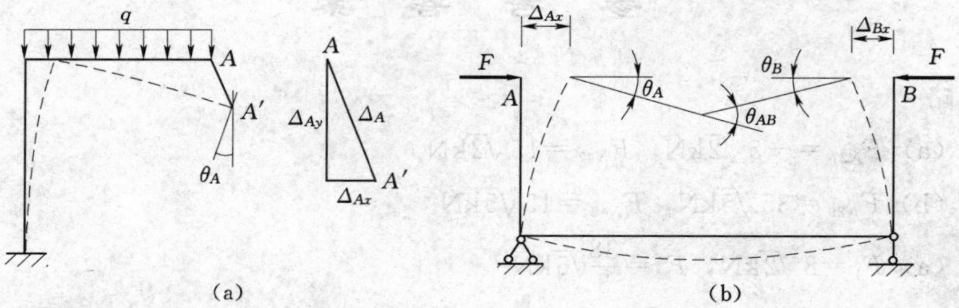

图 6-1 结构的变形和位移

上述各位移都属于绝对位移，即为一个点（或一个截面）相对于自身位置产生的移动。此外还有相对位移，如图 6-1（b）所示刚架，在荷载作用下发生图中虚线所示的变形。A、B 两点的水平位移分别为 Δ_{Ax} 和 Δ_{Bx}，它们之和 $(\Delta_{AB})_x=\Delta_{Ax}+\Delta_{Bx}$，称为 A、B 两点的水平相对线位移。A、B 两个截面的转角分别为 θ_A 及 θ_B，它们之和 $\theta_{AB}=\theta_A+\theta_B$，称为两个截面的相对角位移。可见相对位移即为一个点（或一个截面）相对于另一个点（或另一个截面）产生的移动。

所有各种位移无论是线位移或是角位移，无论是绝对位移或是相对位移，都将统称为广义位移。

二、使结构产生位移的因素

除荷载作用使结构发生变形从而产生位移外，温度改变、支座移动、材料收缩、制造误差等因素，虽不一定使结构产生变形，但都将使结构产生位移。如图 6-2 所示的梁，由于支座 B 处地基的沉陷，梁将移动到虚线所示的位置，此时截面 C 将产生竖向位移 Δ_C 和角位

移 θ_C。这种结构并未发生变形而产生的位移，称为刚体位移。而图 6-1 所示刚架中的各位移是结构由于变形而产生的位移，称为变形位移。

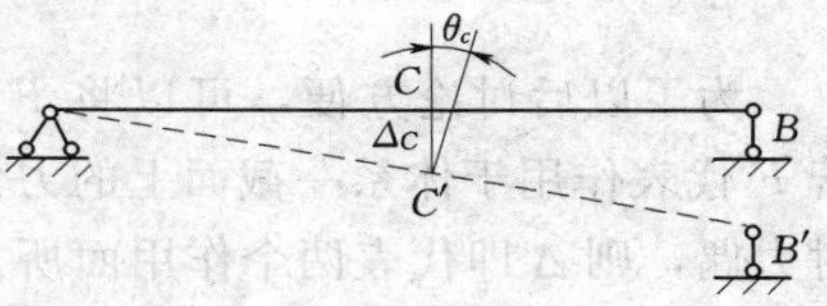

图 6-2 支座移动引起位移

三、计算结构位移的目的

在结构设计中，除了必须使结构满足强度要求外，还必须要求结构具有足够的刚度，即保证结构在使用过程中不致产生过大的变形，以符合工程中使用的要求。因此，为了验算结构的刚度，需要计算结构的位移。

其次，在以后计算超静定结构的反力和内力时，单用静力平衡条件不能唯一地确定它们，还必须考虑位移条件。因此，位移计算是超静定结构受力分析的基础。

此外，在结构的施工过程中，也往往需要预先知道结构的变形情况，以便采取一定的施工措施。以及在结构的动力分析和稳定计算中，也需要计算结构的位移。

四、计算位移的有关假定

在求结构的位移时，为了使计算简化，常采用如下的假定：

(1) 结构的材料服从虎克定律，即应力和应变成线性关系。

(2) 结构变形很小，属小变形，它不致影响荷载的作用，在建立平衡方程式时，仍然应用结构变形前的原有几何尺寸即可。

(3) 结构各部分之间都是理想连接，不需考虑摩擦阻力等影响。

满足上述假定的理想化体系，称为线性变形体系。线性变形体系的位移与荷载之间为线性关系。当荷载全部卸除后，位移即全部消失。对于此种体系，计算位移时可以应用叠加原理。

位移与荷载之间呈非线性关系的体系，称为非线性变形体系。线性变形体系和非线性变形体系统称为变形体系。本书仅讨论线性变形体系的位移计算。

结构力学中位移计算的一般方法是以虚功原理为基础的。本章将先介绍虚功原理，然后讨论静定结构的位移计算。至于超静定结构的位移计算，在学习了超静定结构的受力分析后，仍可用这一章的方法进行。

第二节 虚 功 原 理

一、关于功、实功和虚功

设一物体受外力 F 作用产生位移，则力乘以在该力方向上发生的位移即为该力所做的功。设以 W 表示力 F 所做的功，则

$$W = \int F\cos\alpha \cdot ds \tag{6-1}$$

式中 α——F 与作用点位移方向的夹角；

ds——位移微段。

一般来说，力所做的功与其作用点的路线形状和路程长短有关。但对于大小和方向都不变的常力，它所做的功则只与其作用点的起止位置有关。若物体上作用有一常力 F，力作用点的总位移为 Δ，而 Δ 与力 F 之间的夹角为 α，则由式（6-1）可知，常力 F 所做的功为

$$W=F\cos\alpha\cdot\Delta \tag{6-2}$$

为了以后讨论方便，可以将 F 理解为广义力，Δ 理解为与其相应的广义位移。例如，若 F 代表作用于体系一截面上的力偶，则 Δ 即代表该截面发生的相应角位移；若 F 代表一对力偶，则 Δ 即代表两个作用面所发生的相应相对角位移。广义力与广义位移的乘积具有功的量纲。

在定义“功”时，对产生位移的原因并未给予任何限制。也就是说，位移可以是由于力 F 产生的，也可以是由于其他原因引起的，将这两种情况下所做的功分别称为实功和虚功。

首先讨论位移是由做功的力产生的情况。设有一简支梁承受荷载 F 如图 6-3（a）所示，取静力加载方式，即荷载从零逐渐增加到 F 值。对于线性变形体系来说，位移与荷载成正比，故力 F 作用点的位移也将由零按比例逐渐增加到最后值 Δ，在其中任一位置处，位移 y 与相应荷载 F_y 之间的关系为 $F_y=ky$，式中 k 为比例常数，如图 6-3（b）所示。当 $F_y=F$ 时，$y=\Delta$，即 $F=k\Delta$。当荷载由 F_y 增至 $F_y+\mathrm{d}F$，相应的位移将由 y 增至 $y+\mathrm{d}y$。如略去高阶微量，则在发生 $\mathrm{d}y$ 的过程中，F_y 可以看做是常量，于是所做的功为 $\mathrm{d}W=F_y\cdot\mathrm{d}y$。则力 F 所做的功为

$$W=\int_0^\Delta \mathrm{d}w=\int_0^\Delta F_y\mathrm{d}y=\int_0^\Delta ky\,\mathrm{d}y=\frac{k\Delta^2}{2}$$

而 $F=k\Delta$，则

$$W=\frac{1}{2}F\Delta$$

以上这种力在其自身引起的位移上所做的功称为实功。若体系为线性变形体系，则实功即等于力与其相应位移两者的乘积再乘以 1/2。对于实功，由力自身所引起的位移总是与力的作用方向是一致的，所以一定为正值。

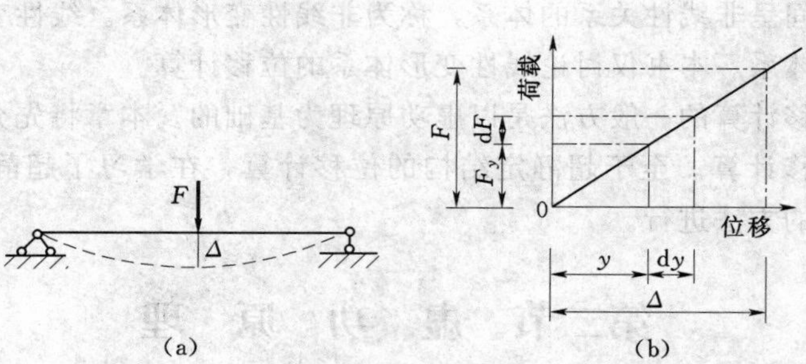

（a）　　（b）

图 6-3　实功示意

其次再分析位移与做功的力无关的情况，这种力在其他原因产生的位移上所做的功称为虚功。所谓虚功并不是不存在的意思，只是强调做功过程中位移与力是相互独立的，力与位移分别属于同一体系的两种彼此无关的状态。其中力所属的状态称为力状态或第一状态，而位移所属的状态称为位移状态或第二状态。例如设有一简支梁，在其上 C 点处作用有荷载 F，如图 6-4（a）所示；该梁由于其他原因（如另外的荷载作用、温度变化或支座移动等）又产生了与力 F 相应的位移 Δ，如图 6-4（b）所示。这时力 F 在与其相应的位移 Δ 上所做的功即为虚功，由于力的大小和方向在该位移过程中不变，则 $W=F\cdot\Delta$，不必再乘上 1/2，而如图 6-4（a）、（b）这两种情况即分别为构成虚功的力状态和位移状态。对于虚功，当其他原因所引起的相应位移与力的方向一致时为正值，反之为负值。

力状态(第一状态)
(a)

位移状态(第二状态)
(b)

图 6-4 虚功示意

二、虚功原理

在理论力学中讨论过质点系的虚位移原理，它表述为：具有理想约束的质点系在某一位置处于平衡的充要条件为，作用于质点系的主动力在任何虚位移中所做虚功总和为零。

对于刚体而言，任何两点间的距离保持不变，可以设想任何两点间有刚性链杆相连，因此，刚体是具有理想约束的质点系。由若干个刚体用理想约束连接起来的体系自然也是具有理想约束的质点系。故对于具有理想约束的刚体体系，其虚功原理可表述为：设有一个刚体体系，分别承受一个力系和一个位移系两个彼此独立因素的作用，则刚体体系处于平衡的充要条件是力系中的外力（荷载和支反力）在位移系中的位移上所作的虚功总和等于零。

虚功原理应用于变形体系上时，称为变形体系的虚功原理，它可表述为：设有一个变形体系，分别承受一个力系和一个位移系两个彼此独立因素的作用，则变形体系处于平衡的充要条件是力系中的外力在位移系中的位移上所作的虚功总和等于变形体系各微段上的内力在其变形上所作的虚功总和，简单地说，即为外力虚功等于变形虚功。

这里，做功的外力和内力（力状态中的）称为力系统，它必须满足平衡条件，位移和变形（位移状态中的）称为位移系统，它必须满足变形协调条件。力系统和位移系统分别属于不同状态，也就是说它们是独立无关的。

为了简明，下面仅从物理概念上来论证虚功原理的正确性。关于更详细的数学推导，读者可参阅其他书籍。

从变形杆件体系中的任一杆件上取出一个微段，则该微段由力状态中的各力（包括外力和内力）在位移状态中的相应位移上所作的虚功 $dW_{总}$ 等于微段上的外力所做的虚功 $dW_{外}$ 和微段上的内力所做的虚功 $dW_{内}$ 之和，即 $dW_{总}=dW_{外}+dW_{内}$。将其沿杆段积分并将各杆段的积分相加，可得整个结构的虚功为

$$\sum\int dW_{总}=\sum\int dW_{外}+\sum\int dW_{内}$$

或简写为

$$W_{总}=W_{外}+W_{内}$$

这里，$W_{外}$ 是整个结构所有外力（包括荷载和支反力）在其相应的位移上所做的虚功总和，简称为外力虚功；$W_{内}$ 则是所有微段截面上的内力所做的虚功总和。由于任意两相邻微段的相邻截面上的内力大小相等方向相反；又由于位移是协调的，满足变形连续条件，两相邻微段的相邻截面总是密贴在一起而具有相同的位移，所以每一对相邻截面上的内力所做的虚功总和大小相等、正负号相反而互相抵消。因此整个结构中所有微段截面上内力所做的虚功总和等于零，即 $W_{内}=0$。于是整个结构的总虚功便等于外力虚功，即

$$W_{总}=W_{外} \tag{6-3}$$

下面按另一种途径来计算整个结构的总虚功。将位移状态中微段的位移分解为刚体位移和变形位移，则该微段由力状态中的各力（包括外力和内力，注意这里的内力对于微段而言则是外力）在位移状态中的相应位移上所做的虚功 $dW_{总}$ 等于力状态中微段上的各力在位移

状态中相应的刚体位移上所做的虚功 $dW_{刚}$ 和相应的变形位移上所做的虚功 $dW_{变}$ 之和，即 $dW_{总}=dW_{刚}+dW_{变}$。由于微段处于平衡状态，根据刚体虚功原理，可知 $dW_{刚}=0$，于是 $dW_{总}=dW_{变}$。对于全结构，则有 $\sum\int dW_{总}=\sum\int dW_{变}$，或简写为

$$W_{总}=W_{变} \tag{6-4}$$

比较式（6-3）、式（6-4）两式可得

$$W_{变}=W_{外} \tag{6-5}$$

上式又称为变形体系的虚功方程，这也就是我们要证明的结论，即为外力虚功等于变形虚功。

在上面的讨论过程中，并没有涉及到材料的物理性质，因此无论对于弹性、非弹性、线性及非线性的变形体系，虚功原理都适用。

上述变形体系的虚功原理对于刚体体系自然也适用，因为刚体体系发生位移时，各微段不产生任何变形，故变形虚功 $W_{变}=0$，此时式（6-5）成为 $W_{外}=0$，即外力虚功为零。可见，刚体体系的虚功原理可看作是变形体系虚功原理的一个特例。

三、虚功原理的应用

虚功原理中的力系与位移系相互独立无关，因此不仅可以把位移系看作是虚设的，而且也可以把力系看作是虚设的。根据虚设对象的不同选择，虚功原理主要有两种应用形式：虚设位移，求未知力；虚设力系，求位移。

在虚功原理的应用中，如果力状态为实际状态，位移状态为虚设状态，也就是虚功中力是实际的，位移是虚设的（称为虚位移），可利用虚功方程来求解实际力状态中的未知力，这种用于实际的力状态与虚设的位移状态之间的虚功原理，也称为虚位移原理。如果力状态为虚设状态，位移状态为实际状态，也就是说虚功中的力是虚设的（称为虚力），位移是实际的，可利用虚功方程来求解实际位移状态中的未知位移，这种用于虚设的力状态与实际的位移状态之间的虚功原理，也称为虚力原理。计算结构位移时，用到的是虚力原理，习惯上仍称它为虚功原理。

对于所谓的虚位移和虚力，应该强调：

（1）假设的这种虚位移（或虚力）与所研究的实际力系（或实际位移）完全无关，可以独立地按照我们的目的虚设。

（2）假设的虚位移（或虚力）在所研究的结构上应该是可能存在的位移（或力）状态，即虚位移应该满足结构的变形协调条件，虚设力系应该满足平衡条件。

第三节　计算结构位移的一般公式　单位荷载法

结构在荷载、支座移动、温度改变、制造误差、材料收缩等因素作用下都将有位移产生，下面讨论如何利用虚功原理计算平面杆件结构的位移。

设如图 6-5（a）所示平面杆件结构由于荷载、温度变化及支座移动等因素引起变形如虚线所示，通过求解 K 点的竖向线位移 Δ_{ky} 为例来建立平面杆件结构位移计算的一般公式。

下面讨论如何利用虚功原理来求解这一问题。要应用虚功原理，就需要有两个状态：力状态和位移状态。现在要求的位移是由给定的荷载、温度变化及支座移动等因素引起的，故

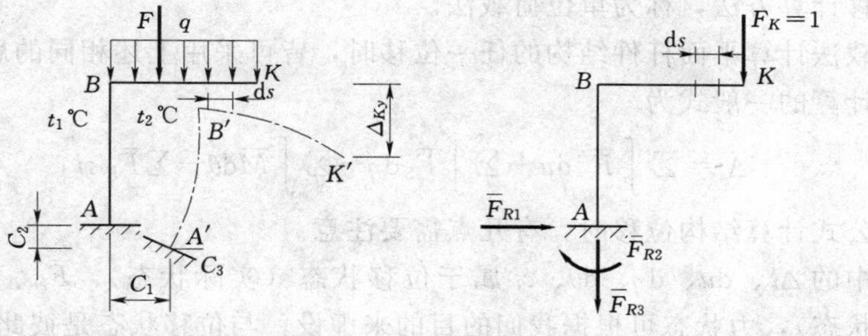

(a) 实际状态(位移状态)　　(b) 虚拟状态(力状态)

图 6-5　单位荷载法

应以此作为结构的位移状态，并称为实际状态。此外，还需要建立一个力状态。由于位移状态与力状态是彼此独立无关的，因此力状态完全可以根据计算的需要来假设。为了使待求的位移 Δ_{ky} 能包含在外力虚功中，可以在 K 点沿待求位移的方向施加一假想的集中力 F_k，F_k 的指向可以任意假设，为了计算方便，可设 $F_k=1$（无量纲），称为单位荷载，或单位力，如图 6-5（b）所示，以此作为结构的力状态。这个力状态并不是实际存在的，而是根据计算的需要虚设的，故称为虚拟状态。

现在来计算虚拟状态的外力和内力在实际状态中相应的位移和变形上所做的虚功。外力虚功包括荷载和支座反力所做的虚功，设在虚拟状态中由单位荷载 $F_k=1$ 引起的支座反力为 $\overline{F}_{R1}$、$\overline{F}_{R2}$、$\overline{F}_{R3}$，而在实际状态中相应的位移为 c_1、c_2、c_3，则外力虚功为

$$W_{外}=1\cdot\Delta_{ky}+\overline{F}_{R1}c_1+\overline{F}_{R2}c_2+\overline{F}_{R3}c_3=\Delta_{ky}+\sum\overline{F}_{Ri}c_i$$

为了求该结构的变形虚功 $W_{变}$，在虚拟状态中，从结构上截取微段 ds，略去内力微量，两侧内力可视为相等，分别为 $\overline{F}_N$、$\overline{F}_S$、$\overline{M}$，它们是由单位荷载 $F_k=1$ 引起的，如图 6-6（a）所示。再在实际状态中，从结构上相应位置截取微段 ds，微段上与 $\overline{F}_N$、$\overline{F}_S$、$\overline{M}$ 相应的变形分别为 du、dη、dθ，如图 6-6（b）所示，则微段上的变形虚功为

$$\mathrm{d}W_{变}=\overline{F}_N\mathrm{d}u+\overline{F}_S\mathrm{d}\eta+\overline{M}\mathrm{d}\theta$$

整个结构上的变形虚功为

$$W_{变}=\sum\int\overline{F}_N\mathrm{d}u+\sum\int\overline{F}_S\mathrm{d}\eta+\sum\int\overline{M}\mathrm{d}\theta$$

由虚功方程 $W_{外}=W_{变}$ 有

$$\Delta_{ky}+\sum\overline{F}_{Ri}c_i=\sum\int\overline{F}_N\mathrm{d}u+\sum\int\overline{F}_S\mathrm{d}\eta+\sum\int\overline{M}\mathrm{d}\theta$$

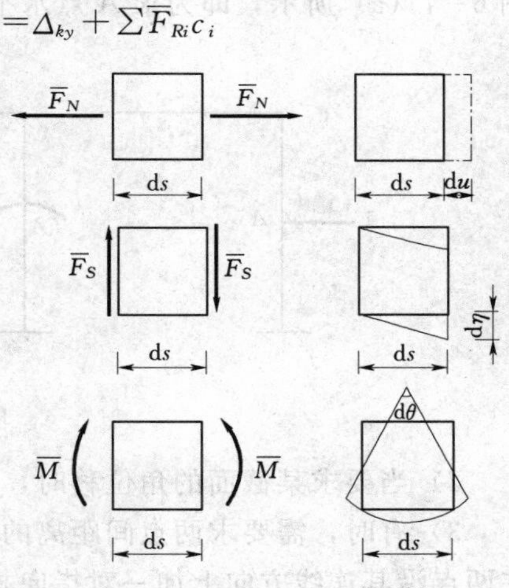

(a)　(b)

图 6-6　变形虚功

则可求得 K 点的竖向线位移为

$$\Delta_{ky}=\sum\int\overline{F}_N\mathrm{d}u+\sum\int\overline{F}_S\mathrm{d}\eta+\sum\int\overline{M}\mathrm{d}\theta-\sum\overline{F}_{Ri}c_i$$

由上可以看出，利用虚功原理求结构的位移，关键在于虚设恰当的力状态，而方法的巧妙之处在于虚拟状态中只在所求位移地点沿所求位移的方向加一个单位荷载，以使荷载虚功恰好等于所求位移。这种应用虚功原理求未知位移而在所求位移的地点沿位移方向虚设一个

单位荷载的位移计算方法，称为单位荷载法。

用单位荷载法计算平面杆件结构的任一位移时，皆可采用上述相同的思路，则可得平面杆件结构位移计算的一般式为

$$\Delta_k = \sum \int \overline{F}_N \mathrm{d}u + \sum \int \overline{F}_S \mathrm{d}\eta + \sum \int \overline{M} \mathrm{d}\theta - \sum \overline{F}_{Ri} c i \tag{6-6}$$

采用上述公式计算结构位移时，有几点需要注意。

(1) 公式中的 Δ_k、$\mathrm{d}u$、$\mathrm{d}\eta$、$\mathrm{d}\theta$、c_i 属于位移状态（实际状态），$\overline{F}_N$、$\overline{F}_S$、$\overline{M}$、$\overline{F}_{Ri}$ 属于力状态（虚拟状态），力状态可根据我们的目的来虚设，与位移状态是彼此独立无关的。

(2) 该公式不仅适用于求由荷载、温度改变、支座移动所引起的结构位移，亦适用于求由制造误差、材料收缩等其他因素所引起的结构位移。

(3) 该公式不仅适用于静定结构的位移计算，也适用于求超静定结构的位移计算，同时对各种结构形式如梁、刚架、桁架、拱以及组合结构等都适用。

(4) 虚设单位荷载的指向可任意假定，若计算结果为正，表示所求位移 Δ_k 的实际指向与虚设单位荷载 $F_k=1$ 的指向相同，为负则相反。

(5) 该公式未涉及到材料的性质，因此它既适用于线性变形体系，又适用于非线性变形体系。由于本书只研究线性变形体系，则求位移时可应用叠加原理。

(6) 该公式不仅可以计算结构的线位移，而且可以计算任一广义位移，只要虚力状态中的单位荷载是与所计算的广义位移相对应的广义力即可。下面就几种情况具体说明如下：

1) 当要求某点沿某方向的线位移时，应在该点沿所求位移方向加一个单位集中力，如图 6-7（a）所示，即为求 A 点水平位移时的虚力状态。

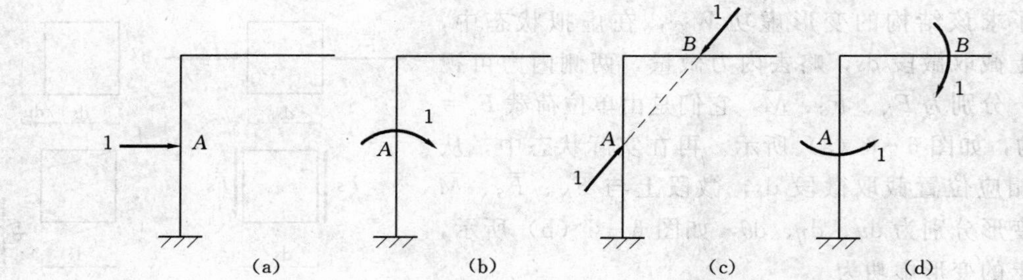

图 6-7　虚力状态的建立

2) 当要求某截面的角位移时，则应在该截面处加一单位力偶，如图 6-7（b）所示。

3) 有时，需要求两点间距离的变化，也就是求两点沿其连线方向上的相对线位移，应在两点沿其连线方向上加一对指向相反的单位力，如图 6-7（c）所示。

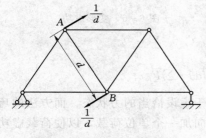

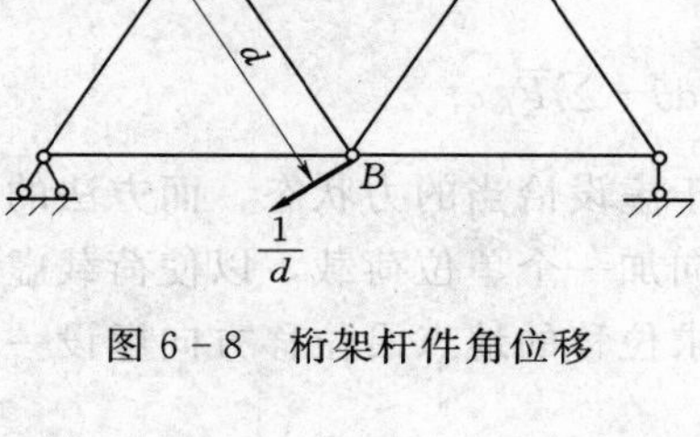

图 6-8　桁架杆件角位移

4) 同理，若要求两截面的相对角位移，就应在两截面处加一对转向相反的单位力偶，如图 6-7（d）所示。

5) 在求桁架某杆的角位移时，由于桁架只承受轴力，故应将单位力偶转换为等效的结点集中荷载，即在该杆两端加一对方向与杆件垂直、大小等于杆长倒数而指向相反的集中力，如图 6-8 所示。

以上几种情况都是根据所求的广义位移来设出对应的广义力，进而建立虚拟力状态。在应用式（6-6）来

计算位移时，需要强调的是：通过一个虚拟力状态只能求一个位移，当一个结构需要计算多个位移时，应建立多个虚拟力状态，且虚拟的单位荷载必须与所求的各个位移相对应。

第四节　静定结构在荷载作用下的位移计算

现在讨论结构在荷载作用下的位移计算。本节中只讨论静定结构，而且仅限于研究线性变形体系，即结构的位移与荷载是成正比的，当荷载全部撤除后位移也完全消失，因而计算结构在荷载作用下的位移时，可以应用叠加原理。

下面应用平面杆件结构位移计算的一般式（6-6）来导出荷载引起位移的计算公式。当结构只受到荷载作用时，由于没有支座移动，故式（6-6）中的$\sum \overline{F}_{Ri} C_i$一项为零，因而位移计算公式为

$$\Delta_{KP}=\sum\int \overline{F}_N \mathrm{d}u+\sum\int \overline{F}_S \mathrm{d}\eta+\sum\int \overline{M}\mathrm{d}\theta \tag{6-7}$$

式中　$\overline{M}$、$\overline{F}_N$、$\overline{F}_S$——虚拟状态中微段上的内力；

$\mathrm{d}u$、$\mathrm{d}\theta$、$\mathrm{d}\eta$——实际状态中微段的变形。

若实际状态中微段由荷载引起的内力为M_P、F_{NP}、F_{SP}，则由材料力学可知，由M_P、F_{NP}、F_{SP}分别引起的微段的弯曲变形、轴向变形和剪切变形为

$$\mathrm{d}\theta=\frac{M_P\mathrm{d}s}{EI} \tag{6-8}$$

$$\mathrm{d}u=\frac{F_{NP}\mathrm{d}s}{EA} \tag{6-9}$$

$$\mathrm{d}\eta=\gamma\mathrm{d}s=\frac{kF_{SP}\mathrm{d}s}{GA} \tag{6-10}$$

式中　E——材料的弹性模量；

I、A——杆件截面的惯性矩和面积；

G——切变模量；

k——切应力沿截面分布不均匀而引进的修正系数，其值与截面形状有关，也叫截面形状系数，其计算公式为

$$k=\frac{A}{I^2}\int_A\frac{S^2}{b^2}\mathrm{d}A \tag{6-11}$$

式中　b——所求切应力处截面的宽度；

S——该处以外面积对中性轴的静矩；

其余符号意义同前。

切应力分布不均匀修正系数是一个只与截面形状有关的无量纲量，对于矩形截面$k=6/5$，圆形截面$k=10/9$，薄壁圆环截面$k=2$，工字形截面$k\approx\frac{A}{A'}$（A'为腹板截面积）。关于系数k的推导，读者可参阅其他书籍。

将式（6-8）、式（6-9）、式（6-10）代入式（6-7）得

$$\Delta_{KP}=\sum\int\frac{\overline{F}_N F_{NP}\mathrm{d}s}{EA}+\sum\int\frac{k\overline{F}_S F_{SP}\mathrm{d}s}{GA}+\sum\int\frac{\overline{M}M_P\mathrm{d}s}{EI} \tag{6-12}$$

这就是平面杆件结构在荷载作用下的位移计算公式。这里，位移Δ_{KP}用了两个下标：第

一个下标 K 表示该位移的地点和方向，即 K 点沿指定方向；第二个下标 P 表示引起位移的原因，即是由荷载引起的。

式（6－12）右边三项分别代表结构的轴向变形、剪切变形和弯曲变形对所求位移的影响。在实际计算中，根据结构的具体情况，常常只考虑其中的一项或两项，而将该式相应的简化。

(1) 梁和刚架：对于梁和刚架，位移主要是由弯矩引起的，它是以弯曲变形为主的，轴向变形和剪切变形对位移的影响比较小，一般可以略去，故式（6－12）可简化为

$$\Delta_{KP}=\sum\int\frac{\overline{M}M_P\,\mathrm{d}s}{EI} \tag{6-13}$$

(2) 桁架：在桁架中，因只有轴力作用，且同一杆件的轴力 $\overline{F}_N$、F_{NP} 及 EA 沿杆长 l 均为常数，故式（6－12）可简化为

$$\Delta_{KP}=\sum\int\frac{\overline{F}_NF_{NP}\,\mathrm{d}s}{EA}=\sum\frac{\overline{F}_NF_{NP}}{EA}\int\mathrm{d}s=\sum\frac{\overline{F}_NF_{NP}l}{EA} \tag{6-14}$$

(3) 组合结构：在组合结构中，有两类不同性质的受力杆件，一类是以弯曲变形为主的受弯杆件，另一类是只有轴向变形的链杆，故受弯杆件只考虑弯曲变形的影响，链杆则只考虑轴向变形的影响，故式（6－12）可简化为

$$\Delta_{KP}=\sum\int\frac{\overline{M}M_P\,\mathrm{d}s}{EI}+\sum\frac{\overline{F}_NF_{NP}l}{EA} \tag{6-15}$$

【例 6－1】 试求如图 6－9（a）所示简支梁中点 C 的竖向位移 Δ_{Cy}，并将剪力和弯矩对位移的影响加以比较。已知 EI、GA 为常数，泊松比 $\nu=1/3$，梁的截面为矩形，截面高度为 h。

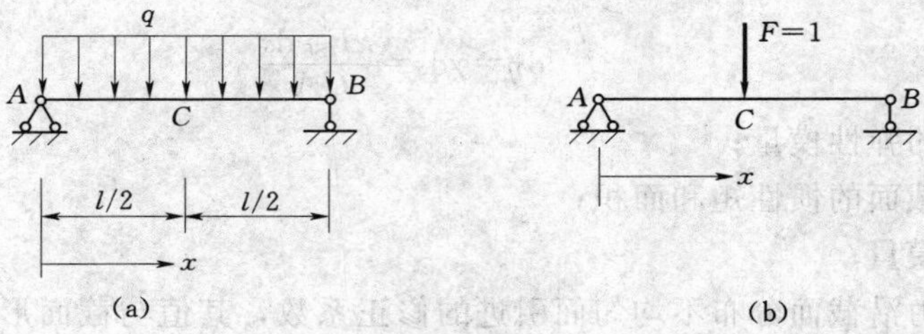

图 6－9　例 6－1 图

解： 建立虚拟力状态如图 6－9（b）所示。由于梁承受竖向荷载作用，故轴力为零，即内力只有弯矩和剪力。取支座 A 为坐标原点，当 $0\leqslant x\leqslant\frac{l}{2}$ 时，实际状态下梁的内力为

$$M_P=\frac{1}{2}qlx-\frac{1}{2}qx^2\quad F_{SP}=\frac{1}{2}ql-qx$$

虚拟状态下的内力为

$$\overline{M}=\frac{1}{2}x\quad F_S=\frac{1}{2}$$

则弯曲变形引起的位移为

$$\Delta_M=\int\frac{\overline{M}M_P}{EI}\mathrm{d}s=\frac{2}{EI}\int_0^{\frac{l}{2}}\frac{x}{2}\left(\frac{1}{2}qlx-\frac{1}{2}qx^2\right)\mathrm{d}x$$

$$=\frac{q}{2EI}\int_0^{\frac{l}{2}}(lx-x^3)\,\mathrm{d}x=\frac{5ql^4}{384EI}$$

剪切变形引起的位移为（对于矩形截面，$k=1.2$）

$$\Delta_{F_S}=\int\frac{k\overline{F}_S F_{SP}}{GA}\mathrm{d}s=\frac{2k}{GA}\int_0^{\frac{l}{2}}\frac{1}{2}\left(\frac{1}{2}ql-qx\right)\mathrm{d}x$$

$$=\frac{kq}{2GA}\int_0^{\frac{l}{2}}(l-2x)\mathrm{d}x=\frac{0.15ql^2}{GA}$$

由于梁的轴力为零，故总位移为

$$\Delta_{Cy}=\Delta_M+\Delta_{F_S}=\frac{5ql^4}{384EI}+\frac{0.15ql^2}{GA}$$

现在比较剪切变形与弯曲变形对位移的影响，由于泊松比 $\nu=\frac{1}{3}$，则 $E/G=2(1+\nu)=8/3$，对于矩形截面，$I/A=h^2/12$，可得二者的比值为

$$\frac{\Delta_{F_S}}{\Delta_M}=\frac{\dfrac{0.15ql^2}{GA}}{\dfrac{ql^4}{384EI}}=11.52\times\frac{EI}{GAl^2}$$

$$=11.52\times\frac{E}{G}\frac{I}{A}\frac{1}{l^2}=11.52\times\frac{8}{3}\times\frac{h^2}{12}\times\frac{1}{l^2}=2.56\left(\frac{h}{l}\right)^2$$

当梁的高跨比 h/l 是 1/10 时，则 $\Delta_{F_S}/\Delta_M=2.56\%$，剪力影响约为弯矩影响的 2.56%。由上述分析可知，在计算梁的位移时，对于截面高度远小于跨度的梁来说，一般可不考虑剪切变形对位移的影响。但是，当梁的高跨比较大时，即对于深梁，剪切变形对位移的影响则不可忽略。

【例 6-2】 试求如图 6-10（a）所示刚架 A 点的竖向位移 Δ_{Ay}。各杆材料相同，截面的 I、A 均为常数。

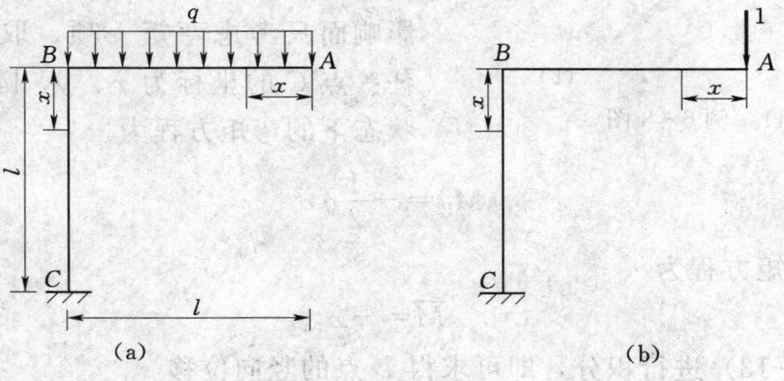

图 6-10　例 6-2 图

解： 建立虚拟力状态如图 6-10（b）所示，并分别设各杆的 x 坐标如图所示，则虚拟力状态中各杆内力方程为

AB 段：$\overline{M}=-x$，$\overline{F}_N=0$，$\overline{F}_S=1$

BC 段：$\overline{M}=-l$，$\overline{F}_N=-1$，$\overline{F}_S=0$

在实际状态中各杆内力方程为

AB 段：$M_P=-\frac{qx^2}{2}$，$F_{NP}=0$，$F_{SP}=qx$

BC 段：$M_P=-\frac{ql^2}{2}$，$F_{NP}=-ql$，$F_{SP}=0$

代入式（6-12）进行积分，即可求得 A 点的竖向位移

$$\Delta_{Ay}=\sum\int\frac{\overline{M}M_P\,\mathrm{d}s}{EI}+\sum\int\frac{\overline{F}_NF_{NP}\,\mathrm{d}s}{EA}+\sum\int\frac{k\,\overline{F}_SF_{SP}\,\mathrm{d}s}{GA}$$

$$=\int_0^l(-x)\left(-\frac{qx^2}{2}\right)\frac{\mathrm{d}x}{EI}+\int_0^l(-l)\left(-\frac{ql^2}{2}\right)\frac{\mathrm{d}x}{EI}+\int_0^l(-1)(-ql)\frac{\mathrm{d}x}{EA}+\int_0^l k(+1)(qx)\frac{\mathrm{d}x}{GA}$$

$$=\frac{5}{8}\frac{ql^4}{EI}+\frac{ql^2}{EA}+\frac{kql^2}{2GA}=\frac{5}{8}\frac{ql^4}{EI}\left(1+\frac{8}{5}\frac{I}{Al^2}+\frac{4}{5}\frac{kEI}{GAl^2}\right)$$

下面讨论轴力与剪力对位移的影响，若设杆件的截面为矩形，其宽度为 b，高度为 h，则有 $A=bh$，$I=\dfrac{bh^3}{12}$，$k=\dfrac{6}{5}$，代入上式得

$$\Delta_{Ay}=\frac{5}{8}\frac{ql^4}{EI}\left[1+\frac{2}{15}\left(\frac{h}{l}\right)^2+\frac{2}{25}\frac{E}{G}\left(\frac{h}{l}\right)^2\right]$$

可以看出，杆件截面高度与杆长之比 h/l 越大，则轴力和剪力影响所占的比重越大，反之，则所占比重越小。例如当 $h/l=1/10$，取 $G=0.4E$，可算得

$$\Delta_{Ay}=\frac{5}{8}\frac{ql^4}{EI}\left(1+\frac{1}{750}+\frac{1}{500}\right)$$

可见轴力和剪力在细长杆情况下影响是很小的，通常可以略去。

【例 6-3】 试求如图 6-11（a）所示等截面圆弧形曲杆 B 点的竖向位移 Δ_{By}。设梁的截面厚度远较其半径 R 为小。

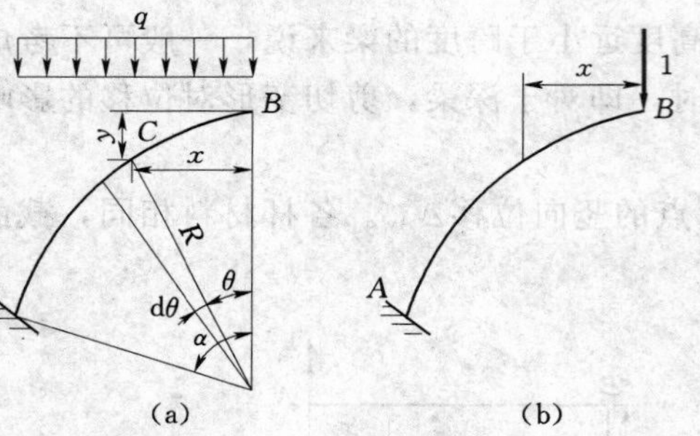

图 6-11　例 6-3 图

解： 建立虚拟力状态如图 6-11（b）所示。由于此曲杆系小曲率杆，故可近似采用直杆的位移计算公式，并可略去轴力和剪力对位移的影响而只考虑弯矩一项。取 B 点作坐标原点，任一点 C 的坐标为 x、y，圆心角为 θ，则实际状态下的弯矩方程为

$$M_P=-\frac{1}{2}qx^2$$

虚拟力状态下的弯矩方程为

$$\overline{M}=-x$$

代入公式（6-13）进行积分，即可求得 B 点的竖向位移

$$\Delta_{By}=\int_B^A\frac{M_P\overline{M}}{EI}\mathrm{d}s=\frac{q}{2EI}\int_B^A x^3\,\mathrm{d}s$$

引进 θ 作变数，则 $x=R\sin\theta$，$\mathrm{d}s=R\mathrm{d}\theta$。

代入上式，得

$$\Delta_{By}=\frac{qR^4}{2EI}\int_0^\alpha\sin^3\theta\quad\mathrm{d}\theta=\frac{qR^4}{2EI}\left(\frac{2}{3}-\cos\alpha+\frac{1}{3}\cos^3\alpha\right)$$

如果 $\alpha=90°$，则 $\Delta_{By}=\dfrac{qR^4}{3EI}$。

【例 6-4】 试求如图 6-12（a）所示对称桁架结点 D 的竖向位移 Δ_{Dy}。图中右半部各括号内数值为杆件的截面面积 A（单位为 $10^{-4}\mathrm{m}^2$），设 $E=210\mathrm{GPa}$。

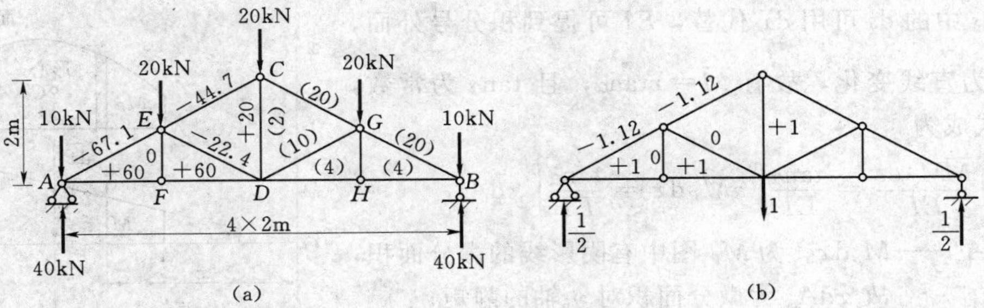

图 6-12　例 6-4 图

解：建立虚拟力状态如图 6-12（b）所示。实际状态和虚拟状态的各杆内力分别如图 6-12（a）、（b）示（左半部）。根据式（6-14），可把计算列成表格进行，由于对称，可只计算半个桁架的杆件，详见表 6-1。最后，计算时将表中的求和总值乘 2，但由于 CD 杆只有一根，故应减去一根 CD 杆的数值即可。由此可求得

$$\Delta_{Dy}=\sum\frac{\overline{F}_N F_{NP} l}{EA}=\frac{(2\times 940300-200000)\times 10^3}{210\times 10^9}=0.008(\text{m})=8\text{mm}(\downarrow)$$

表 6-1　　**各 杆 杆 内 力 表**

杆　件		l (m)	A (m²)	l/A (1/m)	$\overline{F}_N$	F_{NP} (kN)	$\overline{F}_N F_{NP} l/A$ (kN/m)
上弦	AE	2.24	20×10^{-4}	1120	−1.12	−67.1	84200
	EC	2.24	20×10^{-4}	1120	−1.12	−44.7	56100
下弦	AD	4.00	4×10^{-4}	10000	1	60	600000
斜杆	ED	2.24	10×10^{-4}	2240	0	−22.4	0
竖杆	EF	1.00	1×10^{-4}	10000	0	0	0
	CD	2.00	2×10^{-4}	10000	1	20	200000
合计							940300

第五节　图　乘　法

应用式（6-13）计算梁和刚架在荷载作用下的位移时，先要逐杆建立 M_P、$\overline{M}$ 的方程式，再进行积分运算。当杆件数目较多且荷载情况较复杂时，积分的计算工作是比较麻烦的。但是，当结构的各杆段符合下列条件时：

（1）杆轴线为直线。

（2）EI 为常数。

（3）$\overline{M}$ 和 M_P 两个弯矩图中至少有一个是直线图形，则可用下述图乘法来代替积分运算，从而简化计算工作。

如图 6-13 所示，设等截面直杆 AB 段上的两弯矩图中，$\overline{M}$ 图为一段直线，而 M_P 图为任意形状。以杆轴为 x 轴，$\overline{M}$ 图的延长线与 x 轴的交点 O 为原点并设置 y 轴，则积分式

$\int \frac{\overline{M}M_P}{EI}ds$ 中的 ds 可用 dx 代替，EI 可提到积分号外面，且因 $\overline{M}$ 为直线变化，故有 $\overline{M}=x\tan\alpha$，且 $\tan\alpha$ 为常数，则积分式成为

$$\int \frac{\overline{M}M_P ds}{EI}=\frac{\tan\alpha}{EI}\int xM_P dx=\frac{\tan\alpha}{EI}\int x dA_\omega$$

式中 dA_ω——$M_p dx$，为 M_P 图中有阴影线的微分面积，故 $x dA_\omega$ 为微分面积对 y 轴的静矩；

$\int x dA_\omega$——整个 M_P 图的面积对 y 轴的静矩，它等于 M_P 图的面积 A_ω 乘以其形心 C 到 y 轴的距离 x_C，即

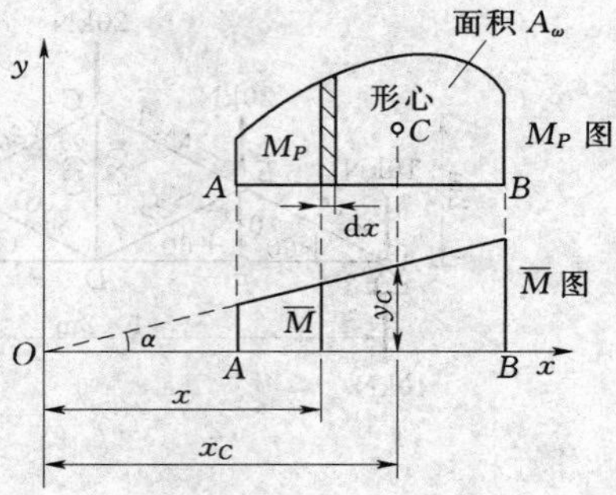

图 6-13 图形相乘

$$\int x d\omega = A_\omega x_C$$

代入上式有

$$\int \frac{\overline{M}M_P ds}{EI}=\frac{\tan\alpha}{EI}A_\omega x_C=\frac{A_\omega y_C}{EI}$$

这里 y_C 是 M_P 图的形心 C 处所对应的 $\overline{M}$ 图的竖标。可见，在适当的条件下，上述积分式的值等于一个弯矩图的面积 A_ω 乘以其形心处所对应的另一个直线弯矩图上的竖标 y_C，再除以 EI，此法即称为图形相乘法，简称图乘法。

如果结构上所有各杆段均可图乘，则位移计算式（6-13）可写为

$$\Delta_{KP}=\sum\int \frac{\overline{M}M_P ds}{EI}=\sum\frac{A_\omega y_C}{EI} \tag{6-16}$$

根据上述推证过程，可知在应用图乘法时应注意下列各点：

(1) 必须符合上述三个适用条件。

(2) 竖标 y_C 只能取自直线图形。

(3) A_ω 与 y_C 若在杆件的同侧则乘积取正号，异侧则取负号。

在应用图乘法时，需要知道某一图形的面积 A_ω 及该图形面积的形心位置以便确定与之相对应的另一图形的竖标 y_C。现将常用的几种常见图形的面积及形心位置表达式列入图 6-14 中。在所示的各抛物线图形中，抛物线顶点处的切线都是与基线平行的，这种图形可称为抛物线标准图形。

对于简单的图形，确定 A_ω 和 y_C 是不困难的，但在图形比较复杂的情况下，往往不易直接确定，这时采用叠加的方法比较简单。即将复杂的图形分解成几个易于确定面积和形心位置的简单图形，分别用图乘法计算，其代数和即为两图相乘的值。

例如图 6-15 (a) 所示两个梯形相乘时，可不必定出 M_P 图的梯形形心位置，而把它分解成两个三角形（也可分为一个矩形及一个三角形）。此时 $M_P=M_{Pa}+M_{Pb}$，故有

$$\frac{1}{EI}\int \overline{M}M_P dx=\frac{1}{EI}\int \overline{M}(M_{Pa}+M_{Pb})dx$$
$$=\frac{1}{EI}\left[\int \overline{M}M_{Pa}dx+\int \overline{M}M_{Pb}dx\right]=\frac{1}{EI}\left[\frac{al}{2}y_a+\frac{bl}{2}y_b\right] \tag{6-17}$$

其中竖标 y_a、y_b 可按下式计算

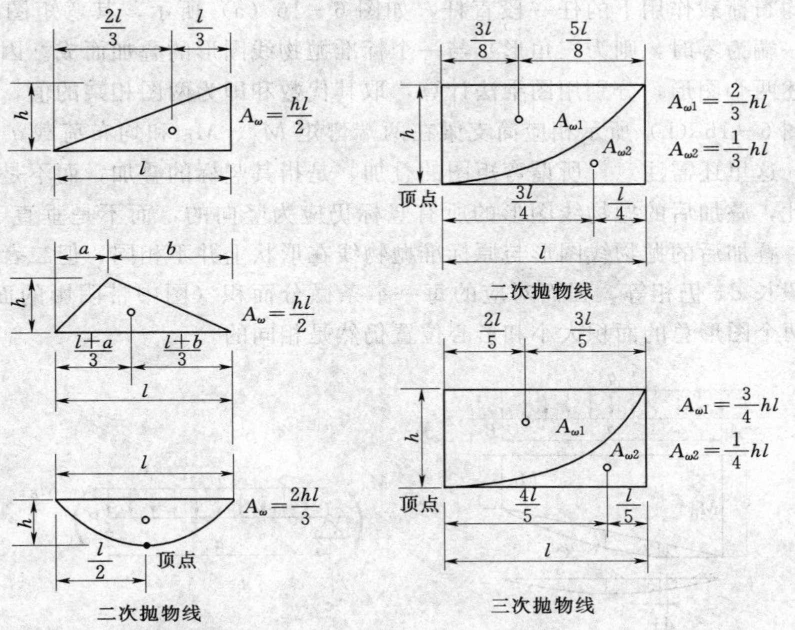

图 6-14　常见图形的面积公式及形心位置

$$y_a=\frac{2}{3}c+\frac{1}{3}d,\quad y_b=\frac{1}{3}c+\frac{2}{3}d \tag{6-18}$$

将式（6-18）代入式（6-17）并整理，可得

$$\frac{1}{EI}\int\overline{M}M_P\mathrm{d}x=\frac{1}{EI}\left[\frac{l}{6}(2ac+2bd+ad+bc)\right] \tag{6-19}$$

上式即为两梯形图相乘公式。当相乘的两个图中，一个为三角形或两个全为三角形时，也可以应用式（6-19），这时只需令相应的端点竖标为零即可。若 M_P 或 $\overline{M}$ 图的竖标 a、b 或 c、d 不在基线的同一侧时，如图 6-15（b）所示，处理原则仍和上面一样，可将 M_P 图分解为位于基线两侧的两个三角形：一个三角形位于基线下边，高度为 b；一个三角形在基线上边，高度为 a。然后将 M_P 图的两个三角形面积分别乘以与它们的形心相对应的 $\overline{M}$ 图的竖标并叠加，即为两个图形相乘的结果。显然，对于图 6-15（b）所示情况，式（6-19）仍然适用，但式中各项正负号必须根据基线同侧竖标相乘为正，异侧竖标相乘为负的原则来确定。

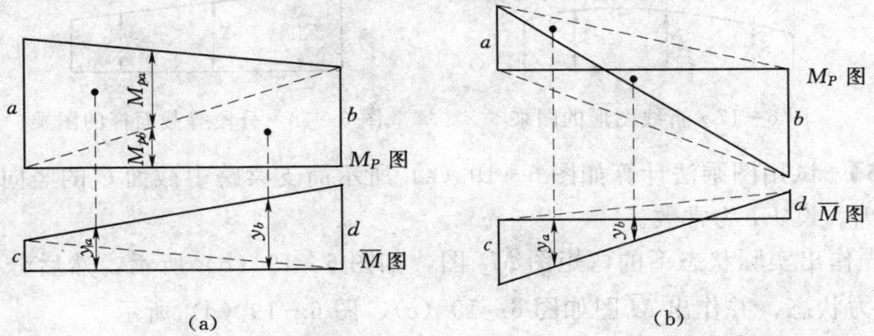

图 6-15　两梯形图相乘

对于在均布荷载作用下的任一段直杆，如图 6－16（a）所示，其弯矩图均可看成一个梯形（当有一端为零时，则为三角形）与一个标准抛物线图形的叠加而成。因此，可以将该图分解为上述两个图形，分别用图乘法计算，取其代数和即为两图相乘的值，因为这段直杆的弯矩图与图 6－16（b）所示相应简支梁在两端弯矩 M_A、M_B 和均布荷载 q 作用下的弯矩图是相同的。这里还需注意，所谓弯矩图的叠加，是指其竖标的叠加，而不是原图形状的剪贴拼合。因此，叠加后的抛物线图形的所有竖标仍应为竖向的，而不是垂直于 M_A、M_B 连线的。这样，叠加后的抛物线图形与原标准抛物线在形状上并不相同，但二者任一处对应的竖标 y 和微段长 dx 仍相等，因而对应的每一窄条微分面积（图中带阴影的面积）仍相等。由此可知，两个图形总的面积大小和形心位置仍然是相同的。

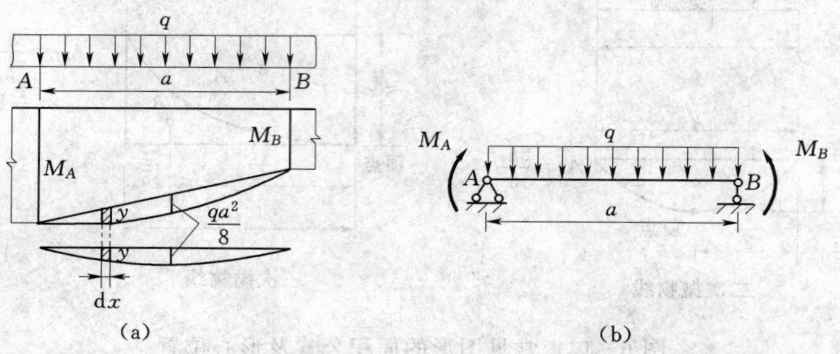

图 6－16　抛物线图形分解

此外，在应用图乘法时，当 y_C 所属图形不是一段直线而是由若干段直线组成时，或当各杆段的截面不相等（分段等截面）时，均应分段图乘，再进行叠加。例如对于如图 6－17 所示，应为

$$\frac{A_\omega y_C}{EI}=\frac{1}{EI}\left[A_{\omega1}y_1+A_{\omega2}y_2+A_{\omega3}y_3\right]$$

对于如图 6－18 所示，应为

$$\frac{A_\omega y_C}{EI}=\frac{A_{\omega1}y_1}{EI_1}+\frac{A_{\omega2}y_2}{EI_2}+\frac{A_{\omega3}y_3}{EI_3}$$

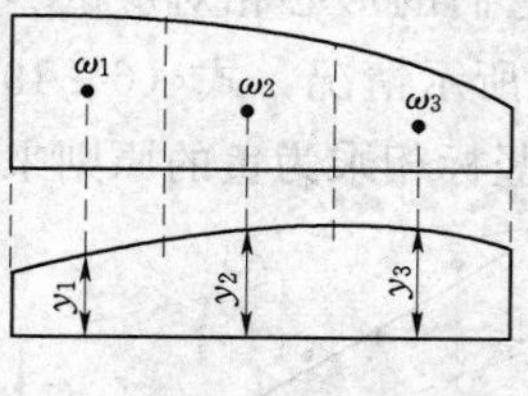

图 6－17　折线图形的图乘

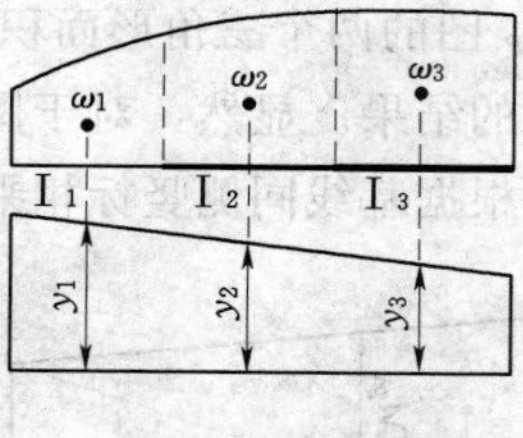

图 6－18　分段等截面杆的图乘

【例 6－5】　试用图乘法计算如图 6－19（a）所示简支梁跨中截面 C 的竖向位移 Δ_{Cy} 和 B 端的角位移 θ_B。设 EI 为常数。

解： 首先作出实际状态下的弯矩图 M_P 图，如图 6－19（b）所示，然后分别建立求 Δ_{Cy} 和 θ_B 的虚拟力状态，并作出 $\overline{M}$ 图如图 6－19（c）、图 6－19（d）所示。

为了计算 C 点的竖向位移 Δ_{Cy}，需将图 6－19（b）、图 6－19（c）相乘，由于 $\overline{M}$ 图是折线，故需分段进行图乘，然后叠加。因两个弯矩图均为对称，故只需取一半进行计算再乘 2

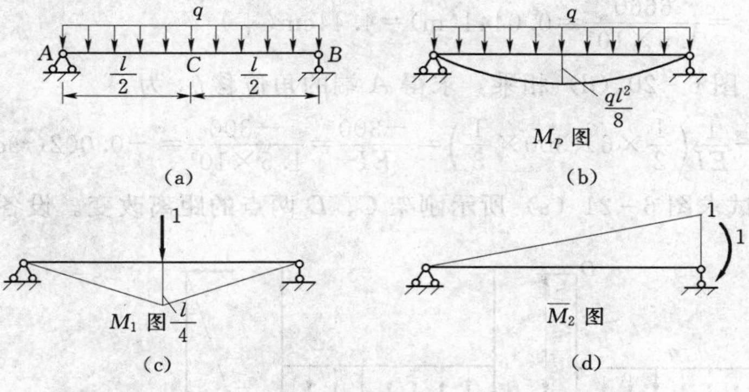

图 6-19 例 6-5 图

即可，图乘可求得 C 点竖向位移为

$$\Delta_{Cy}=\frac{1}{EI}\times2\left[\left(\frac{2}{3}\times\frac{l}{2}\times\frac{1}{8}ql^2\right)\times\left(\frac{5}{8}\times\frac{l}{4}\right)\right]=\frac{5ql^4}{384EI}(\downarrow)$$

将图 6-19（b）、图 6-19（d）相乘，求得 B 端角位移 θ_B 为

$$\theta_B=-\frac{1}{EI}\left(\frac{2}{3}l\times\frac{1}{8}ql^2\right)\times\frac{1}{2}=-\frac{ql^3}{24EI}\theta_B=-\frac{1}{EI}\left(\frac{2}{3}l\times\frac{1}{8}ql^2\right)\times\frac{1}{2}=-\frac{ql^3}{24EI}(\uparrow)$$

式中最初所用的负号是因为相乘的两个图形在基线的两侧，最后结果中的负号表示 θ_B 实际转动方向与所加单位力偶的方向相反，即为逆时针方向转动。

【例 6-6】 试求如图 6-20（a）所示外伸梁 A 端的角位移 θ_A 和 C 点的竖向位移 Δ_{Cy}。已知梁的 $EI=115\times10^5(\text{kN}\cdot\text{m}^2)$。

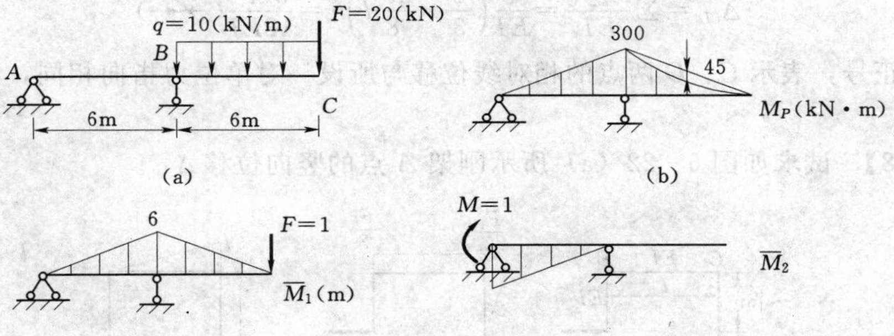

图 6-20 例 6-6 图

解： 首先作出实际状态下的弯矩图 M_P 图，如图 6-20（b）所示，然后分别建立求 Δ_{Cy} 和 θ_A 的虚拟力状态，并作出 $\overline{M}$ 图如图 6-20（c）、（d）所示。

为了计算 C 点的竖向位移 Δ_{Cy}，需将图 6-20（b）、（c）相乘，此时，应分段进行。在 AB 段，M_P 和 $\overline{M}$ 图均为三角形；在 BC 段，M_P 图中点 C 不是抛物线的顶点，但可将它看作是由 B、C 两端的弯矩竖标所连成的三角形图形与相应简支梁在均布荷载作用下的标准抛物线图形（即图中虚线与曲线之间包含的面积）叠加而成。图乘可求得 C 点的竖向位移 Δ_{Cy} 为

$$\Delta_{Cy}=\frac{1}{EI}\left(2\times\frac{1}{2}\times6\times300\times\frac{2}{3}\times6-\frac{2}{3}\times6\times45\times\frac{1}{2}\times6\right)=\frac{6660}{EI}$$

$$=\frac{6660}{1.5\times10^5}=0.0444(\text{m})=4.44\text{cm}(\downarrow)$$

将图 6-20（b）、图 6-20（d）相乘，求得 A 端的角位移 θ_A 为

$$\theta_A=-\frac{1}{EI}\left(\frac{1}{2}\times6\times300\times\frac{1}{3}\right)=\frac{-300}{EI}=\frac{-300}{1.5\times10^5}=-0.002(\text{rad})(\uparrow)$$

【例 6-7】　试求图 6-21（a）所示刚架 C、D 两点的距离改变。设各杆 EI 为常数。

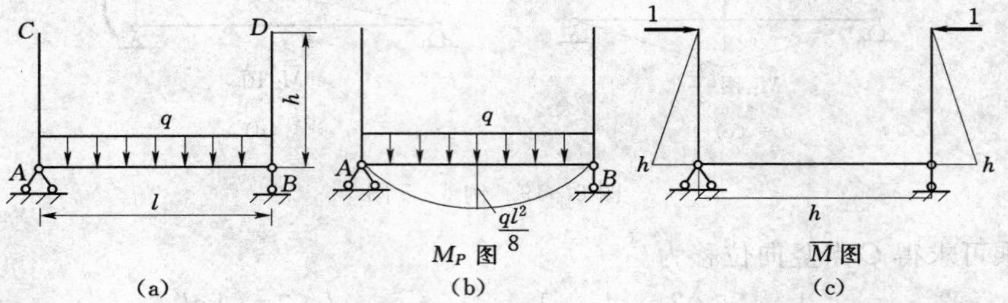

图 6-21　例 6-7 图

解： 首先作出实际状态下的弯矩图 M_P 图，如图 6-21（b）所示，然后建立虚拟力状态，因为所求的是相对位移，故应在 C、D 两点沿其连线方向加一对指向相反的单位力，并作出 $\overline{M}$ 图如图 6-21（c）所示。

为了计算 C、D 两点的相对线位 Δ_{CD}，需将图 6-21（b）、图 6-21（c）相乘，此时，应分 AC、AB、BD 三段进行，但其中 AC、BD 两段的 $M_P=0$，故图乘结果为零，可不必计算，只将 AB 段图乘即可求得 C、D 两点的相对线位 Δ_{CD} 为

$$\Delta_{CD}=\sum\frac{A_\omega y_C}{EI}=\frac{1}{EI}\left(\frac{2}{3}\times\frac{ql^2}{8}l\right)h=\frac{qhl^2}{12EI}(\rightarrow\leftarrow)$$

计算结果为正号，表示 C、D 两点的相对线位移与所设一对单位力指向相同，即 C、D 两点相互靠近。

【例 6-8】　试求如图 6-22（a）所示刚架 A 点的竖向位移 Δ_{Ay}。

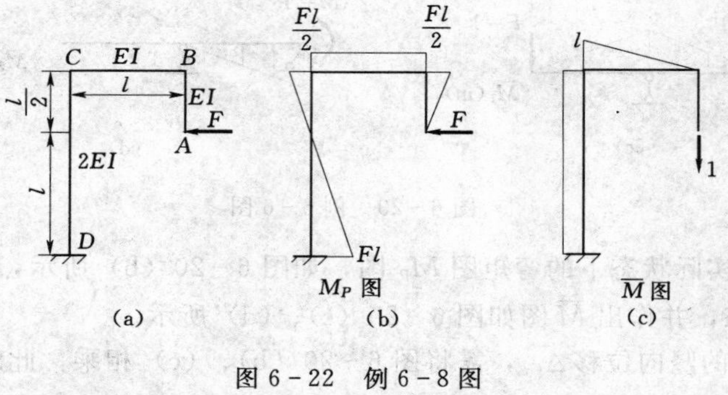

图 6-22　例 6-8 图

解： 首先作出实际状态下的弯矩图 M_P 图，如图 6-22（b）所示，然后建立虚拟力状态，并作出 $\overline{M}$ 图如图 6-22（c）所示。

为了计算 A 点的竖向位移 Δ_{Ay}，需将图 6-22（b）、图 6-22（c）相乘，由于各杆的 M_P、$\overline{M}$ 图都是直线，故可任取图形作为面积。现以 $\overline{M}$ 图作为面积而在 M_P 图上取竖标，图乘可得 A 点的竖向位移 Δ_{Ay} 为

$$\Delta_{Ay}=\sum\frac{A_\omega y_C}{EI}=\frac{1}{EI}\left(\frac{l\cdot l}{2}\right)\frac{Fl}{2}-\frac{1}{2EI}\left(l\frac{3l}{2}\right)\frac{Fl}{4}=\frac{Fl^3}{16EI}(\downarrow)$$

【例 6-9】 如图 6-23（a）所示为一组合结构，链杆 CD、BD 的抗拉（压）刚度为 E_1A_1，受弯杆件 AC 的抗弯刚度为 E_2I_2，在结点 D 有集中荷载 F 作用，试求 D 点竖向位移 Δ_{Dy}。

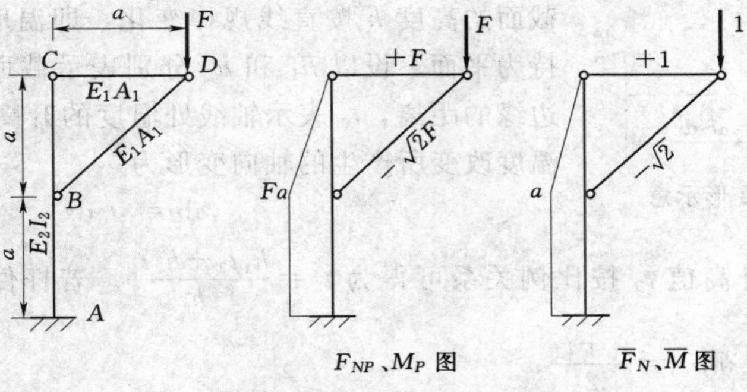

(a)　　(b)　　(c)

图 6-23　例 6-9 图

解： 计算组合结构在荷载作用下的位移时，对链杆只有轴力影响，对受弯杆只计弯矩影响。首先求出实际状态下的 F_{NP}、M_P，如图 6-23（b）所示，然后建立虚拟力状态，并求出 $\overline{F}_N$、$\overline{M}$ 如图 6-23（c）所示，根据式（6-15）可求得 D 点竖向位移 Δ_{Dy} 为

$$\begin{aligned}\Delta_{Dy}&=\sum\frac{\overline{F}_N F_{NP}l}{E_1A_1}+\sum\frac{A_\omega y_C}{E_2I_2}\\&=\frac{(1)(F)a+(-\sqrt{2})(-\sqrt{2}F)\sqrt{2}a}{E_1A_1}+\frac{1}{E_2I_2}\left(\frac{Fa^2}{2}\frac{2a}{3}+Fa^2a\right)\\&=\frac{(1+2\sqrt{2})Fa}{E_1A_1}+\frac{4Fa^3}{3E_2I_2}(\downarrow)\end{aligned}$$

第六节　静定结构由于温度改变和支座移动引起的位移

静定结构由于温度改变和支座移动的作用，虽然不产生内力，但将产生位移。下面分别讨论静定结构由于温度改变和支座移动引起的位移计算。

一、由于温度改变引起的位移

静定结构受温度改变的影响时，各杆能自由变形而不产生内力，但由于材料的热胀冷缩，因而会使结构产生变形和位移。

下面应用平面杆件结构位移计算的一般式（6-6）来导出温度改变引起位移的计算公式。当结构只受到温度改变作用时，由于没有支座移动，故式（6-6）中的 $\sum F_{Ri}C_i$ 一项为零，因而位移计算公式为

$$\Delta_{Kt}=\sum\int\overline{F}_N\mathrm{d}u+\sum\int\overline{F}_S\mathrm{d}\eta+\sum\int\overline{M}\mathrm{d}\theta \qquad (6-20)$$

式中　$\mathrm{d}u$、$\mathrm{d}\theta$、$\mathrm{d}\eta$——实际状态中微段由于温度改变引起的变形。

只要先求出各微段变形的表达式，而后代入上式即可得到温度改变引起的位移计算

公式。

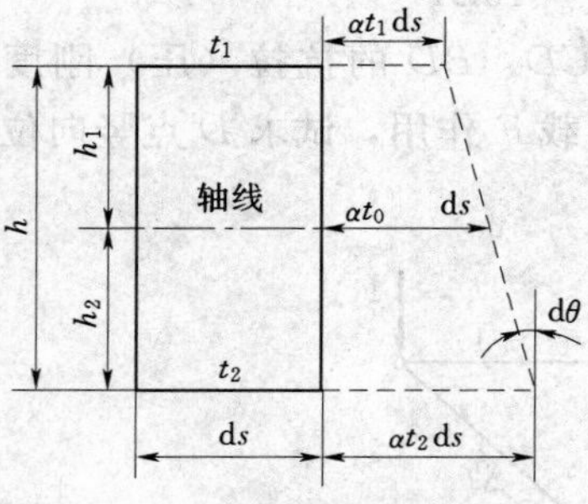

图 6-24　微段变形示意

从结构的某一杆件上任取一微段 $\mathrm{d}s$，设微段上侧的温度升高 t_1，下侧升高 t_2，而 $t_2>t_1$，则微段的变形如图 6-24 所示，微段的上、下侧纤维的伸长分别为 $\alpha t_1\mathrm{d}s$ 和 $\alpha t_2\mathrm{d}s$，这里 α 为材料的线膨胀系数。为了简化计算，假定温度沿截面的高度 h 按直线规律变化，即温度变化时横截面仍保持为平面。设以 h_1 和 h_2 分别表示截面形心轴线至上、下边缘的距离，t_0 表示轴线处温度的升高值。则微段 $\mathrm{d}s$ 由于温度改变所产生的轴向变形为

$$\mathrm{d}u=\alpha t_0\mathrm{d}s \tag{6-21}$$

式中轴线处温度的升高值 t_0 按比例关系可得为 $t_0=\dfrac{h_1t_2+h_2t_1}{h}$。若杆件的截面对称于形心轴，即 $h_1=h_2=\dfrac{h}{2}$，则 $t_0=\dfrac{t_1+t_2}{2}$。

而微段两个截面的相对转角为

$$\mathrm{d}\theta=\frac{\alpha t_2\mathrm{d}s-\alpha t_1\mathrm{d}s}{h}=\alpha\frac{t_2-t_1}{h}\mathrm{d}s=\alpha\frac{\Delta t}{h}\mathrm{d}s \tag{6-22}$$

式中 $\Delta t=t_2-t_1$ 为杆件上下侧温度改变之差。此外，对于杆件结构，温度改变并不引起剪切变形，即

$$\mathrm{d}\eta=0 \tag{6-23}$$

将以上式（6-21）、式（6-22）、式（6-23）各式代入式（6-20），可得

$$\Delta_{Kt}=\sum(\pm)\int\overline{F}_N\alpha t_0\mathrm{d}s+\sum(\pm)\int\overline{M}\alpha\frac{\Delta t}{h}\mathrm{d}s \tag{6-24}$$

该式即为计算结构由于温度改变所引起位移的一般式。式中正负号是因为温度改变产生的变形与虚内力的方向有相同和相反两种情况，则变形虚功有正有负。

如果每一根杆件沿其全长温度改变相同且截面高度不变，则上式可改写为

$$\begin{aligned}\Delta_{Kt}&=\sum(\pm)\alpha t_0\int\overline{F}_N\mathrm{d}s+\sum(\pm)\alpha\frac{\Delta t}{h}\int\overline{M}\mathrm{d}s\\&=\sum(\pm)\alpha t_0A_{\omega\overline{F}_N}+\sum(\pm)\alpha\frac{\Delta t}{h}A_{\omega\overline{M}}\end{aligned} \tag{6-25}$$

$$A_{\omega\overline{F}_N}=\int\overline{F}_N\mathrm{d}s$$

$$A_{\omega\overline{M}}=\int\overline{M}\mathrm{d}s$$

式中　$A_{\omega\overline{F}_N}$——$\overline{F}_N$ 图的面积；

　　　$A_{\omega\overline{M}}$——$\overline{M}$ 图的面积。

在应用式（6-24）和式（6-25）时，右边两项的正负号按如下规定来选取：若虚力状态中由于虚内力所引起的变形与由于温度改变所引起的变形方向一致时取正号，反之则取负号。

在温度变化时，杆件的轴向变形与其截面大小无关，即使截面很大的杆件，同样可能产生显著的轴向变形。因此，在计算梁和刚架由温度变化引起的位移时，一般不能忽略受弯杆

件的轴向变形对位移的影响，必须同时考虑轴向变形和弯曲变形的影响。

对于桁架，由于温度改变引起的位移计算公式为

$$\Delta_{kt}=\sum(\pm)\overline{F}_{N}\alpha t_0 l \tag{6-26}$$

对于桁架，当杆件长度因制造误差而与设计长度不符时，由此引起的位移计算与温度变化时相类似。设各杆长度的误差为 Δl，则位移计算公式为

$$\Delta_{k}=\sum(\pm)\overline{F}_{N}\Delta l \tag{6-27}$$

【例 6-10】 如图 6-25（a）所示刚架施工时温度为 20℃，试求冬季当外侧温度为 −10℃，内侧温度为 0℃时 A 点的竖向位移 Δ_{Ay}。已知 $l=4\text{m}$，$\alpha=10^{-5}$，各杆均为矩形截面，高度 $h=0.4\text{m}$。

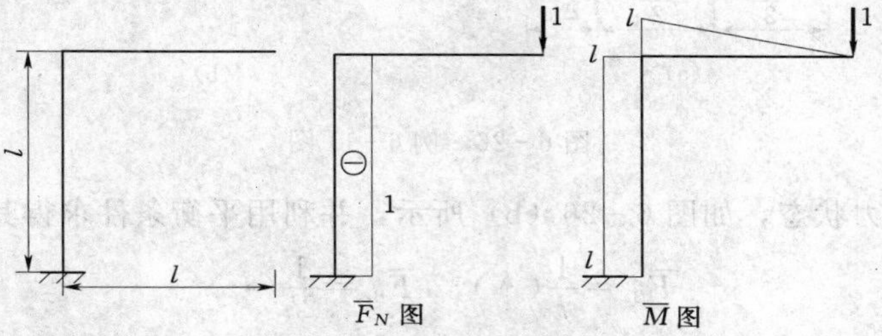

图 6-25　例 6-10 图

解： 外侧温度变化为 $t_1=-10-20=-30$（℃），内侧温度变化为 $t_2=0-20=-20$（℃），故有

$$t_0=\frac{t_1+t_2}{2}=\frac{-30-20}{2}=-25(℃)$$

$$\Delta t=t_2-t_1=-20-(-30)=10(℃)$$

建立虚拟力状态，并作出 $\overline{F}_N$、$\overline{M}$ 图，如图 6-25（b）、（c）所示，可求得

$$A_{\omega\overline{F}N}=1\times l=l$$

$$A_{\omega\overline{M}}=l\times l+\frac{1}{2}\times l\times l=\frac{3}{2}l^2$$

将上述代入式（6-25），并注意正负号的确定，即可求得 A 点的竖向位移 Δ_{Ay} 为

$$\Delta_{Ay}=\sum(\pm)\ \alpha t_0\ A_{\omega F_N}+\sum(\pm)\alpha\frac{\Delta t}{h}A_{\omega\overline{M}}$$

$$=\alpha\times25\times l-\frac{\alpha\times10}{h}\times\frac{3}{2}l^2=25\alpha l-\frac{15\alpha l^2}{h}=25\times10^{-5}\times4-\frac{15\times10^{-5}\times4^2}{0.4}$$

$$=-0.005(\text{m})=-5\text{mm}(\uparrow)$$

二、由于支座移动引起的位移

静定结构在支座移动时，不会产生内力和变形，只有刚体位移产生，则位移计算一般式简化为

$$\Delta_{KC}=-\sum\overline{F}_{Ri}C_i \tag{6-28}$$

这就是静定结构在支座移动时的位移计算公式。式中 $\overline{F}_{Ri}$ 为单位荷载作用下的支座反力，C_i 为与 $\overline{F}_{Ri}$ 相应的实际支座位移。$\sum\overline{F}_{Ri}C_i$ 为反力虚功，当 $\overline{F}_{Ri}$ 与 C_i 方向一致时，两者乘积为

正，相反时为负。

【例 6-11】 如图 6-26（a）所示三铰刚架右边支座发生竖向位移 $\Delta_{By}=0.06$(m)（向下），水平位移 $\Delta_{Bx}=0.04$m（向右），已知 $l=12$m，$h=8$m。试求由此引起的 A 端转角 φ_A。

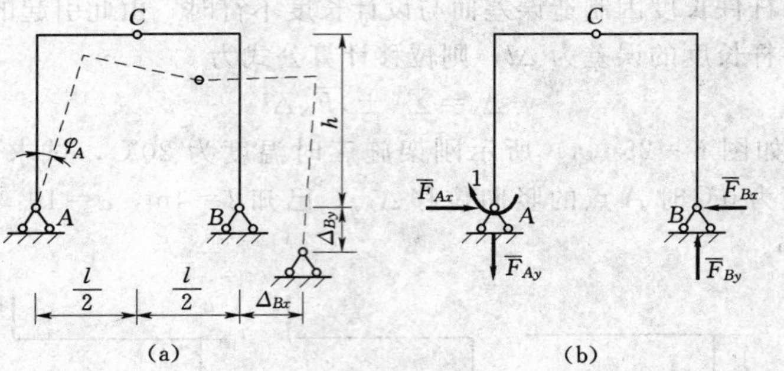

图 6-26　例 6-11 图

解： 建立虚拟力状态，如图 6-26（b）所示，并利用平衡条件求得其支反力为

$$\overline{F}_{By}=\frac{1}{l}(\uparrow),\quad \overline{F}_{Bx}=\frac{1}{2h}(\leftarrow)$$

将上述代入式（6-28），并注意正负号的确定，即可求得 A 端的转角 φ_A 为

$$\varphi_A=-\sum\overline{F}_{Ri}C_i=-\left(-\frac{1}{l}\Delta_{By}-\frac{1}{2h}\Delta_{Bx}\right)=\frac{\Delta_{By}}{l}+\frac{\Delta_{Bx}}{2h}$$

$$=\frac{0.06}{12}+\frac{0.04}{2\times8}=0.0075(\text{rad})(\downarrow)$$

第七节　线弹性结构的互等定理

本节介绍适用于线弹性结构的四个互等定理，其中最基本的是功的互等定理，其他三个定理都可由此推导出来。这些定理在以后的章节中是要经常引用的。

一、功的互等定理

设有两组外力 F_1 和 F_2 分别作用于同一线弹性结构上，如图 6-27（a）、图 6-27（b）所示，分别称为结构的第一状态和第二状态。现在考虑这两个力按不同的次序先后作用于这一结构上时所做的功。若先加 F_1 后加 F_2，结构的变形如图 6-27（c）所示，则外力所做的总功为

$$W_{外1}=\frac{1}{2}F_1\Delta_{11}+F_1\Delta_{12}+\frac{1}{2}F_2\Delta_{22}\tag{6-29}$$

式中位移的第一个下标表示位移所在的位置和方向，第二个下标表示引起位移的原因。例如 Δ_{11} 表示由于 F_1 的作用在 1 点沿 F_1 的方向所引起的位移；Δ_{12} 表示由于 F_2 的作用在 1 点沿 F_1 的方向所引起的位移。

若先加 F_2 后加 F_1，结构的变形如图 6-27（d）所示，此时，外力所做的总功为

$$W_{外2}=\frac{1}{2}F_2\Delta_{22}+F_2\Delta_{21}+\frac{1}{2}F_1\Delta_{11}\tag{6-30}$$

在上述两种加载过程中，外力作用的先后次序虽然不同，而最后的荷载和变形则是一样

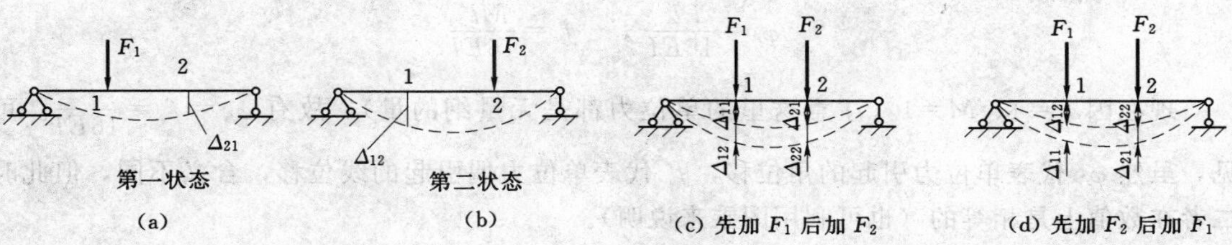

图 6－27　功的互等

的。因此，两种加载情况使体系所储存的变形能也是完全一样的。根据能量守恒定律可知，这两种情况外力所做的总功应该是相等的，即外力所做总功与加载次序无关，则有

$$W_{外1}=W_{外2}$$

将式（6－29）和式（6－30）代入上式，可得

$$F_1\Delta_{12}=F_2\Delta_{21} \tag{6-31}$$

式（6－31）表明：如果同一个线弹性结构存在两个任意荷载作用状态，分别称为第一状态和第二状态，则第一状态的外力在第二状态的位移上所做的虚功等于第二状态的外力在第一状态的位移上所做的虚功。这就是虚功互等定理，简称功的互等定理。

二、位移互等定理

在功的互等定理中，如果作用在结构上的力是单位力，即令 $F_1=F_2=1$，并用 δ 表示由单位力引起的位移，如图 6－28（a）、图 6－28（b）所示，则由式（6－32）可得

$$\delta_{12}=\delta_{21} \tag{6-32}$$

式（6－32）表明：在同一个线弹性结构上，第一个单位力所引起的与第二个单位力相应的位移，等于第二个单位力所引起的与第一个单位力相应的位移。这就是位移互等定理，可见，位移互等定理是功的互等定理的一种特殊情况。

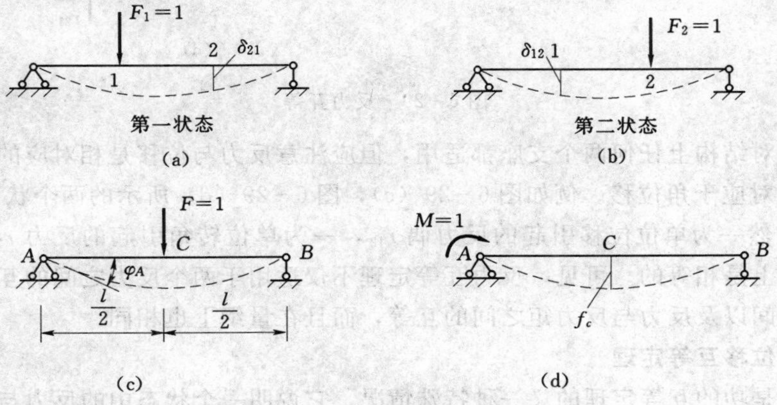

图 6－28　位移互等

这里的单位力可以是广义力，相应的位移则是广义位移，即位移互等定理不仅适用于两个线位移之间的互等，也适用于两个角位移之间、线位移与角位移之间或绝对位移与相对位移之间的互等，而且在量纲上也相同。例如图 6－28（c）、图 6－28（d）所示的两个状态中，根据位移互等定理，应有 $\varphi_A=f_C$。实际上，由材料力学可知

$$\varphi_A=\frac{Fl^2}{16EI},\quad f_c=\frac{Ml^2}{16EI}$$

现在因 $F=1$、$M=1$（注意这里的单位力都是无量纲的量），故有 $\varphi_A=f_c=\frac{l^2}{16EI}$。可见，虽然 φ_A 代表单位力引起的角位移，f_c 代表单位力偶引起的线位移，含义不同，但此时二者在数值上是相等的（也可利用图乘来说明）。

三、反力互等定理

与位移互等定理一样，反力互等定理也是功的互等定理的一种特殊情况。例如图 6-29（a）所示，支座 1 发生单位位移 $\Delta_1=1$ 的状态，此时使支座 2 产生的反力为 r_{21}；图 6-29（b）表示支座 2 发生单位位移 $\Delta_2=1$ 的状态，此时使支座 1 产生的反力为 r_{12}。根据功的互等定理，有

$$r_{21}\Delta_2=r_{12}\Delta_1$$

因 $\Delta_1=\Delta_2=1$，故得

$$r_{21}=r_{12}\tag{6-33}$$

式（6-33）表明：在同一个线弹性结构上，支座 1 由于支座 2 的单位位移所引起的反力，等于支座 2 由于支座 1 的单位位移所引起的反力。这就是反力互等定理。

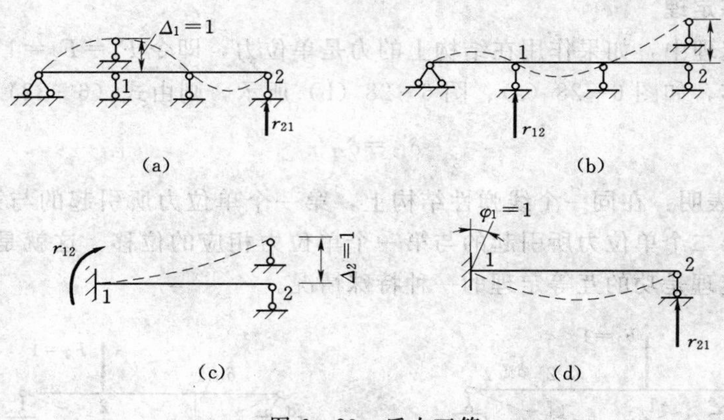

图 6-29　反力互等

这一定理对结构上任何两个支座都适用，但应注意反力与位移是相对应的，即力对应于线位移，力偶对应于角位移。例如图 6-29（c），图 6-29（d）所示的两个状态中，应有 $r_{12}=r_{21}$，它们虽然一为单位位移引起的反力偶 r_{12}，一为单位转角引起的反力 r_{21}，含义不同，但此时在数值上是相等的。可见，反力互等定理不仅适用于两个反力之间的互等，也适用于两个反力矩之间以及反力与反力矩之间的互等，而且在量纲上也相同。

四、反力位移互等定理

这个定理是功的互等定理的又一种特殊情况，它说明一个状态中的反力与另一个状态中的位移具有的互等关系。如图 6-30（a）所示单位荷载 $F_2=1$ 作用时，支座 1 的反力偶为 r'_{12}，并设其方向如图所示。如图 6-30（b）所示当支座 1 顺 r'_{12} 的方向发生单位转角 $\varphi_1=1$ 时，F_2 作用点沿其方向的位

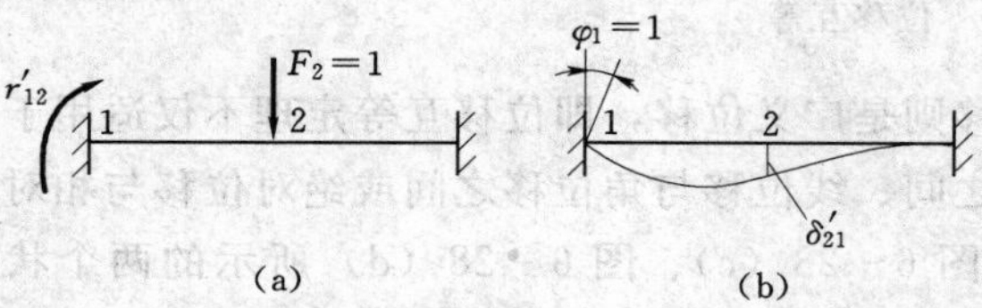

图 6-30　反力位移互等

移为 δ'_{21}。对这两个状态应用功的互等定理，有

$$r'_{12}\varphi_1+F_2\delta'_{21}=0$$

因 $\varphi_2=1$，$F_2=1$，故有

$$r'_{12}=-\delta'_{21} \tag{6-34}$$

式（6-34）表明：在同一个线弹性结构上，由于单位力使体系中某一支座所产生的反力等于该支座发生与反力方向一致的单位位移时在单位力作用处沿其作用方向产生的位移，但符号相反。这就是反力位移互等定理。

*第八节　空间刚架的位移计算公式

受任意荷载作用的空间刚架，其杆件横截面上一般有六个内力分量，即绕截面两主轴的两个弯矩 M_{yP}、M_{zP}，沿两主轴方向的两个剪力 F_{SyP}、F_{SzP}，轴力 F_{NP} 和扭矩 M_{tP}。与这些内力相对应，杆件微段 ds 也有六个位移分量，即绕截面两主轴的两个转角、沿两主轴方向的两个剪切位移、轴向位移和扭转角。设空间刚架在虚拟状态单位力作用下杆件横截面上的六个内力分量分别为 $\overline{M}_y$、$\overline{M}_z$、$\overline{F}_{Sy}$、$\overline{F}_{Sz}$、$\overline{F}_N$ 和 $\overline{M}_t$，则由变形体系的虚功原理，可得空间刚架在荷载作用下的位移计算公式为

$$\Delta_{KP}=\sum\int\frac{\overline{M}_yM_{yp}\,ds}{EI_y}+\sum\int\frac{\overline{M}_zM_{zp}\,ds}{EI_z}+\sum\int\frac{k_y\overline{F}_{Sy}F_{SyP}\,ds}{GA}$$
$$+\sum\int\frac{k_z\overline{F}_{Sz}F_{SzP}\,ds}{GA}+\sum\int\frac{\overline{F}_NF_{NP}\,ds}{EA}+\sum\int\frac{\overline{M}_tM_{tP}\,ds}{GI_t} \tag{6-35}$$

式中　I_y、I_z——杆件横截面对截面形心主轴 y、z 的惯性矩；

GI_t——截面的抗扭刚度；

G——材料的剪切弹性模量；

I_t——截面的抗扭惯性矩。

对于空间刚架，在式（6-35）中一般可略去剪力及轴力的影响，但除弯矩外通常还须考虑扭矩的影响。

当刚架各杆轴线均在同一平面内且外力均垂直于此平面时（又称平面刚架承受垂直荷载），截面上只有三种内力：绕位于刚架平面内的主轴的弯矩，垂直于刚架平面的剪力和扭矩。在这种情况下，若略去剪力影响，则位移计算公式可写为

$$\Delta_{KP}=\sum\int\frac{\overline{M}M_P\,ds}{EI}+\sum\int\frac{\overline{M}_tM_t\,ds}{GI_t} \tag{6-36}$$

小　结

本章处在静定结构分析与超静定结构分析的交界处，起着承上启下的作用。内力计算和位移计算是结构力学中的两类基本问题，前面几章讨论的是静定结构的内力计算问题，本章讨论的是静定结构的位移计算问题。而在后面的超静定结构分析中，还必须考虑位移条件，因此，本章也是求解超静定问题的基础。

本章首先讨论了虚功原理，并利用虚功原理导出了平面杆件结构位移计算的一般式

(6-6)，即

$$\Delta_K=\sum\int\overline{F}N\mathrm{d}u+\sum\int\overline{F}_S\mathrm{d}\eta+\sum\int\overline{M}\mathrm{d}\theta-\sum\overline{F}_{Ri}C_i$$

式中包含两组物理量，一组是来自于实际位移状态中的位移和变形；另一组是来自于虚拟力状态中的外力和内力，而且两组物理量是相互独立的。应用上式计算结构位移时，需要虚设力状态，由于虚设的力系是以单位荷载为标志的，故又称为单位荷载法。

对于线性变形体系和非线性变形体系，对于荷载、温度改变、支座移动等因素，对于梁、刚架、桁架、组合结构等结构形式，对于静定结构和超静定结构，只要是平面杆件结构，式（6-6）都适用。

当静定结构只受荷载作用时，位移计算公式为式（6-12），即

$$\Delta_{KP}=\sum\int\frac{\overline{F}_NF_{NP}\mathrm{d}s}{EA}+\sum\int\frac{\overline{M}M_P\mathrm{d}s}{EI}+\sum\int_L\frac{k\overline{F}_SF_{SP}\mathrm{d}s}{GA}$$

式中包含两组内力，一组来自于实际位移状态，由实际荷载产生的；另一组来自于虚拟力状态，由单位荷载产生的。该式只适用于线性变形体系由荷载作用产生的位移计算，但对于静定结构和超静定结构都适用。

在应用式（6-12）计算位移时，常常根据结构的具体情况，只考虑其中的一项或两项，而将该式相应的简化。对于梁和刚架，只考虑弯矩一项，简化为式（6-13）；对于桁架结构只考虑轴力一项，简化为式（6-14）；对于组合结构，受弯杆件只考虑弯矩一项，链杆则只考虑轴力一项，简化为式（6-15）。

在计算荷载作用下的位移时，一般要进行积分 $\int\frac{\overline{M}M_P\mathrm{d}s}{EI}$ 的运算，当杆件数目较多且荷载较复杂时，积分的计算工作是比较麻烦的。但是当杆件为等截面直杆，且 M_P 和 $\overline{M}$ 两个弯矩图中至少有一个是直线图形时，则可以用图乘法来代替积分运算，使计算工作得以简化，推导得式（6-16），即

$$\Delta_{KP}=\sum\int\frac{\overline{M}M_P\mathrm{d}s}{EI}=\sum\frac{A_\omega y_C}{EI}$$

静定结构由于温度改变并不引起内力，但将发生变形而产生位移，其位移计算公式为式（6-24），即

$$\Delta_{Kt}=\sum(\pm)\int\overline{F}_N\,\alpha t_0\,\mathrm{d}s+\sum(\pm)\int\overline{M}\alpha\,\frac{\Delta t}{h}\mathrm{d}s$$

如果每一根杆件沿其全长温度改变相同且截面高度不变，则上式可简化为式（6-25），即

$$\Delta_{Kt}=\sum(\pm)\,\alpha t_0\,A_{\omega\overline{F}_N}+\sum(\pm)\alpha\,\frac{\Delta t}{h}A_{\omega\overline{M}}$$

静定结构在支座移动时，不会产生内力和变形，只有刚体位移产生，其位移计算公式为式（6-28），即

$$\Delta_{Kc}=-\sum\overline{F}_{Ri}C_i$$

当结构由荷载、温度改变、支座移动等多种因素共同作用时，由于只讨论线性变形体系，计算位移时可应用叠加原理，即分别计算每种外因所产生的位移，然后叠加得到多种外因共同作用下的位移。

对于线弹性结构的四个互等定理，最基本的是功的互等定理，其他三个互等定理都分别是功的互等定理的一种特殊情况。功的互等定理等式两边都是功，是指交互作用的功相等，显然在数值和量纲上都是相等的。其他三个互等定理，等式只反映了两个物理量的数值与量纲上是相等的，而它们的物理含义并不相同。在应用互等定理时要注意，它只适用于线性变形体系，其应用条件为：材料处于弹性阶段，应力与应变成正比；结构变形很小，不影响力的作用。

思　考　题

6-1　为什么虚功原理对于弹性、非弹性、线性及非线性的变形体系都适用？

6-2　应用虚功原理求位移时，怎样选择虚设的单位荷载？

6-3　求结构位移时虚设了单位荷载，这样求出的位移会等于原来的实际位移吗？它是否包括了虚设单位荷载引起的位移？

6-4　为什么说结构位移计算的一般式（6-6）同样适用于静定结构和超静定结构？

6-5　荷载作用下的位移计算公式（6-8）中各项的物理意义是什么？其适用条件是什么？

6-6　图乘法的适用条件和注意点是什么？变截面杆及曲杆可否用图乘法？如果为分段等截面杆，能否用图乘法？

6-7　在温度变化引起的位移计算公式中，如何确定各项的正负号？

6-8　何谓线弹性结构？它必须满足哪些条件？互等定理为何只适用于线弹性结构？

6-9　反力互等定理可否用于静定结构？这时会得出什么结果？

6-10　反力位移互等定理可否用于静定结构？可否用于非弹性的静定结构？

习　　题

6-1　试用积分法计算习题 6-1 图示刚架中 A 截面转角及 C 点水平线位移。EI=常数。

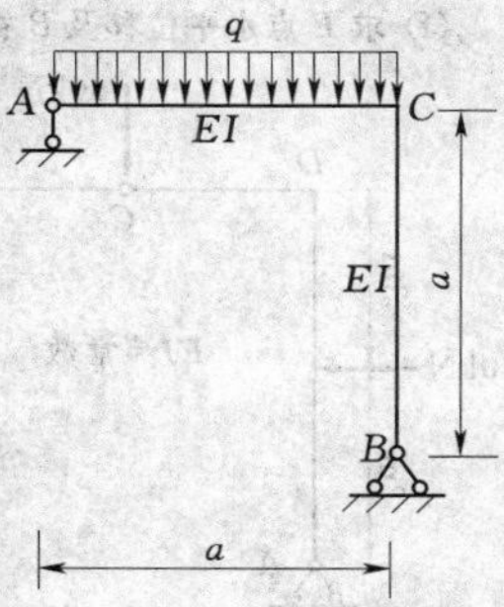

习题 6-1 图

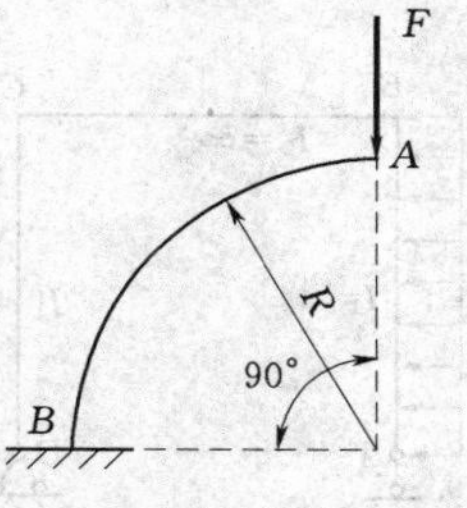

习题 6-2 图

6-2　如习题 6-2 图所示，试求等截面圆弧曲杆 A 点的竖向位移和水平位移。设圆弧 AB 为 1/4 个圆周，EI 为常数。

6-3　习题 6-3 图示曲梁为圆弧形，EI 为常数，试求 B 点的水平位移。

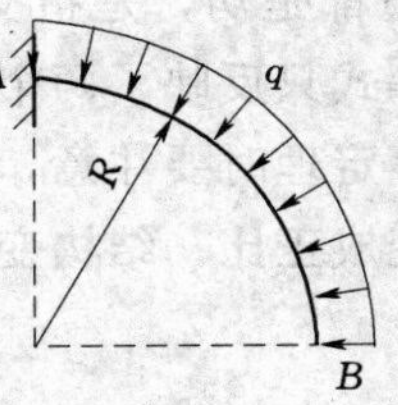

习题 6-3 图

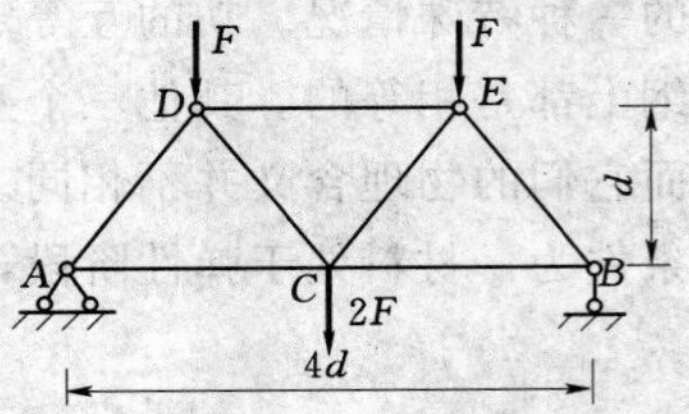

习题 6-4 图

6-4　习题 6-4 图示桁架各杆截面均为 $A=2\times10^{-3}\,m^2$，$E=210GPa$，$F=40kN$，$d=2m$，试求 C 点的竖向位移。

6-5　试用习题 6-5 图乘法求指定位移。

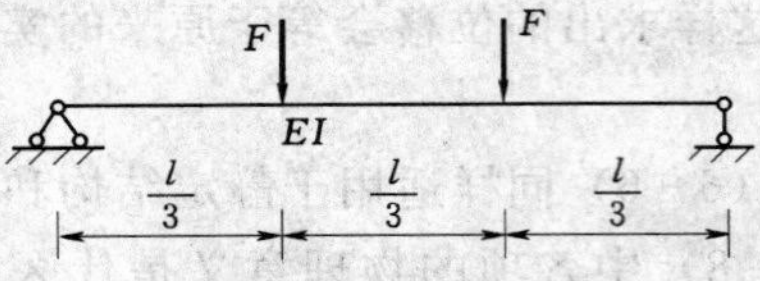

(a) 求最大挠度

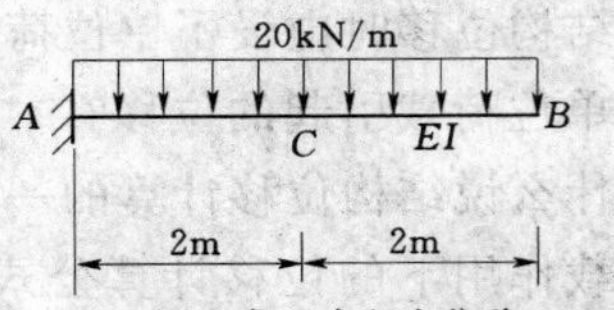

(b) 求 C 点竖向位移

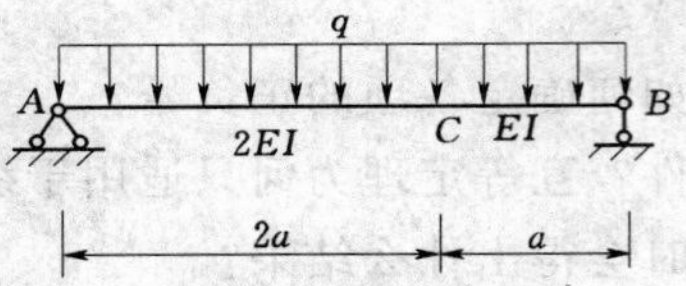

(c) 求 B 截面转角

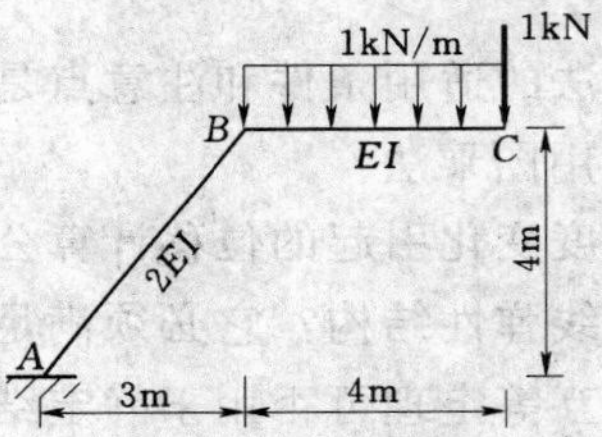

(d) 求 C 点竖向位移

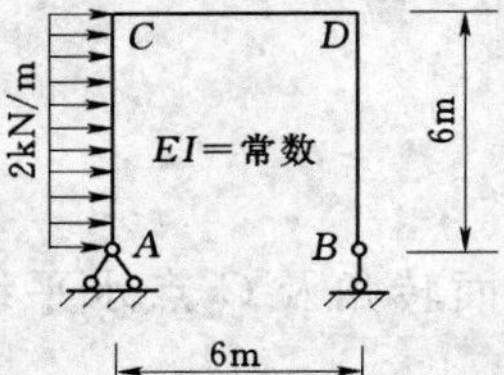

(e) 求 B 点水平位移及 A 截面转角

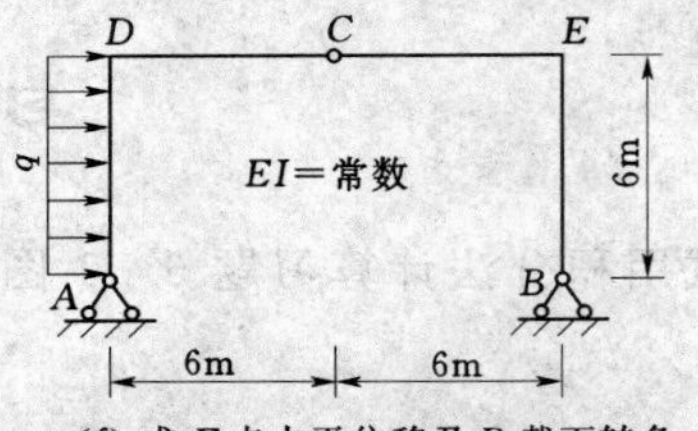

(f) 求 E 点水平位移及 B 截面转角

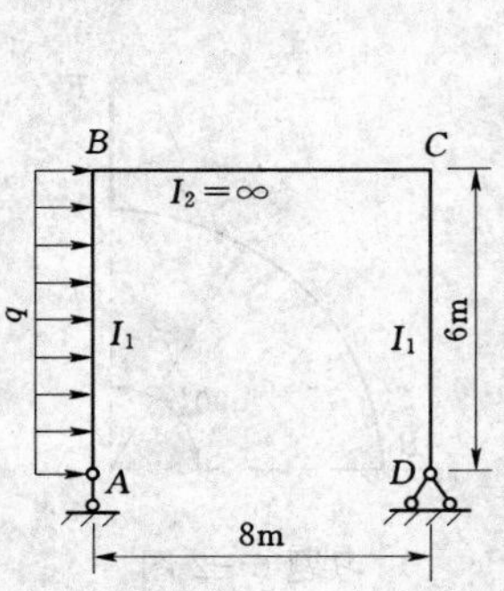

(g) 求 B 点水平位移

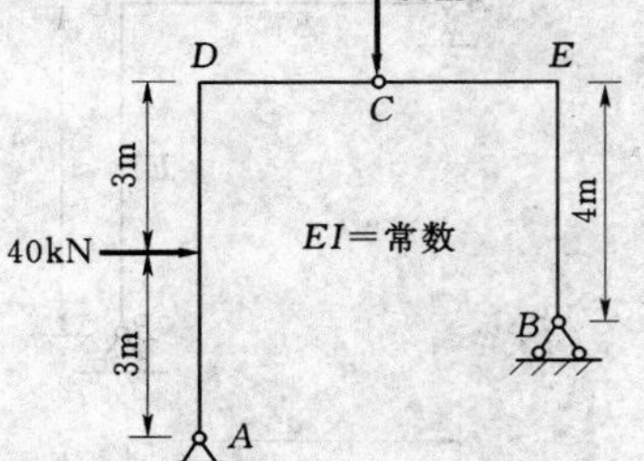

(h) 求铰 C 左右两截面的相对转角

习题 6-5 图

6－6　习题 6－6 图示梁 EI＝常数，在荷载 F 作用下，已测得截面 A 的角位移为 0.001rad（↺），试求 C 点的竖向线位移。

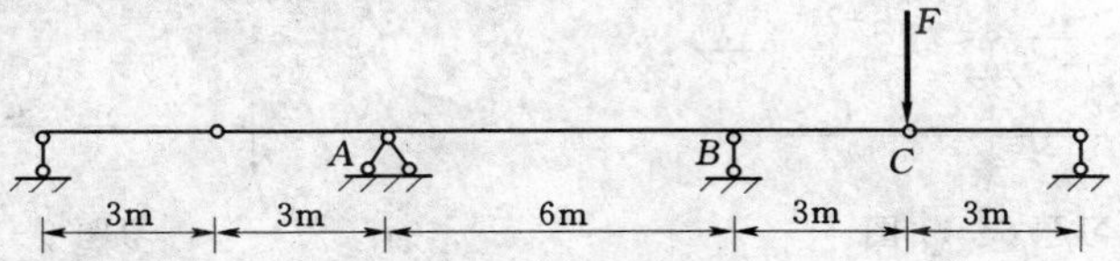

习题 6－6 图

6－7　习题 6－7 图示组合结构横梁 AD 为 20b 工字钢，I＝2500cm^4，拉杆 BC 为直径 20mm 的圆钢，材料的 E＝210GPa，q＝5kN/m，a＝2m，试求 D 点的竖向位移。

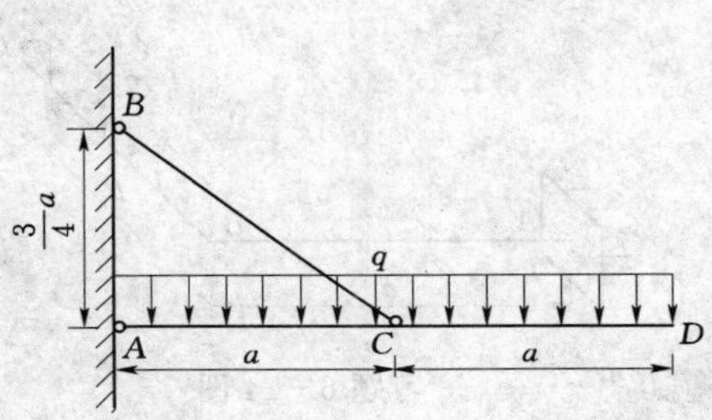

习题 6－7 图

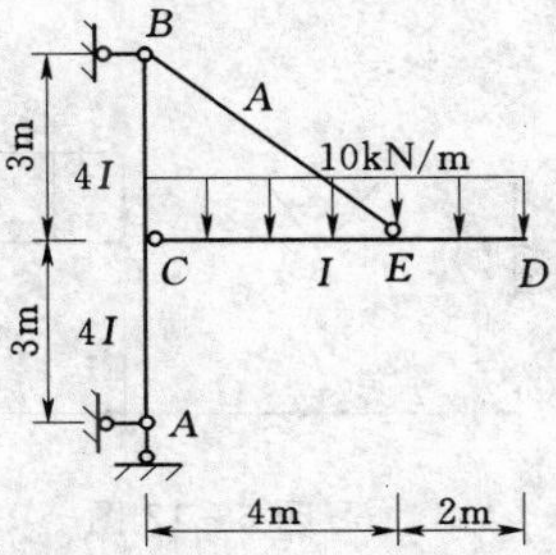

习题 6－8 图

6－8　试求习题 6－8 图示组合结构 D 点的竖向位移及铰 C 处两侧截面的相对转角。已知 E＝2.1×10^{4}kN/cm^2，I＝3200cm^4，BE 杆截面面积 A＝16cm^2。

6－9　试求习题 6－9 图示刚架 C 点的水平位移。已知刚架各杆外侧温度无变化，内侧温度上升 10℃，刚架各杆截面相同且对称于形心轴，其高度为 h，材料的线膨胀系数为 α。

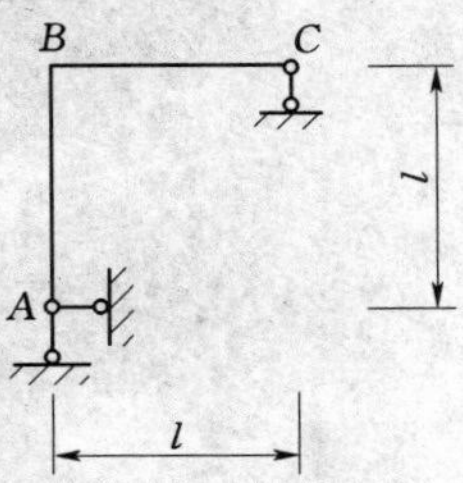

习题 6－9 图

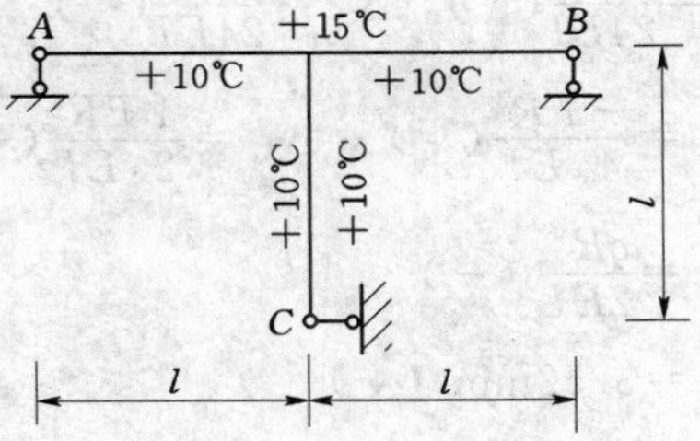

习题 6－10 图

6－10　结构的温度改变如习题 6－10 图所示，试求 C 点的竖向线位移。已知各杆截面相同且对称于形心轴，其厚度为 h＝l/10，材料的线膨胀系数为 α。

6－11　习题 6－11 图示两跨简支梁 l＝16m，支座 A、B、C 的沉降分别为 a＝40mm，b＝100mm，c＝80mm。试求铰 B 左右两侧截面的相对角位移。

6－12　习题 6－12 图示梁 EI＝常数，B 处有一弹性支座，弹簧的刚度系数（产生单位位移所需的力）为 k，试求 C 点的竖向线位移，已知 $k=\dfrac{EI}{a^3}$。

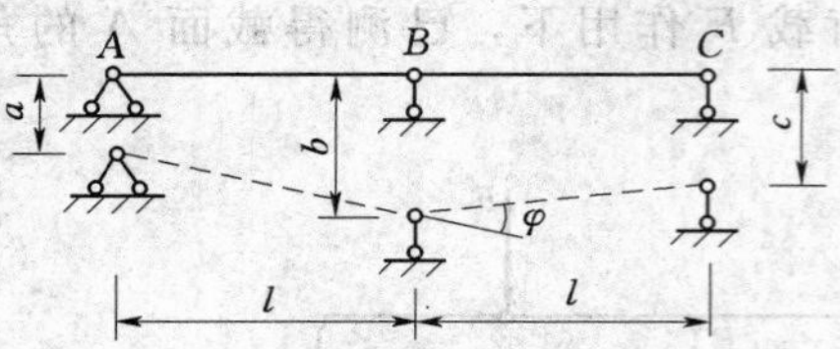

习题 6-11 图

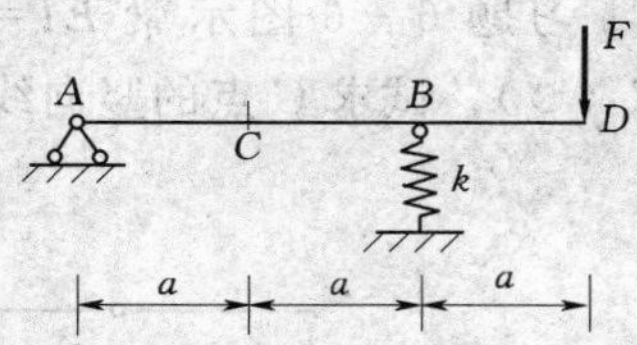

习题 6-12 图

6-13　习题 6-13 图示梁 EI=常数，B 处为一弹性连接，弹簧的刚度系数（产生单位转角所需的力偶）为 k_1，D 处有一弹性支座，弹簧的刚度系数（产生单位位移所需的力）为 k_2，试求铰 C 左右截面的相对转角。已知 $k_1=\dfrac{8EI}{l}$，$k_2=\dfrac{48EI}{l^3}$。

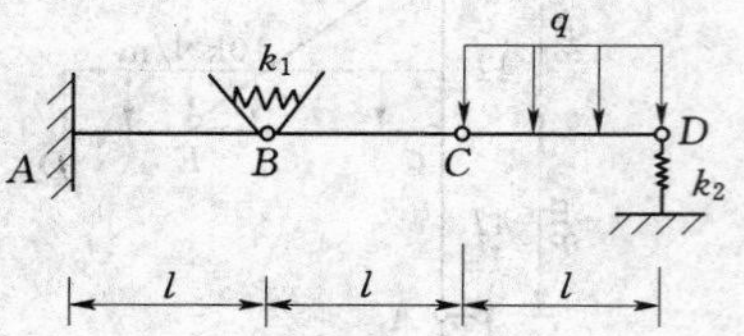

习题 6-13 图

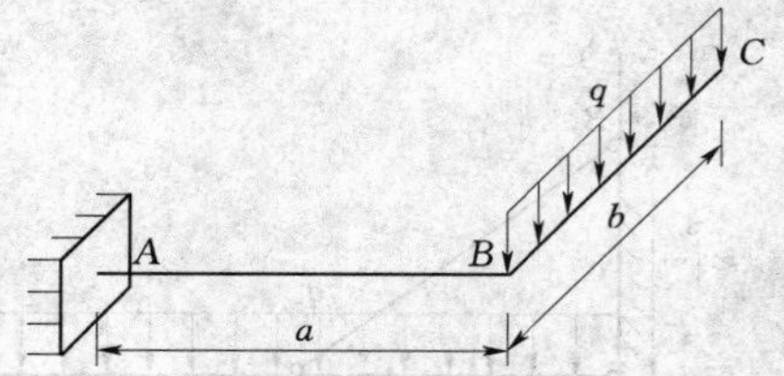

习题 6-14 图

6-14　习题 6-14 图示一水平面内的刚架，$\angle ABC=90°$，BC 杆上承受竖向均布荷载 q，试求 C 点竖向位移。已知 $q=2\text{kN/m}$，$a=0.6\text{m}$，$b=0.4\text{m}$，各杆均为直径 $d=30\text{mm}$ 的圆钢，$E=210\text{GPa}$，$G=80\text{GPa}$。

参考答案

6-1　$\theta_A=\dfrac{qa^3}{24EI}$(↙)，$\Delta_{Cx}=\dfrac{qa^4}{24EI}$(←)

6-2　$\Delta_{Ay}=\dfrac{\pi}{4}\dfrac{FR^3}{EI}$(↓)，$\Delta_{Ax}=\dfrac{1}{2}\dfrac{FR^3}{EI}$(→)

6-3　$\Delta_{Bx}=\dfrac{qR^4}{2EI}$（←）

6-4　$\Delta_{Cy}=3.52\text{mm}$（↓）

6-5　(a) $f_{\max}=\dfrac{23Fl^3}{648EI}$(↓)

(b) $\Delta_{Cy}=\dfrac{680}{3EI}$(↓)

(c) $\theta_B=\dfrac{19qa^3}{24EI}$（↗）

(d) $\Delta_{Cy}=\dfrac{1985}{6EI}$(↓)

(e) $\Delta_{Bx}=\dfrac{1188}{EI}$(←)，$\theta_A=\dfrac{216}{EI}$(↙)

(f) $\Delta_{Ey}=\dfrac{243}{EI}q(\rightarrow)$，$\theta_B=\dfrac{49.5}{EI}q(\downarrow)$

(g) $\Delta_{Bx}=\dfrac{432}{EI_1}q(\rightarrow)$

(h) $\varphi_{C-C}=-\dfrac{638}{EI}$(下边角度增大)

6-6 $\Delta_{Cy}=9\text{mm}(\downarrow)$

6-7 $\Delta_{Dy}=8.02\text{mm}(\downarrow)$

6-8 $\Delta_{Dy}=2.59\text{cm}(\downarrow)$，$\varphi_{C-C}=0.0058\text{rad}$(上边角度增大)

6-9 $\Delta_{Cy}=10\alpha l\left(1+\dfrac{l}{h}\right)\ \rightarrow$

6-10 $\Delta_{Cy}=15\alpha l(\uparrow)$

6-11 $\varphi_{B-B}=0.005\text{rad}$(下边角度增大)

6-12 $\Delta_{Cy}=-\dfrac{Fa^3}{4EI}+\dfrac{3F}{4k}=\dfrac{Fa^3}{2EI}(\downarrow)$

6-13 $\varphi_{C-C}=\dfrac{77ql^3}{32EI}$(下边角度增大)

6-14 $\Delta_{Cy}=13.7\text{mm}(\downarrow)$

第七章　力　　法

第一节　超静定结构概述

前已指出，一个结构如果它的全部反力和内力仅用静力平衡条件就可确定的，称为静定结构。例如图 7-1（a）所示的外伸梁就是静定结构的例子。一个结构如果它的支座反力和各截面内力不能完全由静力平衡条件确定，就叫超静定结构，如图 7-1（b）所示连续梁是一个超静定结构的例子。又如图 7-1（d）所示的加劲梁，虽然它的反力可由静力平衡条件求得，但却不能确定杆件的内力。因此，这一结构也是超静定结构。

分析以上三个结构的几何组成，可知它们都是几何不变的体系。如果从图 7-1（a）所示的外伸梁中去掉支杆 B，就变成了几何可变体系。反之，如果从图 7-1（b）所示的连续梁中去掉支杆 B，则仍是几何不变的，因此，支杆 B 是多余约束。多余约束上所发生的力称为多余未知力。如图 7-1（b）所示的连续梁中，可认为 B 支座链杆是多余约束，其多余未知力为 F_{By}［图 7-1（c）］。又如图［7-1（d）］所示的加劲梁，可认为其中的 BD 杆是多余约束，其多余未知力为该杆的轴力 F_N［图 7-1（e）］。超静定结构在去掉多余约束后，就变为静定结构。

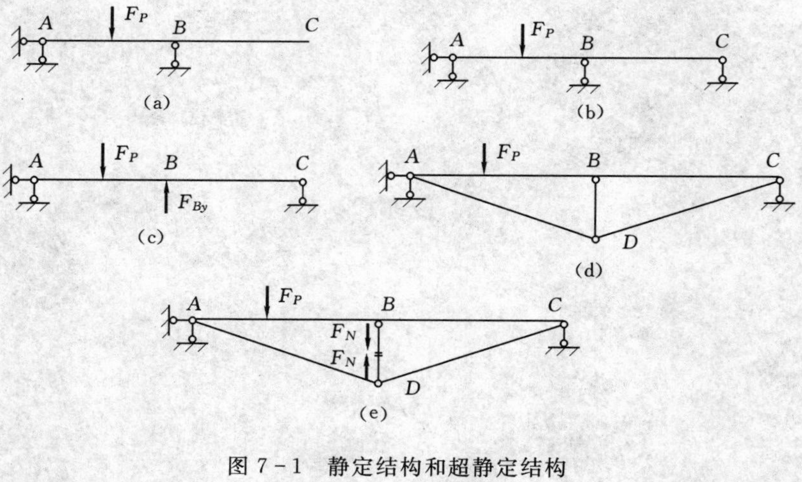

图 7-1　静定结构和超静定结构

第二节　力法的基本概念

力法解超静定结构问题时，不是孤立地研究超静定问题，它的基本思路就是设法将未知的超静定问题转化成已知的静定问题来解决。

如图 7-2 (a) 所示一端固定另一端铰支的梁，从组成情况来看，它是具有一个多余约束的超静定结构。如果以右支座链杆作为多余约束，则在解除该约束后，得到一个静定结构，该静定结构称为力法的基本结构，如图 7-2 (b) 所示。由于拆除约束的任意性，还可将 A 支座设为简单铰，解除限制截面相对转动的约束来得到。显然一个超静定结构的基本结构可有多种取法。而不同的基本结构求解工作量会有所不同，但结论是相同的。

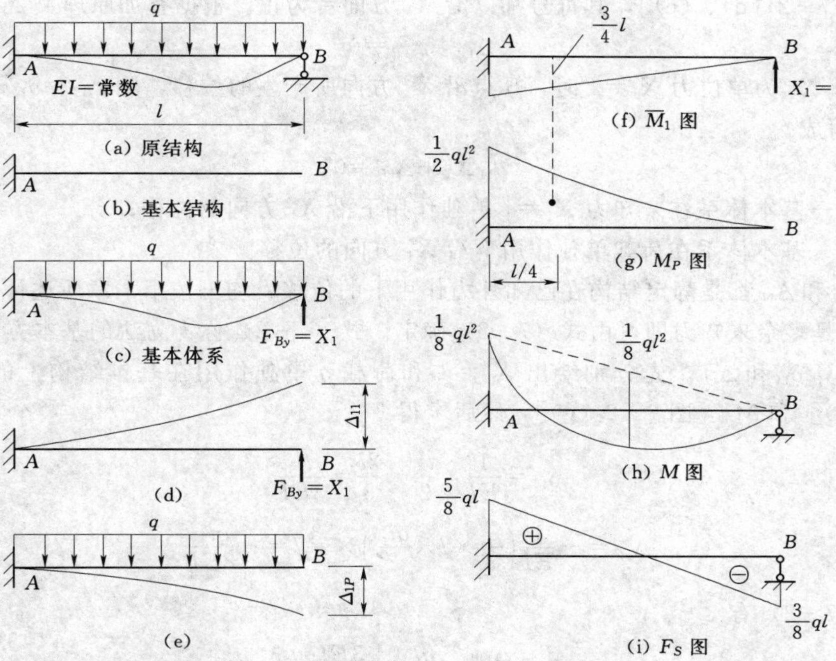

图 7-2　力法求解思路示意

在图 7-2 (b) 中，支座 A 处有三个未知反力（F_{AX}、F_{AY}、M_A 未画出），可用三个平衡方程全部求出。

在图 7-2 (c) 中，支座 B 处还多了一个未知力 X_1。这个多余未知力（这里的多余是相对于静力平衡方程而言的）无法由平衡方程求出。

因此，在超静定结构中遇到的新问题就是计算多余未知力 X_1 的问题。只要能够设法求出 X_1 来，剩下的问题就是属于静定问题了。这个多余未知力就是力法的基本未知量。

在图 7-2 (c) 中，我们把图 7-2 (a) 中的多余约束（支座 B）去掉后得到的静定结构，在此静定结构上承受荷载和基本未知量的基本结构称为基本体系。

在基本体系上的原有荷载 q 是已知的，而多余力 X_1 是未知的。因此，只要能设法先求出多余未知力 X_1，则原结构的计算问题即可在静定的基本体系上来解决。

显然，如果单从平衡条件来考虑，则 X_1 可取任何数值，这时基本体系维持平衡，但相应的反力、内力和位移就会有不同之值，因而 B 点就可能发生大小和方向各不相同的竖向位移。为了确定 X_1，还必须考虑位移条件。注意到原结构的支座 B 处，由于受竖向支座链杆约束，所以 B 点的竖向位移应为零。因此，只有当 X_1 的数值恰与原结构 B 支座链杆上实际发生的反力相等时，才能使基本体系在原有荷载 q 和 X_1 共同作用下 B 点的竖向位移（即

沿 X_1 方向的位移）Δ_1 等于零。所以，用来确定 X_1 的位移条件是：在原有荷载和多余未知力共同作用下，在基本体系上去掉多余约束处的位移应与原结构中相应的位移相等。由上述可见，为了唯一确定超静定结构的反力和内力，必须同时考虑静力平衡条件、位移条件和反映位移和力的关系的物理条件。

若命 Δ_{11} 及 Δ_{1P} 分别表示基本结构在多余未知力 X_1 及荷载 q 单独作用时 B 点沿 X_1 方向的位移［图 7-2（d）、（e）］，其符号都以沿 X_1 方向者为正。根据叠加原理及 $\Delta_1=0$，有

$$\Delta_{11}+\Delta_{1P}=0 \tag{7-1}$$

再令 δ_{11} 表示 X_1 为单位力 $X_1=1$ 时，B 点沿 X_1 方向所产生的位移，则 $\Delta_{11}=\delta_{11}X_1$，于是式（7-1）可写成

$$\delta_{11}X_1+\Delta_{1P}=0 \tag{7-2}$$

式中　δ_{11}——基本体系在未知力 $X_1=1$ 单独作用下沿 X_1 方向的位移；

Δ_{1P}——基本体系在荷载单独作用下沿 X_1 方向的位移。

由于 δ_{11} 和 Δ_{1P} 都是静定结构在已知外力作用下的位移，均可按第六章所述计算位移的方法求得，于是多余未知力即可由式（7-2）确定。式（7-2）称为力法的基本方程。这里采用图乘法计算 δ_{11} 和 Δ_{1P}。先分别绘出 $X_1=1$ 和荷载 q 单独作用在基本结构上的弯矩图 $\overline{M}_1$［图 7-2（f）］和 M_p［图 7-2（g）］，然后求得

$$\delta_{11}=\frac{1}{EI}\times\frac{l^2}{2}\times\frac{2l}{3}=\frac{l^3}{3EI}$$

$$\Delta_{1P}=-\frac{1}{EI}\left(\frac{1}{3}\times l\times\frac{ql^2}{2}\right)\times\frac{3}{4}l=-\frac{ql^4}{8EI}$$

所以由式（7-2）有

$$X_1=-\frac{\Delta_{1P}}{\delta_{11}}=\frac{ql^4}{8EI}\times\frac{3EI}{l^3}=\frac{3}{8}ql$$

多余未知力 X_1 求得后，就与计算悬臂梁一样，完全可用叠加法或静力平衡条件来确定其反力和内力。

由叠加法得　$$M=\overline{M}_1X_1+M_P$$

最后弯矩图和剪力图如图 7-2（h）、图 7-2（i）所示。

第三节　超静定次数的确定

由上节所述基本概念不难理解，在一般情况下用力法计算超静定结构时，首先应确定结构的超静定次数。

从几何组成分析的角度看，超静定次数是指超静定结构中多余约束的个数，即多余未知力的数目。

从静力分析的角度看，超静定次数等于未知力数目超过有效静力平衡方程的数目，即

超静定次数＝ 未知力个数－平衡方程的个数

确定超静定次数的方法是去掉结构的多余约束，使原结构变成一个静定结构，则所去掉约束的数目即为结构的超静定次数。如一超静定结构在去掉 n 个约束后变成静定结构，那么这个结构即是 n 次超静定结构。

显然，为确定结构的超静定次数，就可用去掉多余约束使原结构变成静定结构的方法来进行。去掉多余约束的方式通常有以下几种：

（1）撤去一根支杆或切断一根链杆，等于拆掉一个约束［图 7-3（b）、图 7-3（d）］。

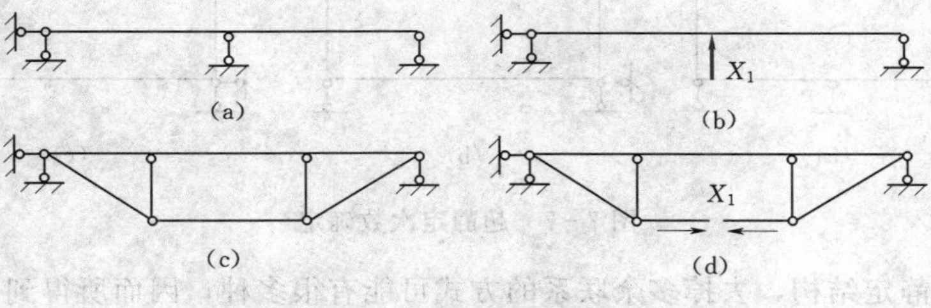

图 7-3 切断链杆示例

（2）撤去一个铰支座或撤去一个单铰，等于拆掉两个约束［图 7-4（b）］。

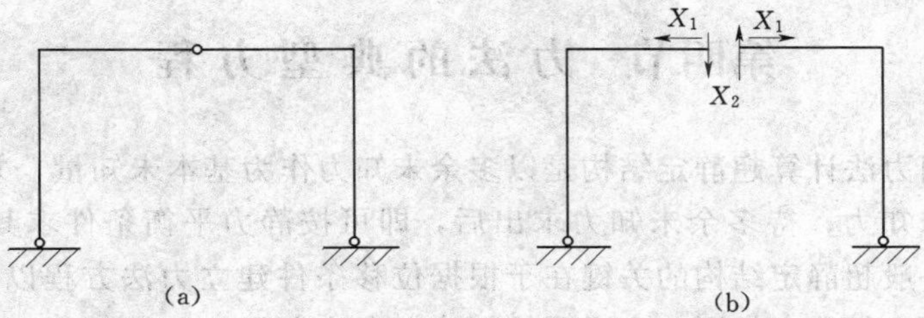

图 7-4 撤去单铰示例

（3）在连续杆上加一个单铰，等于撤离掉一个约束［图 7-5（b）］。

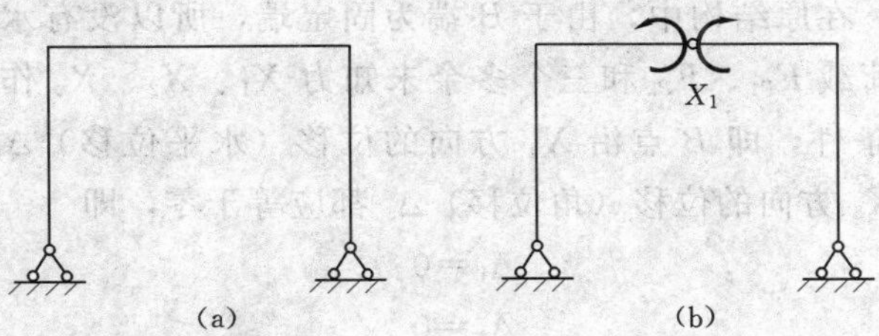

图 7-5 连续杆上加一个单铰示例

（4）撤去一个固定端或切断一个梁式杆，等于拆掉三个约束［图 7-6（b）］。

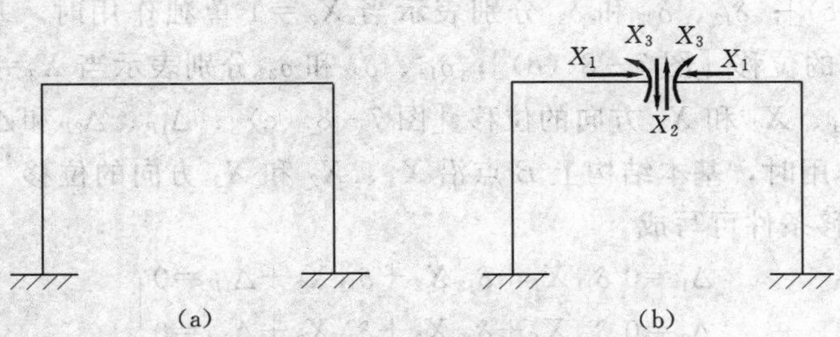

图 7-6 切断梁式杆示例

（5）要把全部多余约束都拆除。例如，图 7-7（a）中的结构，如果只拆去一根竖向支杆，如图 7-7（b）所示，则其中的闭合框仍然具有三个多余约束。必须把闭合框再切开一个截面，如图 7－7（c）所示，这时才成为静定结构。因此，原结构总共有四个多余约束。

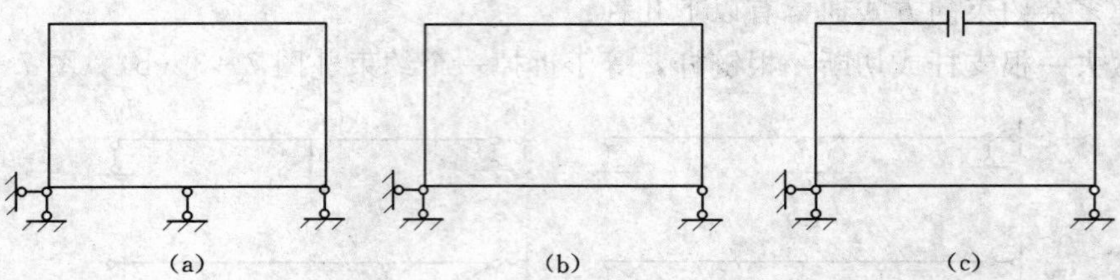

图 7－7 超静定次数确定

对于某一超静定结构，去掉多余联系的方式可能有很多种，因而所得到的静定结构也就可能有很多种，但它们必须是几何不变体系。因此，结构中有些联系是绝对不能去掉的。例如，如果把图 7－3（a）所示梁中的水平支杆撤掉，这样就变成了几何可变体系。

第四节 力法的典型方程

如前所述，用力法计算超静定结构是以多余未知力作为基本未知量，并根据相应的位移条件来求解多余未知力；待多余未知力求出后，即可按静力平衡条件求其反力和内力。因此，用力法解算一般超静定结构的关键在于根据位移条件建立力法方程以求解多余未知力。下面拟通过一个三次超静定的刚架来说明如何建立力法方程。

如图 7－8（a）所示刚架为三次超静定结构，分析时必须去掉它的三个多余约束。设去掉固定支座 B，并以相应的多余未知力 X_1、X_2 和 X_3 代替所去约束的作用，得到如图 7－8（b）所示的基本体系。在原结构中，由于 B 端为固定端，所以没有水平位移、竖向位移和角位移。因此，承受荷载 F_{P1}、F_{P2} 和三个多余未知力 X_1、X_2、X_3 作用的基本体系上，也必须保证同样的位移条件，即 B 点沿 X_1 方向的位移（水平位移）Δ_1、沿 X_2 方向的位移（竖向位移）Δ_2 和沿 X_3 方向的位移（角位移）Δ_3 都应等于零，即

$$\Delta_1=0$$
$$\Delta_2=0$$
$$\Delta_3=0$$

令 δ_{11}、δ_{21} 和 δ_{31} 分别表示当 $X_1=1$ 单独作用时，基本结构上 B 点沿 X_1、X_2 和 X_3 方向的位移［图 7－8（c）］；δ_{12}、δ_{22} 和 δ_{32} 分别表示当 $X_2=1$ 单独作用时，基本结构上 B 点沿 X_1、X_2 和 X_3 方向的位移［图 7－8（d）］；δ_{13}、δ_{23} 和 δ_{33} 分别表示当 $X_3=1$ 单独作用时，基本结构上 B 点沿 X_1、X_2 和 X_3 方向的位移［图 7－8（e）］；Δ_{1P}、Δ_{2P} 和 Δ_{3P} 分别表示当荷载（F_{P1}、F_{P2}）单独作用时，基本结构上 B 点沿 X_1、X_2 和 X_3 方向的位移［图 7－8（f）］。根据叠加原理，则位移条件可写成

$$\left.\begin{aligned}\Delta_1=0\ \ \delta_{11}X_1+\delta_{12}X_2+\delta_{13}X_3+\Delta_{1P}=0\\ \Delta_2=0\ \ \delta_{21}X_1+\delta_{22}X_2+\delta_{23}X_3+\Delta_{2P}=0\\ \Delta_3=0\ \ \delta_{31}X_1+\delta_{32}X_2+\delta_{33}X_3+\Delta_{3P}=0\end{aligned}\right\}\tag{7-3}$$

这就是根据位移条件建立的求解多余未知力 X_1、X_2 和 X_3 的方程组。

对于 n 次超静定结构来说，共有 n 个多余未知力，而每一个多余未知力对应着一个多余

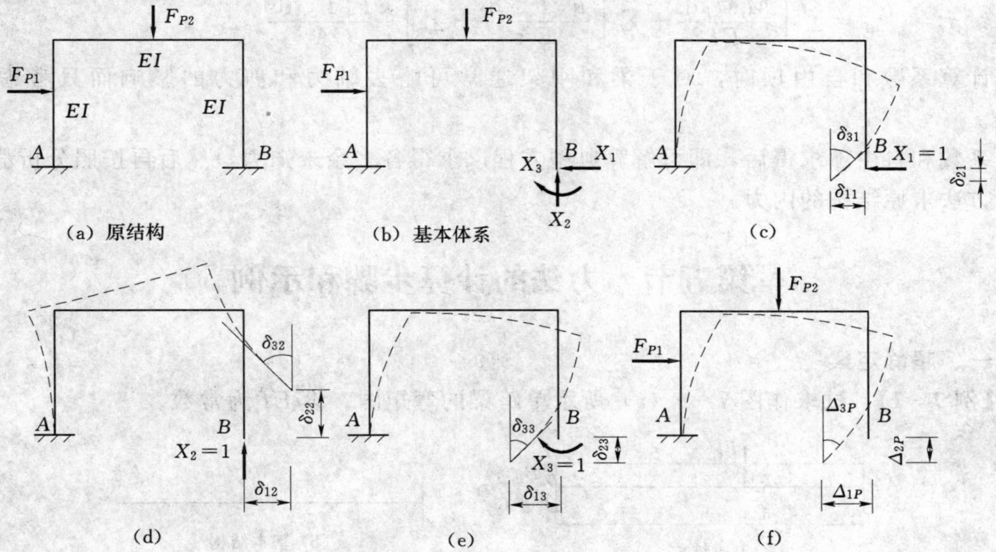

图 7-8　三次超静定结构示意

约束，也就对应着一个已知的位移条件，故可按 n 个已知的位移条件建立 n 个方程。当已知多余未知力作用处的位移为零时，则力法典型方程可写为

$$\left.\begin{aligned}
&\delta_{11}X_1+\delta_{12}X_2+\cdots+\delta_{1i}X_i+\cdots+\delta_{1n}X_n+\Delta_{1P}=0\\
&\delta_{21}X_1+\delta_{22}X_2+\cdots+\delta_{2i}X_i+\cdots+\delta_{2n}X_n+\Delta_{2P}=0\\
&\qquad\vdots\\
&\delta_{i1}X_1+\delta_{i2}X_2+\cdots+\delta_{ii}X_i+\cdots+\delta_{in}X_n+\Delta_{iP}=0\\
&\qquad\vdots\\
&\delta_{n1}X_1+\delta_{n2}X_2+\cdots+\delta_{ni}X_i+\cdots+\delta_{nn}X_n+\Delta_{nP}=0
\end{aligned}\right\}\tag{7-4}$$

这组方程的物理意义为：在基本体系中，由于全部多余未知力和已知荷载的作用，在去掉多余约束处的位移应与原结构中相应的位移相等。在上列方程中，主斜线（从左上方的 δ_{11} 至右下方的 δ_{nn}）上的系数 δ_{ii} 称为主系数，其余的系数 δ_{ij} 称为副系数，Δ_{ip}（如 Δ_{1p}、Δ_{2P} 和 Δ_{3P}）则称为自由项。所有系数和自由项，都是基本结构中在去掉多余约束处沿某一多余未知力方向的位移，并规定与所设多余未知力方向一致的为正。所以，主系数总是正的，且不会等于零，而副系数则可能为正、为负或为零。根据位移互等定理可以得知，副系数有互等关系，即

$$\delta_{ij}=\delta_{ji}$$

式（7-4）通常称为力法的典型方程，或者称基本方程，其中各系数和自由项都是基本结构的位移，因而可根据第六章求位移的方法求得。对于平面结构，这些位移的计算式可写为

$$\delta_{ii}=\sum\int\frac{\overline{M}_i^2\,\mathrm{d}s}{EI}+\sum\int\frac{\overline{F}_{Ni}^2\,\mathrm{d}s}{EA}+\sum\int\frac{k\,\overline{F}_{Si}^2\,\mathrm{d}s}{GA}$$

$$\delta_{ij}=\delta_{ji}=\sum\int\frac{\overline{M}_i\,\overline{M}_j\,\mathrm{d}s}{EI}+\sum\int\frac{\overline{F}_{Ni}\overline{F}_{Nj}\,\mathrm{d}s}{EA}+\sum\int\frac{k\,\overline{F}_{Si}\overline{F}_{Sj}\,\mathrm{d}s}{GA}$$

$$\Delta_{iP}=\sum\int\frac{\overline{M}_iM_P\,\mathrm{d}s}{EI}+\sum\int\frac{\overline{F}_{Ni}F_{NP}\,\mathrm{d}s}{EA}+\sum\int\frac{k\,\overline{F}_{Si}F_{SP}\,\mathrm{d}s}{GA}$$

计算系数和自由项时，对于梁和刚架通常可略去轴力和剪力的影响而只考虑弯矩一项。

系数和自由项求得后，即可解算典型方程以求得各多余未知力，然后再按照分析静定结构的方法求原结构的内力。

第五节　力法的计算步骤和示例

一、超静定梁

【例 7-1】 试求作图 7-9（a）所示单跨梁的弯矩图。设 EI 为常数。

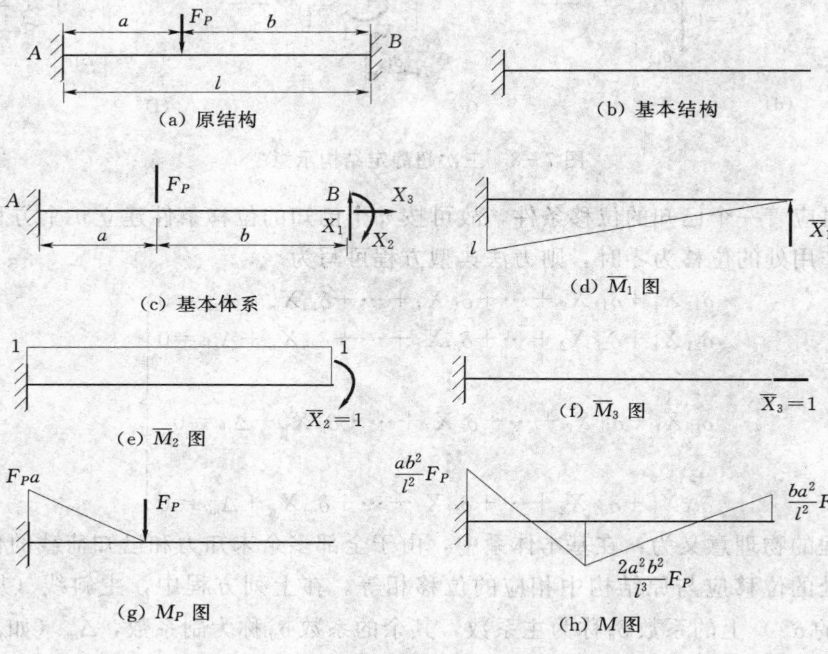

图 7-9　例题 7-1 图

解：（1）确定原结构的超静定次数：此梁具有三个多余联系，为三次超静定，取基本结构及三个多余力如图 7-9（b）、（c）所示。

（2）由支座 B 处位移为零的条件，可建立力法方程

$$\delta_{11}X_1+\delta_{12}X_2+\delta_{13}X_3+\Delta_{1P}=0$$
$$\delta_{21}X_1+\delta_{22}X_2+\delta_{23}X_3+\Delta_{2P}=0$$
$$\delta_{31}X_1+\delta_{32}X_2+\delta_{33}X_3+\Delta_{3P}=0$$

（3）作单位弯矩图如图 7-9（d）、（e）、（f）所示，荷载弯矩图如图 7-9（g）所示。

（4）由位移计算公式计算方程中的系数和自由项

$$\delta_{11}=\sum\int\frac{\overline{M}_1^2\,\mathrm{d}s}{EI}=\frac{1}{EI}\left(\frac{1}{2}\times l\times l\times\frac{2}{3}l\right)=\frac{l^3}{3EI}$$

$$\delta_{12}=\delta_{21}=\sum\int\frac{\overline{M}_1\cdot\overline{M}_2\mathrm{d}s}{EI}=-\frac{1}{EI}\left(\frac{1}{2}\times l\times l\times1\right)=-\frac{l^2}{2EI}$$

$$\delta_{22}=\sum\int\frac{\overline{M}_2^2\mathrm{d}s}{EI}=\frac{1}{EI}\ (l\times1\times1)\ =\frac{l}{EI}$$

$$\delta_{13}=\delta_{31}=\delta_{23}=\delta_{32}=0$$

$$\Delta_{1P}=\sum\int\frac{\overline{M}_1\cdot M_P\mathrm{d}s}{EI}=-\frac{1}{EI}\left[\frac{F_Pa}{2}\times a\times\left(l-\frac{a}{3}\right)\right]=-\frac{F_Pa^2\ (3l-a)}{6EI}$$

$$\Delta_{2P}=\sum\int\frac{\overline{M}_2\cdot M_P\mathrm{d}s}{EI}=\frac{1}{EI}\left(\frac{1}{2}F_Pa\times a\times1\right)=\frac{F_Pl^2}{2EI}$$

$$\Delta_{3P}=0$$

(5) 将以上各值代入力法典型方程，可得

$$X_1=\frac{F_Pa^2(l+2b)}{l^3}$$

$$X_2=\frac{F_Pa^2b}{l^2}$$

(6) 由 $M=\overline{M_1}X_1+M_P$ 叠加，可得如图 7-9 (h) 所示单跨梁的弯矩图。

【例 7-2】 试作图 7-10 (a) 所示单跨梁的弯矩图。设 B 端弹簧支座的弹簧刚度为 k，EI 为常数。

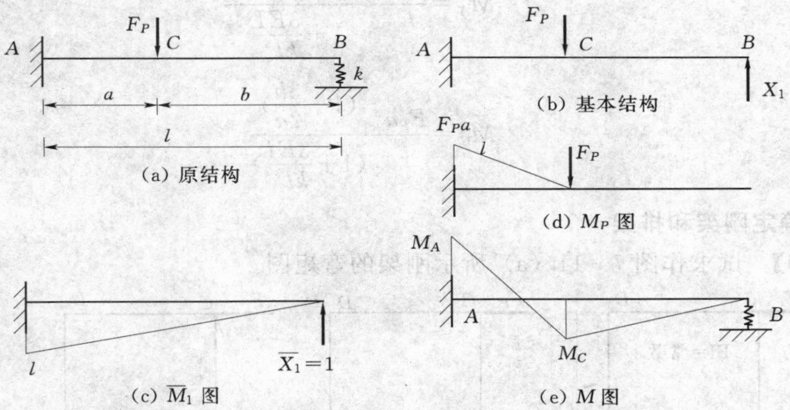

图 7-10　例题 7-2 图

解： (1) 此梁超静定次数为 1，取图 7-10 (b) 为基本结构。

(2) 由支座 B 的处位移（B 处为弹簧支座，在荷载作用下弹簧被压缩，B 处向下移动，$\Delta=-\frac{1}{k}X_1$ 条件，可建立力法方程

$$\delta_{11}X_1+\Delta_{1P}=-\frac{1}{k}X_1$$

或写成

$$\left(\delta_{11}+\frac{1}{k}\right)X_1+\Delta_{1P}=0$$

(3) 作单位弯矩图如图 7-10 (c) 所示，荷载弯矩图如图 7-10 (d) 所示。

(4) 由位移计算公式计算方程中的系数和自由项

$$\delta_{11}=\frac{l^3}{3EI}$$

$$\Delta_{1P}=-\frac{F_Pa^2(3l-a)}{6EI}$$

(5) 将以上各值代入力法典型方程，可得

$$X_1=\frac{F_Pa^2(3l-a)}{2l^3+\dfrac{6EI}{k}}=\frac{F_Pa^3\left(1+\dfrac{3}{2}\dfrac{b}{a}\right)}{l^3+\dfrac{3EI}{kl^3}}$$

由上式可以看出，由于 B 端为弹簧支座，多余力 X_1 的值不仅与弹簧刚度 k 有关，而且与梁 AB 的弯曲刚度 EI 有关。当 $k=\infty$ 时，相当于 B 端为刚性支承情形，此时

$$X_1=\frac{F_Pa^2(3l-a)}{2l^3}=\frac{F_Pa^3\left(1+\dfrac{3}{2}\dfrac{b}{a}\right)}{l^3}$$

当 $k=0$ 时，相当于 B 端为完全柔性支承情形，此时

$$X_1=0$$

(6) 由 $M=\overline{M_1}X_1+M_P$ 叠加，可得图 7-10 (e) 所示单跨梁的弯矩图。

$$M_A=\frac{F_Pa}{l^2}\frac{\dfrac{3EI}{kl}+\dfrac{ab}{2}+b^2}{1+\dfrac{3EI}{kl^3}}$$

$$M_C=\frac{F_Pa^3}{l^3}\frac{\left(1+\dfrac{3b}{2a}\right)}{\left(1+\dfrac{3EI}{kl^3}\right)}$$

二、超静定刚架和排架

【例 7-3】 试求作图 7-11 (a) 所示刚架的弯矩图。

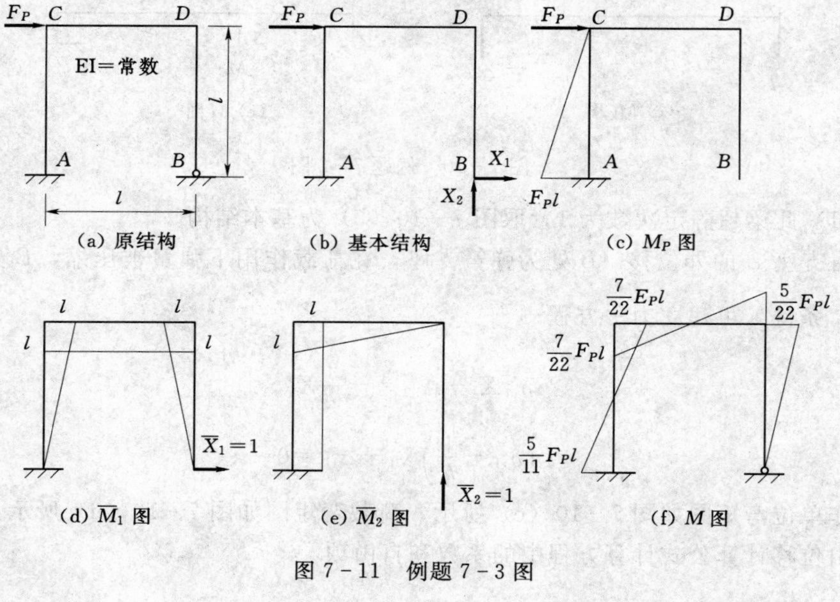

图 7-11　例题 7-3 图

解：(1) 此刚架超静定次数为 2，取图 7-11 (b) 为基本结构（基本体系）。

(2) 由支座 B 处位移为零的条件，可建立力法方程

$$\delta_{11}X_1+\delta_{12}X_2+\Delta_{1P}=0$$
$$\delta_{21}X_1+\delta_{22}X_2+\Delta_{2P}=0$$

(3) 作荷载弯矩图如图 7-11 (c) 所示，单位弯矩图如图 7-11 (d)、图 7-11 (e) 所示。

(4) 由位移计算公式计算方程中的系数和自由项

$$\delta_{11}=\frac{5l^3}{3EI},\quad \delta_{22}=\frac{4l^3}{3EI},\quad \delta_{12}=\delta_{21}=\frac{l^3}{EI}$$
$$\Delta_{1P}=-\frac{F_Pl^3}{6EI},\quad \Delta_{2P}=-\frac{F_Pl^3}{2EI}$$

(5) 将以上各值代入力法典型方程，可得

$$\delta_{11}X_1+\delta_{12}X_2+\Delta_{1P}=0,\quad X_1=-\frac{5}{22}F_P$$
$$\delta_{21}X_1+\delta_{22}X_2+\Delta_{2P}=0,\quad X_2=+\frac{12}{22}F_P$$

(6) 由 $M=\overline{M}_1X_1+\overline{M}_2X_2+M_P$，可得如图 7-11 (f) 所示的弯矩图。

【例 7-4】 作图 7-12 (a) 所示刚架的弯矩图。

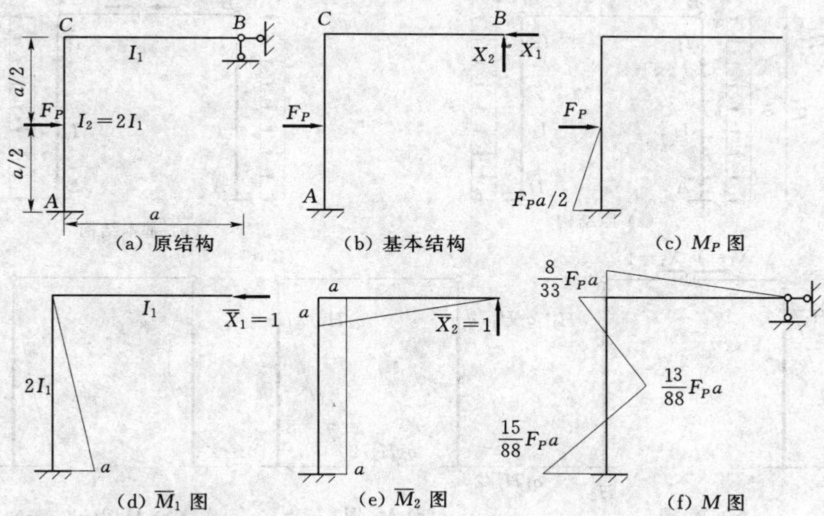

(a) 原结构　(b) 基本结构　(c) M_P 图

(d) $\overline{M}_1$ 图　(e) $\overline{M}_2$ 图　(f) M 图

图 7-12　例题 7-4 图

解：(1) 此刚架超静定次数为 2，撤去铰支座 B，代之以多余未知力 X_1 和 X_2，基本结构如图 7-12 (b) 所示。

(2) 由支座 B 处位移为零的条件，可建立力法方程

$$\delta_{11}X_1+\delta_{12}X_2+\Delta_{1P}=0$$
$$\delta_{21}X_1+\delta_{22}X_2+\Delta_{2P}=0$$

(3) 作荷载弯矩图如图 7-12 (c)，单位弯矩图如图 7-12 (d)、图 7-12 (e) 所示。

(4) 由位移计算公式计算方程中的系数和自由项

$$\delta_{11}=\frac{1}{2EI_1}\left(\frac{1}{2}\cdot a\cdot a\cdot\frac{2a}{3}\right)=\frac{a^3}{6EI_1}$$

$$\delta_{22}=\frac{1}{2EI_1}(aaa)+\frac{1}{EI_1}\left(\frac{1}{2}aa\,\frac{2a}{3}\right)=\frac{5a^3}{6EI_1}$$

$$\delta_{12}=\delta_{21}=\frac{1}{2EI_1}\left(aa\,\frac{a}{2}\right)=\frac{a^3}{4EI_1}$$

$$\Delta_{1P}=-\frac{1}{2EI_1}\left[\frac{1}{2}\frac{Pa}{2}\frac{a}{2}\frac{5}{6}a\right]=-\frac{5F_Pa^3}{96EI_1}$$

$$\Delta_{2P}=-\frac{1}{2EI_1}\left[\frac{1}{2}\cdot\frac{Pa}{2}\cdot\frac{a}{2}\right]a=-\frac{F_Pa^3}{16EI_1}$$

（5）将以上各值代入力法典型方程，可得

解得：

$$X_1=\frac{4}{11}F_P$$

$$X_2=-\frac{3}{88}F_P$$

（6）由 $M=\overline{M}_1X_1+\overline{M}_2X_2+M_P$，可得如图 7－12（f）所示的弯矩图。

【例 7－5】 试分析图 7－13（a）所示单跨铰结排架在风荷载作用下的内力。已知 $q_1=0.8q$，$q_2=0.6q$。

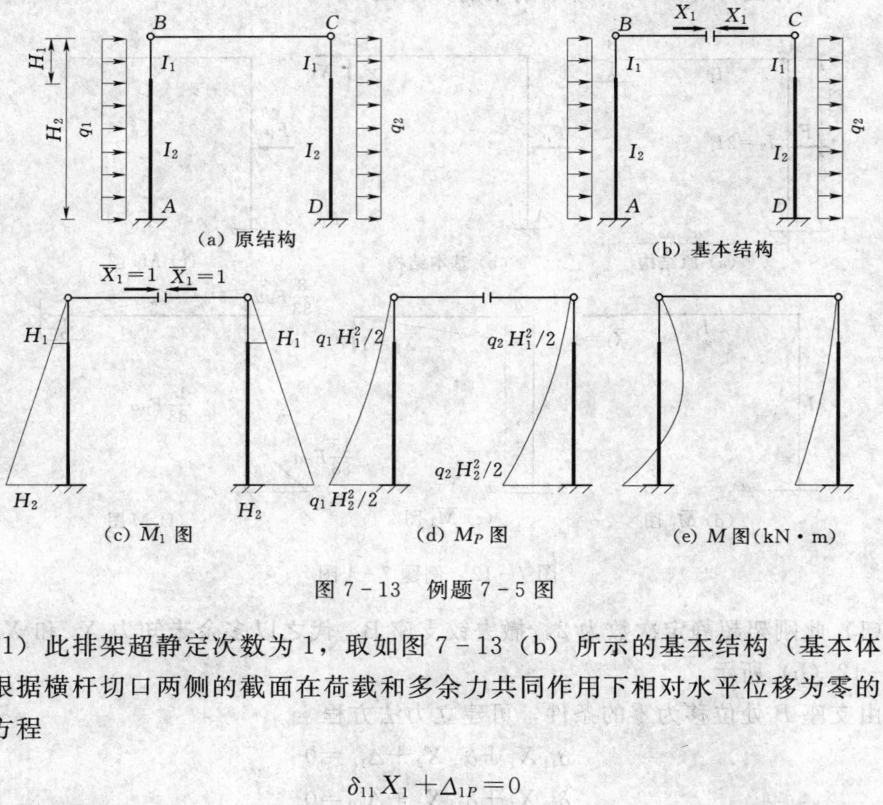

图 7－13　例题 7－5 图

解：（1）此排架超静定次数为 1，取如图 7－13（b）所示的基本结构（基本体系）。

（2）根据横杆切口两侧的截面在荷载和多余力共同作用下相对水平位移为零的条件，可建立力法方程

$$\delta_{11}X_1+\Delta_{1P}=0$$

（3）作单位弯矩图如图 7－13（c）所示，荷载弯矩图如图 7－13（d）所示。

（4）由位移计算公式计算方程中的系数和自由项

$$\delta_{11}=\frac{2H_2^3}{3EI_2}\left[1+\left(\frac{I_2}{I_1}-1\right)\frac{H_1^3}{H_2^3}\right]$$

$$\Delta_{1P}=\frac{q_1H_2^4}{8EI_2}\left[1+\left(\frac{I_2}{I_1}-1\right)\frac{H_1^4}{H_2^4}\right]-\frac{q_2H_2^4}{8EI_2}\left[1+\left(\frac{I_2}{I_1}-1\right)\frac{H_1^4}{H_2^4}\right]$$

$$=\frac{(q_1-q_2)H_2^4}{8EI_2}\left[1+\left(\frac{I_2}{I_1}-1\right)\frac{H_1^4}{H_2^4}\right]$$

(5) 将以上各值代入力法典型方程，可得

$$X_1=-\frac{\Delta_{1P}}{\delta_{11}}=-\frac{3(q_1-q_2)H_2}{16}\cdot\frac{1+\left(\frac{I_2}{I_1}-1\right)\frac{H_1^4}{H_2^4}}{1+\left(\frac{I_2}{I_1}-1\right)\frac{H_1^3}{H_2^3}}$$

负号表示多余力 X_1 的方向与所设方向相反。

(6) 由 $M=\overline{M}_1X_1+M_P$，可得如图 7-13（e）所示的弯矩图。

三、超静定桁架和组合结构

【例 7-6】 试求图 7-14（a）所示超静定桁架的各杆内力。

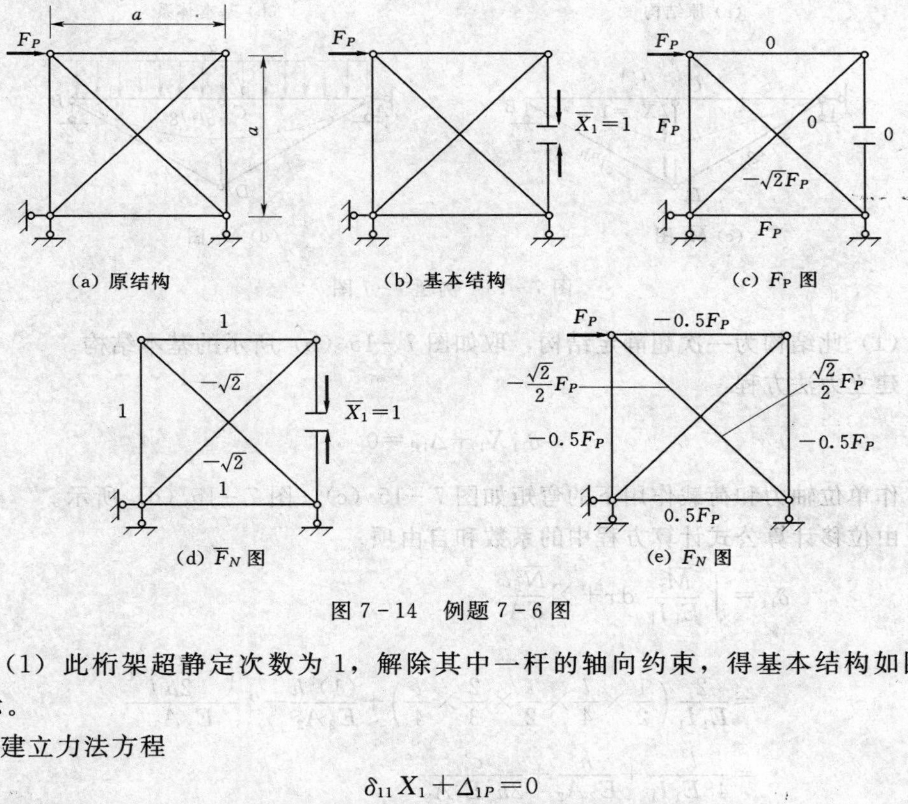

图 7-14　例题 7-6 图

解：(1) 此桁架超静定次数为 1，解除其中一杆的轴向约束，得基本结构如图 7-14（b）所示。

(2) 建立力法方程

$$\delta_{11}X_1+\Delta_{1P}=0$$

(3) 为了求位移系数 δ_{11} 和荷载位移 Δ_{1P}，作荷载轴力和单位轴力如图 7-14（c）、图 7-14（d）所示。

(4) 根据图 7-14（c）、图 7-14（d）可求得

$$\delta_{11}=\sum\frac{\overline{F}_{N1}^2a}{EA}=\frac{4a(1+\sqrt{2})}{EA}$$

$$\Delta_{1P}=\sum\frac{\overline{F}_{N1}F_{NP}}{EA}=\frac{2(1+\sqrt{2})}{EA}F_{p}a$$

（5）由力法方程 $\delta_{11}X_1+\Delta_{1p}=0$，可得 $X_1=-0.5F_p$。

（6）再由 $F_N=\overline{F}_{N1}X_1+F_{NP}$ 对每一对应杆进行叠加，即可得到图 7-14（e）所示桁架的各杆内力。

注意：也可用拆除一根桁架杆的静定结构作为基本结构，这时计算 δ_{11} 不考虑已拆除的杆，而力法方程为两结点间相对位移等于所拆除杆的拉（压）变形。读者可自行按此思路计算，结果应该与 7-14（e）所示各杆内力相同。

【例 7-7】 图 7-15（a）为一加劲梁，试绘梁的弯矩图并求各杆轴力。

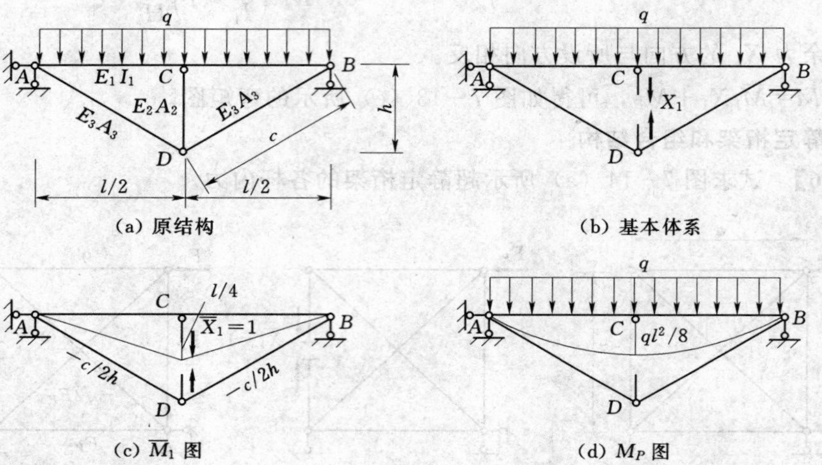

图 7-15　例题 7-7 图

解：（1）此结构为一次超静定结构，取如图 7-15（b）所示的基本结构。

（2）建立力法方程

$$\delta_{11}X_1+\Delta_{1P}=0$$

（3）作单位轴力和荷载作用下的弯矩如图 7-15（c）、图 7-15（d）所示。

（4）由位移计算公式计算方程中的系数和自由项

$$\delta_{11}=\int\frac{\overline{M}_1^2}{E_1I_1}\,\mathrm{d}x+\sum\frac{\overline{N}_1^2 l}{EA}$$

$$=\frac{2}{E_1I_1}\left(\frac{1}{2}\times\frac{l}{4}\times\frac{l}{2}\times\frac{2}{3}\times\frac{l}{4}\right)+\frac{(1)^2h}{E_2A_2}+2\,\frac{\left(-\frac{c}{2h}\right)^2c}{E_3A_3}$$

$$=\frac{l^3}{48E_1I_1}+\frac{h}{E_2A_2}+\frac{c^3}{2h^2E_3A_3}$$

$$\Delta_{1P}=\int\frac{\overline{M}_1\,M_P}{E_1\,I_1}\,\mathrm{d}x+\sum\frac{\overline{N}_1\,N_P\,l}{EA}$$

$$=\frac{2}{E_1\,I_1}\left(\frac{2}{3}\times\frac{1}{8}ql^2\times\frac{l}{2}\times\frac{5}{8}\times\frac{l}{4}\right)+0=\frac{5ql^4}{384E_1I_1}$$

（5）代入力法方程 $\delta_{11}X_1+\Delta_{1p}=0$ 可得

$$X_1=-\frac{\Delta_{1P}}{\delta_{11}}=-\frac{\dfrac{5ql^4}{384E_1I_1}}{\dfrac{l^3}{48E_1I_1}+\dfrac{h}{E_2A_2}+\dfrac{c^3}{2h^2E_3A_3}}$$

(6) 由 $M=\overline{M}_1X_1+M_P$，$F_N=\overline{F}_{N1}X_1+F_{NP}$ 作弯矩图和轴力图。

四、超静定拱

建筑工程常用的拱式结构除了第三章介绍过的三铰拱外，还有两铰拱［图 7－16（a）、图 7－16（b）］和无铰拱［图 7－16（c）］，这两种型式的拱都是超静定拱。

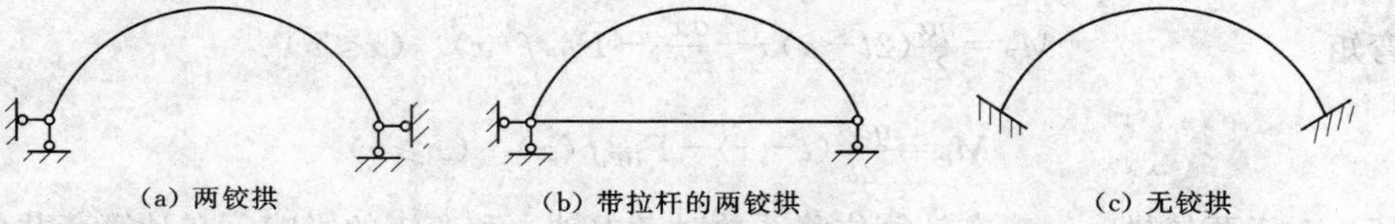

图 7－16　超静定拱

无铰拱在荷载作用下，弯矩分布比两铰拱较为均匀，但受支座移动的影响大，故在地质不良的情况下，应避免采用。两铰拱当支座发生竖向位移时并不产生内力，故在房屋建筑中常采用两铰拱。两铰拱分带拉杆［图 7－16（b）］和不带拉杆［图 7－16（a）］两种。带拉杆的两铰拱由拉杆承担竖向荷载作用下拱所产生的水平推力，因此可以减少或消除推力对支座的不利影响。

两铰拱是一次超静定结构，计算时通常取水平推力为多余力建立力法方程。系数和自由项计算不计剪力影响，只有在 $f<\dfrac{l}{3}$ 的情况下，在计算 δ_{11} 时考虑轴力影响。求出多余力后，竖向荷载作用下的截面内力仍可用三铰拱的相应公式计算。

【例 7－8】 试求图 7－17（a）所示等截面对称两铰拱跨中截面 C 的弯矩 M_c。拱轴线方程为 $y=f(x)$。

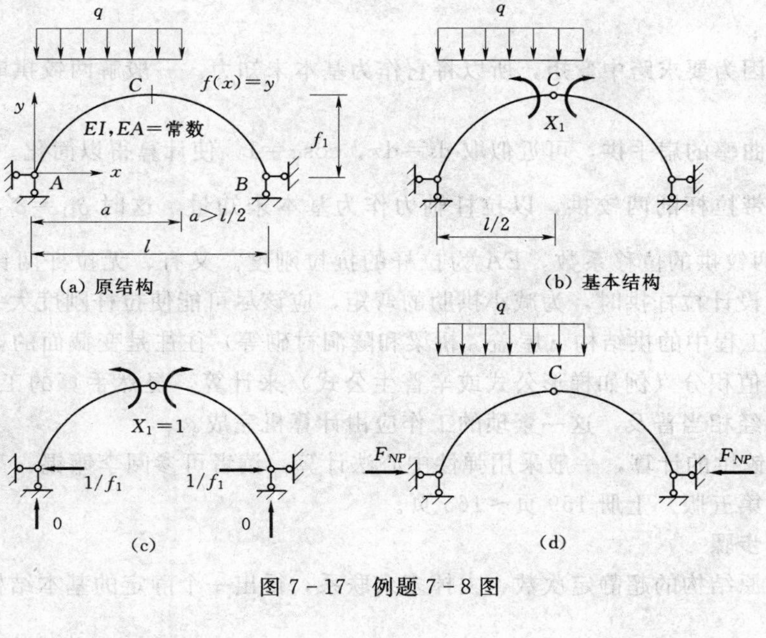

图 7－17　例题 7－8 图

解：(1) 两铰拱超静定次数为 1，取图 7-17 (b) 三铰拱为基本结构。

(2) 以 X_1 为基本未知量，则力法方程为

$$\delta_{11}X_1+\Delta_{1p}=0$$

(3) 基本结构在单位力作用下任意截面的弯矩和轴力为

$$\overline{M}_1=y/f_1,\quad \overline{F}_{N1}=\cos\varphi/f_1$$

(4) 基本结构在荷载作用下的受力如图 7-17 (d) 所示，由此可得推力（水平反力）

$$F_{HP}=\frac{q}{8f_1}[2a(2l-a)-l^2]$$

弯矩
$$M_P=\frac{qa}{2l}(2l-a)x-\frac{qx^2}{2}-F_{HP}f(x)\quad (x<a)$$

$$M_P=\frac{qa^2}{2l}(l-x)-F_{HP}f(x)\quad (x\geqslant a)$$

(5) 对于两铰拱，一般在计算位移系数时考虑轴力和弯矩的影响，在计算荷载位移系数时只考虑弯矩影响。因此，根据位移计算公式可得

$$\delta_{11}=\int_s\frac{\cos^2\varphi}{EAf_1^{\,2}}\mathrm{d}s+\int_s\frac{f^2(x)}{EIf_1^{\,2}}\mathrm{d}s,\quad \Delta_{1P}=\int_0^a\frac{M_P\,f(x)}{f_1\,EI}\mathrm{d}s+\int_a^l\frac{M_P\,f(x)}{f_1\,EI}\mathrm{d}s \qquad (7-5)$$

$$\mathrm{d}s=\sqrt{1+\left(\frac{\mathrm{d}y}{\mathrm{d}x}\right)^2}\mathrm{d}x=\sqrt{1+f'(x)}\mathrm{d}x$$

(6) 由力法典型方程，可得 $X_1=M_C=-\dfrac{\Delta_{1P}}{\delta_{11}}$。

在已知拱轴线方程 $f(x)$ 的情况下，由式 (7-5) 积分和力法典型方程即可求得超静定两铰拱的基本未知力。有了基本未知力，利用内力叠加公式即可作出内力图。在竖向荷载作用下若是只需求指定截面内力，则可利用三铰拱的内力公式进行计算。

如在上例中设 $f(x)=\dfrac{4f_1}{l^2}x(l-x)$，并 $a=l/2$，近似取 $\mathrm{d}s=\mathrm{d}x$，$\cos\varphi=1$，则由式 (7-5) 和力法方程可得 $X_1=M_C=0$。

几点说明：

(1) 本例因为要求跨中弯矩，所以将它作为基本未知力。一般解两铰拱时以水平推力作基本未知力。

(2) 对小曲率的扁平拱，可近似取 $\mathrm{d}s=\mathrm{d}x$，$\cos\varphi=1$，使计算得以简化。

(3) 对于带拉杆的两铰拱，以拉杆轴力作为基本未知量，这时 $\delta_{11}=\delta'_{11}+\dfrac{l}{EA}$，式中，$\delta'_{11}$ 为无拉杆两铰拱的位移系数，EA 为拉杆的抗拉刚度。又有、无拉杆两铰拱的水平推力对比可发现，设计拉杆拱时，为减小拱肋的弯矩，应该尽可能使拉杆刚度大一些。

(4) 实际工程中的拱结构（屋盖、桥梁和隧洞衬砌等）往往是变截面的，位移系数的计算一般要用数值积分（例如梯形公式或辛普生公式）来计算，显然手算的工作量是很大的。当前计算机已经相当普及，这一繁琐的工作应由计算机完成。

(5) 对无铰拱的计算，一般采用弹性中心法计算，读者可参阅李镰锟，高教出版社出版《结构力学》(第五版) 上册 159 页～165 页。

五、求解步骤

(1) 确定原结构的超静定次数，去掉多余联系，得出一个静定的基本结构，并以多余未

知力代替多余联系的作用。

(2) 根据基本结构在多余未知力和原有荷载共同作用下，多余未知力作用点沿多余未知力方向的位移应与原结构中相应多余约束处的位移相同的条件，建立力法典型方程。

(3) 作出基本结构的单位内力图和荷载内力图（或列出内力的表达式）。

(4) 按照求位移的方法计算系数和自由项。

(5) 解典型方程，求出各多余未知力。

(6) 多余未知力确定后，即可按分析静定结构的方法绘出原结构的内力图。这种内力图也称最后内力图。

第六节　对 称 性 的 利 用

一、对称结构

在工程中常有这样一类结构，它们的几何图形是对称的，而且杆件的刚度及支承情况也是对称的，这类结构称对称结构，如图 7－18 所示。

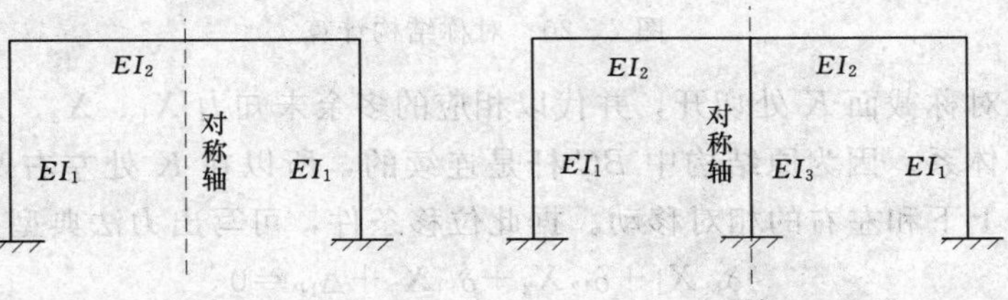

图 7－18　对称结构分类

二、对称荷载与反对称荷载

作用在对称结构上的荷载，有两种特殊的情况，即对称结构对称荷载、对称结构反对称荷载，例如图 7－19 所示。如果左右两部分上所受荷载的作用线重合，且其大小和方向都相同［图 7－19（a）、图 7－19（b）］，则这种荷载称为正对称的；如果左右两部分上所受的荷

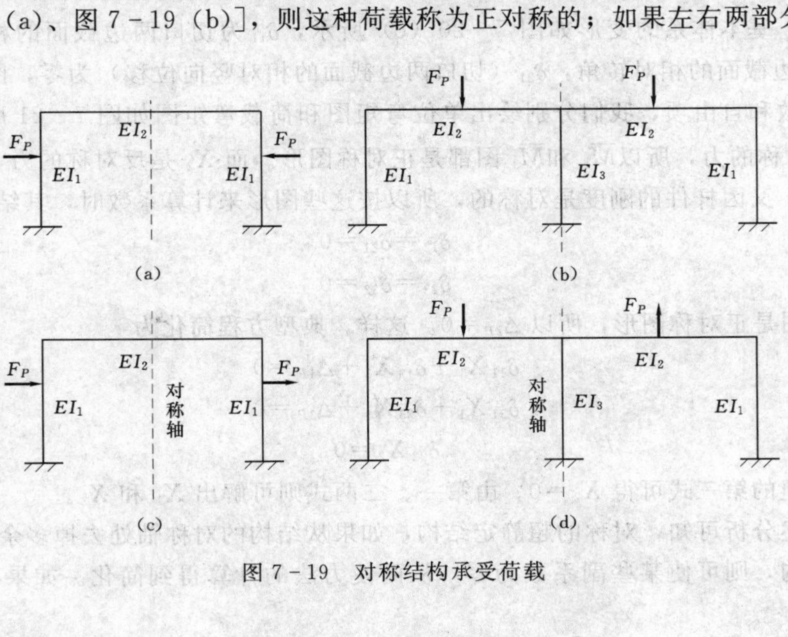

图 7－19　对称结构承受荷载

载的作用线互相重合且其大小相同，但方向恰好相反［图 7-19（c）、图 7-19（d）］，则这种荷载称为反对称的。

三、对称结构的计算

首先讨论如图 7-20（a）所示对称结构受正对称荷载作用时的受力和变形特点，并由此得出其简化计算方法。

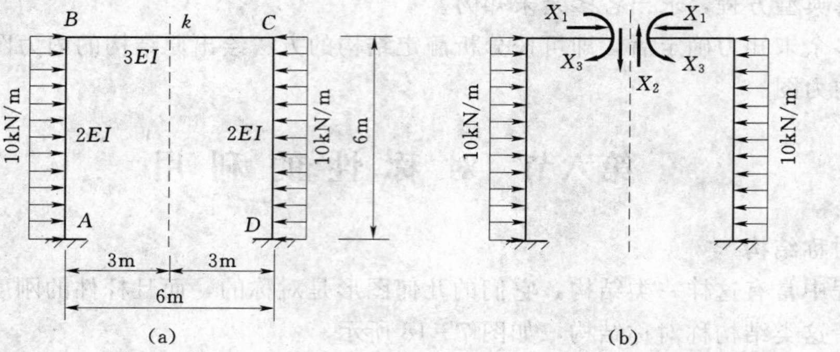

图 7-20　对称结构计算

现将刚架从对称截面 K 处切开，并代以相应的多余未知力 X_1、X_2、X_3，得如图 7-20（b）所示的基本体系。因为原结构中 BC 杆是连续的，所以在 K 处左右两边的截面没有相对转动，也没有上下和左右的相对移动。据此位移条件，可写出力法典型方程如下

$$\delta_{11}X_1+\delta_{12}X_2+\delta_{13}X_3+\Delta_{1P}=0$$
$$\delta_{21}X_1+\delta_{22}X_2+\delta_{23}X_3+\Delta_{2P}=0$$
$$\delta_{31}X_1+\delta_{32}X_2+\delta_{33}X_3+\Delta_{3P}=0$$

以上方程组的第一式表示基本体系中切口两边截面沿水平方向的相对位移应为零；第二式表示切口两边截面沿竖直方向的相对位移应为零；第三式表示切口两边截面的相对转角应为零。典型方程的系数和自由项都代表基本结构中切口两边截面的相对位移，例如在 $\overline{X}_1=1$ 单独作用下，基本体系的变形如图 7-20（c）所示，δ_{11} 为切口两边截面的相对水平位移，δ_{31} 为切口两边截面的相对转角，δ_{21}（切口两边截面的相对竖向位移）为零，图中没有画出。为了计算系数和自由项，我们分别绘出单位弯矩图和荷载弯矩图如图 7-21 所示。因为 X_1 和 X_3 是正对称的力，所以 $\overline{M}_1$ 和 $\overline{M}_3$ 图都是正对称图形。而 X_2 是反对称的力，所以 $\overline{M}_2$ 图是反对称图形。又因杆件的刚度是对称的，所以按这些图形来计算系数时，其结果必然是

$$\delta_{12}=\delta_{21}=0$$
$$\delta_{23}=\delta_{32}=0$$

又由于 M_P 图是正对称图形，所以 $\Delta_{2P}=0$。这样，典型方程简化为

$$\delta_{11}X_1+\delta_{13}X_3+\Delta_{1P}=0$$
$$\delta_{31}X_1+\delta_{33}X_3+\Delta_{3P}=0$$
$$\delta_{22}X_2=0$$

由方程组的第三式可得 $X_2=0$。由第一、二两式则可解出 X_1 和 X_3。

根据上述分析可知，对称的超静定结构，如果从结构的对称轴处去掉多余约束来选取对称的基本结构，则可使某些副系数为零，从而使力法的计算得到简化。如果荷载是正对称

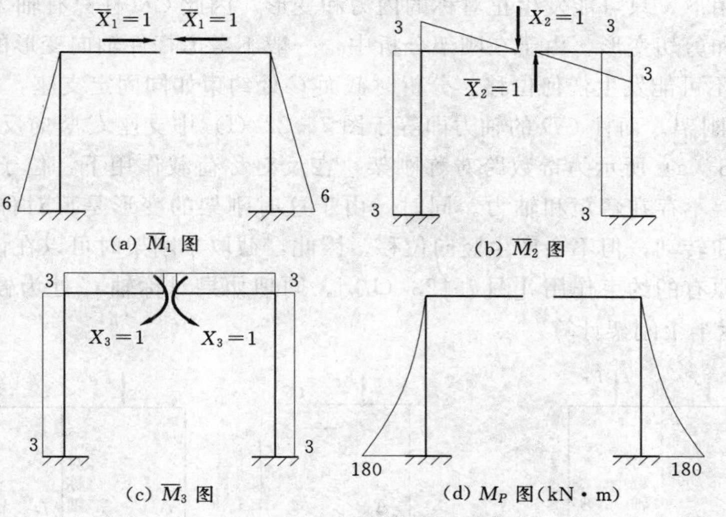

图 7-21　对称结构弯矩图

的，则在对称的基本体系上，反对称的多余未知力为零。这时，作用在对称的基本体系上的荷载和多余未知力都是正对称的，故结构的受力和变形状态都是正对称的，不会产生反对称的内力和位移。如果荷载是反对称的，则基本结构上的 M_P 图也是反对称的，将它与对称的 $\overline{M}_1$、$\overline{M}_3$ 图［图 7-21（a）、（c）］进行图乘时，求得的自由项 Δ_{1P}、Δ_{3P} 必等于零。由此可知，正对称的多余未知力 X_1、X_3 将等于零。于是，结构中的内力将成反对称分布，变形状态也必然是反对称的。据此，可得如下结论：对称结构在正对称荷载作用下，其内力和变形都是正对称的；在反对称荷载作用下，其内力和变形都是反对称的。

四、取半边结构计算

利用上述结论，可使对称结构的计算得到很大的简化。如在分析对称刚架时，可取半个刚架来进行计算。下面就图 7-22（a）、图 7-22（c）所示奇数跨两种对称刚架加以说明。

如图 7-22（a）所示为奇数跨对称刚架，在正对称荷载作用下，其变形和内力只能是正对称分布的，位于对称轴上的截面 C 不可能发生转动和水平移动，只能发生竖向移动；该截面上的内力只可能存在弯矩和轴力，不存在剪力。这种情况如同截面 C 受到了一个定向支座约束，把右半部分刚架弃去，则得到图 7-22（b）所示的半刚架。这时图 7-22（b）所示刚架的受力和变形情况与图 7-22（a）中左半刚架的情况完全相同。同理，图 7-22（c）所示对称刚架可取半边结构如图 7-22（d）所示计算。

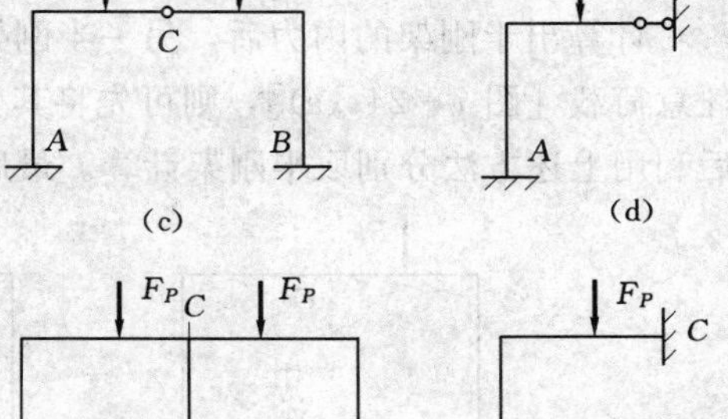

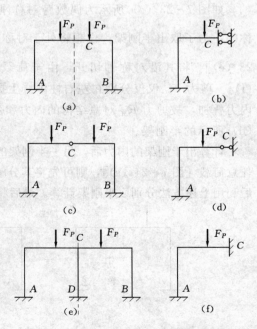

图 7-22　对称结构在正对称荷载作用

如图 7-22（e）所示为偶数跨对称刚架，在正对称荷载作用下，只可能发生正对称的内力和变形，因此 CD 柱只有轴力和轴向变形，而不可能有弯曲和剪切变形。由于在刚架分析中，一般不考虑杆件轴向变形的影响，所以对称轴上的 C 点，不可能发生任何位移。分析时截面 C 处约束如同固定支座，故可得到如图 7－22（f）所示半刚架。而柱 CD 的轴力即等于图 7－22（f）中支座 C 竖向反力的两倍。

如图 7－23（a）所示为奇数跨对称刚架，在反对称荷载作用下，位于对称轴的 C 截面上只存在剪力，不存在弯矩和轴力。同时，由于这时刚架的变形是反对称的，所以 C 截面可以左右移动和转动，但不会产生竖向位移。因此，截取半刚架时可以在该处用一根竖向链杆的装置代替原有的约束作用［图 7－23（b）］。同理如果对称轴 C 处为铰接，则亦可取图 7－23（b）所示半个刚架计算。

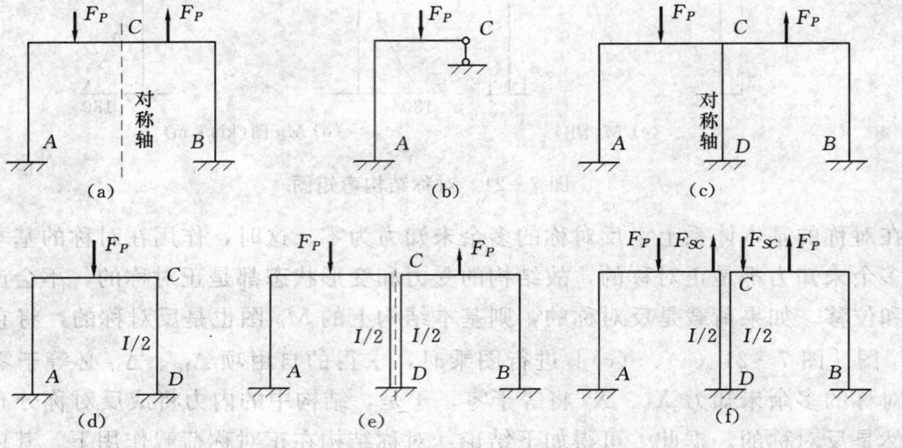

图 7－23　对称结构在反对称荷载作用下

如图 7－23（c）所示为偶数跨对称刚架，在反对称荷载作用下，内力和变形都是反对称的，为了取出半刚架，设想将处于对称轴上的竖柱用两根惯性矩为 $\frac{I}{2}$ 的竖柱代替［图 7－23（e）］。将其沿对称轴切开，由于荷载是反对称的，故截面上只有剪力 F_{SC}［图 7－23（f）］。剪力 F_{SC} 仅仅分别在左右柱中产生拉力和压力。又因求原柱的内力时，应将两柱中的内力叠加，故剪力 F_{SC} 对原结构的内力和变形无影响。于是，可将其略去而取出如图 7－23（d）所示的半刚架。

计算出半刚架的内力后，另一半刚架的内力利用对称性即不难确定。若对称刚架上作用着任意荷载［图 7－24（a）］，则可先将其分解为正对称和反对称两组［图 7－24（b）、（c）］，然后利用上述方法分别取半刚架计算。最后将两个计算结果叠加，即得原结构的内力。

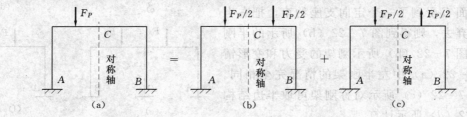

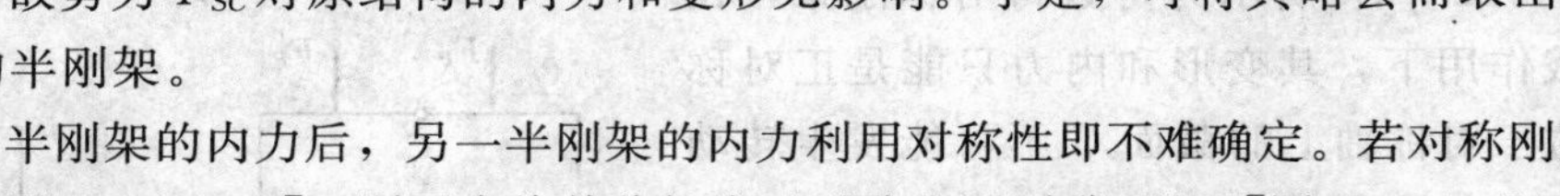

图 7－24　对称结构计算

【例 7-9】 如图 7-25（a）所示结构，EI＝常数，试作 M 图。

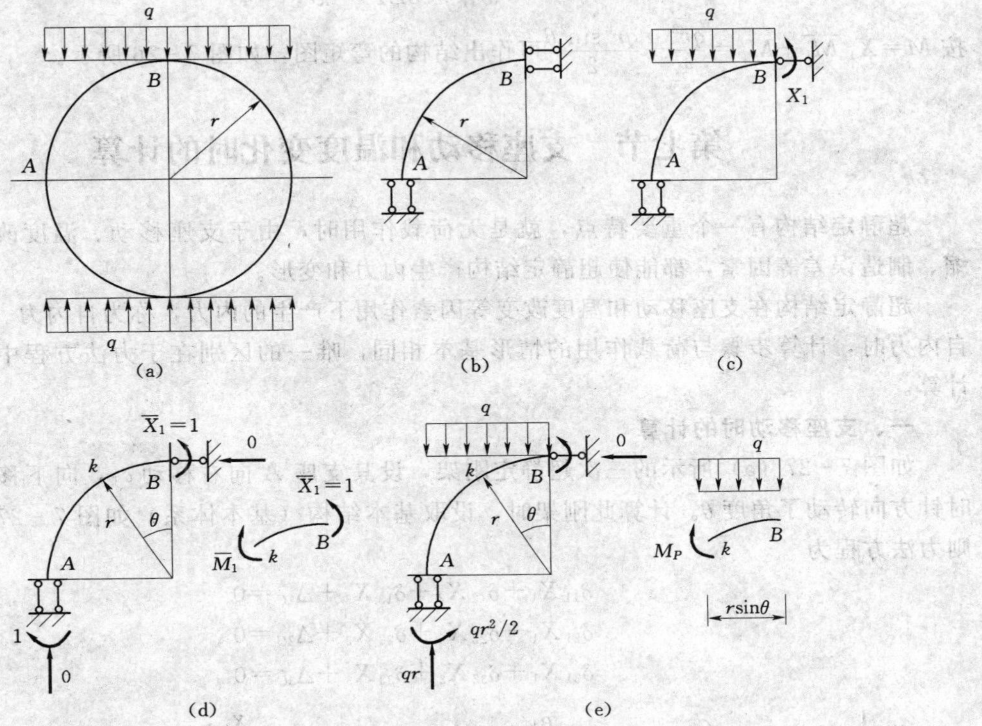

图 7-25　例题 7-9 图

解：（1）以过圆心的水平和竖向直线作为该结构的两根对称轴，利用对称性可取结构的 1/4 来计算，如图 7-25（b）所示。这是一次超静定结构，如图 7-25（c）所示为基本结构。

（2）力法典型方程为

$$\delta_{11}X_1+\Delta_{1P}=0$$

（3）对于小曲率曲杆结构，在通常情况下（当 $h/r<20$，r 为曲率半径，h 为杆截面高度），曲率的影响可忽略不计。在位移计算中，也常容许只考虑弯曲变形一项的影响。由图 7-25（d）、图 7-25（e）可知

$$\overline{M}_1=1,\quad M_P=-\frac{qr^2\sin^2\theta}{2}$$

则由式 $\Delta=\int\frac{\overline{M}_1M_P\mathrm{d}s}{EI}$ 算得（$ds=\mathrm{r}d\theta$）

$$\delta_{11}=\int_0^{\frac{\pi}{2}}\frac{1^2}{EI}r\mathrm{d}\theta=\frac{\pi r}{2EI}$$

$$\Delta_{1P}=\int_0^{\frac{\pi}{2}}\frac{1}{EI}\times1\times\left(-\frac{qr^2\sin^2\theta}{2}\right)r\mathrm{d}\theta$$

$$=-\frac{qr^3}{2EI}\int_0^{\frac{\pi}{2}}\sin^2\theta\mathrm{d}\theta=-\frac{q\pi r^3}{8EI}$$

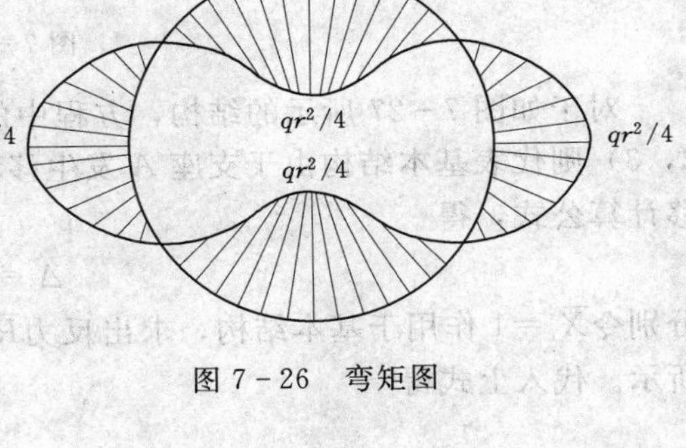

图 7-26　弯矩图

（4）由力法典型方程，可得

$$X_1=-\frac{\Delta_{1P}}{\delta_{11}}=\frac{q\pi r^3}{8EI}\times\frac{2EI}{\pi r}=\frac{qr^2}{4}$$

按 $M=X_1\overline{M_1}+M_P=\frac{qr^2}{4}-\frac{qr^2\sin^2\theta}{2}$ 可作出结构的弯矩图，如图 7-26 所示。

第七节　支座移动和温度变化时的计算

超静定结构有一个重要特点，就是无荷载作用时，由于支座移动、温度改变、材料收缩、制造误差等因素，都能使超静定结构产生内力和变形。

超静定结构在支座移动和温度改变等因素作用下产生的内力，称为自内力。用力法计算自内力时，计算步骤与荷载作用的情形基本相同，唯一的区别在于力法方程中的自由项的计算。

一、支座移动时的计算

如图 7-27（a）所示的三次超静定刚架，设其支座 A 向右移动 c_1，向下移动 c_2，并顺时针方向转动了角度 θ。计算此刚架时，设取基本结构（基本体系）如图 7-27（b）所示，则力法方程为

$$\delta_{11}X_1+\delta_{12}X_2+\delta_{13}X_3+\Delta_{1C}=0$$
$$\delta_{21}X_1+\delta_{22}X_2+\delta_{23}X_3+\Delta_{2C}=0$$
$$\delta_{31}X_1+\delta_{32}X_2+\delta_{33}X_3+\Delta_{3C}=0$$

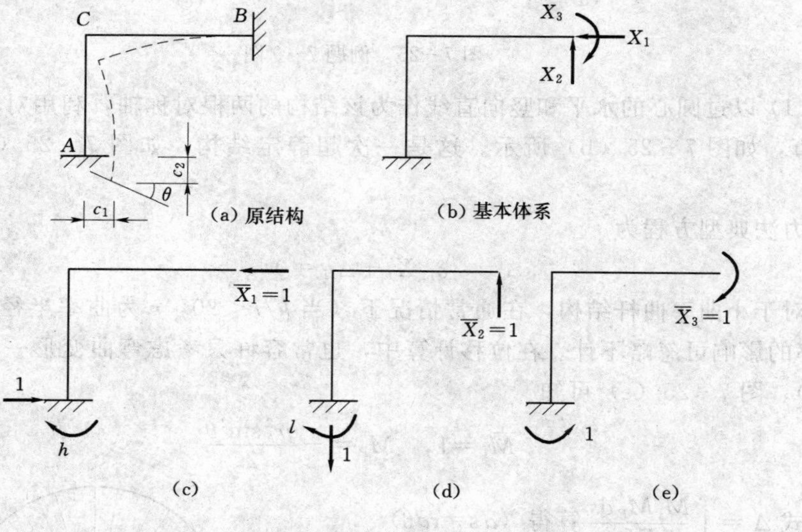

图 7-27　支座移动

对于如图 7-27 所示的结构，方程中的各系数计算与前述完全相同。自由项 Δ_{ic}（$i=1$，2，3）则代表基本结构由于支座 A 发生移动时在 B 端沿多余力 X_i 方向所产生的位移。按位移计算公式，得

$$\Delta_{ic}=-\sum\overline{F}_{Ri}C_i$$

分别令 $\overline{X}_i=1$ 作用于基本结构，求出反力 $\overline{R}_i$ 如图 7-27（c）、图 7-27（d）、图 7-27（e）所示。代入上式得

$$\Delta_{1C}=-(c_1+h\theta)$$
$$\Delta_{2C}=-(c_2+l\theta)$$
$$\Delta_{3C}=-(-\theta)=\theta$$

将系数和自由项代入力法方程，可解得 X_1、X_2、X_3。

【例 7-10】 试作如图 7-28（a）所示两端固定单跨梁由支座位移引起的弯矩图。

解：（1）确定原结构的超静定次数：此梁具有 3 个多余联系，为 3 次超静定，取基本结构及 3 个多余力如图 7-28（b）所示。

（2）由支座 A、B 处位移条件，可建立力法方程

$$\delta_{11}X_1+\delta_{12}X_2+\delta_{13}X_3=0$$
$$\delta_{21}X_1+\delta_{22}X_2+\delta_{23}X_3=0$$
$$\delta_{31}X_1+\delta_{32}X_2+\delta_{33}X_3=\theta$$

（3）作单位内力图如图 7-28（c）、图 7-28（d）、图 7-28（e）所示。

（4）由位移计算公式计算方程中的系数和自由项

$$\delta_{11}=\frac{l}{EA}$$
$$\delta_{12}=\delta_{21}=\delta_{13}=\delta_{31}=0$$
$$\delta_{22}=\frac{l}{3EI},\ \delta_{23}=\delta_{32}=-\frac{l}{6EI},\ \delta_{33}=\frac{l}{3EI}$$

（5）将以上各值代入力法典型方程，可得

$$X_1=0,\ X_2=\frac{2EI}{l}\theta,\ X_3=\frac{4EI}{l}\theta$$

（6）由 $M=\overline{M}_1X_2+\overline{M}_3X_3$ 叠加，可得如图 7-28（f）所示单跨梁的弯矩图。

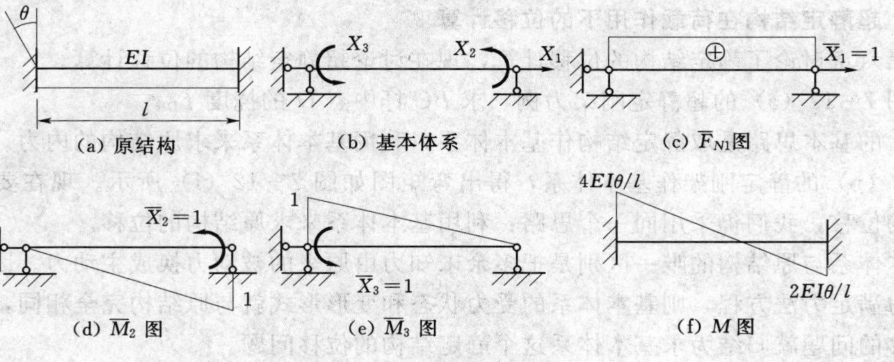

图 7-28　例题 7-10 图

说明：单跨超静定梁支座发生竖向和转动位移时，轴力为零，超静定次数可减少 1 次。

二、温度内力的计算

【例 7-11】 试求作如图 7-29（a）所示定向支座单跨梁由图示温度改变引起的弯矩图。$t_1=-t$，$t_2=t$，材料线胀系数为 α；EI 和截面高度 h 均为常数。

解：（1）由于轴线处温度没有改变，所以本例无轴向伸长，可证明轴向力为零。在不计轴向未知力时，此梁超静定次数为 1，取图 7-29（b）为基本结构（基本体系）。

（2）单位弯矩图如图 7-29（c）所示。

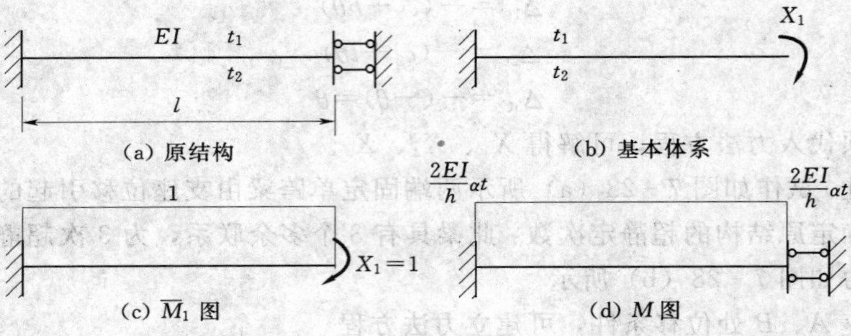

(a) 原结构　(b) 基本体系　(c) $\overline{M}_1$ 图　(d) M 图

图 7-29　例题 7-11 图

(3) 由$\overline{M_1}$图自乘可得 $\delta_{11}=\frac{l}{EI}$。从图可见 $t_0=\frac{t_1+t_2}{2}=0$，$\Delta_t=t_2-t_1=2t$，由温度引起的位移计算可得

$$\Delta_{1t}=-1\cdot l\cdot\alpha\cdot\frac{\Delta t}{h}=-\frac{2\alpha tl}{h}$$

(4) 由力法典型方程 $\delta_{11}X_1+\Delta_{1t}=0$，可得 $X_1=\frac{2EI\alpha t}{h}$，由此可得如图 7-29 (d) 所示弯矩图。

由以上计算可看出，超静定结构由于温度改变所引起的内力与杆件的弯曲刚度 EI 的绝对值有关，这是与荷载作用下的情况不相同的。

第八节　超静定结构的位移计算

一、超静定结构在荷载作用下的位移计算

在第六章讨论了静定结构的位移计算，现在讨论超静定结构的位移计算。

以图 7-12 (a) 的超静定刚架为例，求 BC 杆中点 D 的挠度 f_D。

力法的基本思路是取静定结构作基本体系，利用基本体系来求原结构的内力。例如可取图 7-12 (b) 的静定刚架作基本体系，得出弯矩图如图 7-12 (f) 所示。现在要计算超静定结构的位移，我们仍采用同一个思路：利用基本体系来求原结构的位移。

基本体系与原结构的唯一区别是把多余未知力由原来的被动力换成主动力。因此只要多余未知力满足力法方程，则基本体系的受力状态和变形形式就与原结构完全相同，因而求原结构位移的问题就归结为求基本体系这个静定结构的位移问题。

为此，在基本结构的 D 点加单位竖向荷载，作出单位弯矩图［图 7-30 (a)］。利用$\overline{M}$图和 M 图 (7-12f) 进行图乘，得

$$\begin{aligned}f_D&=\frac{1}{EI_1}\left[\frac{1}{2}\cdot\frac{a}{2}\cdot\frac{a}{2}\cdot\frac{5}{6}\cdot\frac{3Pa}{88}\right]+\frac{1}{2EI_1}\left[\frac{1}{2}\left(\frac{3Pa}{88}+\frac{15Pa}{88}\right)a\cdot\frac{a}{2}-\left(\frac{1}{2}\cdot\frac{Pa}{4}\cdot a\right)\frac{a}{2}\right]\\&=-\frac{3qa^4}{1408EI_1}(\uparrow)\end{aligned}$$

这就是利用基本结构求得原结构 D 点的挠度 f_D。

由此看出，计算超静定结构的位移时，单位荷载可加在基本结构上。这样，单位内力图的绘制是非常简便的。

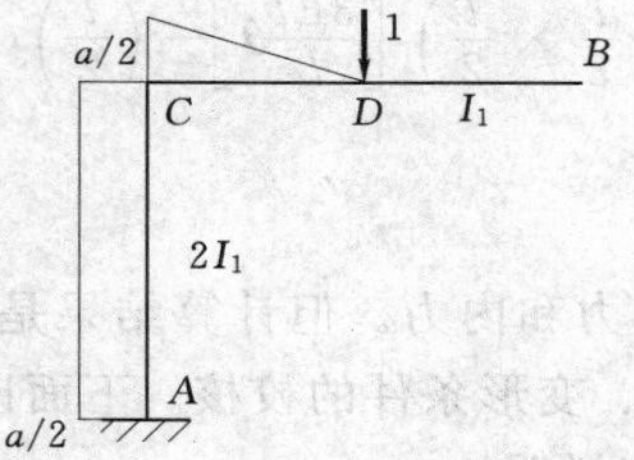

(a) $\overline{M}$图

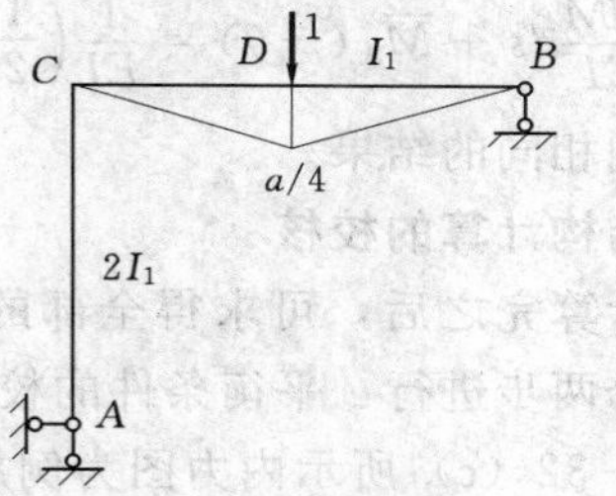

(b) $\overline{M}$图

图 7－30 超静定结构位移计算

由于计算超静定结构时可以采用不同的基本结构，因此计算同一位移时，单位内力图将不只是一种。例如仍是求图 7－30（a）BC 杆中点 D 的位移 f_D 时，也可以采用如图 7－30（b）所示的单位弯矩图。所采用的单位弯矩图虽然不同，但求得的位移应是相同的，读者可自行验算这个结论的正确性。

二、超静定结构多因素位移计算公式

从上一章可知平面结构多因素位移计算公式为

$$\Delta=\sum\int\frac{\overline{M}M}{EI}\mathrm{d}s+\sum\int\frac{\overline{F}_N F_N}{EA}\mathrm{d}s+\sum\int\frac{kF_S\overline{F}_S}{GA}\mathrm{d}s$$

$$+\sum\int\overline{M}\frac{\alpha\Delta t}{h}\mathrm{d}s+\sum\int\overline{F}_N\alpha t_0\,\mathrm{d}s-\sum\overline{F}_R C$$

式中 M、F_S、F_N——超静定结构在全部因素影响下的内力；

$\overline{M}$、$\overline{F}_N$、$\overline{F}_S$、$\overline{F}_R$——基本结构在单位力作用下的内力和支座反力；

C——支座移动。

【例 7－12】 求例 7－10 中的超静定梁由于固端发生转角 θ 而引起的跨中挠度。

解：固端发生转角 θ 时在超静定梁中引起的弯矩 M 图如图 7－28（f）所示。

作单位弯矩图时，我们选取两种基本结构。

（1）取简支梁作基本结构，在跨中加一单位力由此可得$\overline{M}$图和支座反力如图 7－31（a）所示。图乘后得

$$\Delta=\frac{1}{EI}\left(\frac{1}{2}\times\frac{l}{4}l\right)\left[\frac{EI\theta}{l}-\frac{2EI\theta}{l}\right]=-\frac{l\theta}{8}$$

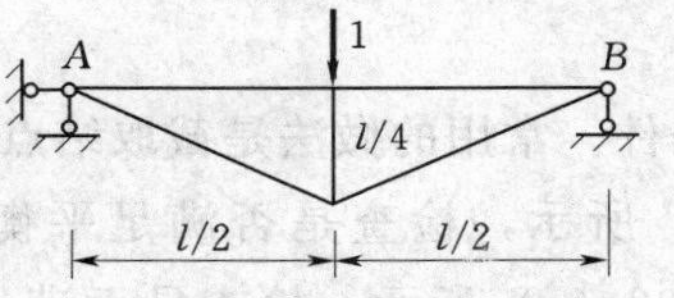

(a) $\overline{M}$图

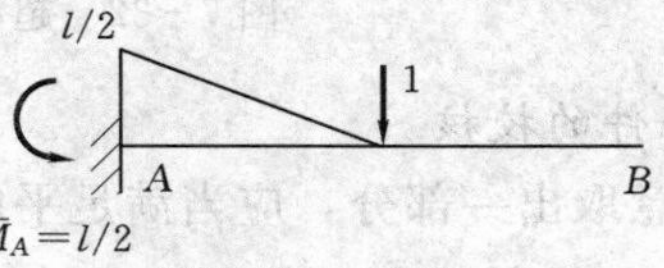

(b) $\overline{M}$图

图 7－31 例题 7－12 图

（2）取悬臂梁作基本结构，图 7－31（b）所示为单位力作用下的$\overline{M}$图和支座反力。图乘后得

$$\Delta=\int\frac{\overline{M}M}{EI}ds+\overline{M}_A(-\theta)=\frac{1}{EI}\left(\frac{1}{2}\times\frac{l}{2}\times\frac{l}{2}\right)\left[\frac{3EI}{l}\theta\right]-\left(\frac{l}{2}\right)(\theta)=-\frac{l\theta}{8}$$

以上两种算法得到相同的结果。

三、超静定结构计算的校核

超静定结构计算完之后，可求得全部的反力和内力。但计算结果是否正确，需进行校核。校核工作可分两步进行：平衡条件的校核、变形条件的校核。下面以图 7－32（a)、图 7－32（b)、图 7－32（c）所示内力图为例加以说明。

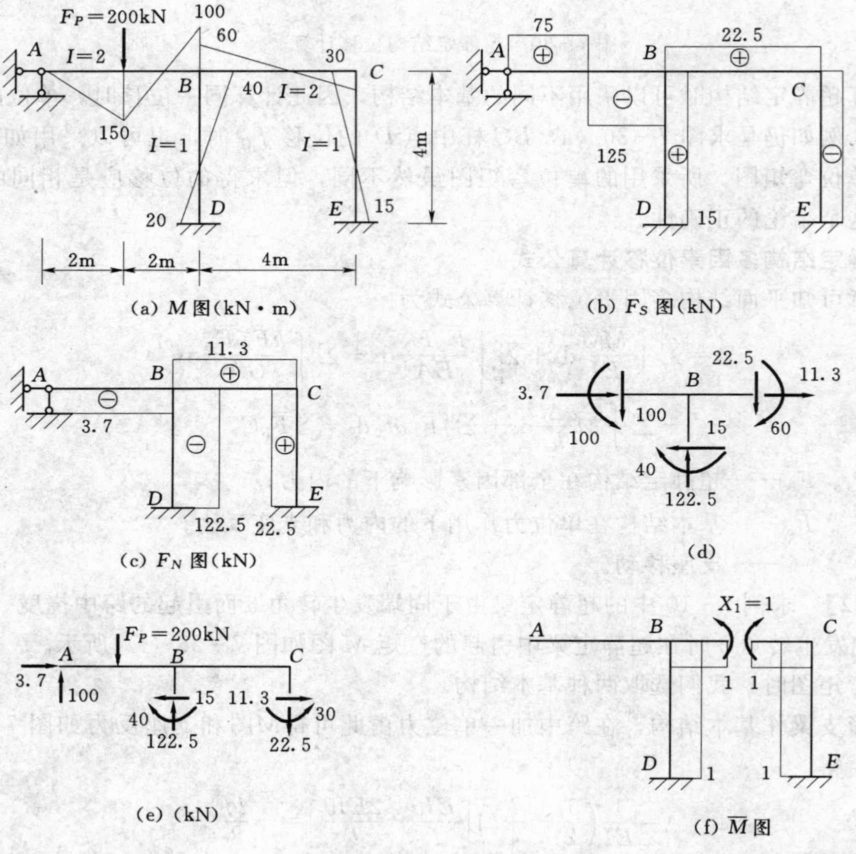

图 7－32　超静定结构求解校核

（一）平衡条件的校核

从结构中任意取出一部分，应当满足平衡条件。常用的做法是截取结点或截取杆件。例如，截取结点 B 为研究对象，如图 7－32（d）所示，检查是否满足平衡条件 $\sum F_X=0$，$\sum F_Y=0$，$\sum M_B=0$。截取杆件 ABC，如图 7－32（e）所示，检查是否满足平衡条件 $\sum F_X=0$，$\sum F_Y=0$，$\sum M_B=0$。从图中可以看出，以上的平衡条件是满足的。

（二）变形条件的校核

计算超静定结构的内力时，除平衡条件外，还应用变形条件。因此，校核工作也应包括变形条件的校核。特别在力法中，计算工作量主要是在变形条件方面，因此校核工作也应以此为重点。

变形条件校核的一般做法是：任意选取基本体系，任意选取一个多余未知力 X_i，然后根据最后的内力图算出沿 X_i 方向的位移 Δ_i，并检查 Δ_i 是否与原结构中的相应位移（给定值）相等，即检查是否满足下式

$$\Delta_i = \text{给定值}$$

或
$$\Delta = \sum \int \frac{\overline{M}M}{EI} ds = 0$$

例如，为了校核如图 7-32（a）所示的 M 图，可选用如图 7-32（f）所示的基本结构，并取杆 BC 中任一截面 F 的弯矩作为多余未知力 X_i。

当结构只受荷载作用时，沿封闭框形的 $\frac{M}{EI}$ 图形的总面积应等于零。

现在利用这个结论来检查图 7-32（a）中的 M 图。沿 $DBCE$ 部分进行积分（或用图乘法计算），其值为

$$\Delta = \sum \int \frac{\overline{M}M}{EI} ds = \frac{1}{EI}\left(-\frac{20\times 4}{2}+\frac{40\times 4}{2}\right)\times 1 + \frac{1}{EI}\left(-\frac{60\times 4}{2}+\frac{30\times 4}{2}\right)\times 1$$
$$+\frac{1}{EI}\left(-\frac{15\times 4}{2}+\frac{30\times 4}{2}\right)\times 1 = 10 \neq 0$$

可见这个 M 图未能满足变形条件，因此计算结果显然是错误的。

第九节　超静定结构的特性

为了更为清晰地了解超静定结构的特性，将静定结构与超静定结构进行对比，静定结构仅利用平衡条件即可求得全部反力和内力，解答是唯一的，其值与结构的材料性质和截面尺寸无关。而超静定结构仅满足平衡条件的解答有无限多种，同时考虑平衡、变形、应力应变关系的解答才是唯一的，因此其内力数值与结构的材料性质和截面尺寸有关。

静定结构除荷载外，支座位移、温度改变、制造误差等不产生反力、内力。而超静定结构由于存在多余约束，因此支座位移、温度改变、制造误差等都可能产生反力和内力。因为基本未知力要通过变形才能求得，所以内力和绝对刚度有关。

静定结构是几何不变体系，且无多余约束（联系），在任一联系遭到破坏后，即丧失几何不变性，因而就不能再承受荷载。而超静定结构由于有多余约束（联系），在多余联系遭到破坏后，仍能维持几何不变性，因而还具有一定的承载能力。

小　　结

力法是计算超静定结构内力和位移的基本方法之一。超静定结构和静定结构相比，其主要特点是存在多余约束。力法求解超静定结构的思路是：确定超静定次数；去掉多余约束，代之多余未知力，然后利用位移协调条件建立基本方程，以解出多余未知力。前者是取基本体系，后者是列力法方程。

计算超静定结构时，要同时运用平衡条件和变形条件，这里要着重了解变形条件的运用：对于每一个超静定结构，它有几个变形条件？每个变形条件的几何意义是什么？如何考虑荷载、温度和支座位移等不同因素的影响？变形条件如何用方程来表示？方程中每一项代

表什么意义？如何求出方程中的系数和自由项？

除对变形条件应理解透彻外，还要应用到前几章的知识，即：

(1) 利用第二章的几何组成分析方法来确定超静定次数和判定基本体系是否几何不变。

(2) 利用静定结构的计算方法作基本体系的内力图。

(3) 利用第六章的方法求力法方程的系数和自由项。

这三方面应当作适当的复习，并通过力法计算得到巩固和提高。

力法的解题步骤不是固定的，顺序可略有变动。但超静定次数，取基本结构，如果错了，则整个求解就有问题，这表明切不可忽视结构组成分析的作用。

为了使计算简化，要善于选取合适的基本体系，会利用对称性。

以上是本章的主要内容，应当通过较多的练习牢固地掌握。同时，还要记住，计算超静定结构的位移时，单位力可以加在不同的基本结构上。

由于超静定结构的内力是综合应用结构的平衡条件和变形条件求解的，所以超静定结构内力图的校核应包括两个方面：即平衡条件的校核和位移条件的校核。

思　考　题

7-1　力法求解超静定结构的思路是什么？

7-2　力法中的基本体系与基本结构有无区别？对基本结构有何要求？

7-3　力法典型方程的物理意义是什么？系数、自由项的含义是什么？

7-4　为什么主系数一定大于零，而副系数及自由项介于正负数值之间？

7-5　超静定结构的内力解答在什么情况下只与各杆刚度的相对值大小有关？什么情况下与各杆刚度的绝对值大小有关？

7-6　应用力法时，对超静定结构作了什么假定？

7-7　何谓对称结构？何谓正对称与反对称的位移？对称性利用的目的是什么？

7-8　超静定结构发生支座移动时，选择不同的基本体系力法方程有何不同？

7-9　计算超静定结构位移时，为什么可以把虚拟单位荷载加在任何一种基本结构上？

7-10　用变形条件校核超静定结构的内力计算结果时应该注意什么？

7-11　支座移动产生的内力与温度变化产生的内力如何校核？

7-12　思考题 7-12 图 (b)、(c) 可作为用力法计算思考题 7-12 图 (a) 所示超静定结构的基本体系，问分别就这两种基本体系计算时，其位移条件是什么？并分别写出其力法典型方程。

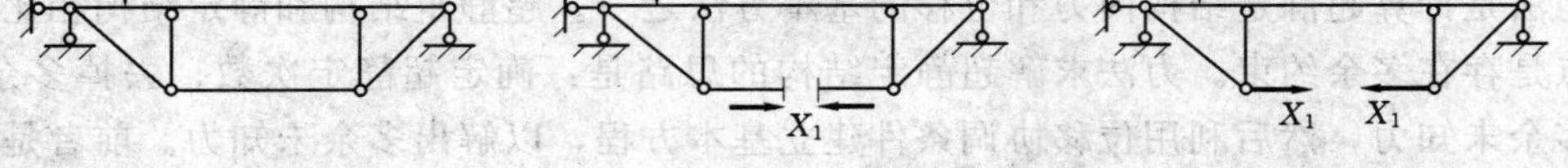

(a) 原结构　　(b) 基本体系 Ⅰ　　(c) 基本体系 Ⅱ

思考题 7-12 图

7-13　试为思考题 7-13 图所示连续梁选取对计算最为简便的力法基本体系，EI 为常数。

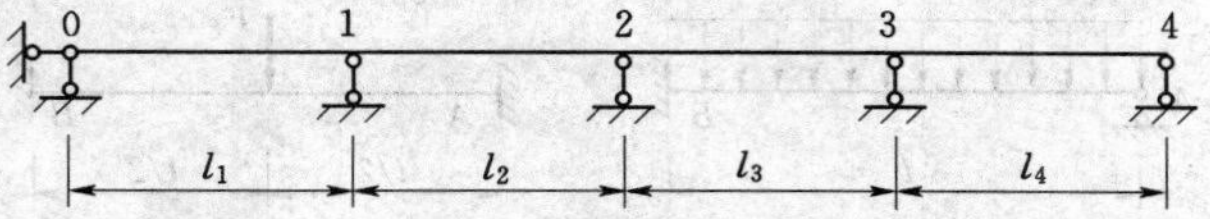

思考题 7 - 13 图

7 - 14　要使力法解超静定结构的工作得到简化，你应该从哪些方面去考虑？

习　题

7 - 1　试确定习题 7 - 1 图所示结构的超静定次数。

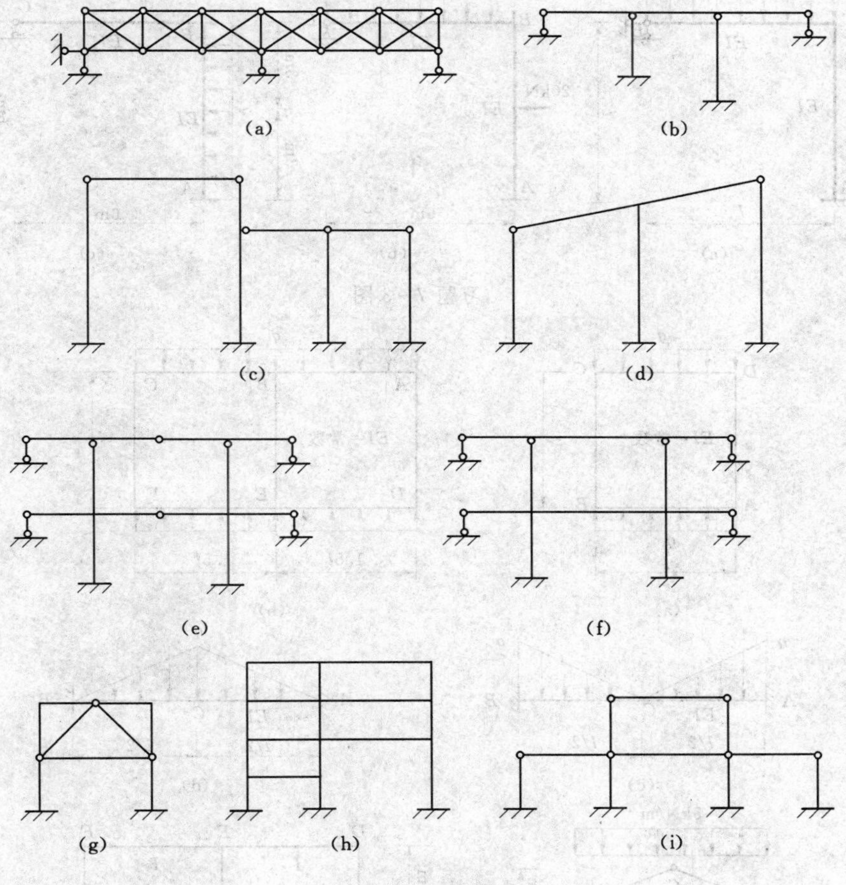

习题 7 - 1 图

7 - 2　试用力法计算习题 7 - 2 图所示超静定梁，并作 M 和 F_S 图，未注明梁的 EI 为常数。

7 - 3　试用力法计算习题 7 - 3 图所示超静定刚架，并作内力图，EI 为常数。

7 - 4　试用力法计算习题 7 - 4 图所示超静定刚架，并作 M 图，EI 为常数。

7 - 5　试用力法计算习题 7 - 5 图示铰接排架，并作 M 图。

7 - 6　试用力法计算习题 7 - 6 图所示超静定桁架各杆内力，各杆 EA 相同。

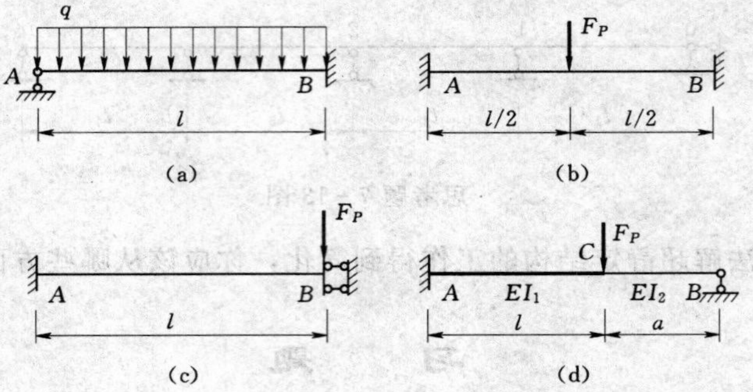

习题 7-2 图

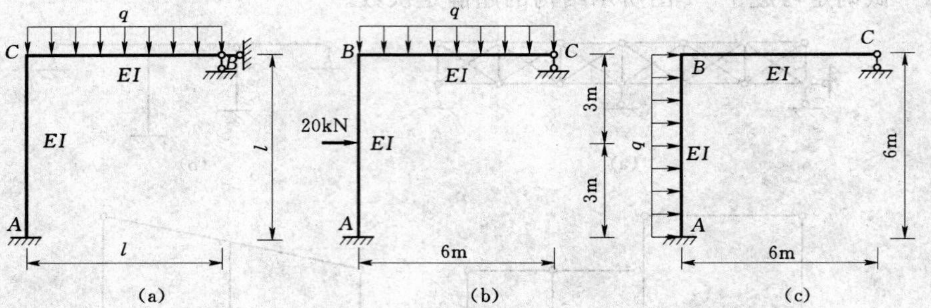

习题 7-3 图

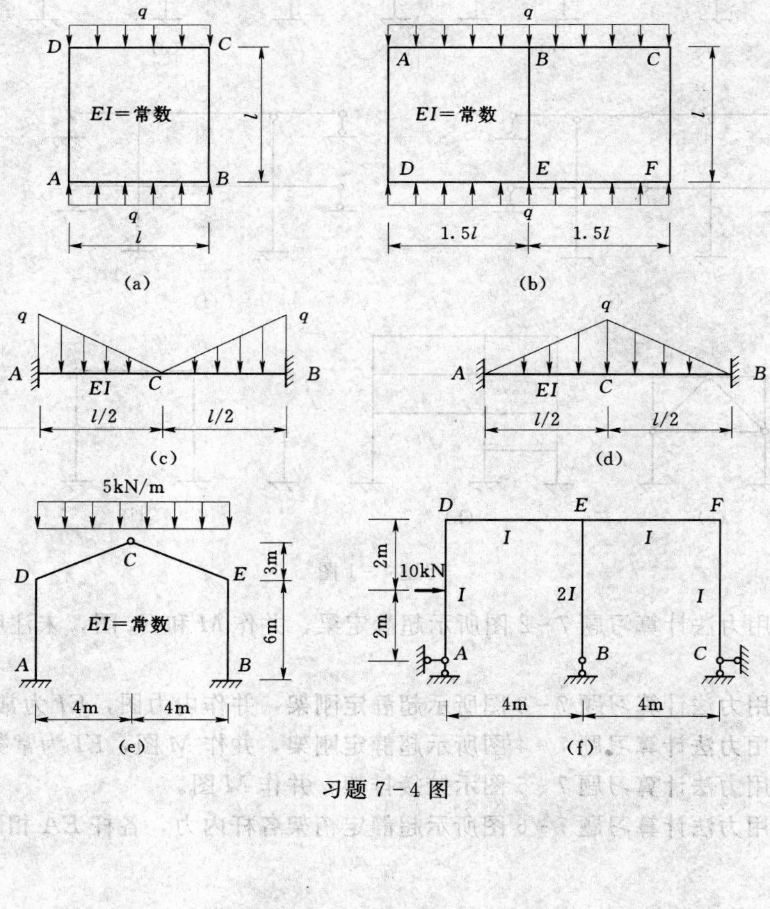

习题 7-4 图

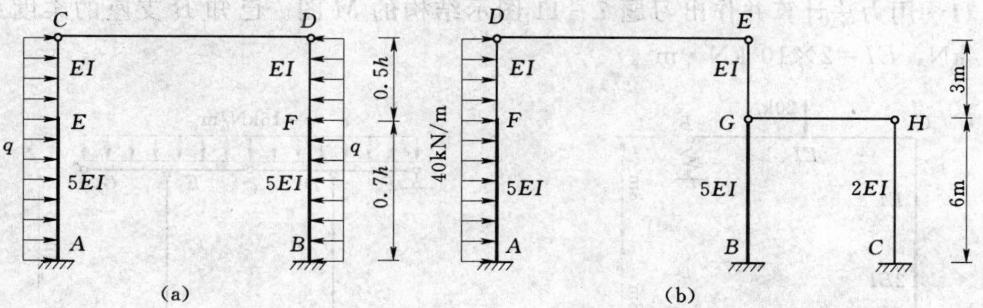

习题 7-5 图

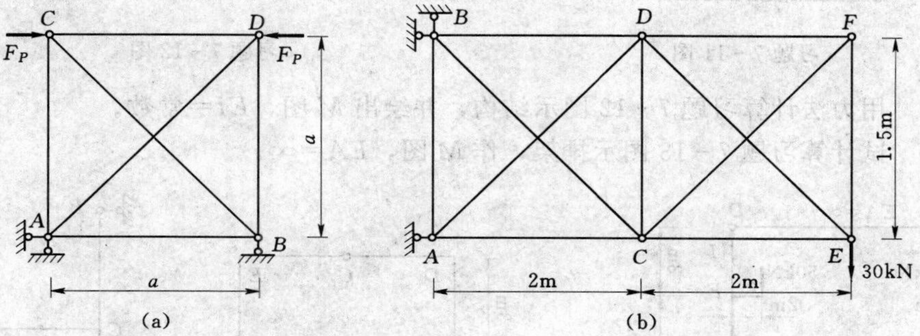

习题 7-6 图

7-7　试用力法计算习题 7-7 图示组合结构，并作 M 图。

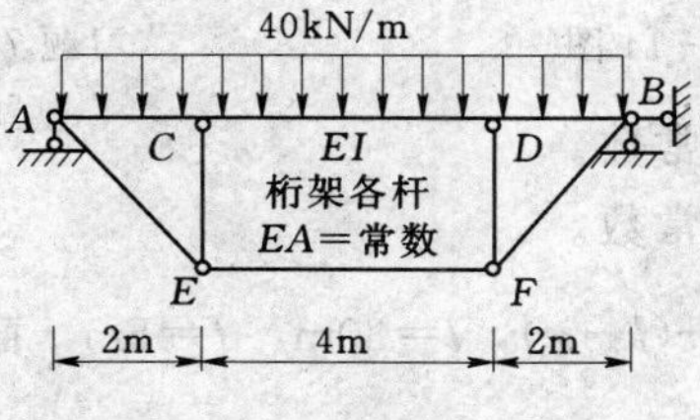

习题 7-7 图

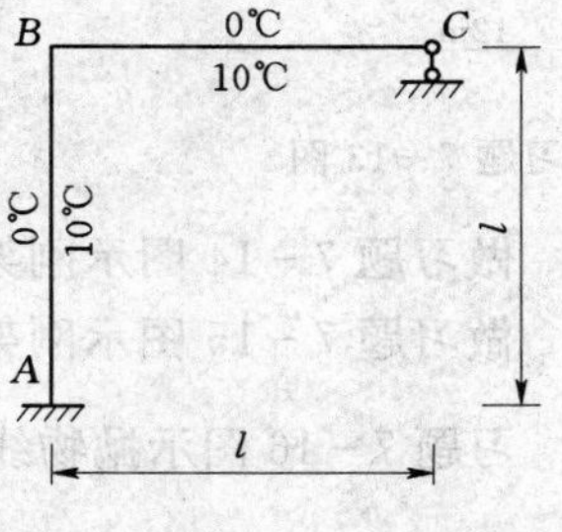

习题 7-8 图

7-8　试用力法计算习题 7-8 图示结构在温度改变作用下的内力，并作 M 图。已知 $h=1/10$，EI 为常数。

7-9　设习题 7-9 图示梁 A 端转角为 α，试作梁的 M 和 F_S 图。

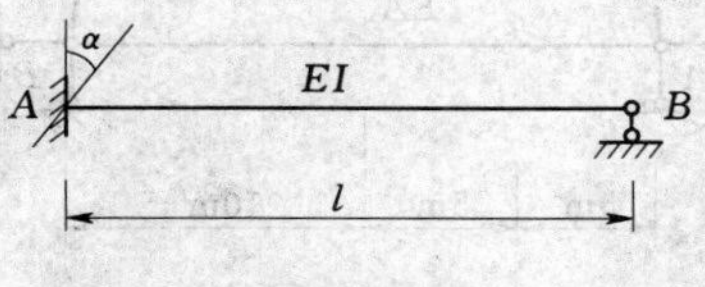

习题 7-9 图

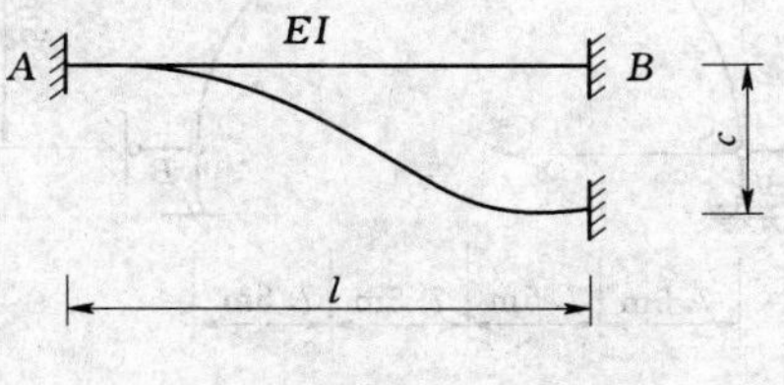

习题 7-10 图

7-10　设习题 7-10 图示梁 B 端下沉 c，试作梁的 M 和 F_S 图。

7-11 用力法计算并作出习题 7-11 图示结构的 M 图。已知 B 支座的柔度系数 $f=0.001\text{m/kN}$，$EI=2\times10^4\text{kN}\cdot\text{m}^2$。

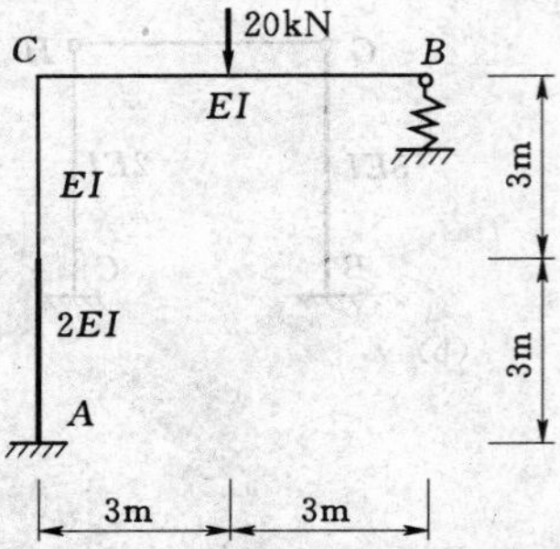

习题 7-11 图

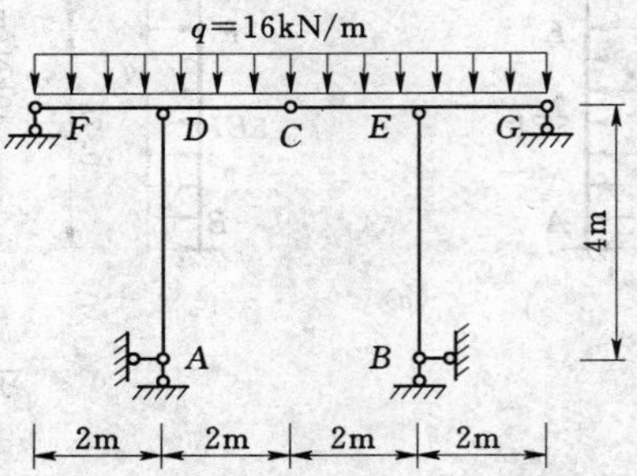

习题 7-12 图

7-12 用力法计算习题 7-12 图示结构，并绘出 M 图，EI=常数。

7-13 试计算习题 7-13 图示排架，作 M 图，$EA=\infty$。

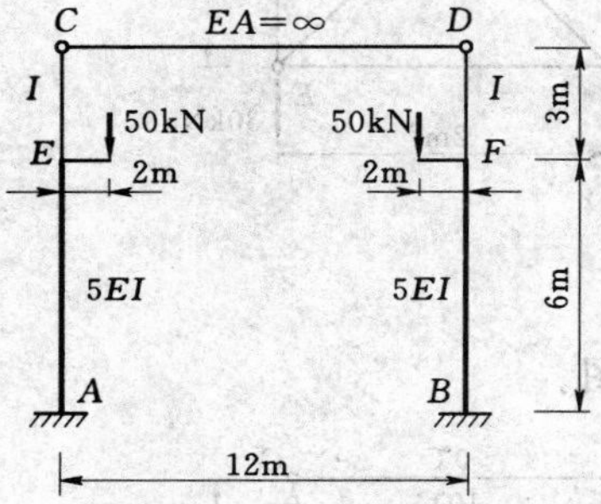

习题 7-13 图

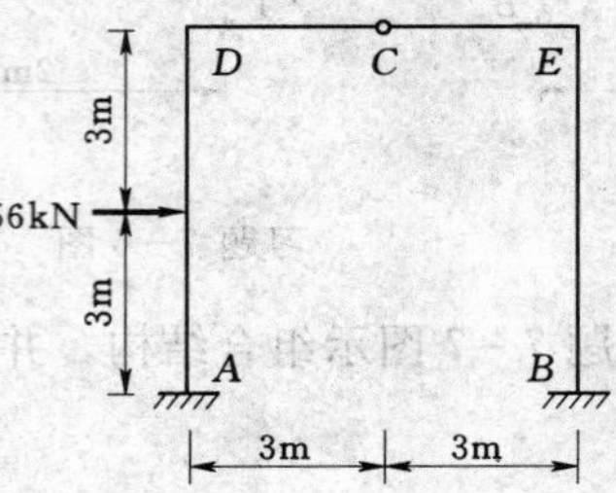

习题 7-14 图

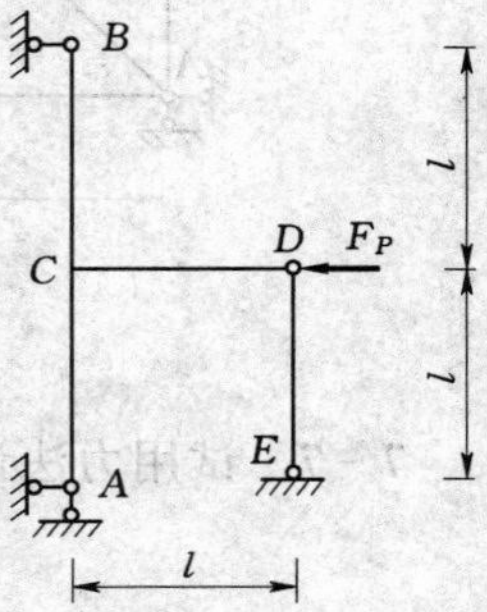

习题 7-15 图

7-14 做习题 7-14 图示刚架的 M 图，EI=常数。

7-15 做习题 7-15 图示刚架的 M 图，EI=常数。

7-16 习题 7-16 图示抛物线二铰拱，$y=\dfrac{4f}{l^2}x(l-x)$，$l=30\text{m}$，$f=5\text{m}$，截面高度 $h=0.5\text{m}$，EI 和 EA 为常数，近似取 $\cos\varphi=1$，$ds=dx$。试计算水平推力和拱顶 C 截面的内力。

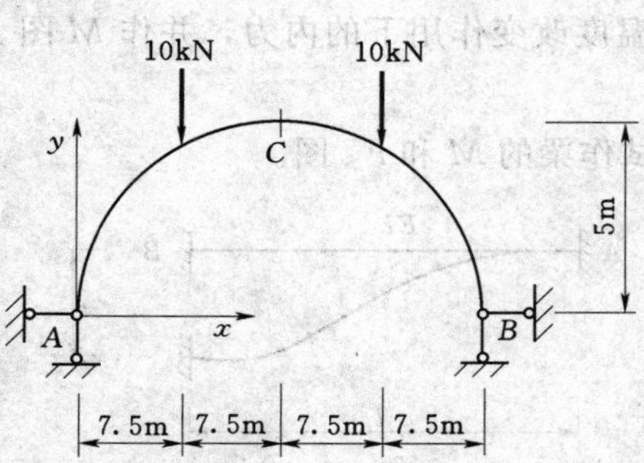

习题 7-16 图

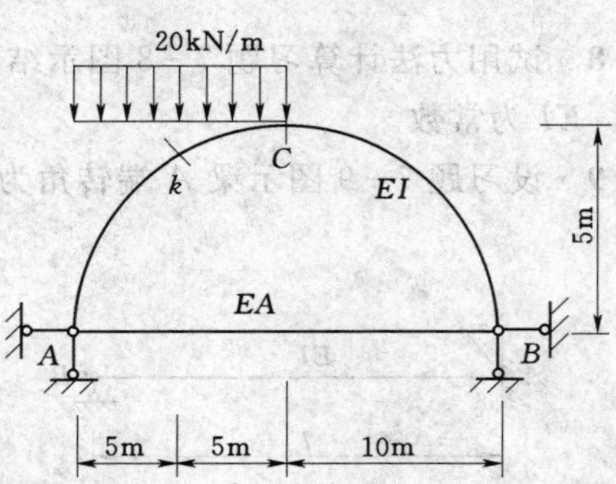

习题 7-17 图

7-17 试求习题 7-17 图示抛物线拉杆拱作用半跨均荷载 $q=20\text{kN/m}$ 时拉杆 AB 的轴

力和 k 截面的内力。计算时可采用 $I=I_c/\cos\varphi$，不计轴力和剪力对位移的影响。已知拱顶 $EI_C=5\times10^3\text{kN}\cdot\text{m}^2$，拉杆 $EA=2\times10^5\text{kN}$。若荷载为满跨均布，则拉杆 AB 和 k 截面内力等于多少？

参　考　答　案

7-1　(a) 7 次，(b) 3 次，(c) 3 次，(d) 4 次，(e) 8 次
(f) 10 次，(g) 3 次，(h) 21 次，(i) 7 次

7-2　(a) $M=\dfrac{ql^2}{8}$（上边受拉）

(b) $M_{AB}=-\dfrac{F_PL}{8}$（上边受拉）

(c) $M_{BA}=-\dfrac{F_PL}{2}$（下边受拉）

(d) $R_B=\dfrac{F_P}{2}\cdot\dfrac{2L^3-3L^2a+a^2}{L^3-\left(1-\dfrac{I_2}{I_1}\right)a^3}$

7-3　(a) $M_{AC}=ql^2/28$（右边受拉）
(b) $M_{BC}=0$
(c) $M_{AB}=135q$（左边受拉）

7-4　(a) $M^B=\dfrac{ql^2}{24}$（下边受拉）

(b) $M_{AB}=\dfrac{9}{112}ql^2$（上边受拉），$M_{BA}=\dfrac{27}{112}qL^2$（上边受拉）

(c) $M_{BA}=\dfrac{1}{32}ql^2$

(d) $M_{BA}=\dfrac{5}{96}ql^2$

(e) $M_{AD}=17.51\text{kN}\cdot\text{m}$（右侧受 8 拉）
$M_{DA}=20.83\text{kN}\cdot\text{m}$（左侧受拉）

(f) $M_{DE}=-\dfrac{55}{7}\text{kN}\cdot\text{m}$

7-5　(a) $M_{AC}=-0.501ql^2$（左边受拉）
(b) $M_{BG}=-52.44\text{kN}\cdot\text{m}$（左边受拉）

7-6　(a) $F_{NAB}=0.104F_P$，(b) $F_{NAD}=-22.9\text{kN}$

7-7　$M_{CA}=29.2\text{kN}\cdot\text{m}$（上边受拉）

7-8　$M_{BA}=\dfrac{465EI}{4l}\alpha$（左侧受拉）

7-9　$M_{AB}=\dfrac{3EI}{L}a$（下边受拉）

7-10　$M_{AB}=\dfrac{6EI}{L^2}C$（上边受拉）

7－11　$M_{CA}=11.1\text{kN}\cdot\text{m}$（左侧受拉）

7－12　$M_{OA}=8\text{kN}\cdot\text{m}$（左侧受拉），$M_{OC}=32\text{kN}\cdot\text{m}$（上侧受拉）

7－13　$M_{AE}=1.61\text{kN}\cdot\text{m}$（右侧受拉）

$M_{AE}=6.13\text{kN}\cdot\text{m}$（右侧受拉）

7－14　$M_{AD}=97.5\text{kN}\cdot\text{m}$（左侧受拉）

$M_{BE}=34.5\text{kN}\cdot\text{m}$（左侧受拉）

7－15　$M_{CA}=\dfrac{F_P l}{3}$（左侧受拉），$M_{ED}=\dfrac{F_P l}{3}$（右侧受拉）

7－16　$F_H=16.67\text{kN}$，$M_C=-8.40\text{kN}\cdot\text{m}$，$F_{SC}=0$

7－17　$F_{NAB}=99.81\text{kN}$，$M_K=125.70\text{kN}$

第八章　位　移　法

第一节　位移法的基本概念

超静定结构的基本分析方法有两种，即力法和位移法。第七章已经介绍了力法，力法是以多余约束为基本未知量，通过变形条件建立力法方程将这些未知量求出；然后通过平衡条件可计算出结构的全部内力。

位移法是以结构的结点位移为基本未知量，将结构拆成单个杆件，以杆件的内力和位移关系作为计算基础；在把杆件组装成结构，由各杆在结点处的力的平衡条件建立位移法方程。位移法方程有两种表现形式：直接写平衡方程的形式和基本体系典型方程的形式。

现以一简单例子具体说明位移法的基本原理。

如图 8-1（a）所示刚架，在荷载作用下产生的变形如图中虚线所示。在忽略轴向变形和剪切变形的条件下，设结点 1 的转角为 Z_1，根据变形协调条件可知，汇交于结点 1 的两杆杆端应有相同的转角 Z_1。由此可知，结点 1 只有转角 Z_1，而无线位移，整个刚架的变形取决于未知转角 Z_1 的大小和方向。如果能设法求得转角 Z_1，即可求出刚架的内力。下面讨论如何求 Z_1。

首先，设想在结点 1 处装上一个阻止转动的装置，此装置称为附加刚臂约束，如图 8-1（b）所示。于是原结构变为两个单跨超静定梁，如图 8-1（d）所示。在荷载作用下，可用力法求得两个超静定梁的弯矩图。由于附加刚臂约束阻止结点 1 的转动，故在附加约束上会产生一个约束力矩为

$$R_{1P}=-\frac{1}{12}ql^2$$

然后，为了使变形符合原来的实际情况，可在图 8-1（c）所示的结点 1 的附加约束上人为地加上一个外力矩 R_{11}，以恢复 Z_1。两个单跨超静定梁在结点 1 有转角 Z_1 时的弯矩图同样可由力法求得，如图 8-1（e）所示。此时在附加约束上产生的约束力矩为

$$R_{11}=\frac{4EI}{l}Z_1+\frac{4EI}{l}Z_1=\frac{8EI}{l}Z_1$$

经过上述两步骤，附加约束上产生的约束力矩应为 R_{1P} 和 R_{11} 之和。由于结构无论是变形还是受力都应与原结构保持一致，而原结构在 B 处无附加约束，亦无约束力矩，所以有

$$R_{11}+R_{1P}=0$$

即

$$\frac{8EI}{l}Z_1-\frac{ql^2}{12}=0$$

解方程可得出 Z_1。将 Z_1 求出后，代回图 8-1（c），将所得结果在与图 8-1（b）叠加，即得原结构的解。

综上所述，位移法的基本思路是“先固定后恢复”。“先固定”是指在原结构产生位移的

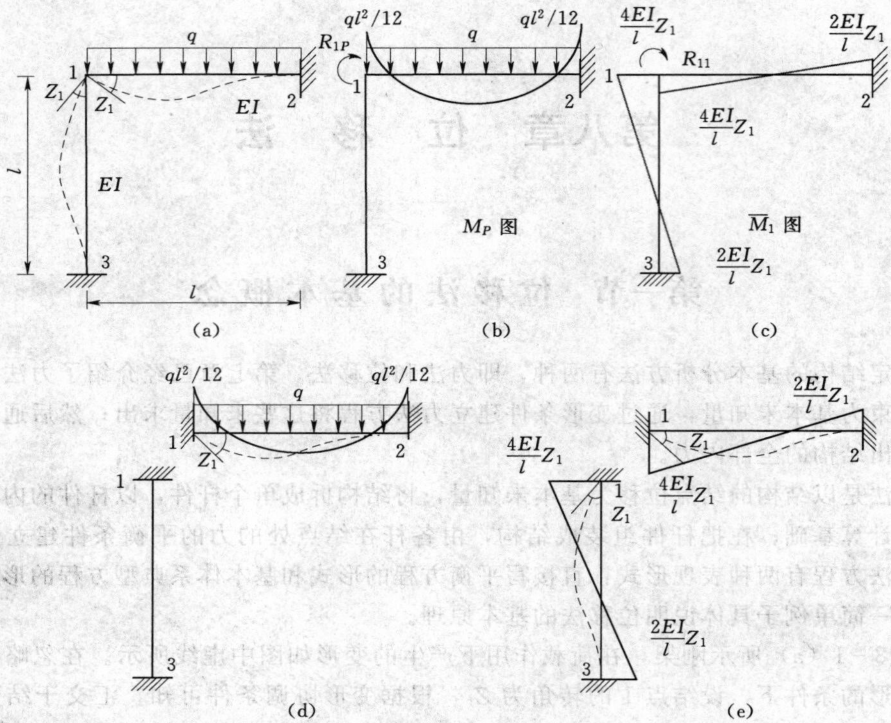

图 8-1　位移法求解思路示意

结点上设置附加约束，使结点固定，从而得到基本结构；“后恢复”是指人为地迫使原先被固定的结点恢复到结构应有的位移状态。通过上述两个步骤，使基本结构与原结构的受力和表现完全相同，从而可以通过基本结构来计算原结构的内力和变形。

用位移法计算结构内力，应分别解决以下几个问题：

(1) 预先算出各类超静定单杆在杆端位移以及荷载作用下的内力。

(2) 确定结点位移的数量，并在结点位移处设置附加约束，以形成基本结构。

(3) 建立位移法方程，从而求出基本未知量。

下面依次介绍这些问题。

第二节　等截面直杆的转角位移方程

由上一节讨论可知，位移法是以单个超静定梁作为计算基础的。本节将介绍等截面直杆的杆端内力和杆端位移之间的关系。

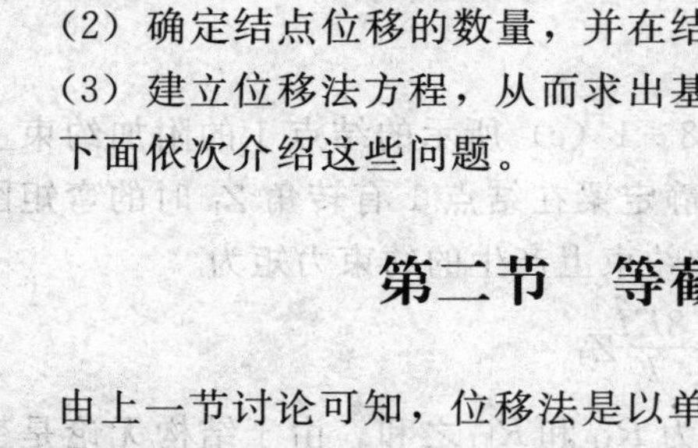

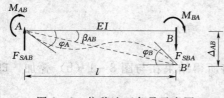

图 8-2　位移法正负号示意图

一、杆端位移和杆端力的正负号规定

如图 8-2 所示为一等截面直杆的隔离体，直杆的 EI 为常数，AB' 表示杆端发生变形后的位置。其中 φ_A 和 φ_B 表示杆件 A 端和 B 端的转角位移，Δ_{AB} 表示 AB 两端的相对线位移，$\beta_{AB}=\frac{\Delta_{AB}}{l}$ 表示直线

AB'与AB的平行线的交角，称它为弦转角。杆端A和B的弯矩和剪力分别为M_{AB}、M_{BA}和F_{SAB}、F_{SBA}。

在位移法中采用以下正负号规定。

(1) 杆端位移：杆端转角位移φ_A、φ_B以顺时针方向为正；杆件两端相对线位移Δ_{AB}，弦转角β_{AB}，以使杆产生顺时针方向转动者为正。

(2) 杆端力：杆端弯矩M_{AB}、M_{BA}以顺时针转向为正；杆端剪力F_{SAB}、F_{SBA}以对作用截面产生顺时针转向者为正。

二、两端固定等截面直杆的转角位移方程

用力法来导出图8-3(a)所示超静定梁的杆端弯矩计算公式。取简支梁为力法基本结构，多余未知力为杆端弯矩X_1、X_2和轴力X_3，如图8-3(b)所示。X_3对梁的弯矩没有影响，可不考虑，所以只需求解X_1、X_2。

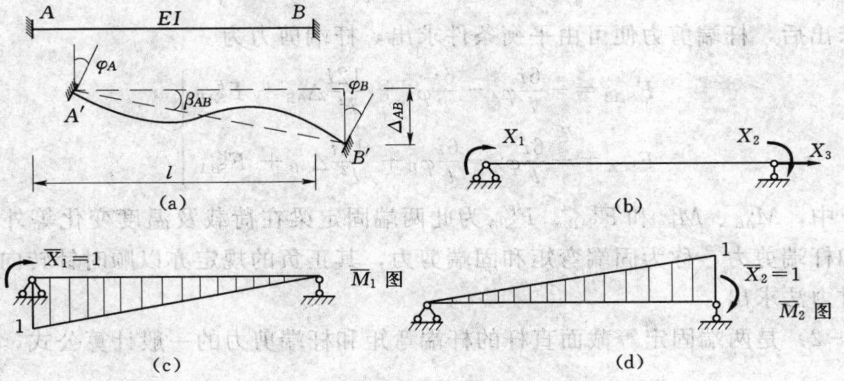

图8-3　两端固定梁位移示意图

根据X_1、X_2方向的位移条件，建立力法方程

$$\left.\begin{aligned}\delta_{11}X_1+\delta_{12}X_2+\Delta_{1\Delta}=\varphi_A\\ \delta_{21}X_1+\delta_{22}X_2+\Delta_{2\Delta}=\varphi_B\end{aligned}\right\}$$

式中的系数和自由项按力法的方法求出

$$\delta_{11}=\frac{l}{3EI},\qquad \delta_{22}=\frac{l}{3EI}$$

$$\delta_{12}=\delta_{21}=-\frac{l}{6EI}$$

自由项$\Delta_{1\Delta}$和$\Delta_{2\Delta}$表示由支座位移引起的基本结构两端的转角，支座转动不使基本结构产生任何转角；而支座的相对线位移所引起的杆端的转角为

$$\Delta_{1\Delta}=\Delta_{2\Delta}=\beta_{AB}=\frac{\Delta_{AB}}{l}$$

将系数和自由项代入力法方程，得

$$X_1=\frac{4EI}{l}\varphi_A+\frac{2EI}{l}\varphi_B-\frac{6EI}{l^2}\Delta_{AB}$$

$$X_2=\frac{4EI}{l}\varphi_B+\frac{2EI}{l}\varphi_A-\frac{6EI}{l^2}\Delta_{AB}$$

令

$$i=\frac{EI}{l}$$

i 称为杆件的线刚度。若用 M_{AB} 代替 X_1，用 M_{BA} 代替 X_2，则上式可写成

$$\left.\begin{aligned}M_{AB}&=4i\varphi_A+2i\varphi_B-\frac{6i}{l}\Delta_{AB}\\M_{BA}&=4i\varphi_B+2i\varphi_A-\frac{6i}{l}\Delta_{AB}\end{aligned}\right\}\tag{8-1}$$

如果梁除了有支座位移作用，还受到了荷载及温度变化等外因的作用，则最后弯矩为上述杆件位移引起的弯矩再叠加上荷载及温度变化等外因引起的弯矩，即

$$\left.\begin{aligned}M_{AB}&=4i\varphi_A+2i\varphi_B-\frac{6i}{l}\Delta_{AB}+M_{AB}^F\\M_{BA}&=4i\varphi_B+2i\varphi_A-\frac{6i}{l}\Delta_{AB}+M_{BA}^F\end{aligned}\right\}\tag{8-2a}$$

杆端弯矩求出后，杆端剪力便可由平衡条件求出，杆端剪力为

$$\left.\begin{aligned}F_{SAB}&=-\frac{6i}{l}\varphi_A-\frac{6i}{l}\varphi_B+\frac{12i}{l^2}\Delta_{AB}+F_{SAB}^F\\F_{SBA}&=-\frac{6i}{l}\varphi_A-\frac{6i}{l}\varphi_B+\frac{12i}{l^2}\Delta_{AB}+F_{SBA}^F\end{aligned}\right\}\tag{8-2b}$$

式（8-2）中，M_{AB}^F、M_{BA}^F 和 F_{SAB}^F、F_{SBA}^F 为此两端固定梁在荷载及温度变化等外因作用下的杆端弯矩和杆端剪力，称为固端弯矩和固端剪力，其正负的规定亦以顺时针转向为正。它们也可以通过力法求出。

式（8-2）是两端固定等截面直杆的杆端弯矩和杆端剪力的一般计算公式，称为转角位移方程。

三、一端固定一端铰支承等截面直杆的转角位移方程

对于一端固定一端铰支的等截面直杆，设 B 端为铰支，在支座转角 φ_A、相对线位移 Δ_{AB} 和荷载共同作用下，其转角位移方程亦可根据力法求得

$$\left.\begin{aligned}M_{AB}&=3i\varphi_A-\frac{3i}{l}\Delta_{AB}+M_{AB}^F\\M_{BA}&=0\\F_{SAB}&=-\frac{3i}{l}\varphi_A+\frac{3i}{l^2}\Delta_{AB}+F_{SAB}^F\\F_{SBA}&=-\frac{3i}{l}\varphi_A+\frac{3i}{l^2}\Delta_{AB}+F_{SBA}^F\end{aligned}\right\}\tag{8-3}$$

四、一端固定一端为定向支承的等截面直杆的转角位移方程

对于一端固定一端为定向支承的等截面直杆，设 B 端为定向支承。在支座转角 φ_A、相对线位移 Δ_{AB} 和荷载共同作用下，其转角位移方程为

$$\left.\begin{aligned}M_{AB}&=i\varphi_A+M_{AB}^F\\M_{BA}&=-i\varphi_A+M_{BA}^F\\F_{SAB}&=F_{SAB}^F\\F_{SBA}&=0\end{aligned}\right\}\tag{8-4}$$

现将以上三种等截面直杆在外荷载、支座移动 $\varphi_A=1$ 和相对线位移 $\Delta_{AB}=1$ 单独作用下

的杆端内力列于表 8-1 中，以方便应用。

表 8-1　　等截面直杆的杆端弯矩和剪力

编号	简图	弯矩		剪力	
		M_{AB}	M_{BA}	F_{SAB}	F_{SBA}
1	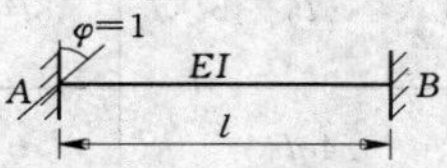	$4i$ $\left(i=\frac{EI}{l}\text{，下同}\right)$	$2i$	$-\frac{6i}{l}$	$-\frac{6i}{l}$
2	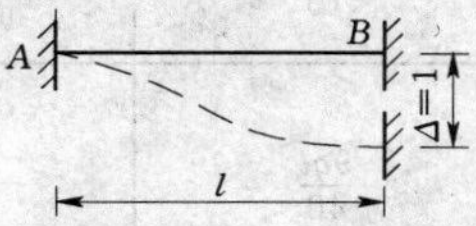	$-\frac{6i}{l}$	$-\frac{6i}{l}$	$\frac{12i}{l^2}$	$\frac{12i}{l^2}$
3	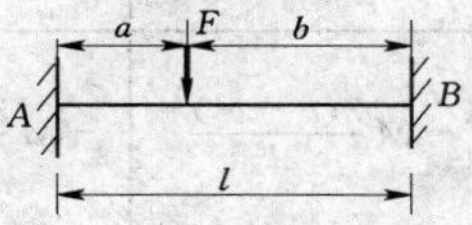	$-\frac{Fab^2}{l^2}$	$\frac{Fa^2b}{l^2}$	$\frac{Fb^2(l+2a)}{l^3}$	$-\frac{Fa^2(l+2b)}{l^3}$
		当 $a=b=l/2$ 时，$-\frac{Fl}{8}$	$\frac{Fl}{8}$	$\frac{F}{2}$	$-\frac{F}{2}$
4	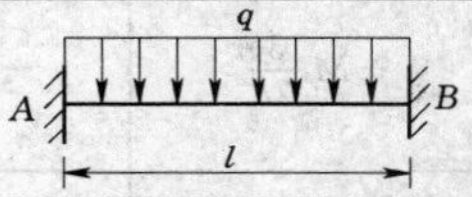	$-\frac{ql^2}{12}$	$\frac{ql^2}{12}$	$\frac{ql}{2}$	$-\frac{ql}{2}$
5	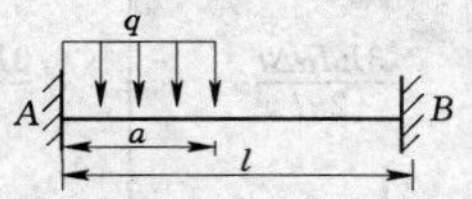	$-\frac{qa^2}{12l^2}\times(6l^2-8la+3a^2)$	$\frac{qa^3}{12l^2}\times(4l-3a)$	$\frac{qa}{2l^3}\times(2l^3-2la^2+a^3)$	$-\frac{qa^3}{12l^2}\times(2l-a)$
6	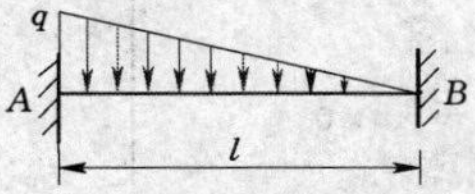	$-\frac{ql^2}{20}$	$\frac{ql^2}{30}$	$\frac{7ql}{20}$	$-\frac{3ql}{20}$
7	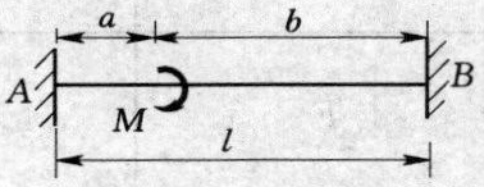	$M\frac{b(3a-l)}{l^2}$	$M\frac{a(3b-l)}{l^2}$	$-M\frac{6ab}{l^3}$	$-M\frac{6ab}{l^3}$
8	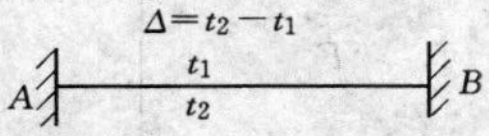	$-\frac{EI\alpha\Delta t}{h}$	$\frac{EI\alpha\Delta t}{h}$	0	0
9	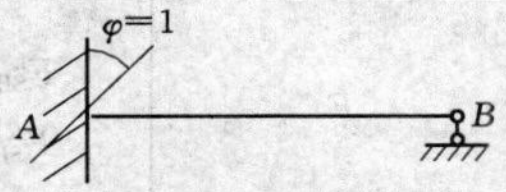	$3i$	0	$-\frac{3i}{l}$	$-\frac{3i}{l}$
10	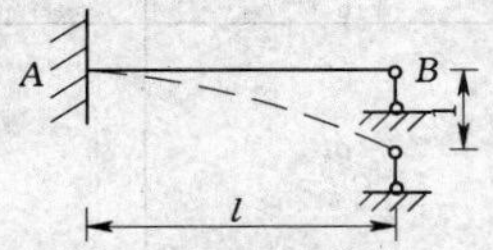	$-\frac{3i}{l}$	0	$\frac{3i}{l^2}$	$\frac{3i}{l^2}$
11	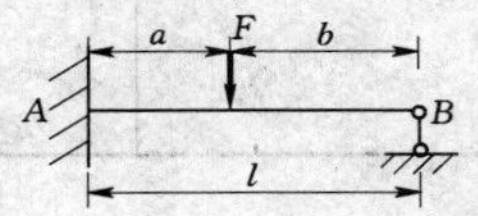	$-\frac{Fab(l+b)}{2l^2}$	0	$\frac{Fb(3l^2-b^2)}{2l^3}$	$-\frac{Fa^2(2l+b)}{2l^3}$
		当 $a=b=l/2$ 时，$-\frac{3Fl}{16}$	0	$\frac{11F}{16}$	$-\frac{5F}{16}$
12	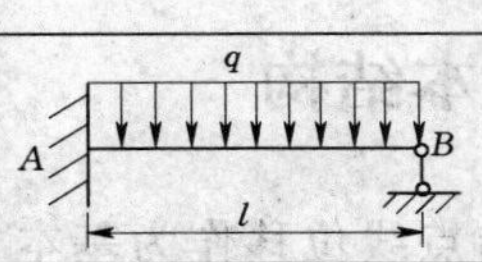	$-\frac{ql^2}{8}$	0	$\frac{5ql}{8}$	$-\frac{3ql}{8}$

续表

编号	简　图	弯　矩		剪　力	
		M_{AB}	M_{BA}	F_{SAB}	F_{SBA}
13	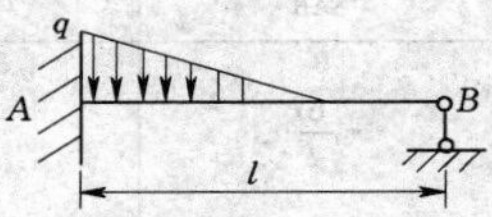	$-\dfrac{qa^2}{24}\left(4-\dfrac{3a}{l}+\dfrac{3a^2}{5l^2}\right)$	0	$\dfrac{qa}{8}\left(4-\dfrac{a^2}{l^2}+\dfrac{a^3}{5l^3}\right)$	$-\dfrac{qa^3}{8l^2}\left(1-\dfrac{a}{5l}\right)$
		当 $a=l$ 时，$-\dfrac{ql^2}{15}$	0	$\dfrac{4ql}{10}$	$-\dfrac{ql}{10}$
14	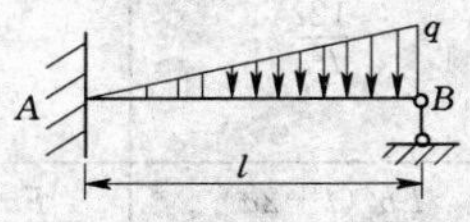	$-\dfrac{7ql^2}{120}$	0	$\dfrac{9ql}{40}$	$-\dfrac{11ql}{40}$
15	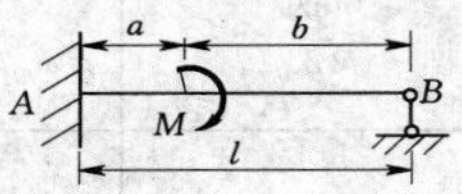	$M\dfrac{l^2-3b^2}{2l^2}$	0	$-M\dfrac{3(l^2-b^2)}{2l^3}$	$-M\dfrac{3(l^2-b^2)}{2l^3}$
		当 $a=l$ 时，$\dfrac{M}{2}$	$M_B^L=M$	$-M\dfrac{3}{2l}$	$-M\dfrac{3}{2l}$
16	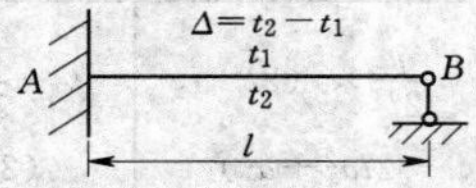	$-\dfrac{3EI\alpha\Delta t}{2h}$	0	$\dfrac{3EI\alpha\Delta t}{2hl}$	$\dfrac{3EI\alpha\Delta t}{2hl}$
17	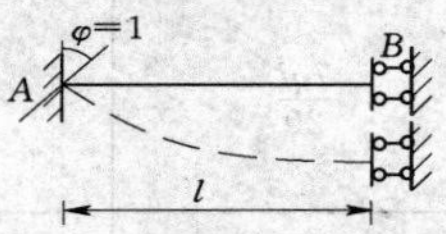	i	$-i$	0	0
18	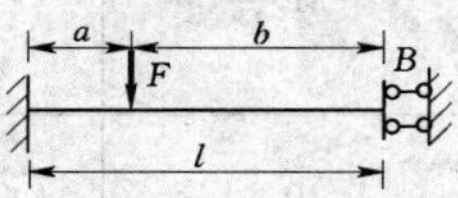	$-\dfrac{Fa}{2l}(2l-a)$	$-\dfrac{Fa^2}{2l}$	F	0
		当 $a=\dfrac{l}{2}$ 时，$-\dfrac{3Fl}{8}$	$-\dfrac{Fl}{8}$	F	0
19	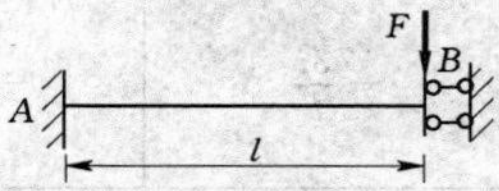	$-\dfrac{Fl}{2}$	$-\dfrac{Fl}{2}$	F	$F_{SB}^L=F$ $F_{SB}^R=0$
20	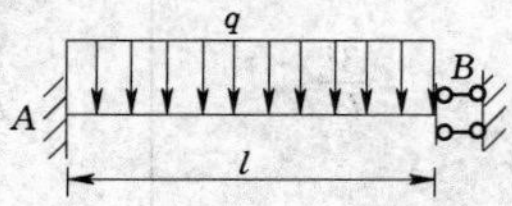	$-\dfrac{ql^2}{3}$	$-\dfrac{ql^2}{6}$	ql	0
21	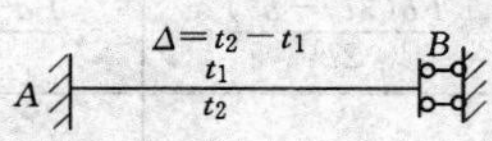	$-\dfrac{EI\alpha\Delta t}{h}$	$\dfrac{EI\alpha\Delta t}{h}$	0	0

第三节　位移法的基本未知量与基本结构

从前面的分析已经知道，位移法是把结构的结点角位移和结点线位移作为基本未知量。

如果这些基本未知量被确定，便可求出结构上的每一根杆件的杆端内力。在计算时，应首先确定独立的结点角位移和结点线位移的数目。

一、结点角位移数目的确定

角位移的数目是比较容易确定的。结构中，相交于同一刚结点处各杆的杆端转角是相等的，因此，每个刚结点处只有一个独立的转角位移。在固定端支座处，其转角位移为零。在铰支座处，由于铰支座不约束转动，各杆杆端的转角不是独立的，不作为基本未知量。所以，位移法中结点转角位移的数目等于该结构刚结点的数目。如图 8－4 所示连续梁，其独立结点角位移的数目为 2，即刚结点 B、C 的转角 Z_1、Z_2；又如图 8－5（a）所示刚架，其独立结点角位移的数目为 2，即刚结点 D、F 的转角 Z_1、Z_2。

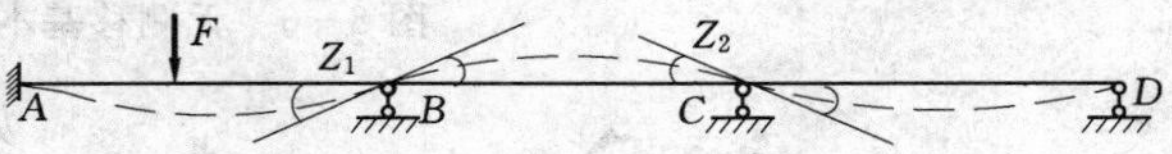

图 8－4　结点角位移示意图

二、结点线位移数目的确定

用位移法计算时，为了确定其结点线位移的数目，通常忽略杆件的轴向变形，并假设弯曲变形也是微小的，变形后直杆两端之间的距离保持不变。

对于一般刚架，独立结点线位移的数目可以直接通过观察确定。如图 8－5 所示刚架，由于假设 AD、BE 和 CF 两端距离不变，因此在微小位移的情况下，结点 D、E 和 F 都没有竖向线位移；结点 D、E 和 F 虽然有水平线位移，但由于杆 DE 和 EF 长度不变，因此结点 D、E 和 F 的水平线位移均相等，可以用符号 Z_3 表示，因此，原结构只有一个独立的结点线位移。

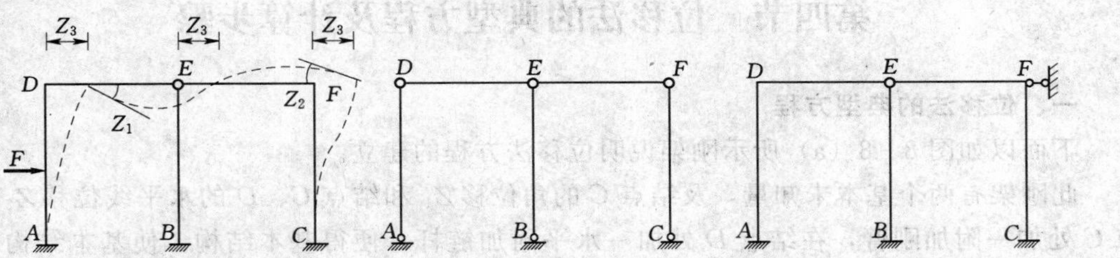

(a) 原结构　(b) 铰结体系　(c) 基本结构

图 8－5　结点线位移示意图

对于比较复杂的刚架，可以用几何组成的分析方法来判定。将刚架所有的刚结点（包括固定端支座）都改为铰结点，得到一个铰结体系，如图 8－5（b）所示，若此铰结体系为几何不变体系，说明原结构没有结点线位移。若需添加链杆才能使该铰结体系成为几何不变体系，则所需添加的链杆数目就等于原结构的独立线位移的数目。

三、位移法的基本结构

位移法的基本结构是通过增加约束使原结构成为若干个单跨超静定梁而得到的。如图 8－5（a）所示的刚架，在刚结点 D、F 分别加上一个限制该结点的转动但不限制其移动的约束，这种约束称为附加刚臂，它的作用是使结点不能转动；又在 F 结点上加上一个限制该结点沿水平方向移动但不限制转动的约束，使结构不能产生水平线位移 Z_3，这种约束称为附加链杆。这样一来，就得到了如图 8－5（c）所示的基本结构，这个基本结构是由 5 根单跨超静定梁组成的。

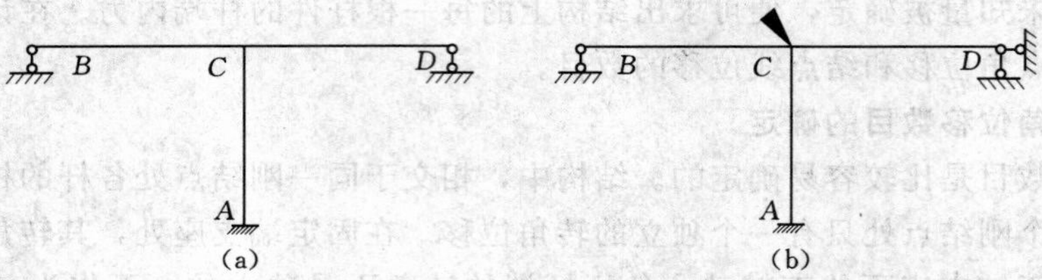

图 8-6　无侧移基本结构示意图

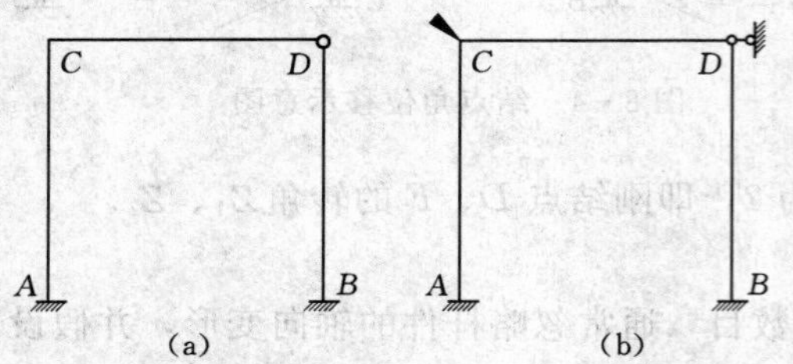

图 8-7　有侧移基本结构示意图

如图 8-6（a）所示刚架，其结点角位移的数目为 1，结点线位移的数目为 1，一共有 2 个基本未知量。加上一个附加刚臂和一个附加链杆后，可得到无侧移基本结构如图 8-6（b）所示。

又如图 8-7（a）所示刚架，有侧移基本结构如图 8-7（b）所示。

通过以上分析可知，位移法的基本结构是通过附加刚臂和附加链杆得到的，其中附加刚臂的数目等于原结构中结点角位移的数目，附加链杆的数目等于原结构中独立结点线位移的数目。这样在确定结构的基本未知量的同时，也就确定了原结构的基本结构。

第四节　位移法的典型方程及计算步骤

一、位移法的典型方程

下面以如图 8-8（a）所示刚架说明位移法方程的建立。

此刚架有两个基本未知量，及结点 C 的角位移 Z_1 和结点 C、D 的水平线位移 Z_2。在结点 C 处加一附加刚臂，在结点 D 处加一水平附加链杆，便得基本结构。使基本结构承受与原结构相同的荷载，并使结点 C 处的附加刚臂转动 Z_1，而结点 D 处附加链杆发生水平线位移 Z_2，得到如图 8-8（b）所示的基本体系。这样基本体系中各杆的受力和变形情况与原结构中对应的杆件的受力和变形完全相同，因此对原结构的计算就可以转化为对基本体系的计算。

由于原结构在结点 C、D 处无附加的约束，也就没有约束反力产生。为了保证基本体系的受力和变形与原结构完全相同，基本体系附加约束上的约束力 R_1 和 R_2 应为零，即

$$\left.\begin{aligned}R_1=0\\R_2=0\end{aligned}\right\}$$

设由 Z_1、Z_2 和 F 所引起的附加刚臂上的约束反力偶分别为 R_{11}、R_{12} 和 R_{1P}，所引起的附加链杆上的约束反力分别为 R_{21}、R_{22} 和 R_{2P}，如图 8-8（c）、图 8-8（d）、图 8-8（e）所示，根据叠加原理，得

$$\left.\begin{aligned}R_1=R_{11}+R_{12}+R_{1P}=0\\R_2=R_{21}+R_{22}+R_{2P}=0\end{aligned}\right\}$$

再以 r_{11}、r_{21} 分别表示单位位移 $Z_1=1$ 单独作用在基本体系时，在附加刚臂和附加链杆

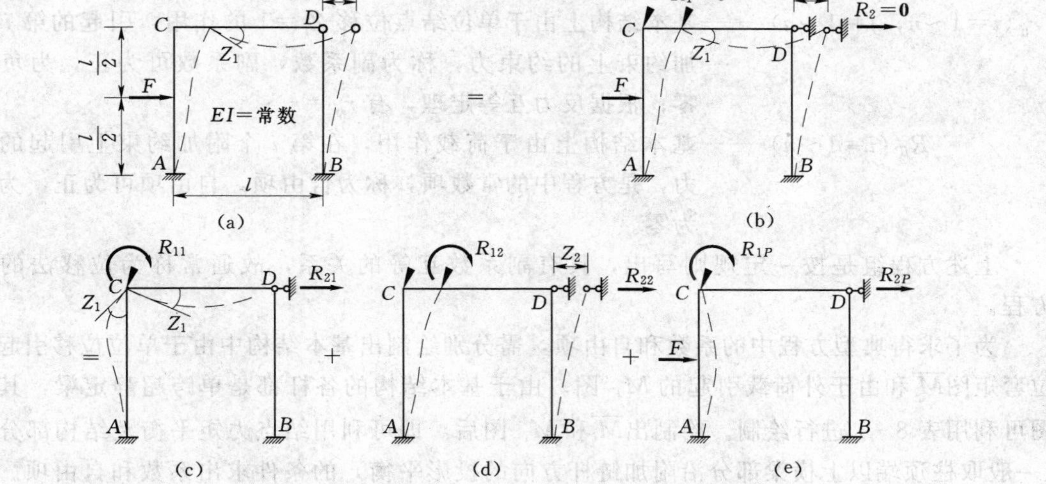

图 8-8　位移法方程的建立

上产生的约束力，如图 8-9（a）所示；以 r_{12}、r_{22} 分别表示单位位移 $Z_2=1$ 单独作用在基本体系时，在附加刚臂和附加链杆上所产生的约束力，如图 8-9（b）所示，则上式可写为

$$\left.\begin{array}{l} r_{11}Z_1+r_{12}Z_2+R_{1P}=0 \\ r_{21}Z_1+r_{22}Z_2+R_{2P}=0 \end{array}\right\} \tag{8-5}$$

该方程即为位移法基本方程，从方程中可以求出基本未知量 Z_1 和 Z_2。

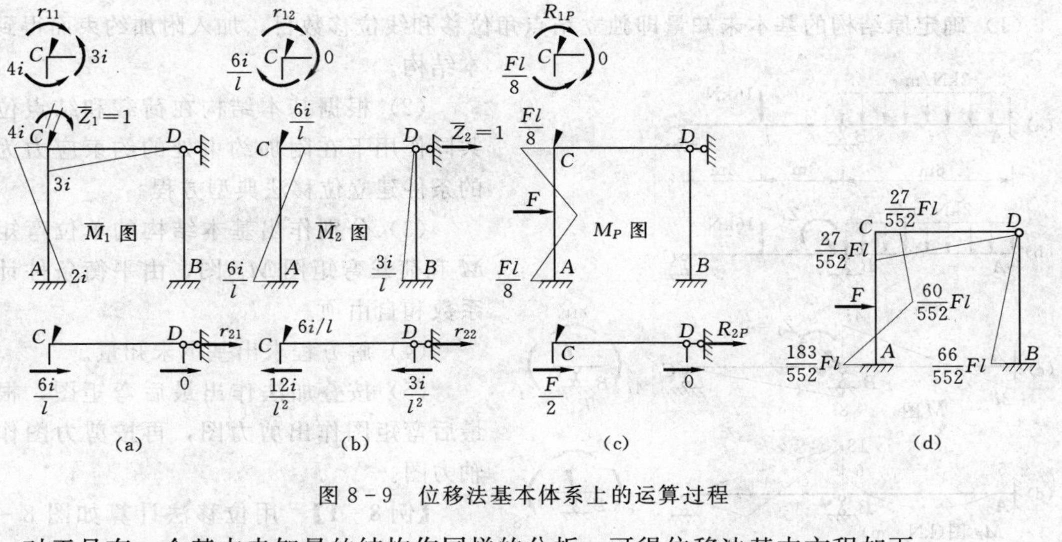

图 8-9　位移法基本体系上的运算过程

对于具有 n 个基本未知量的结构作同样的分析，可得位移法基本方程如下

$$\left.\begin{array}{l} r_{11}Z_1+r_{12}Z_2+\cdots+r_{1n}Z_n+R_{1P}=0 \\ r_{21}Z_1+r_{22}Z_2+\cdots+r_{2n}Z_n+R_{2P}=0 \\ \quad\vdots \\ r_{n1}Z_1+r_{n2}Z_2+\cdots+r_{nn}Z_n+R_{nP}=0 \end{array}\right\} \tag{8-6}$$

式中　r_{ii}（$i=1\sim n$）——基本结构上由于单位结点位移 $Z_i=1$ 的作用，引起的第 i 个附

加约束上的约束力，称为主系数，主系数恒为正；

$r_{ij}(i=1\sim n, j=1\sim n)$ ——基本结构上由于单位结点位移 $Z_j=1$ 的作用，引起的第 i 个附加约束上的约束力，称为副系数，副系数可为正，为负或为零；根据反力互等定理，有 $r_{ij}=r_{ji}$；

$R_{iP}(i=1\sim n)$ ——基本结构上由于荷载作用，在第 i 个附加约束上引起的约束力，是方程中的常数项，称为自由项，自由项可为正，为负或为零。

上述方程组是按一定规则写出，具有副系数互等的关系，故通常称为位移法的典型方程。

为了求得典型方程中的系数和自由项，需分别绘制出基本结构中由于单位位移引起的单位弯矩图$\overline{M}_i$和由于外荷载引起的 M_P 图。由于基本结构的各杆都是单跨超静定梁，其弯矩图可利用表 8-1 进行绘制。绘制出$\overline{M}_i$和 M_P 图后，即可利用结点力矩平衡及结构部分平衡（一般取柱顶端以上横梁部分沿附加链杆方向的投影平衡）的条件求出系数和自由项。如图 8-9（a）、图 8-9（b）、图 8-9（c）所示，为如图 8-8 所示基本结构在 $Z_1=1$、$Z_2=1$ 以及荷载作用下的弯矩图$\overline{M}_1$、$\overline{M}_2$和 M_P 图，由平衡条件即可求出各系数和自由项。

系数和自由项确定后，代入典型方程就可解出基本未知量。最后弯矩图可由叠加法绘制

$$M=\overline{M}_1Z_1+\overline{M}_2Z_2+\cdots+\overline{M}_nZ_n+M_P \tag{8-7}$$

求出 M 图后，F_S 图、F_N 图即可由平衡条件绘出。

二、位移法的计算步骤

由上所述，可将位移法的计算步骤归纳如下：

（1）确定原结构的基本未知量即独立结点角位移和线位移数目，加入附加约束而得到基本结构。

（2）根据基本结构在荷载和结点位移共同作用下在附加约束处的约束应力为零的条件建立位移法典型方程。

（3）分别作出基本结构的单位弯矩图$\overline{M}_i$和荷载弯矩图 M_P 图，由平衡条件计算系数和自由项。

（4）解方程求出基本未知量。

（5）按叠加法作出最后弯矩图，根据最后弯矩图作出剪力图，再按剪力图作出轴力图。

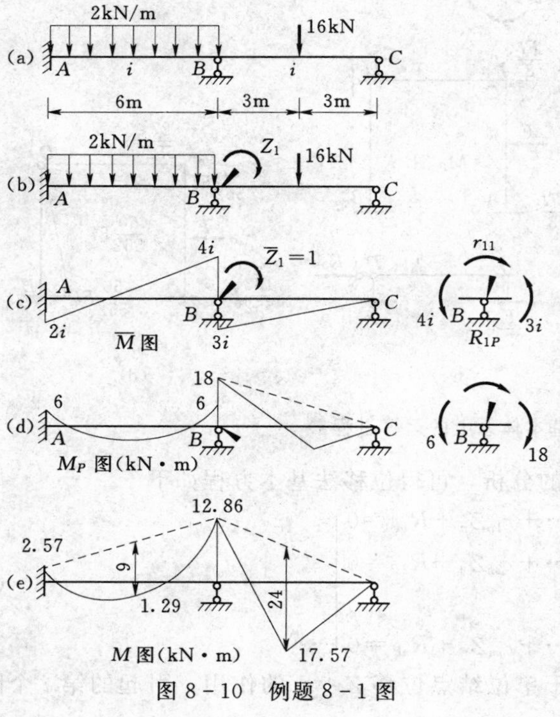

图 8-10　例题 8-1 图

【例 8-1】 用位移法计算如图 8-10（a）所示连续梁，并作弯矩图，EI 为常数。

解：（1）选取基本体系。此连续梁只有 1 个刚结点，故基本未知量为刚结点 B 处的角位移 Z_1，基本体系如图 8-10（b）所示。

（2）建立位移法典型方程。根据基本

结构在荷载和结点位移共同作用下在附加约束处的约束力为零的条件，建立位移法方程如下

$$r_{11}Z_1+R_{1P}=0$$

(3) 求系数和自由项。分别作出基本结构在 $Z_1=1$ 和荷载单独作用下的$\overline{M_1}$图和 M_P 图，如图 8-10 (c)、图 8-10 (d) 所示。从这两个弯矩图中分别取出带有附加刚臂的结点 B 的隔离体如图 8-10 (c)、图 8-10 (d) 所示，再由结点力矩平衡条件$\sum M_B=0$可得

$$r_{11}=3i+4i=7i$$
$$R_{1P}=-12\text{kN}\cdot\text{m}$$

(4) 求基本未知量 Z_1。将系数和自由项代入位移法方程中，得

$$7iZ_1-12=0$$

得

$$Z_1=\frac{12}{7i}$$

(5) 作弯矩图。利用叠加公式 $M=\overline{M_1}Z_1+M_P$，计算杆端弯矩为

$$M_{AB}=2i\frac{12}{7i}-6=-2.56(\text{kN}\cdot\text{m})$$

$$M_{BA}=4i\frac{12}{7i}+6=12.86(\text{kN}\cdot\text{m})$$

$$M_{BC}=3i\frac{12}{7i}-18=-12.86(\text{kN}\cdot\text{m})$$

根据杆端弯矩的正负号规定，确定杆端弯矩方向及杆的受拉边。将杆两端弯矩连成虚线，再叠加相应简支梁的弯矩，即得整个连续梁的弯矩图，如图 8-10 (e) 所示。

【例 8-2】 作图 8-11 (a) 所示单跨排架弯矩图，$EA=\infty$。

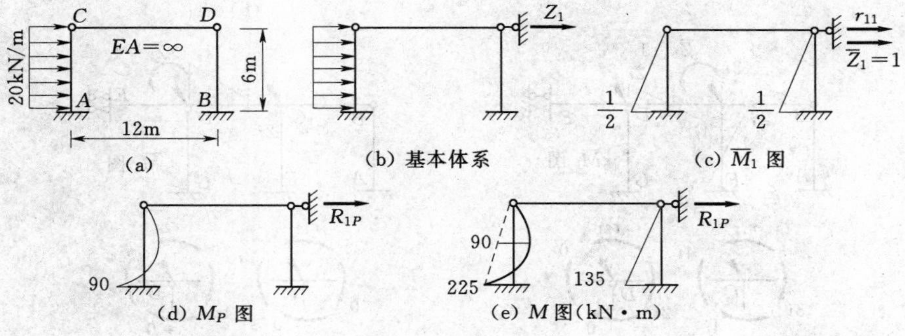

图 8-11　例题 8-2 图

解：(1) 选取基本体系。此排架只有一个柱顶线位移 Z_1，基本体系如图 8-11 (b) 所示。

(2) 建立位移法典型方程。

$$r_{11}Z_1+R_{1P}=0$$

(3) 求系数和自由项。设 $i=\dfrac{EI}{l}=\dfrac{EI}{6}=1$。分别作出基本结构在 $Z_1=1$ 和荷载单独作用下的$\overline{M_1}$图和 M_P 图，如图 8-11 (c)、图 8-11 (d) 所示。从这两个弯矩图中分别取出带有附加链杆的柱顶以上的横梁的隔离体，再由横梁的平衡条件，可得

$$r_{11}=\frac{1}{6}$$

$$R_{1P}=-45\text{kN}\cdot\text{m}$$

（4）求基本未知量 Z_1。将系数和自由项代入位移法方程中，得

$$\frac{1}{6}Z_1-45=0$$

$$Z_1=270\text{kN}\cdot\text{m}$$

（5）作弯矩图。利用叠加公式 $M=\overline{M}_1Z_1+M_P$，计算杆端弯矩。

$$M_{AC}=-\frac{1}{2}\times270-90=-225(\text{kN}\cdot\text{m})$$

$$M_{BD}=-\frac{1}{2}\times270-0=-135(\text{kN}\cdot\text{m})$$

根据杆端弯矩的正负号规定，确定杆端弯矩方向及杆的受拉边。将杆两端弯矩连成虚线，再叠加相应简支梁的弯矩，即得此排架的弯矩图，如图 8-11（e）所示。

【例 8-3】 用位移法计算图 8-12（a）所示刚架，并绘弯矩 M 图，各杆 EI 为常数。

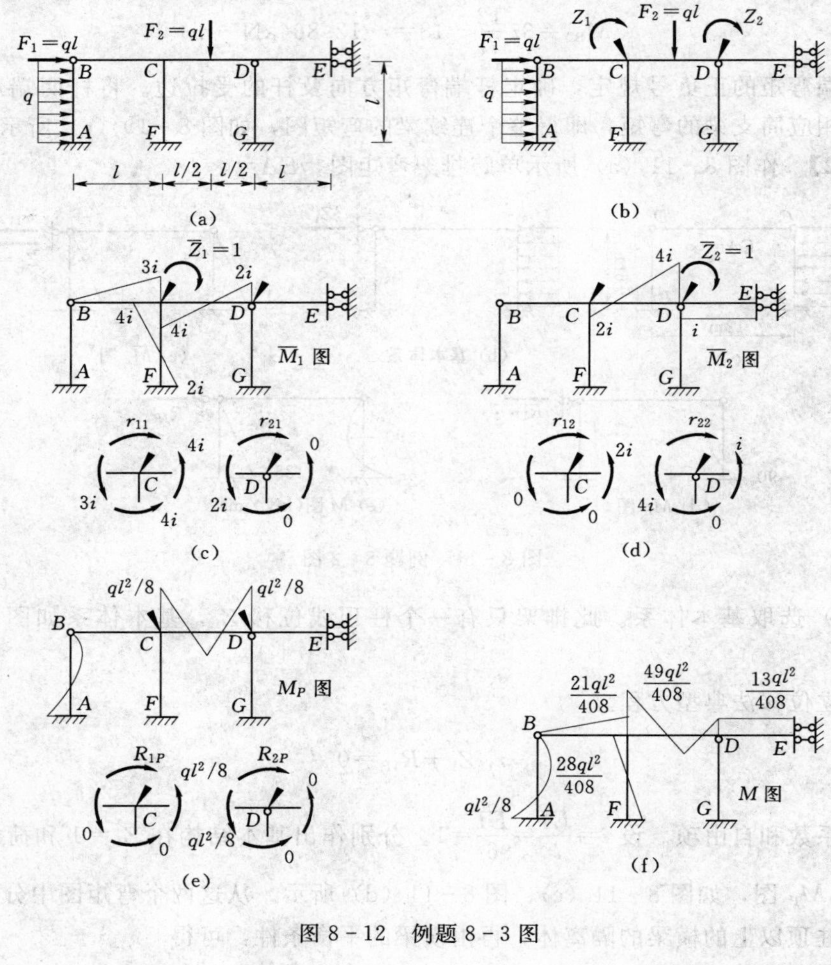

图 8-12 例题 8-3 图

解：（1）选取基本体系。此刚架有两个刚结点，因此基本未知量为刚结点 C 处的角位移 Z_1 与刚结点 D 处的角位移 Z_2，基本体系如图 8－12（b）所示。

（2）建立位移法典型方程。

$$\left.\begin{aligned}r_{11}Z_1+r_{12}Z_2+R_{1P}=0\\r_{21}Z_1+r_{22}Z_2+R_{2P}=0\end{aligned}\right\}$$

（3）系数和自由项。首先作出基本结构在 $Z_1=1$ 和 $Z_2=1$ 作用下的 $\overline{M_1}$ 图、$\overline{M_2}$ 图和 M_P，如图 8－12（c）、图 8－12（d）、图 8－12（e）所示。在图 8－12（c）、图 8－12（d）、图 8－12（e）中分别取刚结点 C、D 为隔离体，由力矩平衡条件 $\sum M_C=0$，可得

$$r_{11}=11i,\quad r_{12}=2i,\quad R_{1P}=-\frac{ql^2}{8}$$

由力矩平衡条件 $\sum M_D=0$，可得

$$r_{21}=2i\ ,\quad r_{22}=5i,\quad R_{2P}=\frac{ql^2}{8}$$

（4）求基本未知量。将系数和自由项代入位移法方程，得

$$\left.\begin{aligned}11iZ_1+2iZ_2-\frac{ql^2}{8}=0\\2iZ_1+5iZ_2+\frac{ql^2}{8}=0\end{aligned}\right\}$$

解方程，得

$$Z_1=\frac{7ql^2}{408i}$$

$$Z_2=-\frac{13ql^2}{408i}$$

（5）作弯矩图。

$$M_{CB}=3i\times\frac{7ql^2}{408i}=\frac{21ql^2}{408}$$

$$M_{CD}=4i\times\frac{7ql^2}{408i}+2i\left(-\frac{13ql^2}{408i}\right)-\frac{1}{8}ql^2=-\frac{49}{408}ql^2$$

$$M_{ED}=-i\left(-\frac{13ql^2}{408i}\right)=\frac{13}{408}ql^2$$

最后弯矩图如图 8－12（f）所示。

第五节　对称性利用

对于工程中应用较多的对称连续梁和刚架，可利用结构和荷载的对称性简化计算。对对称结构而言，任何作用于对称结构上的任意荷载，可以分为正对称荷载和反对称荷载。而对称结构在正对称荷载作用下，变形是正对称的，弯矩图和轴力图是正对称的，而剪力图是反对称的；在反对称荷载作用下，变形是反对称的，弯矩图和轴力图是反对称的，而剪力图是对称的。利用这些规律，计算对称连续梁或对称刚架时，只需计算这些结构的半边结构。

现以例题说明用位移法计算对称结构的方法。

【例 8－4】　用位移法作图 8－13（a）所示对称刚架的弯矩图，EI 为常数。

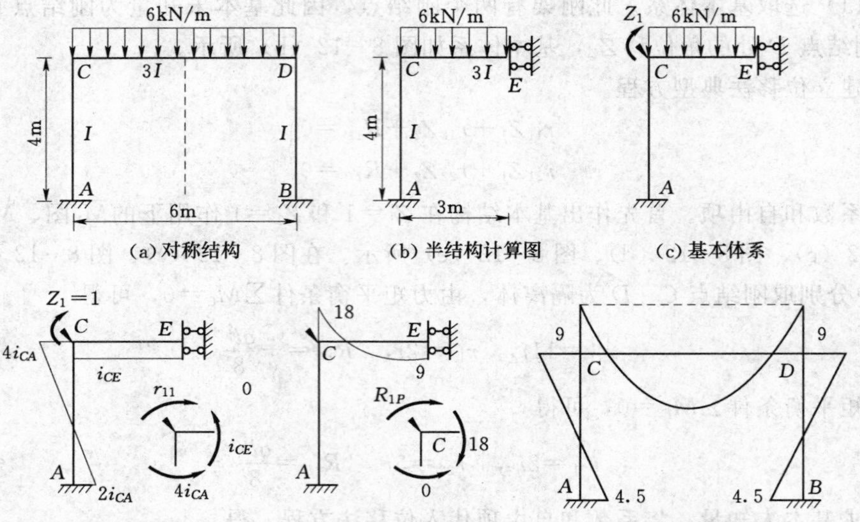

(a) 对称结构　(b) 半结构计算图　(c) 基本体系

(d) $\overline{M}_1$ 图　(e) M_P 图(kN·m)　(f) M 图(kN·m)

图 8-13　例题 8-4 图

解：(1) 选取基本体系。图 8-13 (a) 所示的结构为对称结构，受正对称荷载作用。利用对称性取其一半结构，如图 8-13 (b) 所示，那么半结构基本未知量只有一个，即 C 结点的角位移 Z_1，则基本体系如图 8-13 (c) 所示。

(2) 建立位移法典型方程。

$$r_{11}Z_1+R_{1P}=0$$

(3) 求系数和自由项。

$$i_{CE}=\frac{3EI}{3}=EI \quad i_{CA}=\frac{EI}{4}$$

分别作出基本结构在 $Z_1=1$ 和荷载单独作用下的 $\overline{M_1}$ 图和 M_P 图，如图 8-13 (d)、图 8-13 (e) 所示。从这两个弯矩图中分别取出带有附加刚臂的结点 C 的隔离体如图 8-10 (d)、图 8-13 (e) 所示，再由结点力矩平衡条件可得

$$r_{11}=i_{CE}+4i_{CA}=EI+4\times\frac{EI}{4}=2EI$$

$$R_{1P}=-18\text{kN}\cdot\text{m}$$

(4) 求基本未知量 Z_1。

$$2EIZ_1-18=0$$

$$Z_1=\frac{9}{EI}$$

(5) 作弯矩图。利用叠加公式 $M=\overline{M_1}Z_1+M_P$，作出半结构的弯矩图，利用对称性作出最后弯矩图，见图 8-13 (f)。

【例 8-5】　用位移法作图 8-14 (a) 所示对称刚架的弯矩图，EI 为常数。

解：(1) 选取基本体系。图 8-14 (a) 所示的结构为对称结构，有四个结点角位移。结构和荷载都对 x 轴和 y 轴对称，可取 $\frac{1}{4}$ 结构为计算简图，如图 8-14 (b) 所示，利用对

称性取其一半结构，如图 8－13（b）所示，那么基本未知量只有一个，即 A 结点的角位移 Z_1，则基本体系如图 8－14（c）所示。

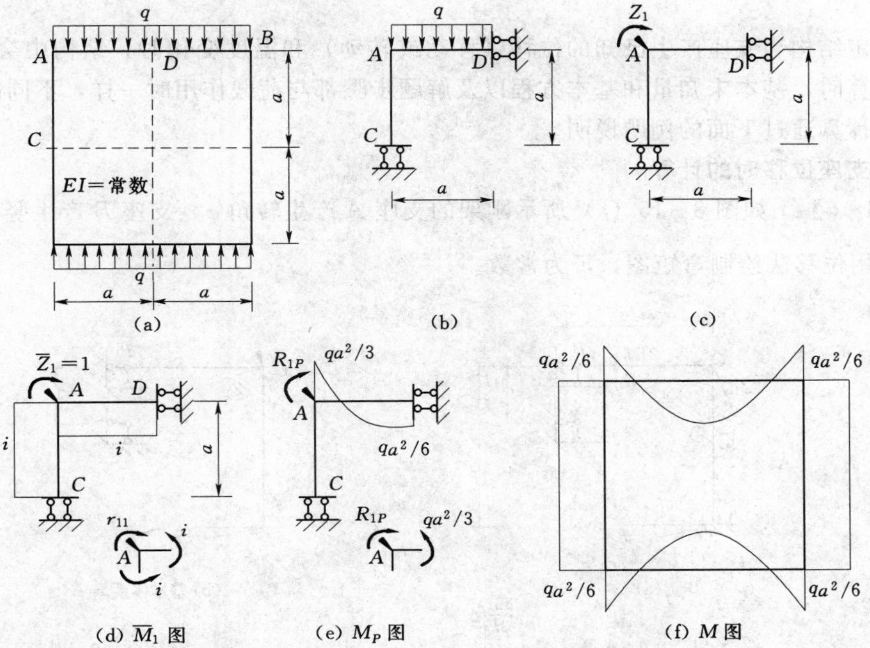

图 8－14　例题 8－5 图

（2）建立位移法典型方程。

$$r_{11}Z_1+R_{1P}=0$$

（3）求系数和自由项。

$$设\ i=\frac{EI}{a}$$

分别作出基本结构在 $Z_1=1$ 和荷载单独作用下的 $\overline{M_1}$ 图和 M_P 图，如图 8－14（d）、（e）所示。从这两个弯矩图中分别取出带有附加刚臂的结点 A 的隔离体如图 8－14（d）、（e）所示，再由结点力矩平衡条件可得

$$r_{11}=i+i=2i$$

$$R_{1P}=-\frac{1}{3}qa^2$$

（4）求基本未知量 Z_1。

$$2iZ_1-\frac{1}{3}qa^2=0$$

$$Z_1=\frac{qa^2}{6i}$$

（5）作弯矩图。利用叠加公式 $M=\overline{M_1}Z_1+M_P$，作出 $\frac{1}{4}$ 结构的弯矩图，然后利用对称性作出原结构的弯矩图，如图 8－14（f）所示。

*第六节 支座位移和温度改变时的计算

超静定结构当支座产生已知的位移（移动或转动）和温度变化时，结构中会引起内力。用位移计算时，基本未知量和基本方程以及解题步骤都与荷载作用时一样，不同的只有自由项。具体计算通过下面的例题说明。

一、支座位移时的计算

【例 8-6】 如图 8-15（a）所示刚架的支座 A 产生转角 φ，支座 B 产生竖向位移 $\Delta=\frac{3}{4}l\varphi$。试用位移法绘制弯矩图，$E$ 为常数。

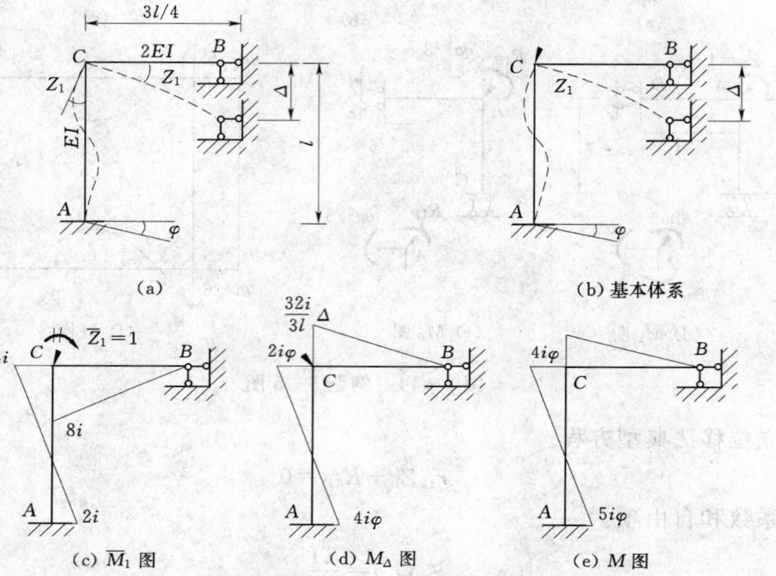

图 8-15 例题 8-6 图

解：（1）选取基本体系。此刚架的基本未知量只有结点 C 的角位移 Z_1，在结点 C 加一附加刚臂即得基本结构，如图 8-15（b）所示。

（2）建立位移法典型方程。

$$r_{11}Z_1+R_{1\Delta}=0$$

（3）求系数和自由项。

$$设\frac{EI}{l}=i,则\ i_{AC}=i,i_{BC}=\frac{8i}{3}$$

分别作出基本结构在 $Z_1=1$ 和支座位移单独作用下的 $\overline{M_1}$ 图和 M_Δ 图，如图 8-15（c）、图 8-15（d）所示。从这两个弯矩图中分别取出带有附加刚臂的结点 C 的隔离体如图 8-15（c）、图 8-15（d）所示，再由结点力矩平衡条件 $\sum M_C=0$ 可得

$$r_{11}=8i+4i=12i$$

$$R_{1\Delta}=2i\varphi-\frac{32i}{3l}\Delta=-6i\varphi$$

（4）求基本未知量 Z_1。将系数和自由项代入位移法方程中，得

$$12iZ_1-6i\varphi=0$$

得

$$Z_1=\frac{\varphi}{2}$$

(5) 作弯矩图。利用叠加公式 $M=\overline{M}_1Z_1+M_\Delta$，计算杆端弯矩，如图 8-15 (e) 所示。

$$M_{AC}=-2i\,\frac{\varphi}{2}-4i\varphi=-5i\varphi$$

$$M_{CA}=4i\,\frac{\varphi}{2}+2i\varphi=4i\varphi$$

$$M_{CB}=-8i\,\frac{\varphi}{2}+\frac{32i}{3l}\Delta=4i\varphi$$

二、温度变化时的计算

温度改变时的计算与支座位移时的计算基本相同。只需补充一点：除了杆件内外温差使杆件弯曲，因而产生一部分固端弯矩外，温度改变时杆件的轴向变形不能忽略，而这种轴向变形会使结点产生已知位移，从而使杆端产生相对横向位移，又产生另一部分固端弯矩。具体计算通过下面例题说明。

【例 8-7】　试作 8-16 (a) 所示刚架温度变化时的弯矩图。各杆的 EI 为常数，截面为矩形，其高度 $h=l/10$，材料的膨胀系数为 α。

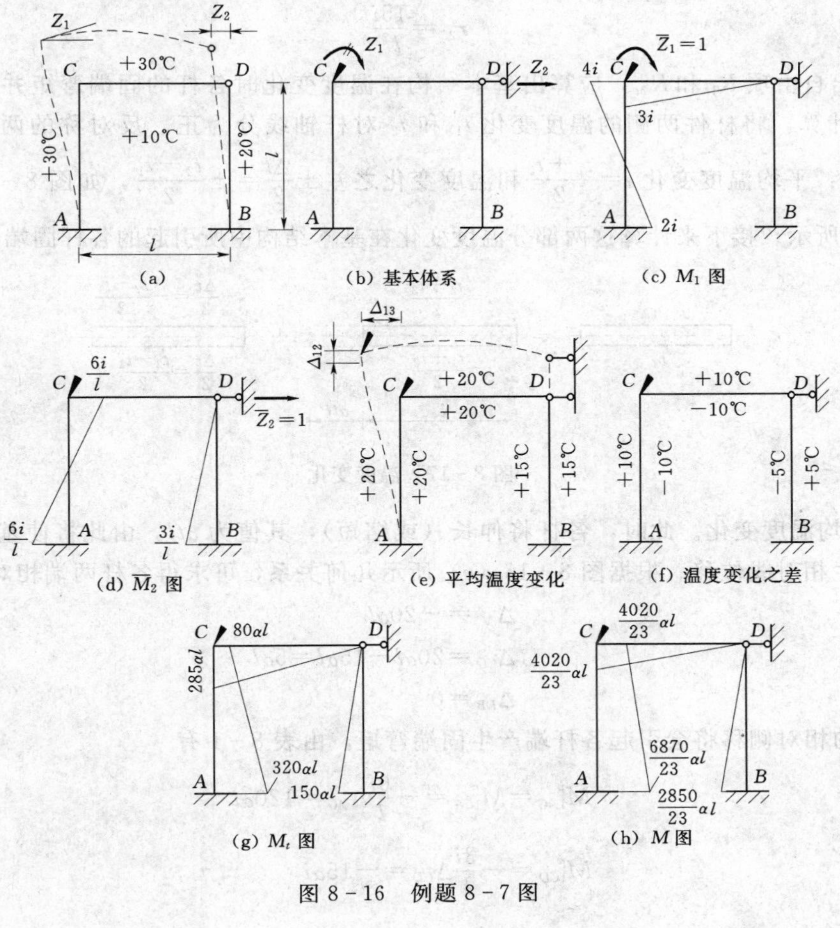

图 8-16　例题 8-7 图

解：(1) 选取基本体系。此刚架有一个刚结点，因此基本未知量为刚结点 C 处的角位移 Z_1。考虑轴向变形时，结点 C、D 均分别有水平和竖向线位移。但各杆由于温度变化产生的伸长（或缩短）可事先算出，因此两结点的竖向位移即为已知；在求出了一个结点的水平位移之后，另一结点的水平位移也就随之确定。因此独立的结点线位移只有一个，以结点 D 处的水平位移 Z_2 作为基本未知量。于是，此刚架有两个基本未知量，体系如图 8-16 (b) 所示。

(2) 建立位移法典型方程。

$$\left.\begin{aligned}r_{11}Z_1+r_{12}Z_2+R_{1t}=0\\r_{21}Z_1+r_{22}Z_2+R_{2t}=0\end{aligned}\right\}$$

(3) 求系数和自由项。

设
$$i=\frac{EI}{l}$$

分别作出基本结构在 $Z_1=1$ 和 $Z_2=1$ 作用下的 $\overline{M_1}$ 图、$\overline{M_2}$ 图，如图 8-16 (c)、图 8-16 (d) 所示。再由平衡条件可得

$$r_{11}=7i$$

$$r_{12}=r_{21}=-\frac{6i}{l}$$

$$r_{22}=\frac{15i}{l^2}$$

要求出自由项 R_{1t} 和 R_{2t}，应算出基本结构在温度变化时各杆的固端弯矩并绘出 M_t 图。为了便于计算，将杆件两侧的温度变化 t_1 和 t_2 对杆轴线分为正、反对称的两部分，如图 8-17 所示：平均温度变化 $t=\frac{t_1+t_2}{2}$ 和温度变化之差 $\pm\frac{\Delta t}{2}=\pm\frac{t_2-t_1}{2}$，如图 8-16 (e)、图 8-16 (f) 所示。接下来计算这两部分温度变化在基本结构中所引起的各杆固端弯矩。

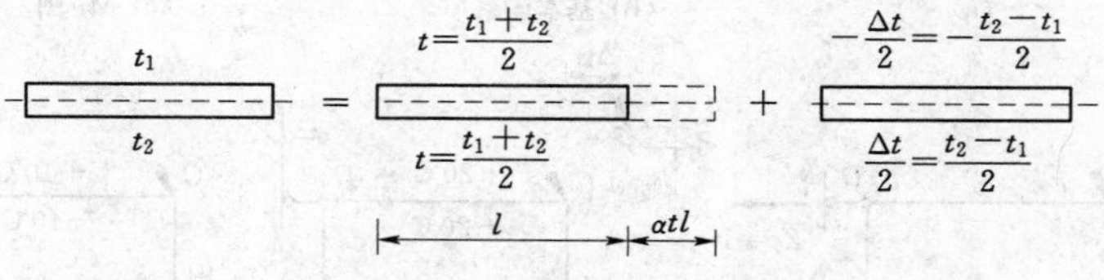

图 8-17　温度变化

1) 平均温度变化。此时，各杆将伸长（或缩短），其值为 αtl，由此将使基本结构的各杆两端发生相对线位移。根据图 8-16 (e) 所示几何关系，可求得各杆两端相对线位移为

$$\Delta_{AC}=-20\alpha l$$

$$\Delta_{CD}=20\alpha l-15\alpha l=5\alpha l$$

$$\Delta_{DB}=0$$

这些杆端的相对侧移将会引起各杆端产生固端弯矩，由表 8-1 有

$$M^F_{1AC}=M^F_{1CA}=-\frac{6i}{l}\Delta_{AC}=120\alpha i$$

$$M^F_{1CD}=-\frac{3i}{l}\Delta_{CD}=-15\alpha i$$

$$M^F_{1BD}=0$$

2）温度变化之差。此时各杆并不伸长或缩短，由此引起的各杆固端弯矩可直接有表 8-1 算出

$$M^F_{2AC}=-M^F_{2CA}=-\frac{EI\alpha\Delta t}{h}=-\frac{EI\alpha(-20)}{l/10}=200\alpha i$$

$$M^F_{2CD}=-\frac{3EI\alpha\Delta t}{2h}=-\frac{3EI\alpha(-20)}{2l/10}=300\alpha i$$

$$M^F_{2BD}=-\frac{3EI\alpha\Delta t}{2h}=-\frac{3EI\alpha\times 10}{2l/10}=-150\alpha i$$

3）总的固端弯矩。

$$M^F_{AC}=120\alpha i+200\alpha i=320\alpha i$$

$$M^F_{CA}=120\alpha i-200\alpha i=-80\alpha i$$

$$M^F_{CD}=-15\alpha i+300\alpha i=285\alpha i$$

$$M^F_{BD}=-150\alpha i$$

据此即可作出 M_t 如图 8-16（g）所示。取结点 C 为隔离体，由 $\sum M_C=0$ 可求得

$$R_{1t}=285\alpha i-80\alpha i=205\alpha i$$

取柱顶端以上横梁部分为隔离体，由 $\sum X=0$ 可求得

$$R_{2t}=-\frac{240\alpha i}{l}+\frac{150\alpha i}{l}=-\frac{90\alpha i}{l}$$

(4) 求基本未知量。将系数和自由项代入位移法方程中，得

$$\left.\begin{aligned}7iZ_1-\frac{6i}{l}Z_2+205\alpha i=0\\ -\frac{6i}{l}Z_1+\frac{15i}{l^2}Z_2-\frac{90\alpha i}{l}=0\end{aligned}\right\}$$

解方程得

$$Z_1=-\frac{845}{23}\alpha$$

$$Z_2=-\frac{200}{23}\alpha l$$

(5) 作弯矩图。利用叠加公式 $M=\overline{M}_1Z_1+\overline{M}_2Z_2+M_t$，计算杆端弯矩，如图 8-16（h）所示。

小　结

一、位移法的基本原理

位移法以结点位移为基本未知量，即刚结点的角位移和独立的结点线位移。

位移法的基本结构是在未知量处增加相应的附加约束，使结构成为若干个单跨超静定梁。由单跨超静定梁的杆端位移和荷载推算杆端弯矩的公式是位移法的基本公式，对它的物

理意义应了解清楚。还要注意关于杆端位移和力的正负号规定，特别是杆端弯矩正负号的规定。

位移法求解未知量的方程是平衡方程。对每一个刚结点，可以写一个力矩平衡方程；对每一个独立的结点线位移，写一个沿线位移方位的投影方程。平衡方程数目与基本未知量的数目相等。

位移法的另外一种演算形式是利用基本体系进行计算。这样可以使位移法与力法之间建立更加完整的对应关系。

二、对称性的利用

对于对称结构来说，用位移法解题时，必须先将荷载分解为正对称和反对称荷载，然后取半结构进行计算。

三、支座移动和温度变化时的内力计算

支座移动（或转动）的梁和刚架在计算时，可将给定的支座位移直接写入相关的杆端弯矩中，作为等效固端弯矩，其余步骤与荷载作用下相同。

温度作用下计算内力时，由温度变化引起的等效固端弯矩包含两部分，其中由杆两侧温度差引起的固端弯矩可查表得到；由杆轴温度升降引起的轴向变形将使结点产生已知线位移并使相关杆件发生弦转角，它所引起的等效固端弯矩可由转角位移方程求出。

思 考 题

8－1 位移法中对杆端角位移、杆端相对线位移、杆端弯矩和杆端剪力的正负号规定是怎样的？

8－2 位移法的基本未知量有哪些？

8－3 结点角位移的数目怎样确定？

8－4 独立结点线位移的数目怎样确定？确定的基本假设是什么？

8－5 用位移法计算超静定结构时，怎样得到基本结构？与力法计算时所选取的基本结构的思路有什么根本的不同？对于同一结构，力法计算时可以选择不同的基本结构，位移法也可能有几种不同的基本结构吗？

8－6 位移法的基本结构和基本体系有什么不同？它们各自在位移法的计算过程中起什么作用？

8－7 位移法方程中的系数 r_{ii}、r_{ij} 和自由项 R_{iP} 各代表什么物理意义？怎样计算？

8－8 位移法方程的物理意义是什么？

8－9 怎样由位移法所得的杆端弯矩画出弯矩图？

8－10 结构对称但荷载不对称时，可否取一半结构计算？

习 题

8－1 确定习题 8－1 图中各结构用位移法计算的基本未知量数目。

8－2 用位移法做习题 8－2 图示两跨连续梁的弯矩图，EI＝常数。

8－3 用位移法做习题 8－3 图示结构的弯矩图，EI＝常数。

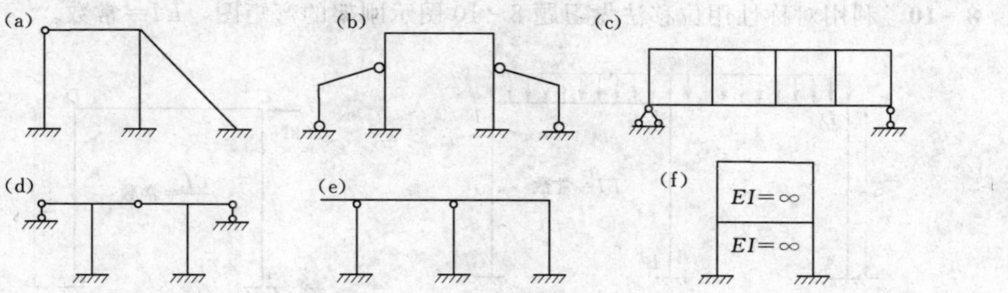

习题 8-1 图

8-4　用位移法做习题 8-4 图示刚架的弯矩图，假设各杆的 EI 相同。

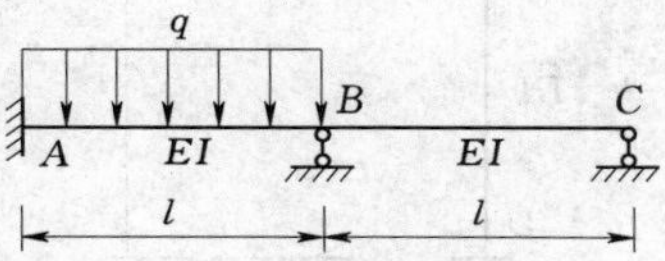

习题 8-2 图

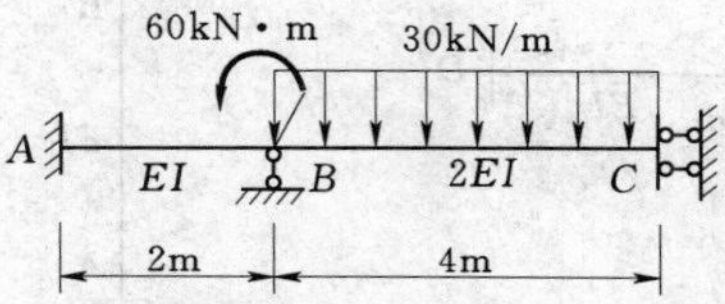

习题 8-3 图

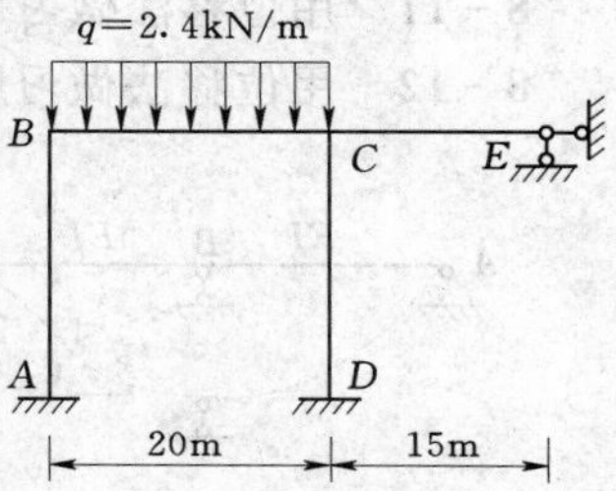

习题 8-4 图

8-5　用位移法做习题 8-5 图示刚架的弯矩图、剪力图和轴力图。

8-6　用位移法做习题 8-6 图示刚架的弯矩图，EI=常数。

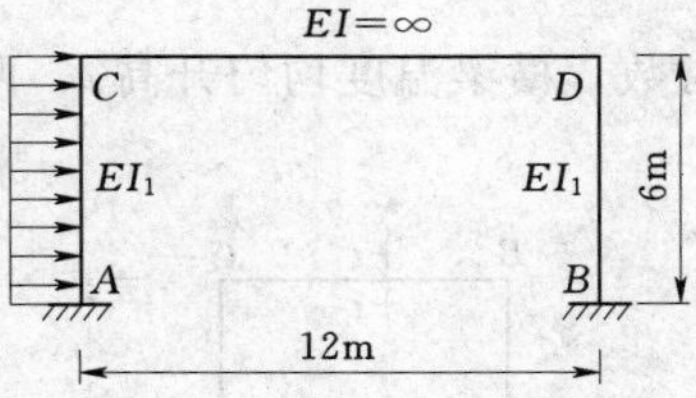

习题 8-5 图

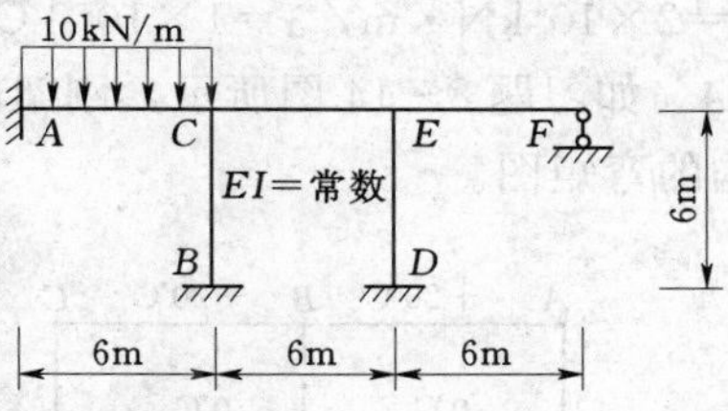

习题 8-6 图

8-7　用位移法做习题 8-7 图示刚架的弯矩图，EI=常数。

8-8　用位移法做习题 8-8 图示刚架的弯矩图，EI=常数。

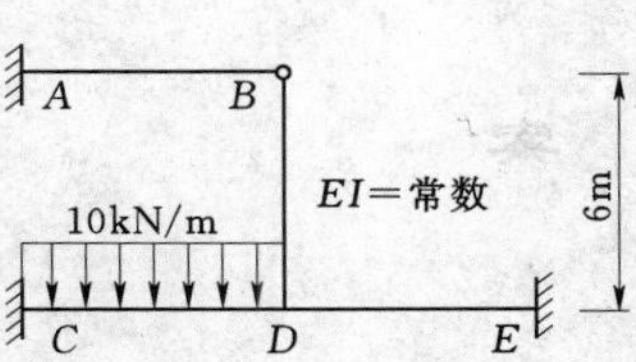

习题 8-7 图

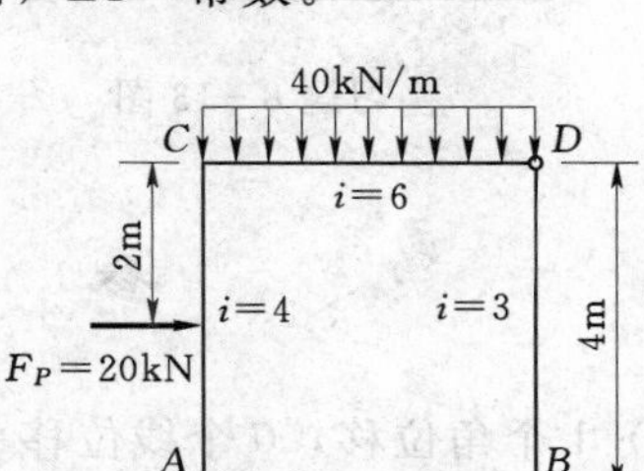

习题 8-8 图

8-9　利用对称性用位移法做习题 8-9 图示刚架的弯矩图，EI=常数。

8-10　利用对称性用位移法做习题 8-10 图示刚架的弯矩图，EI=常数。

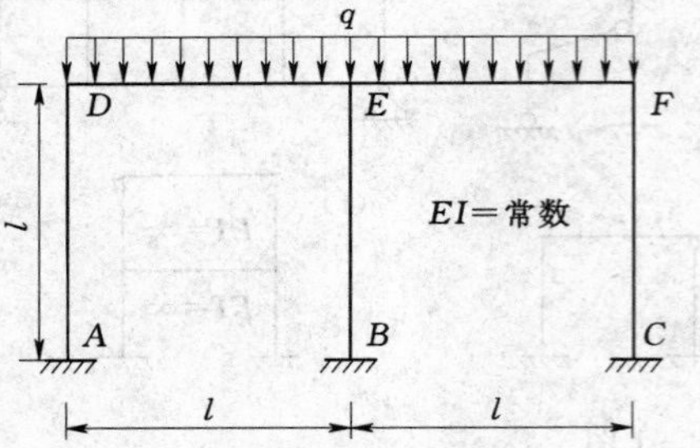

习题 8-9 图

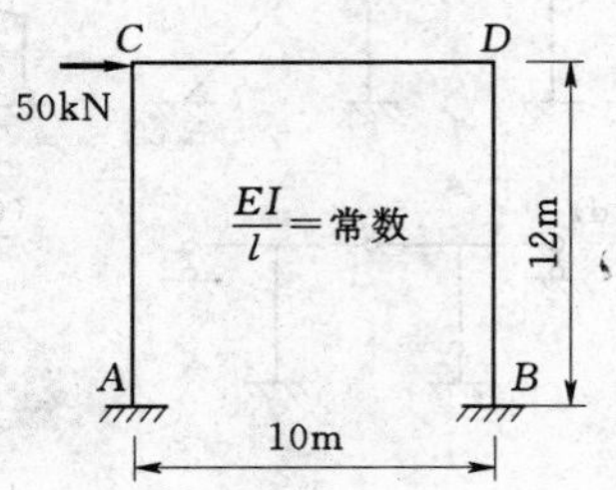

习题 8-10 图

***8-11**　用位移法做习题 8-11 图示结构由于支座位移产生的弯矩图，EI=常数。

***8-12**　用位移法做习题 8-12 图示结构由于支座位移产生的弯矩图，EI=常数。

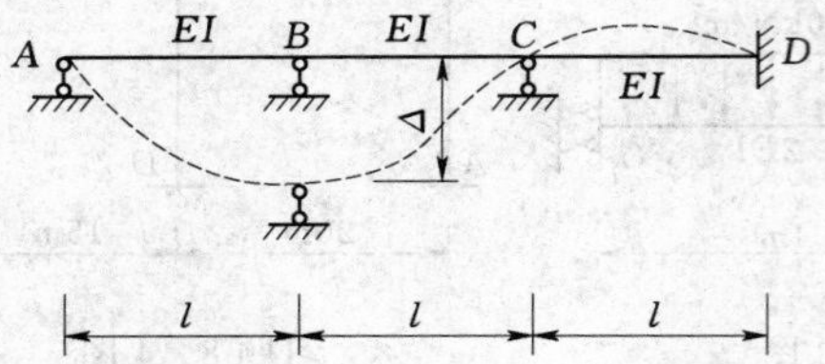

习题 8-11 图

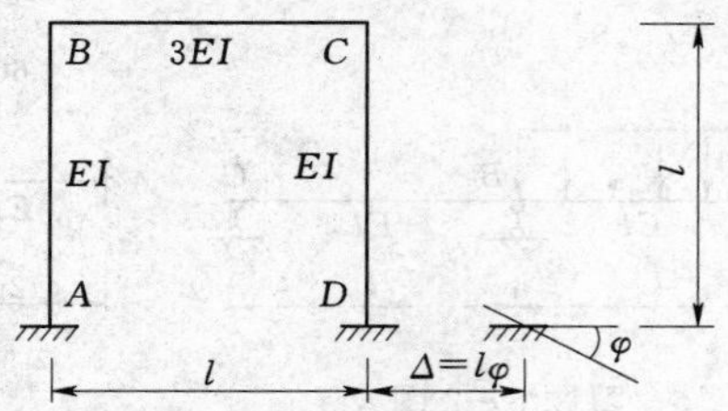

习题 8-12 图

***8-13**　刚架温度变化如习题 8-13 图所示，试作其弯矩图。各杆均为矩形截面，h=0.4m，$EI=2\times10^4\text{kN}\cdot\text{m}$，$\alpha=1\times10^{-5}℃^{-1}$。

***8-14**　如习题 8-14 图所示，刚架的 EI=常数，横梁温度均匀升高 t，两柱的温度不变，作结构的弯矩图。

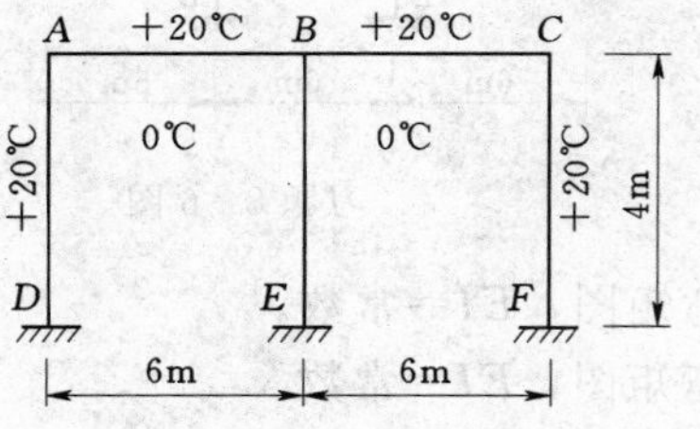

习题 8-13 图

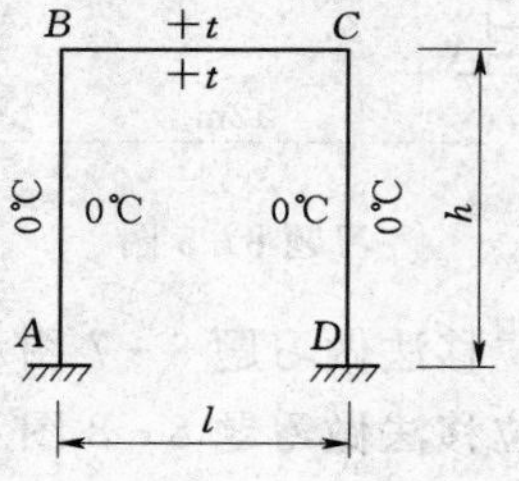

习题 8-14 图

参　考　答　案

8-1　(a) 1 个角位移，0 个线位移

(b) 6 个角位移，3 个线位移

(c) 10 个角位移，4 个线位移

(d) 2 个角位移，2 个线位移

(e) 2 个角位移，1 个线位移（静定部分可不考虑）

(f) 0个角位移，2个线位移（横梁及两端刚结点均不能转动）

8-2 $M_{BC}=-\frac{1}{28}ql^2$

8-3 $M_{AB}=40\text{kN}\cdot\text{m}$，$M_{BA}=80\text{kN}\cdot\text{m}$
$M_{BC}=-140\text{kN}\cdot\text{m}$，$M_{CB}=-100\text{kN}\cdot\text{m}$

8-4 $M_{AB}=27.2\text{kN}\cdot\text{m}$，$M_{BC}=-54.3\text{kN}\cdot\text{m}$，$M_{CB}=70.3\text{kN}\cdot\text{m}$

8-5 $M_{AC}=-150\text{kN}\cdot\text{m}$，$M_{CA}=-30\text{kN}\cdot\text{m}$，$M_{BD}=M_{DB}=-90\text{kN}\cdot\text{m}$

8-6 $M_{AC}=-35.17\text{kN}\cdot\text{m}$，$M_{EC}=-3.29\text{kN}\cdot\text{m}$

8-7 $M_{AB}=-20\text{kN}\cdot\text{m}$，$M_{DE}=-75.45\text{kN}\cdot\text{m}$

8-8 $M_{AC}=-34.4\text{kN}\cdot\text{m}$，$M_{CA}=14.7\text{kN}\cdot\text{m}$，$M_{BD}=-20.1\text{kN}\cdot\text{m}$

8-9 $M_{AD}=-\frac{1}{48}ql^2$，$M_{AD}=-\frac{1}{24}ql^2$

8-10 $M_{AC}=M_{BD}=-171.4\text{kN}\cdot\text{m}$，$M_{CA}=M_{DB}=-128.6\text{kN}\cdot\text{m}$

8-11 $M_{BA}=-3.69\frac{EI}{l^2}\Delta$，$M_{CD}=2.77\frac{EI}{l^2}\Delta$

8-12 $M_{AB}=3.37\frac{EI}{l}\varphi$

8-13 $Z_1=-9.5\alpha$，$M_{AB}=7.40\text{kN}\cdot\text{m}$
$M_{BA}=-11.97\text{kN}\cdot\text{m}$，$M_{DA}=13.55\text{kN}\cdot\text{m}$

8-14 $M_{BC}=-\frac{3EI\alpha tl}{h(2l+h)}$，$M_{AB}=-\frac{3EI\alpha tl(l+h)}{h^2(2l+h)}$

第九章　渐进法计算超静定结构

力法和位移法是计算超静定结构的两种基本方法，但都需建立并求解联立方程，当结构较复杂、基本未知量数目较多时，手算求解这项计算工作十分繁重。为了避免建立和解算联立方程，人们提出了许多实用的计算方法。本章将介绍其中较重要、应用较广的力矩分配法及无剪力分配法。

力矩分配法和无剪力分配法都属于位移法类型的一种渐进法，其共同特点是避免建立和解算联立方程，而以逐次渐进的方法来计算杆端弯矩，计算过程简单划一，易于掌握，故在工程实践中常被采用。

此外，本章还介绍了力矩分配法和位移法的联合应用。

第一节　力矩分配法的基本概念

力矩分配法是以杆端弯矩为计算对象，采用逐步修正并逼近精确结果的一种渐进法，适用范围是连续梁和无结点线位移（简称无侧移）刚架。注意：在本章中，杆端弯矩的正负号规定与位移法相同。

一、转动刚度和传递系数

不同杆件对杆端转动的抵抗能力是不同的，我们用转动刚度 S 来表示杆端抵抗转动能力的大小，其具体定义如下：当杆件 AB（图 9-1）的 A 端转动单位角时，A 端（又称近端）的弯矩 M_{AB} 称为该杆端的转动刚度，用 S_{AB} 来表示。其大小与杆件的线刚度 $i=\dfrac{EI}{l}$ 和杆件的另一端（又称远端）的支承情况有关。当杆件 AB 的 A 端转动时，B 端也产生一定的弯矩，这好比是近端的弯矩按一定的比例传到了远端一样，故将 B 端弯矩与 A 端弯矩之比称为由 A 端向 B 端的传递系数，用 C_{AB} 来表示

即
$$C_{AB}=\frac{M_{BA}}{M_{AB}}$$

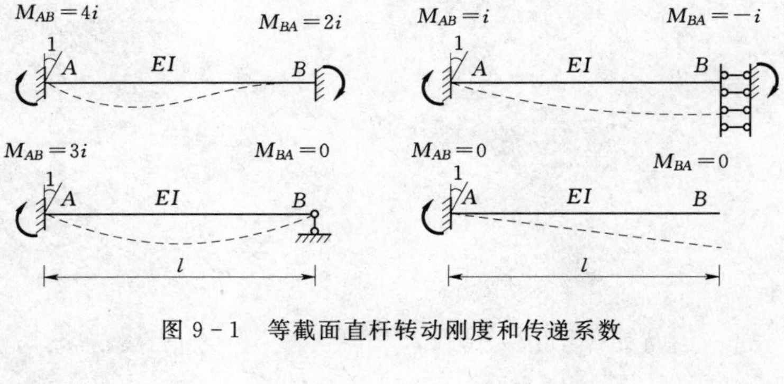

图 9-1　等截面直杆转动刚度和传递系数

等截面直杆的转动刚度和传递系数见表 9-1。当 B 端为自由时，显然 A 端转动时杆件将毫无抵抗，故其转动刚度为零。

表 9-1　　等截面直杆的转动刚度及传递系数

远端支承情况	转动刚度 S	传递系数 C	远端支承情况	转动刚度 S	传递系数 C
固定	$4i$	0.5	滑动	i	-1
铰支	$3i$	0	自由	0	0

二、力矩分配法的基本原理

力矩分配法就其本质来说是属于位移法的范畴，故我们用位移法来分析力矩分配法的解题思路。

现以图 9-2（a）所示刚架为例来说明力矩分配法的基本原理。此刚架用位移法计算时，只有一个基本未知量即结点转角 Z_1，则可列位移法典型方程为

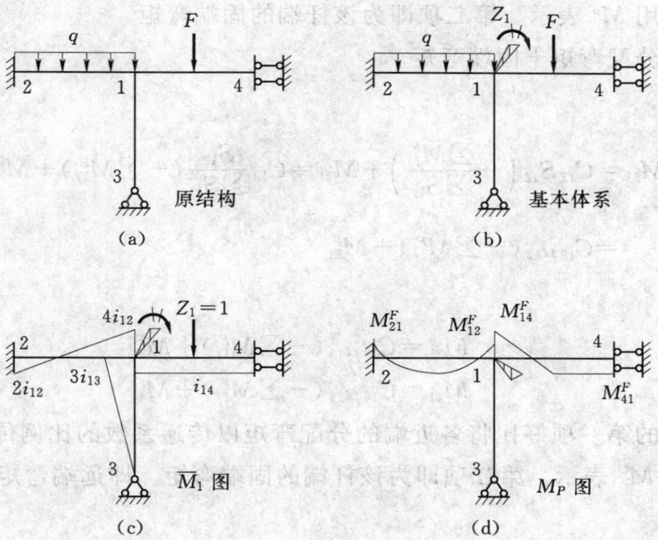

图 9-2　力矩分配法基本原理示例

$$r_{11}Z_1+R_{1P}=0$$

作出基本体系、$\overline{M}_1$ 图、M_P 图，如图 9-2（b）、图 9-2（c）、图 9-2（d）所示，可求得系数和自由项为

$$r_{11}=4i_{12}+3i_{13}+i_{14}=S_{12}+S_{13}+S_{14}=\sum S_{1j}$$

式中　$\sum S_{1j}$——汇交于结点 1 的各杆端转动刚度的总和。

$$R_{1P}=M_{12}^F+M_{13}^F+M_{14}^F=\sum M_{1j}^F$$

式中　$\sum M_{1j}^F$——结点 1 上的不平衡力矩，它等于汇交于结点 1 的各杆端的固端弯矩的代数和。

解典型方程可得

$$Z_1=-\frac{R_{1P}}{r_{11}}=-\frac{\sum M_{1j}^F}{\sum S_{1j}}$$

最后由 $M=\overline{M}_1 Z_1+M_P$ 计算各杆端弯矩。各杆中 1 端为近端，另一端为远端。则可得各近端弯矩为

$$M_{12}=S_{12}\left(-\frac{\sum M_{1j}^F}{\sum S_{1j}}\right)+M_{12}^F=\frac{S_{12}}{\sum S_{1j}}(-\sum M_{1j}^F)+M_{12}^F$$
$$=\mu_{12}(-\sum M_{1j}^F)+M_{12}^F$$

同理可得

$$M_{13}=\mu_{13}(-\sum M_{1j}^F)+M_{13}^F$$
$$M_{14}=\mu_{14}(-\sum M_{1j}^F)+M_{14}^F$$

式中　$\mu_{12}=\frac{S_{12}}{\sum S_{1j}}$，$\mu_{13}=\frac{S_{13}}{\sum S_{1j}}$，$\mu_{14}=\frac{S_{14}}{\sum S_{1j}}$——分配系数。

显然，同一结点各杆端分配系数之和应等于 1，即 $\sum\mu_{1j}=1$。

各近端弯矩中的第一项相当于把不平衡力矩反号后按转动刚度大小的比例分给各近端，故称为分配弯矩，用 M^μ 表示。第二项即为该杆端的固端弯矩。

即近端弯矩＝分配弯矩＋固端弯矩。

各远端弯矩为

$$M_{21}=C_{12}S_{12}\left(-\frac{\sum M_{1j}^F}{\sum S_{1j}}\right)+M_{21}^F=C_{12}\frac{S_{12}}{\sum S_{1j}}(-\sum M_{1j}^F)+M_{21}^F$$
$$=C_{12}\mu_{12}(-\sum M_{1j}^F)+M_{21}^F$$

同理可得

$$M_{31}=C_{13}\mu_{13}(-\sum M_{1j}^F)+M_{31}^F$$
$$M_{41}=C_{14}\mu_{14}(-\sum M_{1j}^F)+M_{41}^F$$

各远端弯矩中的第一项好比将各近端的分配弯矩以传递系数的比例传到各远端一样，故称为传递弯矩，用 M^C 表示。第二项即为该杆端的固端弯矩。即远端弯矩＝传递弯矩＋固端弯矩。

三、力矩分配法的计算步骤

通过上述分析，可归纳出力矩分配法的解题步骤如下。

(1) 固定结点：即加入刚臂，此时各杆端产生固端弯矩，结点上有不平衡力矩，它暂时由刚臂承担，该结点的不平衡力矩等于汇交于该结点各杆端的固端弯矩的代数和。同时可计算得到各杆端的分配系数。

(2) 放松结点：即取消刚臂，让结点转动。这相当于在结点上又加入一个反号的不平衡力矩，使结点上的不平衡力矩被消除而获得平衡。这个反号的不平衡力矩将按分配系数的大小分配到各近端，于是各近端得到分配弯矩，同时各自按传递系数向远端传递，于是各远端得到传递弯矩。

(3) 最后，各近端弯矩等于分配弯矩加固端弯矩；各远端弯矩等于传递弯矩加固端弯矩。

【例 9-1】 试作如图 9-3 (a) 所示刚架的弯矩图。

解：(1) 计算各杆端分配系数、固端弯矩以及结点 A 的不平衡力矩。

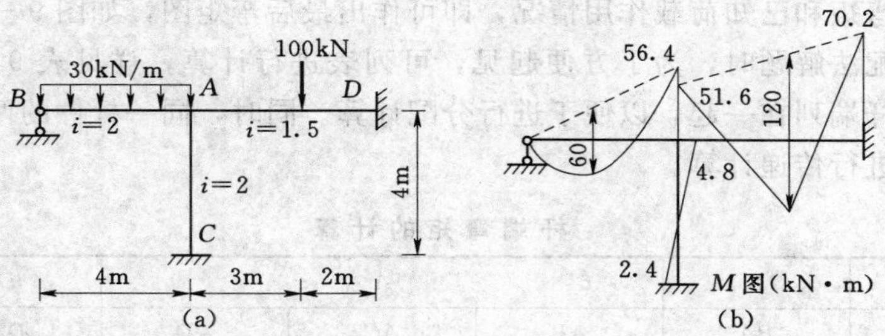

图 9-3　例 9-1 图

$$\mu_{AB}=\frac{2\times3}{2\times3+1.5\times4+2\times4}=0.3$$

$$\mu_{AC}=\frac{2\times4}{2\times3+1.5\times4+2\times4}=0.4$$

$$\mu_{AD}=\frac{1.5\times4}{2\times3+1.5\times4+2\times4}=0.3$$

$$M_{AB}^F=+\frac{30\times4^2}{8}=+60(\text{kN}\cdot\text{m})$$

$$M_{AD}^F=-\frac{100\times3\times2^2}{5^2}=-48(\text{kN}\cdot\text{m})$$

$$M_{DA}^F=+\frac{100\times2\times3^2}{5^2}=+72(\text{kN}\cdot\text{m})$$

$$M_{AC}^F=M_{CA}^F=M_{BA}^F=0$$

$$\sum M_{Aj}^F=M_{AB}^F+M_{AC}^F+M_{AD}^F=+60-48=+12(\text{kN}\cdot\text{m})$$

(2) 计算分配弯矩及传递弯矩。将结点 A 的不平衡力矩反号后按分配系数分配到各近端得到分配弯矩，同时各自按传递系数向远端传递得到传递弯矩。

$$M_{AB}^\mu=0.3\times(-12)=-3.6(\text{kN}\cdot\text{m})$$

$$M_{AD}^\mu=0.3\times(-12)=-3.6(\text{kN}\cdot\text{m})$$

$$M_{AC}^\mu=0.4\times(-12)=-4.8(\text{kN}\cdot\text{m})$$

$$M_{BA}^C=0$$

$$M_{CA}^C=\frac{1}{2}\times(-4.8)=-2.4(\text{kN}\cdot\text{m})$$

$$M_{DA}^C=\frac{1}{2}\times(-3.6)=-1.8(\text{kN}\cdot\text{m})$$

(3) 计算各杆最后杆端弯矩。近端弯矩等于分配弯矩加固端弯矩，远端弯矩等于传递弯矩加固端弯矩。

$$M_{AB}=M_{AB}^\mu+M_{AB}^F=-3.6+60=+56.4(\text{kN}\cdot\text{m})$$

$$M_{AC}=M_{AC}^\mu+M_{AC}^F=-4.8(\text{kN}\cdot\text{m})$$

$$M_{AD}=M_{AD}^\mu+M_{AD}^F=-3.6-48=-51.6(\text{kN}\cdot\text{m})$$

$$M_{BA}=M_{BA}^C+M_{BA}^F=0$$

$$M_{DA}=M_{DA}^C+M_{DA}^F=-1.8+72=+70.2(\text{kN}\cdot\text{m})$$

$$M_{CA}=M_{CA}^C+M_{CA}^F=-2.4(\text{kN}\cdot\text{m})$$

根据各杆端最后弯矩和已知荷载作用情况，即可作出最后弯矩图，如图 9-3（b）所示。

在用力矩分配法解题时，为了方便起见，可列表进行计算，详见表 9-2。列表时，可将同一结点的各杆端列在一起，以便于进行分配计算。同时，同一杆件的两个杆端尽可能列在一起，以便于进行传递计算。

表 9-2　　杆端弯矩的计算　　单位：kN·m

结　点	B	A			D	C
杆端	BA	AB	AC	AD	DA	CA
分配系数		0.3	0.4	0.3		
固端弯矩	0	+60	0	−48	+72	0
分配和传递弯矩	0	−3.6	−4.8	−3.6	−1.8	−2.4
最后弯矩	0	+56.4	−4.8	−51.6	+70.2	−2.4

【例 9-2】　试求图 9-4 所示等截面连续梁的杆端弯矩，并绘制弯矩图。

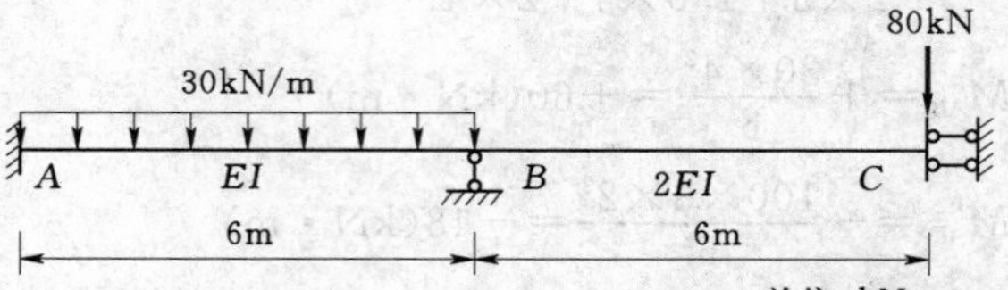

单位：kN·m

分配系数			2/3	1/3		
固端弯矩	−90		+90	−240		−240
分配和传递弯矩	+50	←	+100	+50	→	−50
最后弯矩	−40		+190	−190		−290

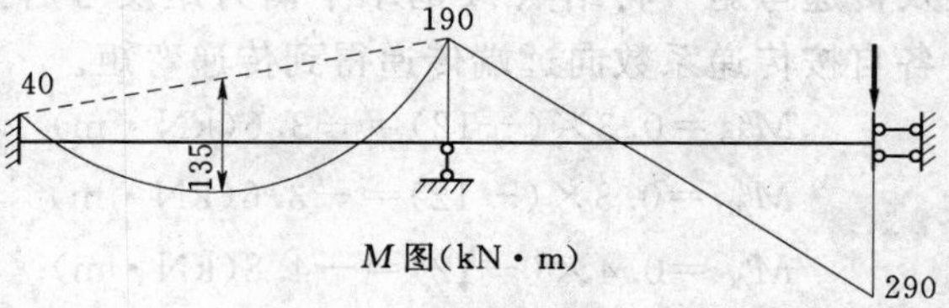

图 9-4　例 9-2 图

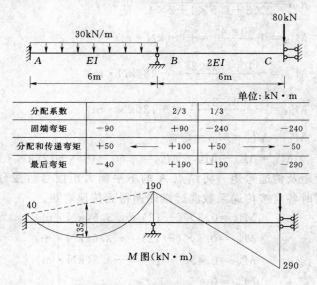

解： 对于连续梁，计算过程在梁的下方列表进行。

（1）计算各杆端分配系数、固端弯矩以及结点 B 的不平衡力矩。在计算分配系数时，为了简便起见，可采用相对刚度。为此，可设 $i_{AB}=\dfrac{EI}{6}=1$，则 $i_{BC}=2$。

$$\mu_{BA}=\frac{4\times1}{4\times1+1\times2}=\frac{2}{3}$$

$$\mu_{BC}=\frac{1\times2}{4\times1+1\times2}=\frac{1}{3}$$

$$M_{AB}^{F}=-\frac{30\times6^{2}}{12}=-90(\text{kN}\cdot\text{m})$$

$$M_{BA}^{F}=+\frac{30\times6^{2}}{12}=+90(\text{kN}\cdot\text{m})$$

$$M_{BC}^{F}=M_{CB}^{F}=-\frac{80\times6}{2}=-240(\text{kN}\cdot\text{m})$$

$$\sum M_{Bj}^{F}=M_{BA}^{F}+M_{BC}^{F}=+90-240=-150(\text{kN}\cdot\text{m})$$

(2) 计算分配弯矩及传递弯矩。将结点 B 的不平衡力矩反号后按分配系数分配到各近端得到分配弯矩，同时各自按传递系数向远端传递得到传递弯矩。

$$M_{BA}^{\mu}=\frac{2}{3}\times150=100(\text{kN}\cdot\text{m})$$

$$M_{BC}^{\mu}=\frac{1}{3}\times150=50(\text{kN}\cdot\text{m})$$

$$M_{AB}^{C}=\frac{1}{2}\times100=50(\text{kN}\cdot\text{m})$$

$$M_{CB}^{C}=-1\times50=-50(\text{kN}\cdot\text{m})$$

(3) 计算各杆最后杆端弯矩。近端弯矩等于分配弯矩加固端弯矩，远端弯矩等于传递弯矩加固端弯矩。

$$M_{BA}=M_{BA}^{\mu}+M_{BA}^{F}=+100+90=190(\text{kN}\cdot\text{m})$$

$$M_{BC}=M_{BC}^{\mu}+M_{BC}^{F}=+50-240=-190(\text{kN}\cdot\text{m})$$

$$M_{AB}=M_{AB}^{C}+M_{AB}^{F}=+50-90=-40(\text{kN}\cdot\text{m})$$

$$M_{CB}=M_{CB}^{C}+M_{CB}^{F}=-50-240=-290(\text{kN}\cdot\text{m})$$

在列表计算中，只需将表中对应于每一杆端的竖列弯矩值相加，就得到各杆端的最后弯矩值。

根据各杆端最后弯矩和已知荷载作用情况，即可作出最后弯矩图。

第二节　用力矩分配法计算连续梁和无侧移刚架

上节我们介绍了具有一个结点角位移的结构用力矩分配法的解算过程（简称为单结点力矩分配）。下面来介绍具有两个及两个以上结点角位移的连续梁和无侧移刚架用力矩分配法的解算过程（简称为多结点力矩分配）。

对于具有多个结点角位移无侧移的结构，只需依次对各结点重复使用单结点力矩分配的方法便可求解。

具体做法是：先将所有具有结点角位移的结点固定，计算各杆端的分配系数、固端弯矩及各结点的不平衡力矩；然后将各结点轮流地放松，即每次只放松一个结点，其他结点仍暂时固定，这样把各结点的不平衡力矩轮流地进行分配、传递，直到各结点的不平衡力矩小到可略去时，即可停止分配和传递；最后将各杆端的固端弯矩和屡次得到的分配弯矩和传递弯矩累加起来，便得到各杆端的最后杆端弯矩。

下面以图 9-5 所示等截面连续梁为例来说明多结点力矩分配。

首先，将两个结点 B、C 固定，求出各杆端的分配系数、固端弯矩及 B、C 两结点的不平衡力矩。

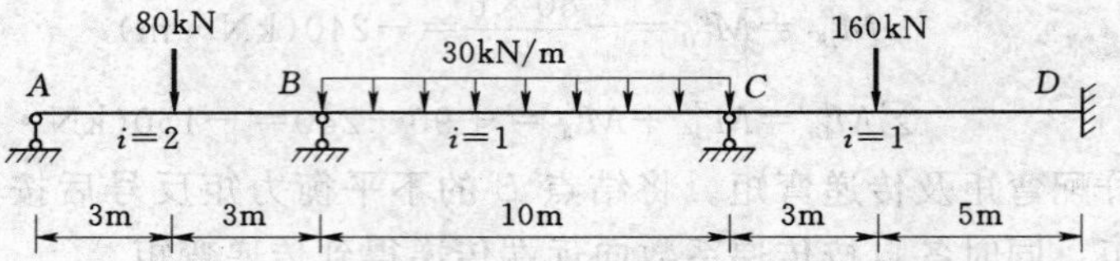

单位：kN·m

分配系数			0.6	0.4		0.5	0.5		
固端弯矩			+90	−250		+250	−187.5		+112.5
B一次分配传递	0	←	+96	+64	→	+32			
C一次分配传递				−23.6	←	−47.3	−47.3	→	−23.6
B二次分配传递	0	←	+14.2	+9.4	→	+4.7			
C二次分配传递				−1.2	←	−2.3	−2.3	→	−1.2
B三次分配传递	0	←	+0.7	+0.5	→	+0.3			
C三次分配传递						−0.1	−0.2		
最后弯矩	0		+200.9	−200.9		+237.3	−237.3		+87.7

图 9-5　多结点力矩分配示例

$$\mu_{BA}=\frac{3\times2}{3\times2+4\times1}=0.6$$

$$\mu_{BC}=\frac{4\times1}{3\times2+4\times1}=0.4$$

$$\mu_{CB}=\mu_{CD}=\frac{4\times1}{4\times1+4\times1}=0.5$$

$$M_{BA}^{F}=+\frac{3\times80\times6}{16}=+90(\text{kN}\cdot\text{m})$$

$$M_{AB}^{F}=0$$

$$M_{BC}^{F}=-\frac{30\times10^{2}}{12}=-250(\text{kN}\cdot\text{m})$$

$$M_{CB}^{F}=+\frac{30\times10^{2}}{12}=+250(\text{kN}\cdot\text{m})$$

$$M_{CD}^{F}=-\frac{160\times3\times5^{2}}{8^{2}}=-187.5(\text{kN}\cdot\text{m})$$

$$M_{DC}^{F}=+\frac{160\times5\times3^{2}}{8^{2}}=+112.5(\text{kN}\cdot\text{m})$$

$$\sum M_{Bj}^{F}=+90-250=-160(\text{kN}\cdot\text{m})$$

$$\sum M_{Cj}^{F}=+250-187.5=+62.5(\text{kN}\cdot\text{m})$$

其次，采用逐个结点依次放松的办法，使结点逐步恢复到实际的平衡位置。①设想只先放松结点 B，而使该结点上的各杆端弯矩单独趋于平衡，此时，由于其他结点仍暂时固定，故在以该结点为中心的计算单元上，可利用单结点力矩分配消去该结点上的不平衡力矩；②再将结点 B 重新固定，单独放松结点 C 以消去该结点上的不平衡力矩，但是由于结点 C 被放松时，已重新固定的结点 B 上又传递来新的不平衡力矩，于是再将结点 C 重新固定，单独放松结点 B 以消去该结点上的不平衡力矩。如此循环下去，就可使各结点上的不平衡力矩越来越小而使所得结果逐渐接近于真实情况。

现将此计算过程叙述如下：先放松不平衡力矩较大的结点 B，对结点 B 进行一次分配

和传递，放松结点 B 时，结点 C 仍固定，则得分配弯矩和传递弯矩为

$$M^{\mu}_{BA}=0.6\times160=96(\text{kN}\cdot\text{m})$$

$$M^{\mu}_{BC}=0.4\times160=64(\text{kN}\cdot\text{m})$$

$$M^{C}_{AB}=0$$

$$M^{C}_{CB}=\frac{1}{2}\times64=32(\text{kN}\cdot\text{m})$$

此时结点 B 暂时获得平衡，结点 B 就随之转动了一个角度（但还没有转到实际的平衡位置）。

再放松结点 C，对结点 C 进行一次分配和传递，重新固定结点 B，放松结点 C。结点 C 上原有不平衡力矩＋62.5kN·m，再加上结点 B 传来的传递弯矩＋32kN·m，故结点 C 上现有不平衡力矩＋62.5＋32＝＋94.5（kN·m），则得分配弯矩和传递弯矩为

$$M^{\mu}_{CB}=M^{\mu}_{CD}=0.5\times(-94.5)=-47.3(\text{kN}\cdot\text{m})$$

$$M^{C}_{BC}=M^{C}_{DC}=\frac{1}{2}\times(-47.3)=-23.6(\text{kN}\cdot\text{m})$$

此时结点 C 暂时获得平衡，结点 C 就随之转动了一个角度（也没有转到实际的平衡位置）。

这是本结构力矩分配计算的第一轮。

再看结点 B，由于放松结点 C 时又传递来新的不平衡力矩－23.6kN·m，不过其值比前一次的不平衡力矩已减小许多。对结点 B 进行二次分配和传递，重新固定结点 C，放松结点 B，则得分配弯矩和传递弯矩为

$$M^{\mu}_{BA}=0.6\times23.6=14.2(\text{kN}\cdot\text{m})$$

$$M^{\mu}_{BC}=0.4\times23.6=9.4(\text{kN}\cdot\text{m})$$

$$M^{C}_{AB}=0$$

$$M^{C}_{CB}=\frac{1}{2}\times9.4=4.7(\text{kN}\cdot\text{m})$$

此时结点 B 又一次暂时获得平衡，结点 B 就又随之转动了一个角度（但还没有转到实际的平衡位置）。

再看结点 C，由于放松结点 B 时又传递来新的不平衡力矩＋4.7kN·m，其值比前一次的不平衡力矩也减小许多。对结点 C 进行二次分配和传递，重新固定结点 B，放松结点 C，则得分配弯矩和传递弯矩为

$$M^{\mu}_{CB}=M^{\mu}_{CD}=0.5\times(-4.7)=-2.3(\text{kN}\cdot\text{m})$$

$$M^{C}_{BC}=M^{C}_{DC}=\frac{1}{2}\times(-2.3)=-1.2(\text{kN}\cdot\text{m})$$

此时结点 C 又一次暂时获得平衡，结点 C 就又随之转动了一个角度（但还没有转到实际的平衡位置）。

这是本结构力矩分配计算的第二轮。

如此反复地将各结点轮流地固定、放松，不断地进行力矩分配和传递，则不平衡力矩的

数值将越来越小，直到不平衡力矩的数值小到按精度要求可以略去时，便可停止计算。这时各结点经过逐次转动，也就逐渐逼近了其实际的平衡位置。

第三，将各杆端的固端弯矩和屡次得到的分配弯矩和传递弯矩累加起来，便得到各杆端的最后弯矩。

【例 9-3】　试用力矩分配法计算图 9-6 (a) 所示刚架。EI＝常数。

解： 用力矩分配法计算无侧移刚架与计算连续梁的步骤完全相同，为了方便起见，其计算过程可列表进行，全部计算见表 9-3，表中弯矩单位为 kN·m。然后根据各杆端最后弯矩和已知荷载作用情况，即可作出最后弯矩图，如图 9-6 (b) 所示。

由于本例刚架为对称结构，可利用对称性将荷载分为正、反对称两组，分别取它们各自相应的半刚架用力矩分配法计算，然后叠加正、反对称荷载两种情况下的杆端弯矩，即可得到所求各杆端的最后弯矩。

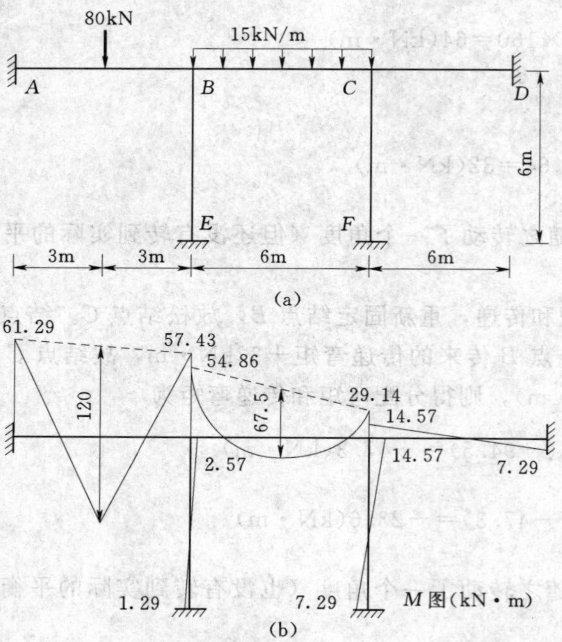

图 9-6　例 9-3 图

表 9-3　　杆端弯矩的计算

结点	E	A	B			C			D	F
杆端	EB	AB	BA	BE	BC	CB	CF	CD	DC	FC
分配系数			1/3	1/3	1/3	1/3	1/3	1/3		
固端弯矩	0	−60	+60	0	−45	+45	0	0	0	0
C 一次分配传递					−7.5	−15	−15	−15	−7.5	−7.5
B 一次分配传递	−1.25	−1.25	−2.5	−2.5	−2.5	−1.25				
C 二次分配传递					+0.21	+0.42	+0.42	+0.42	+0.21	+0.21
B 二次分配传递	−0.04	−0.04	−0.07	−0.07	−0.07	−0.04				
C 三次分配传递						+0.01	+0.01	+0.01		
最后弯矩	−1.29	−61.29	+57.43	−2.57	−54.86	+29.14	−14.57	−14.57	−7.29	−7.29

【例 9-4】　试用力矩分配法计算图 9-7 所示带悬臂的等截面连续梁，并作弯矩图。

解： 首先固定结点 B、C、D，然后先放松结点 D（只放松一次），再轮流地多次放松结点 B、C（结点 D 不再固定，保持为铰支）。

(1) 计算各杆端固端弯矩

$$M_{AB}^F=-\frac{30\times2^2\times4}{6^2}-\frac{30\times2\times4^2}{6^2}=-40(\text{kN}\cdot\text{m})$$

$$M_{BA}^F=+\frac{30\times2^2\times4}{6^2}+\frac{30\times2\times4^2}{6^2}=+40(\text{kN}\cdot\text{m})$$

$$M_{BC}^{F}=-\frac{40\times4}{8}=-20(\text{kN}\cdot\text{m})$$

$$M_{CB}^{F}=+\frac{40\times4}{8}=+20(\text{kN}\cdot\text{m})$$

$$M_{CD}^{F}=-\frac{8\times6^{2}}{12}=-24(\text{kN}\cdot\text{m})$$

$$M_{DC}^{F}=+\frac{8\times6^{2}}{12}=+24(\text{kN}\cdot\text{m})$$

$$M_{DE}^{F}=-10\times2=-20(\text{kN}\cdot\text{m})$$

$$M_{ED}^{F}=0$$

(2) 计算各杆端分配系数（注意放松结点 C 时，结点 D 不再固定，为铰支，则 $S_{CD}=3i_{CD}$），为简化计算，设 $EI=6$，则有 $i_{AB}=\frac{6}{6}=1$，$i_{BC}=\frac{6}{4}=1.5$，$i_{CD}=\frac{2\times6}{6}=2$。

$$\mu_{DE}=\frac{0}{4\times2+0}=0$$

$$\mu_{DC}=\frac{4\times2}{4\times2+0}=1$$

$$\mu_{CD}=\mu_{CB}=\frac{3\times2}{3\times2+4\times1.5}=0.5$$

$$\mu_{BA}=\frac{4\times1}{4\times1+4\times1.5}=0.4$$

$$\mu_{BC}=\frac{4\times1.5}{4\times1+4\times1.5}=0.6$$

(3) 放松结点 D，得分配弯矩和传递弯矩为

$$M_{DC}^{\mu}=1\times(-4)=-4(\text{kN}\cdot\text{m})$$

$$M_{DE}^{\mu}=0\times(-4)=0$$

$$M_{CD}^{C}=\frac{1}{2}\times(-4)=-2(\text{kN}\cdot\text{m})$$

$$M_{ED}^{C}=0$$

(4) 轮流单独地放松结点 B、C，逐次进行力矩分配和传递。为了使计算时收敛较快，分配宜从不平衡力矩数值较大的结点开始，本例先放松结点 B。此外，由于放松结点 B 时，结点 C 是固定的，故对结点 B 的一次放松可与结点 D 的一次放松同时进行。并由此可知，凡不相邻各结点每次均可同时放松，这样便可加快收敛的速度。

(5) 最后，将各杆端的固端弯矩和屡次得到的分配弯矩和传递弯矩累加起来，便可得到各杆端的最后弯矩。然后根据各杆端最后弯矩和已知荷载作用情况，即可作出最后弯矩图。

图 9-7 所示梁的悬臂 DE 为一静定部分，该部分的内力按静力平衡条件即可求得：$M_{DE}=-20\text{kN}\cdot\text{m}$，$F_{SDE}=10\text{kN}$。若将悬臂部分去掉，而将 M_{DE} 和 F_{SDE} 作为外力作用于结点 D 处，则结点 D 就转化为铰支端，即可将悬臂部分 DE 及其荷载简化为一个作用于结点 D 的力偶 $M=20\text{kN}\cdot\text{m}$ 来进行计算（剪力 F_{SDE} 直接由支座承担，对结构内力无影响，不予考虑）。

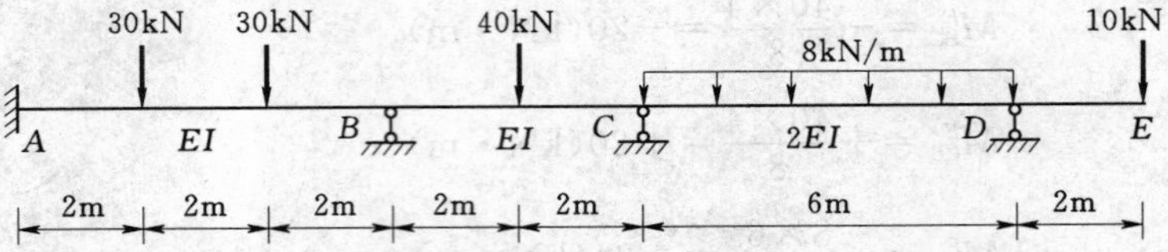

分配系数		0.4	0.6	0.5	0.5	1	0	
固端弯矩(kN·m)	−40	+40	−20	+20	−24	+24	−20	0
B一次分配传递	−4 ←	−8	−12 →	−6	−2 ←	−4	0	
C一次分配传递(kN·m)			+3 ←	+6	+6 →	0		
B二次分配传递	−0.6 ←	−1.2	−1.8 →	−0.9				
C二次分配传递			+0.22 ←	+0.45	+0.45 →	0		
B三次分配传递	−0.05 ←	−0.09	−0.13 →	−0.06				
C三次分配传递				+0.03	+0.03			
最后弯矩(kN·m)	−44.65	+30.71	−30.71	+19.52	−19.52	+20	−20	0

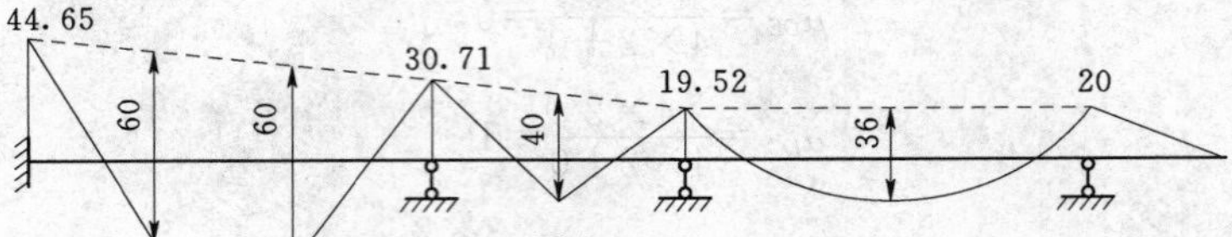

M图(kN·m)

图 9-7　例 9-4 图

第三节　力矩分配法和位移法的联合应用

力矩分配法只能用于无结点线位移的刚架，对于有结点线位移（简称有侧移）的刚架则不再适用。为此，可联合应用力矩分配法和位移法求解，用力矩分配法考虑角位移的影响，用位移法考虑线位移的影响。现以图 9-8（a）所示刚架为例来介绍联合应用力矩分配法和位移法计算有侧移刚架。

首先，用位移法求解。如图 9-8（a）所示刚架有两个结点角位移和一个结点线位移，但在计算时我们只以结点线位移为基本未知量，至于结点角位移则不作为基本未知量，在基本结构中只加链杆控制结点的线位移而不加刚臂控制结点的角位移，得到基本体系如图 9-8（b)所示，基本体系的两个分解状态如图 9-8（c)、图 9-8（d）所示。设基本结构在荷载作用下附加链杆上的反力为 R_{1P}，如图 9-8（d）所示，而基本结构发生与原结构相同的结点线位移 Z_1 时附加链杆上的反力为 $r_{11}Z_1$，如图 9-8（c）所示，这里 r_{11} 是基本结构在 $Z_1=1$ 时链杆上的反力，如图 9-8（e）所示。根据位移法原理，基本体系中附加链杆上的总反力 R_1 应等于零，于是按照叠加原理，可建立位移法典型方程为

$$R_1=r_{11}Z_1+R_{1P}=0$$

其次，用力矩分配法计算。为了确定自由项 R_{1P} 和系数 r_{11}，需分别求出基本结构在荷载和单位线位移 $Z_1=1$ 作用下的弯矩 M_P 和 $\overline{M}_1$。在基本结构中，结点线位移是给定的，只有结点角位移是未知量，因此，M_P 和 $\overline{M}_1$ 都可以用力矩分配法求得，其计算过程见表 9-4，表中弯矩单位为 kN·m。对于 M_P 的计算，与前述相同。现仅就 $\overline{M}_1$ 的计算栏内的固端弯矩

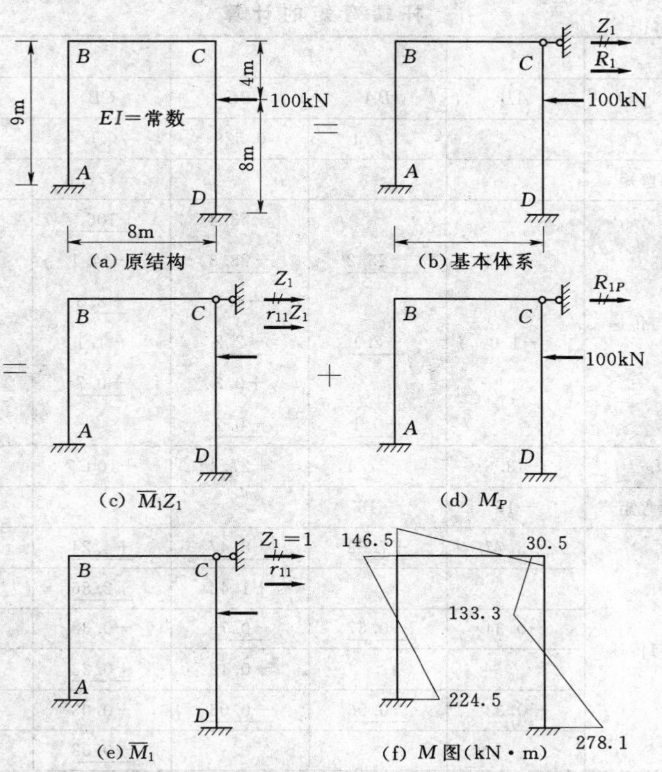

图 9-8 力矩分配法与位移法联合应用示例

的来由加以说明。基本结构由于 $Z_1=1$ 的作用，这相当于无侧移刚架发生已知支座位移的情况，则有

$$M_{AB}^F=M_{BA}^F=-\frac{6i_{AB}}{l_{AB}}=-\frac{6EI}{l_{AB}^2}=-\frac{6EI}{9^2}=-16\times\frac{EI}{216}$$

$$M_{CD}^F=M_{DC}^F=-\frac{6i_{CD}}{l_{CD}}=-\frac{6EI}{l_{CD}^2}=-\frac{6EI}{12^2}=-9\times\frac{EI}{216}$$

为了计算方便起见，其共同因子 $\frac{EI}{216}$ 在作力矩分配时暂不计入，而在所得结果中再乘以该值。

基本结构在荷载和单位位移 $Z_1=1$ 作用下的弯矩 M_P 和 $\overline{M}_1$ 求出后，利用静力平衡条件，即可得到系数 r_{11} 和自由项 R_{1P} 为

$$r_{11}=\left[-\frac{(-12.6-9.2)}{9}-\frac{(-6.94-7.97)}{12}\right]\times\frac{EI}{216}=3.66\times\frac{EI}{216}$$

$$R_{1P}=-\frac{(-13.6-27.4)}{9}-\frac{(-100.7+127.5)}{12}+\frac{2}{3}\times100=69.1$$

将 r_{11} 及 R_{1P} 代入典型方程可解得

$$Z_1=-\frac{R_{1P}}{r_{11}}=-\frac{69.1}{3.66}\times\frac{216}{EI}=-18.9\times\frac{216}{EI}$$

表 9-4　　　　杆端弯矩的计算

结点		A	B		C		D
杆端		AB	BA	BC	CB	CD	DC
分配系数			0.471	0.529	0.6	0.4	
M_P 的计算	固端弯矩				−177.8	+88.9	
	分配与传递			+53.4	+106.7	+71.1	+35.6
		−12.6	−25.2	−28.3	−14.1		
				+4.3	+8.5	+5.6	+2.8
		−1.0	−2.1	−2.2	−1.1		
				+0.3	+0.7	+0.4	+0.2
			−0.1	−0.2			
	M_P	−13.6	−27.4	+27.4	+100.7	−100.7	+127.5
$\overline{M}_1$ 的计算	固端弯矩	−16	−16			−9	−9
	分配与传递	+3.77	+7.53	+8.47	+4.24		
				+1.43	+2.86	+1.90	+0.95
		−0.34	−0.67	−0.76	−0.38		
				+0.12	+0.23	+0.15	+0.08
		−0.03	−0.06	−0.06	−0.03		
					+0.02	+0.01	
	$\overline{M_1}$	−12.6	−9.2	+9.2	+6.94	−6.94	−7.97
$\overline{M}_1 Z_1$		+238.1	+173.9	−173.9	−131.2	+131.2	+150.6
$M=\overline{M}_1 Z_1+M_P$		+224.5	+146.5	−146.5	−30.5	+30.5	+278.1

刚架最后弯矩可由叠加法求得

$$M=\overline{M}_1 Z_1+M_P$$

根据各杆端的最后弯矩及已知荷载作用情况，即可作出最后弯矩图，如图 9-8（f）所示。

上面我们讨论的是一个线位移的最简单情况，对于具有多个结点线位移的情况（如多层刚架）采用同样的处理方法，即同样通过加入附加链杆得到无结点线位移的基本结构，根据附加链杆上反力等于零的条件建立位移法方程，然后用力矩分配法求出 M_P 和$\overline{M}_1$，利用静力平衡条件求得系数和自由项，解位移法方程求得各未知线位移，最后用叠加法得到最后弯矩。不过，此时需解联立方程组，所以，联合运用力矩分配法和位移法解题的方法适宜计算单层多跨刚架，对于具有多个线位移的多层刚架，计算仍然是很麻烦的。

第四节　无剪力分配法

对于无侧移刚架采用力矩分配法即可求解，对于有侧移刚架，则联合应用力矩分配法和位移法来求解，但是当有侧移刚架满足某些特定条件时，采用无剪力分配法来计算则更加简便。

单跨对称刚架在反对称荷载作用下取一半结构来计算的半刚架是满足这些特定条件的一

个典型例子。下面就以图 9－9（a）所示单层单跨对称刚架的半刚架为例来说明无剪力分配法。

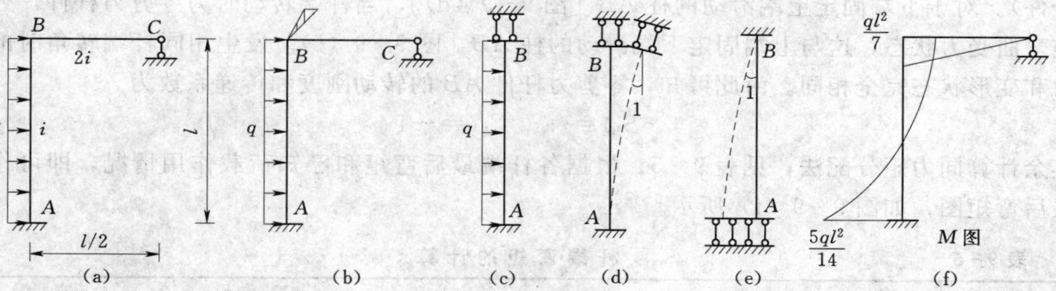

图 9－9　无剪力分配法示例

此半刚架的变形和受力有如下特点：横梁 BC 虽有水平位移但两端结点没有相对线位移（即没有垂直杆轴的相对线位移），这种杆件称为无侧移杆件；竖柱 AB 两端结点虽有相对线位移，但由于支座 C 处无水平反力，故柱 AB 的剪力是静定的（剪力可根据静力平衡条件直接求出），这种杆件称为剪力静定杆件。可见，无剪力分配法的适用条件是：刚架中除无侧移杆件外，其余杆件都是剪力静定杆件。如立柱只有一根而各横梁外端的支杆均与立柱平行［如图 9－10（a）］就属于这种情况。至于图 9－10（b）所示有侧移刚架，竖柱 AB 和 CD 既不是无侧移杆件，也不是剪力静定杆件，故这种刚架不能直接用无剪力分配法求解。

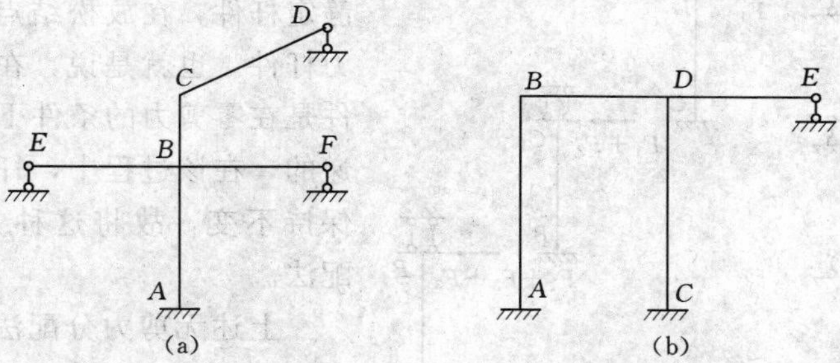

图 9－10　无剪力分配法适用条件

无剪力分配法的计算过程与力矩分配法是一样的。首先，固定结点。我们只加刚臂阻止结点 B 的转动，而不加链杆阻止其线位移，如图 9－9（b）所示，这样柱 AB 的上端虽不能转动但仍可自由地水平滑动，故相当于下端固定上端滑动的梁，如图 9－9（c）所示。至于横梁 BC 则因其平移并不影响本身内力，仍相当于一端固定另一端铰支的梁，则可得固端弯矩为

$$M_{AB}^F = -\frac{ql^2}{3}$$

$$M_{BA}^F = -\frac{ql^2}{6}$$

结点 B 的不平衡力矩暂时由刚臂承担。此时柱 AB 的剪力仍然是静定的，例如顶点 B 处的剪力已知为零。

其次，放松结点。为了消除刚臂上的不平衡力矩，在其上加一反号的不平衡力矩，并对

该力矩进行分配和传递，以达到放松结点的目的。此时柱 AB 的上端结点 B 既有转角，同时也有侧移，其上各截面的剪力都为零，因而各截面的弯矩为一常数（这种杆件称为零剪力杆件）。对于下端固定上端滑动的柱 AB [图 9－9（d）]，当杆端转动时为零剪力杆件，处于纯弯曲受力状态，这与上端固定下端滑动的柱 AB [图 9－9（e）] 发生相同杆端转角时的受力和变形状态完全相同。由此可知，零剪力杆件 AB 的转动刚度和传递系数为

$$S_{BA}=i,\quad C_{BA}=-1$$

其余计算同力矩分配法，见表 9－5。根据各杆端最后弯矩和已知荷载作用情况，即可作出最后弯矩图，如图 9－9（f）所示。

表 9－5　　杆端弯矩的计算

结　点	A	B		C
杆端	AB	BA	BC	CB
分配系数		1/7	6/7	
固端弯矩	$-\frac{ql^2}{3}$	$-\frac{ql^2}{6}$	0	0
分配与传递弯矩	$-\frac{ql^2}{42}$	$+\frac{ql^2}{42}$	$+\frac{ql^2}{7}$	0
最后弯矩	$-\frac{5ql^2}{14}$	$-\frac{ql^2}{7}$	$+\frac{ql^2}{7}$	0

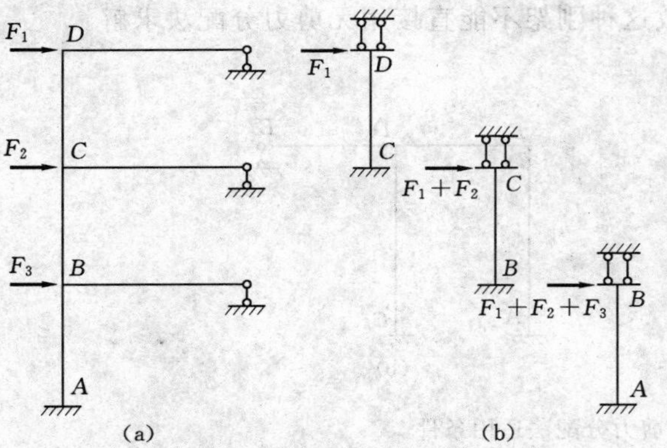

图 9－11　多层刚架中剪力静定杆件

可见，在固定结点时，柱 AB 是剪力静定杆件，在放松结点时，柱 AB 是零剪力杆件。也就是说，在放松结点时，该杆件是在零剪力的条件下进行力矩分配和传递的，在该过程中，杆件上的原有剪力将保持不变，故将这种方法称为无剪力分配法。

上述无剪力分配法亦可以推广到多层刚架的情况。图 9－11（a）所示刚架为一三层刚架，各横梁均为无侧移杆，各竖柱则均为剪力静定杆。

首先，固定结点。在结点 B、C、D 上加刚臂阻止结点的转动，但并不加链杆阻止其线位移。此时各层柱子两端均无转角，但有侧移，均可视为下端固定上端滑动的梁，并且根据静力平衡条件可得各层柱顶剪力值分别为

$$F_{SDC}=F_1$$
$$F_{SCB}=F_1+F_2$$
$$F_{SBA}=F_1+F_2+F_3$$

可见，其值等于柱顶以上各层所有水平荷载的代数和。

总之，对于刚架中任何形式的剪力静定杆，求固端弯矩时都将其视为下端固定上端滑动的梁，然后将根据静力平衡条件求出的柱顶剪力看作杆端荷载，与本层柱身承受的荷载共同作用，得到该剪力静定杆的固端弯矩，如图 9－11（b）所示。

其次，放松结点。此时刚架中的剪力静定杆均为零剪力杆件，这些零剪力杆件的转动刚度和传递系数与单层刚架情况完全相同，均为

$$S=i$$

$$C=-1$$

对于那些无侧移杆件，处理方法同单层刚架一样，虽都有水平位移，但并不影响本身内力，都将其看作一端固定一端铰支的梁。其余计算同力矩分配法，不再赘述。

【例 9-5】 试作图 9-12（a）所示刚架的弯矩图。

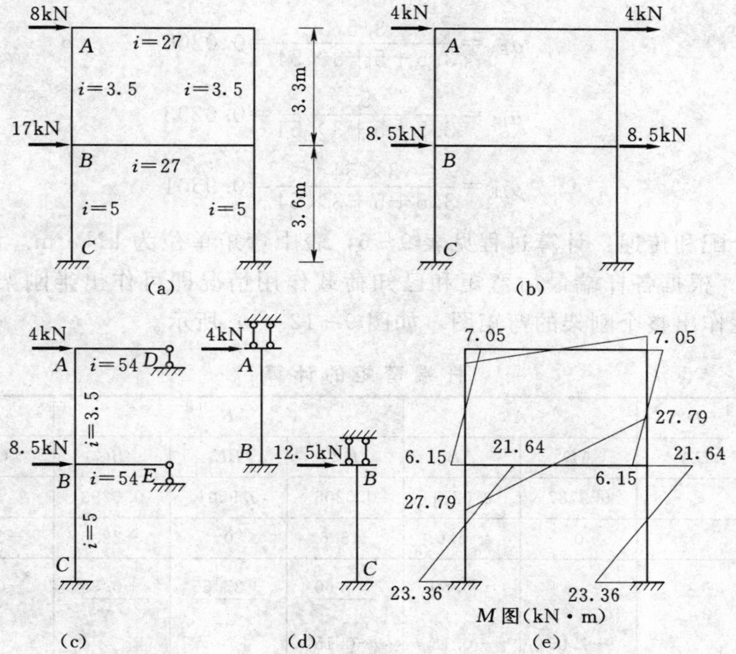

图 9-12 例 9-5 图

解： 由于该刚架为对称结构，故将荷载分为对称和反对称两组。对称荷载对弯矩无影响，不予考虑。反对称荷载作用下［图 9-12（b）］，可取其一半结构［图 9-12（c）］来计算。注意横梁长度减少一半，故线刚度增大一倍，即

$$i_{AD}=i_{BE}=2\times27=54$$

（1）计算固端弯矩：柱 AB 和 BC 为剪力静定杆件，利用静力平衡条件可得柱顶剪力分别为

$$F_{SAB}=4\text{kN}$$

$$F_{SBC}=4+8.5=12.5(\text{kN})$$

将柱顶剪力看作杆端荷载，按图 9-12（d）所示即可求得固端弯矩为

$$M_{AB}^{F}=M_{BA}^{F}=-\frac{4\times3.3}{2}=-6.6(\text{kN}\cdot\text{m})$$

$$M_{BC}^{F}=M_{CB}^{F}=-\frac{12.5\times3.6}{2}=-22.5(\text{kN}\cdot\text{m})$$

（2）计算分配系数：柱 AB 和 BC 为剪力静定杆件，在放松结点时，都是零剪力杆件，

故其转动刚度分别为

$$S_{AB}=i_{AB}=3.5$$

$$S_{BC}=i_{BC}=5$$

则可求得分配系数为

$$\mu_{AB}=\frac{3.5}{3.5+3\times54}=0.0211$$

$$\mu_{AD}=\frac{3\times54}{3.5+3\times54}=0.9789$$

$$\mu_{BA}=\frac{3.5}{3.5+5+3\times54}=0.0206$$

$$\mu_{BC}=\frac{5}{3.5+5+3\times54}=0.0293$$

$$\mu_{BE}=\frac{3\times54}{3.5+5+3\times54}=0.9501$$

(3) 力矩分配和传递：计算过程见表 9-6，表中弯矩单位为 kN·m。注意：立柱的传递系数都为−1。根据各杆端最后弯矩和已知荷载作用情况即可作出半刚架的最后弯矩图，然后利用对称性作出整个刚架的弯矩图，如图 9-12（e）所示。

表 9-6　　杆端弯矩的计算

结　点	D	A		B			C	E
杆端	DA	AD	AB	BA	BE	BC	CB	EB
分配系数		0.9787	0.0211	0.0206	0.9501	0.0293		
固端弯矩(kN·m)	0	0	−6.6	−6.6	0	−22.5	−22.5	0
分配与传递		 +7.05 	−0.60 +0.15 	+0.60 −0.15 0	+27.65 +0.14	+0.85 +0.01	−0.85 −0.01	
最后弯矩(kN·m)	0	+7.05	−7.05	−6.15	+27.79	−21.64	−23.36	0

小　结

力矩分配法和无剪力分配法都是属于位移法范畴的一种渐进解法。所不同的是，位移法是通过建立和解算联立方程来同时放松各结点，结果是精确的；而力矩分配法和无剪力分配法则是通过依次放松各结点以消去其上的不平衡力矩来修正各杆端的弯矩值，使其逐渐接近于真实的弯矩值，所以称它们为渐进解法。

力矩分配法和无剪力分配法共同的优点是：无需建立和解算联立方程，收敛速度快（一般只需分配两轮或三轮），力学概念明确，能直接算出最后杆端弯矩。它们共同的缺点是适用范围小，力矩分配法只适用于连续梁和无侧移刚架，而无剪力分配法只适用于除无侧移杆件外其余杆件均为剪力静定杆件的刚架。对于一般有结点线位移的刚架，则联合应用力矩分配法和位移法来求解，这样能够充分发挥两种方法的优点，使计算更加简便。

力矩分配法的应用有单结点力矩分配和多结点力矩分配，单结点力矩分配是力矩分配法的基础，多结点力矩分配实际上就是重复进行的单结点力矩分配。单结点的结构通过一次力矩分配和传递（单结点力矩分配）就完成了对结点的放松，结果是精确的。多结点的结构则需进行多结点力矩分配，即依次对各结点重复进行单结点力矩分配，其结果的精度随计算轮次的增加而提高，最后收敛于精确解。一般当结点的不平衡力矩降低为各结点的最大初始不平衡力矩的1%左右或达到所需精度要求时，便可认为该不平衡力矩已可略去不计，即各结点已放松完毕，各结点都已转动到实际的平衡位置，便可停止计算。

在放松结点时，我们可以遵循任意次序进行，但为了使计算收敛的速度快些，宜从不平衡力矩数值较大的结点开始放松，且不相邻的各结点每次均可同时放松，这样也能够加快收敛的速度。

虽然随着计算机在结构计算中的不断推广，渐进法这类手算方法的应用会有所减少，但在未知量较少的工程计算中仍不失为一种简便实用的解法。

思　考　题

9-1　什么是转动刚度？转动刚度与哪些因素有关？

9-2　什么是传递系数？传递系数与哪些因素有关？

9-3　什么是分配系数？为什么每一结点处各杆端的分配系数之和等于1？

9-4　什么是结点不平衡力矩？如何计算结点不平衡力矩？为什么要将它反号后才能进行分配？

9-5　什么是分配弯矩和传递弯矩？它们是如何得到的？

9-6　力矩分配法的适用条件是什么？它的基本运算有哪些步骤？每一步的物理意义是什么？

9-7　在多结点力矩分配时，为什么每次只放松一个结点？可以同时放松多个结点吗？在什么条件下可以同时放松多个结点？

9-8　为什么力矩分配法的计算过程是收敛的？

9-9　支座移动时，可以用力矩分配法计算吗？什么情况下可以？什么情况下不可以？

9-10　力矩分配法只适用于无结点线位移的结构，当这类结构发生已知支座移动时结点是有线位移的，为什么还可以用力矩分配法计算？

9-11　为什么对于一般有结点线位移的刚架联合应用力矩分配法和位移法求解，能够充分发挥两种方法的优点？

9-12　联合应用力矩分配法和位移法适宜解算哪种类型的结构？为什么？

9-13　无剪力分配法的适用条件是什么？为什么称为无剪力分配法？

习　题

9-1　用力矩分配法求习题9-1图示连续梁的杆端弯矩，并绘弯矩图。

9-2　用力矩分配法求习题9-2图示刚架的杆端弯矩，并绘弯矩图。

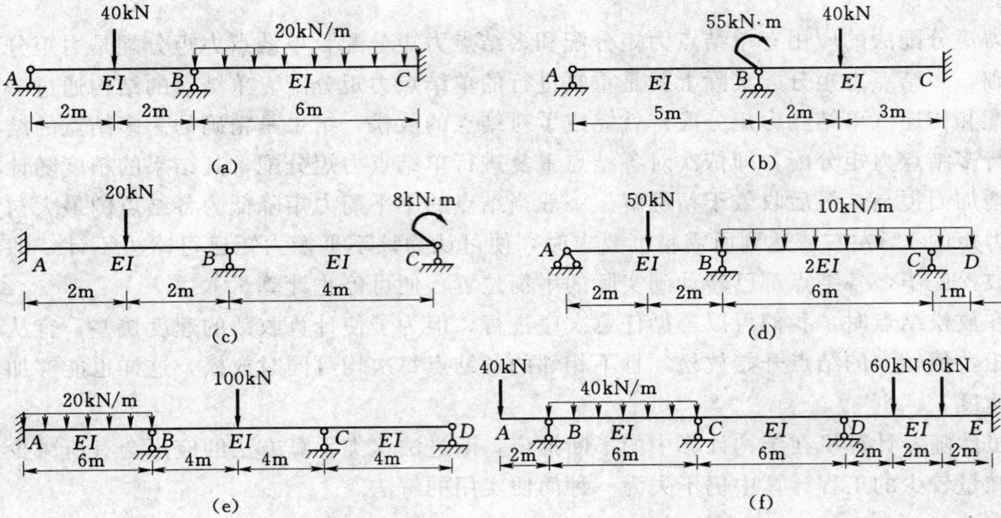

习题 9－1 图

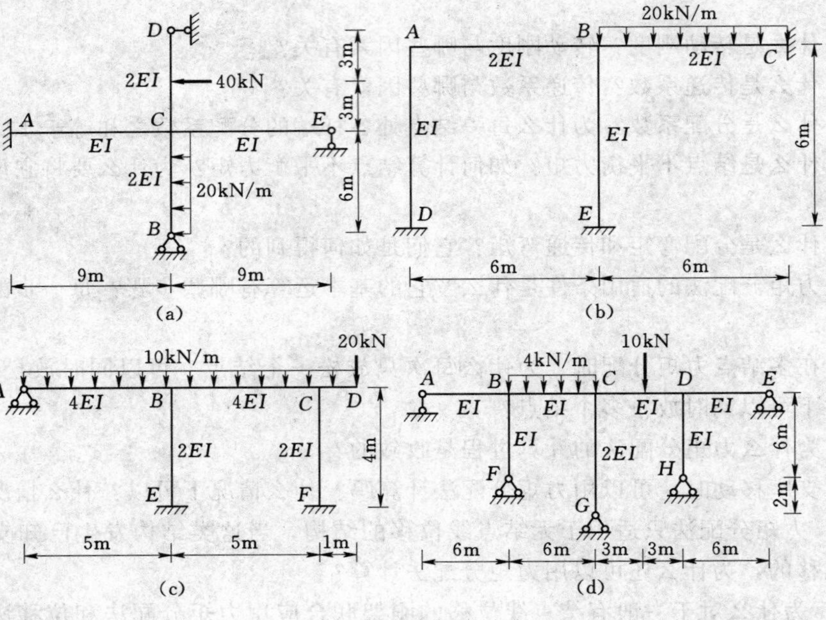

习题 9－2 图

9－3　如习题 9－3 图示等截面连续梁 $EI=36000\text{kN}\cdot\text{m}$，在图示荷载作用下，欲使梁中最大负弯矩的绝对值相等，应将 B、C 两支座同时升降多少？

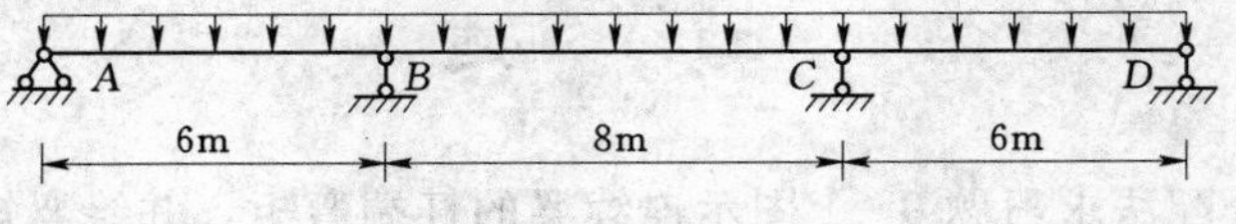

习题 9－3 图

9-4 试联合应用力矩分配法和位移法计算图示刚架，并绘弯矩图。

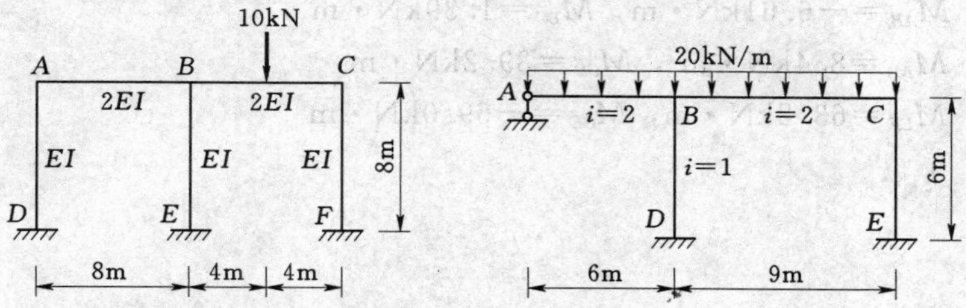

(a) (b)

习题 9-4 图

9-5 用无剪力分配法计算习题 9-5 图示刚架，并绘弯矩图。

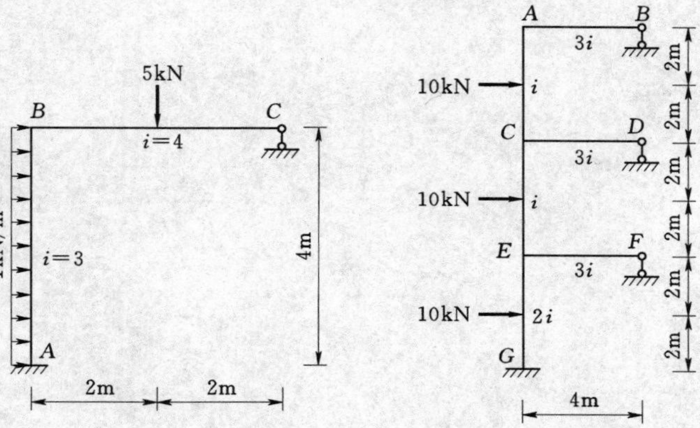

(a) (b)

习题 9-5 图

参 考 答 案

9-1 (a) $M_{BA}=45.87\text{kN}\cdot\text{m}$

(b) $M_{BA}=35.9\text{kN}\cdot\text{m}$，$M_{CB}=43.1\text{kN}\cdot\text{m}$

(c) $M_{BA}=2\text{kN}\cdot\text{m}$，$M_{AB}=-14\text{kN}\cdot\text{m}$

(d) $M_{BA}=39.64\text{kN}\cdot\text{m}$

(e) $M_{BA}=99.2\text{kN}\cdot\text{m}$，$M_{CD}=-57.4\text{kN}\cdot\text{m}$

(f) $M_{CB}=66.3\text{kN}\cdot\text{m}$，$M_{DC}=15.4\text{kN}\cdot\text{m}$

9-2 (a) $M_{CA}=7.2\text{kN}\cdot\text{m}$，$M_{CB}=5.5\text{kN}\cdot\text{m}$

(b) $M_{BA}=-336\text{kN}\cdot\text{m}$，$M_{BD}=85\text{kN}\cdot\text{m}$

(c) $M_{BA}=27.29\text{kN}\cdot\text{m}$，$M_{CB}=22.83\text{kN}\cdot\text{m}$

(d) $M_{CB}=12.73\text{kN}\cdot\text{m}$

9-3 19mm（↓）

9-4 (a) $M_{BA}=4.81\text{kN}\cdot\text{m}$，$M_{BC}=-8.53\text{kN}\cdot\text{m}$

（b）$M_{BC}=-152.3\text{kN}\cdot\text{m}$，$M_{BD}=33.2\text{kN}\cdot\text{m}$

9－5　（a）$M_{AB}=-6.61\text{kN}\cdot\text{m}$，$M_{BC}=1.39\text{kN}\cdot\text{m}$

（b）$M_{AB}=8.4\text{kN}\cdot\text{m}$，$M_{CD}=39.2\text{kN}\cdot\text{m}$

$M_{EF}=63.2\text{kN}\cdot\text{m}$，$M_{GE}=-69.0\text{kN}\cdot\text{m}$

第十章　影响线及其应用

第一节　影响线的概念

前面几章中，我们讨论了结构在恒载作用下的计算。这类荷载不仅在大小和方向上不变，而且它们的作用点在结构上的位置也是固定不动的，故结构的反力和各界面的内力是不变的。但一般工程结构除了承受固定的荷载作用外，还要受到移动荷载的作用。例如在桥梁上行驶的火车和汽车，厂房中的吊车梁受到吊车荷载等。这些荷载的作用点在结构上是不断移动的，因而结构的反力和各截面的内力也将随荷载位置的移动而变化，为此需要研究内力的变化范围和变化规律。在结构设计中，必须求出移动荷载作用下反力和内力的最大值。为了解决这个问题，我们就需要研究荷载移动时反力和内力的变化规律。然而不同的反力和不同截面的内力变化规律是各不相同的，即使同一截面，不同的内力（如弯矩和剪力）变化规律也不相同。如图 10－1 所示简支梁，当小车由左向右移动时反力 F_A 将逐渐减小，而反力 F_B 却逐渐增大。因此，在研究移动荷载对结构的影响时，我们一次只宜对一个截面的某一量值进行讨论。显然，要求出某一量值的最大值，必须先确定产生这种最大值的荷载位置。这一荷载位置称为该量值的最不利荷载位置。

在工程实际中所遇到的移动荷载通常是间距不变的平行荷载和均布荷载，而其类型是多种多样的。为简便起见，我们先研究一个竖向集中荷载 $F_P=1$ 在结构上移动时，对于某一指定量值（例如某一反力或某一截面的某一内力或某一位移等）所产生的影响，然后根据叠加原理再进一步研究各种移动荷载对该量值的影响。

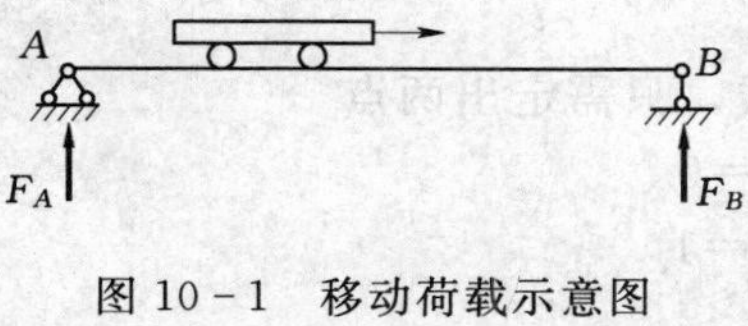

图 10－1　移动荷载示意图

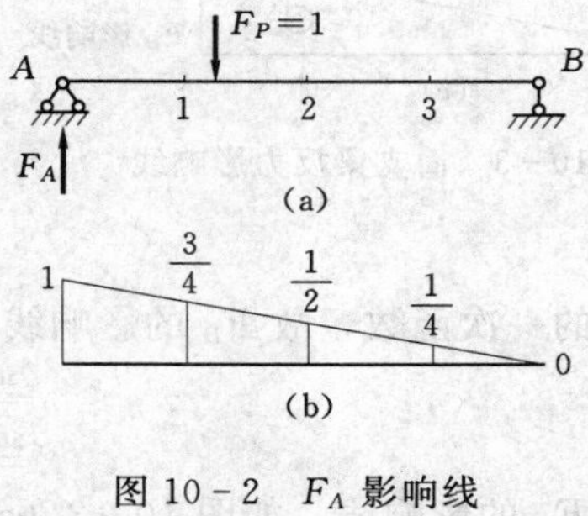

图 10－2　F_A 影响线

例如图 10－2（a）所示简支梁，当荷载 $F_P=1$ 分别移动到 A、1、2、3、B 各等分点时，反力 F_A 的数值分别是 1、3/4、1/2、1/4、0。如果以横坐标表示荷载 $F_P=1$ 的位置，以纵坐标表示反力 F_A 的数值，则可将以上各数值在水平的基线上用竖标绘出，用曲线将数标各顶点连起来，这样所得的图形［图 10－2（b）］就表示了 $F_P=1$ 在梁上移动时反力 F_A 的变化规律。这一图形就称为反力 F_A 的影响线。

由此，可得影响线的定义如下：当方向不变的单位集中荷载沿结构移动时表示结构某一处的某一量值（反力、内力、位移等）变化规律的图形，称为该量值的影响线。

影响线表明单位集中荷载在结构上各个位置时对某一量值所产生的影响，它是研究移动荷载作用的基本工具。应用它可确定最不利荷载位置，从而求出响应量值的最大值。

第二节 用静力法作影响线

静定结构的内力或支座反力影响线有两种基本做法，静力法和机动法。本节通过求简支梁的反力或内力影响线说明静力法。

静力法是以荷载的作用位置 x 为变量，通过平衡方程，从而确定所求反力或内力的影响函数，并作出影响线。

一、简支梁的影响线

（一）反力影响线

先绘制简支梁［图 10-3（a）］反力 F_A 的影响线。为此，取梁的左端 A 为原点，x 轴向右为正，以坐标 x 表示荷载 $F_P=1$ 的位置。当 $F_P=1$ 在梁上任意位置即 $0\leqslant x\leqslant l$ 时，取全梁为隔离体，由平衡条件 $\sum M_B=0$，并设反力方向以向上为正，则有

$$F_Al-F_P(l-x)=0$$

得

$$F_A=F_P\frac{l-x}{l}\quad(0\leqslant x\leqslant l)$$

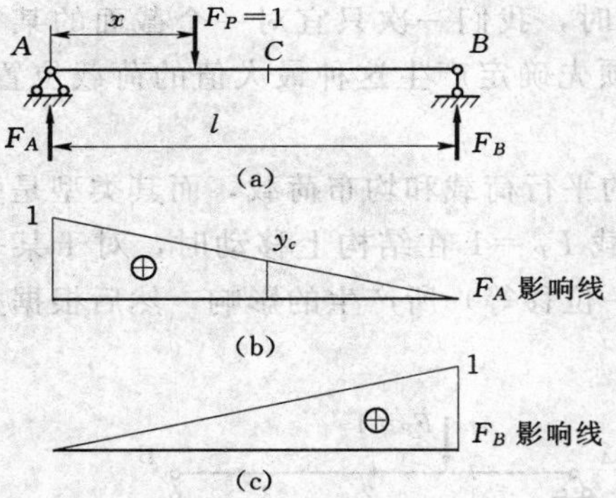

图 10-3 简支梁反力影响线

这就是 F_A 的影响线方程。由于它是 x 的一次函数，故知 F_A 的影响线为一直线，只需定出两点

$$当\ x=0,\quad F_A=1$$
$$当\ x=l,\quad F_A=0$$

因此，只需在左支座处取等于 1 的竖标，以其顶点和右支座处的零点相连，即可作出 F_A 的影响线［图 10-3（b）］。

为了绘制 F_B 的影响线，由 $\sum M_A=0$ 有

$$F_Bl-F_Px=1$$

由此得 F_B 的影响线方程为

$$F_B=\frac{x}{l}\qquad(0\leqslant x\leqslant l\ )$$

它也是 x 的一次函数，故 F_B 的影响线也是一段直线，只需定出两点

$$当\ x=0,\quad F_B=0$$
$$当\ x=l,\quad F_B=1$$

便可绘出 F_B 的影响线，如图 10-3（c）所示。

在作影响线时，规定将正号影响线竖标绘在基线的上边，负号竖标绘在下边。同时，通常假定单位荷载 $F_P=1$ 为一无量纲量，因此，反力影响线的数标也为一无名数。但是，在利用影响线研究实际荷载对某一量值的影响时，要将实际荷载与影响线的竖标相乘，这时就必须将荷载的单位计入，方可得到该量值的实际单位。

（二）弯矩影响线

设要绘制简支梁［图 10-4(a)］上某指定截面 C 的弯矩影响线。仍取 A 为原点，以 x

表示荷载 $F_P=1$ 的位置。当 $F_P=1$ 在截面 C 以左的梁段 AC 上移动时，为计算简便起见，取截面 C 以右部分为隔离体，以 F_B 对 C 点取矩，并规定以使梁的下边纤维受拉的弯矩为正，则有

$$M_C=F_Bb=\frac{x}{l}b \quad (0\leqslant x\leqslant l)$$

由此可知，M_C 的影响线在截面 C 以左部分，为一直线。

当 $x=0$ 时， $M_C=0$

当 $x=a$ 时， $M_C=\frac{ab}{l}$

于是只需在截面 C 处取一个等于$\frac{ab}{l}$的竖标，然后以其顶点与左端的零点相连，即可得出当荷载 $F_P=1$ 在截面 C 以左移动时 M_C 的影响线［图 10-4(b)］。

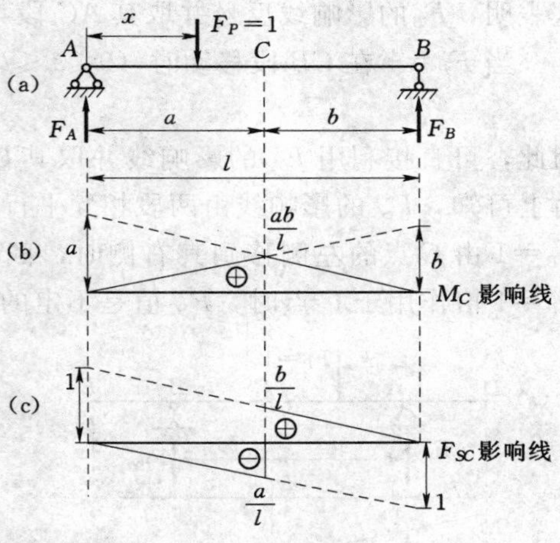

图 10-4 简支梁 C 截面内力影响线

当荷载 $F_P=1$ 在截面 C 以右的梁段 CB 上移动时，上面所求得的影响线方程则不再适用。因此，需另行列出 M_C 的表达式才能作出相应部分的影响线。这时，为了计算简便，可取截面 C 以左部分为隔离体，以 F_A 对 C 点取矩，即得当荷载 $F_P=1$ 在截面 C 以右移动时 M_C 的影响线方程

$$M_C=F_Aa=\left(\frac{l-x}{l}\right)a \quad (0\leqslant x\leqslant l)$$

上式表明 M_C 的影响线在截面 C 以右部分也是一直线。

当 $x=a$ 时， $M_C=\frac{ab}{l}$

当 $x=l$ 时， $M_C=0$

据此，即可作出当荷载 $F_P=1$ 在截面 C 以右移动时 M_C 的影响线［图 10-4 (b)］。可见，M_C 的影响线是由两段直线所组成的，其相交点就在截面 C 的下面。通常称截面以左的直线为左直线，截面以右的直线为右直线。

从上列弯矩影响线方程可以看出：左直线可由反力 F_B 的影响线将竖标放大到 b 倍而成，而右直线则可由反力 F_A 的影响线将竖标放大到 a 倍而成。因此，可以利用 F_A 和 F_B 的影响线来绘制 M_C 的影响线。其具体的绘制方法是：在左、右两支座处分别取竖标 a、b［图 10-4 (b)］，将它们的顶点各与右、左两支座处的零点用直线相连，则这两条直线的交点与左右零点相连的部分就是 M_C 的影响线。这种利用某一已知量值的影响线来做其他量值的影响线的方法是很方便的，以后还会经常用到。

由于已假定 $F_P=1$ 为无量纲量，故弯矩影响线的量纲为长度。

（三）剪力影响线

设要绘制简支梁［图 10-4 (a)］上某指定截面 C 的剪力影响线。剪力的正负号与材料力学所规定的相同，即以隔离体有顺时针转动者为正，反之为负。当 $F_P=1$ 在 AC 段移动时 ($0\leqslant x\leqslant l$)，取截面 C 以右部分为隔离体，可得

$$F_{SC}=-F_B$$

这表明，F_B的影响线反号并取其AC段，即得F_{SC}影响线的左直线［图 10-4（c）］。

当$F_P=1$在CB段移动时（$0\leqslant x\leqslant l$），取截面C以左部分为隔离体，可得

$$F_{SC}=F_A$$

因此，可直接利用F_A的影响线并取其CB段，即得F_{SC}影响线的右直线［图 10-4（c）］。由上可知，F_{SC}的影响线由两段相互平行的直线组成，其竖标在C点处有一突变，也就是当$F_P=1$由C点的左侧移到其右侧时，截面C的剪力值将发生突变，其突变值等于 1。而当$F_P=1$恰作用于C点时，F_{SC}值是不定的。

二、外伸梁的影响线

（一）反力影响线

如图 10-5（a）所示外伸梁，仍取A为原点，x向右为正。由平衡条件可求得两支座反力为

$$\left.\begin{aligned}F_A&=\frac{l-x}{l}\\F_B&=\frac{x}{l}\end{aligned}\right\}\quad(-l_1\leqslant x\leqslant l+l_2)$$

注意到当$F_P=1$位于A点以左时，x为负值，故以上两方程在梁的全长范围内都是适用的。由于上面两式与简支梁的反力影响线方程完全相同，因此只需将简支梁的反力影响线向两个伸臂部分延长，即得外伸梁的反力影响线如图 10-5（b）、图 10-5（c）所示。

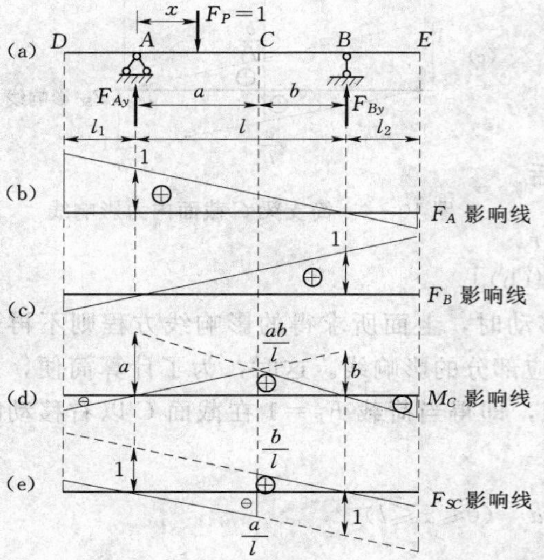

图 10-5 外伸梁反力及跨内部分内力影响线

（二）跨内部分截面内力影响线

求两支座间任一指定截面C的弯矩和剪力影响线。当$F_P=1$位于截面C的左边时，取截面C以右部分为隔离体，求得M_C和F_{SC}的影响线方程为

$$M_C=F_B\cdot b$$
$$F_{SC}=-F_B$$

当$F_P=1$位于截面C的右边时，则有

$$M_C=F_B\cdot a$$
$$F_{SC}=F_A$$

绘得M_C和F_{SC}的影响线如图 10-5（d）、10-5（e）所示。可以看出，只需将简支梁相应截面的弯矩和剪力影响线的左、右直线分别向左、右两伸臂部分延长，即可得外伸梁M_C和F_{SC}的影响线。

（三）外伸部分截面内力影响线

在求外伸部分上任一指定截面K［图 10-6（a）］的弯矩和剪力影响线时，为计算方便，改取K为原点，并规定x以向左为正。当$F_P=1$在DK段移动时，取截面K以左部分为隔离体有

$$M_K = -x$$
$$F_{SK} = -1$$

当 $F_P=1$ 在 KE 段移动时，仍取截面 K 以左部分为隔离体有

$$M_K = 0$$
$$F_{SK} = 0$$

实际上这一结果根据荷载作用于基本部分时附属部分不受力的概念也可以得出。由上可绘出 M_K 和 F_{SK} 的影响线分别如图 10－6（b）、图 10－6（c）所示。

对于支座处截面的剪力影响线，需分别就支座左、右两侧的截面进行讨论，因为这两侧的截面是分别属于外伸部分和跨内部分的，例如支座 A 左侧截面的剪力 F_{SA} 左的影响线，可由 F_{SK} 的影响线使截面 K 趋于截面 A 左而得到，如图 10－6（d）所示；而支座 A 右侧截面的剪力 F_{SA} 右的影响线，则应由 F_{SC} 的影响线［图 10－5（e）］使截面 C 趋于截面 A 右而得到，如图 10－6（e）所示。

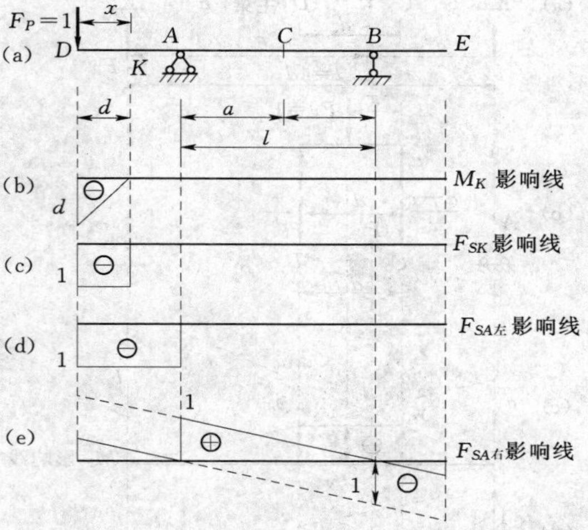

图 10－6　外伸部分内力影响线

三、间接荷载作用下的影响线

如图 10－7（a）所示为一桥梁结构，荷载直接作用于纵梁。纵梁是简支梁，两端支在横梁上，横梁则由主梁支承；荷载通过纵梁下面的横梁传到主梁。主梁上的这些荷载传递点即为主梁的结点。以移动荷载来说，不论荷载在次梁上的哪些位置，其作用都要通过这些固定的结点传递到主梁上。横梁所在处 A、C、D、E、B 即主梁的结点。横梁上面为四根简支纵梁，荷载直接作用在纵梁，而后通过横梁再传到主梁，因此主梁承受的是间接荷载。

下面讨论主梁某些量值影响线的做法。

（1）支座反力 F_A 和 F_B 的影响线、支座反力 F_A 和 F_B 的影响线，与图 10－3 所示完全相同。

（2）M_F 的影响线。设当 $F_P=1$ 作用在结点 C、D 之间的纵梁上时，主梁 AB 在 C、D 两点所承受的结点荷载分别为$\dfrac{d-x}{d}$和$\dfrac{x}{d}$［图 10－7（b）］。根据上节所述并用叠加原理可知，在这两个结点荷载共同作用下，M_F 的影响线竖标 $M_F=\dfrac{d-x}{d}y_c+\dfrac{x}{d}y_d$ 是 x 的一次函数。因此，M_F 的影响线在 C、D 之间为一直线。式中 y_c 和 y_d 分别为直接荷载作用下 M_F 影响线在 C、D 两点的竖标［图 10－7（c）］。将 y_c 和 y_d 的顶点用一条直线相连，从比例关系可知，图 10－7（c）中 $F_P=1$ 下方的竖标 y 就等于上式所示 M_F 的影响线竖标。因此，在结点荷载作用下，M_F 的影响线即为图 10－7（c）中的实线。

以上的讨论同样也适用于主梁其他量值的影响线。这样，我们可以将结点荷载作用下某一量值影响线的做法归纳如下：

（1）先作出直接荷载作用下该量值的影响线。

(2) 由于影响线在任意两个相临结点之间为一直线，因此，用直线连接相邻两结点的竖标，就得到该量值在结点荷载作用下的影响线。

依照上述作法，可得主梁上截面 F 的剪力 F_{SF} 的影响线如图 10-7 (d) 所示。

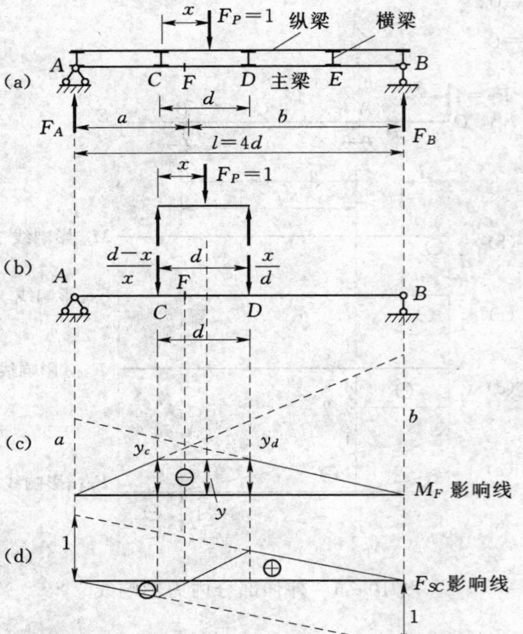

图 10-7　简支梁间接荷载作用下的影响线

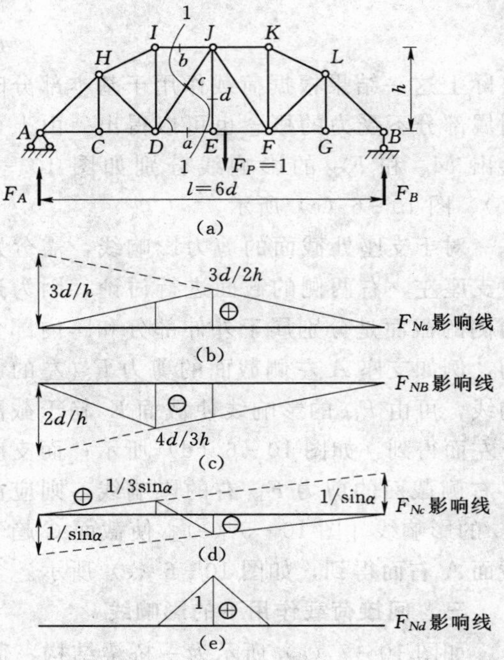

图 10-8　桁架的内力影响线

四、静力法作桁架的影响线

对于单跨静定梁式桁架，其反力影响线的计算与相应单跨静定梁相同。这里只说明用静力法绘制桁架杆件内力影响线的方法。设单位荷载沿桁架的下弦杆移动。

以下我们作图 10-8 (a) 中杆件内力 F_{Na}、F_{Nb}、F_{Nc}、F_{Nd} 的影响线。

(1) F_{Na} 影响线：作截面 1—1，当 $F_P=1$ 在其左侧各结点上时，取右侧部分为隔离体，并假定杆件承受拉力（以下同），以结点 J 为矩心，由平衡条件 $\sum M_J=0$ 得

$$F_{Na}h-F_B3d=0$$

$$F_{Na}=\frac{3d}{h}F_B \tag{10-1}$$

当 $F_P=1$ 在其右侧各结点上时，取左侧部分为隔离体，仍以结点 J 为矩心，由平衡条件 $\sum M_J=0$ 得

$$F_{Na}h-F_A3d=0$$

$$F_{Na}=\frac{3d}{h}F_A \tag{10-2}$$

根据以上式 (10-1)、式 (10-2) 两式，可知，将 F_B 影响线竖标乘以因子 $\frac{3d}{h}$ 之后，取其 A、D 之间的部分；同样，将 F_A 影响线竖标乘以因子 $\frac{3d}{h}$ 之后，取其 E、B 之间的部分，而后再将 D、E 两个相邻结点的竖标顶点用直线相连，即得 F_{Na} 的影响线，如图 10-8

(b) 所示。

又式 (10-1)、式 (10-2) 两式可写成

$$F_{Na}=\frac{M_E}{h}$$

也就是，F_{Na} 影响线即等于相应简支梁结点 E 处弯矩 M_E 的影响线乘以因子 $\frac{1}{h}$。

(2) F_{Nb} 影响线：按照与以上类似的分析方法，可以求得

$$F_{Nb}=-\frac{M_D}{h}$$

因此，将 M_D 影响线乘以因子 $-\frac{1}{h}$ 即得 F_{Nb} 影响线，如图 10-8 (c) 所示。

(3) F_{Nc} 影响线：仍用截面 1—1，当 $F_P=1$ 在其左侧各结点上时，取右侧部分为隔离体，由平衡条件 $\sum F_Y=0$ 得

$$F_{Nc}=\frac{1}{\sin\alpha}\times F_B$$

当 $F_P=1$ 在其右侧各结点上时，取左侧部分为隔离体，仍以结点 J 为矩心，由平衡条件 $\sum F_Y=0$ 得

$$F_{Nc}=-\frac{1}{\sin\alpha}\times F_A$$

仿照 (1) 中所述作法，得 F_{Nc} 影响线如图 10-8 (d) 所示。

(4) F_{Nd} 影响线：当 $F_P=1$ 在结点 A、C、D、F、G 或 B 上时，由平衡条件 $\sum F_Y=0$ 得

$$F_{Nd}=0$$

当 $F_P=1$ 恰在结点 E 上时，由平衡条件 $\sum F_Y=0$ 得

$$F_{Nd}=1$$

由此得 F_{Nd} 影响线如图 10-8 (e) 所示。

第三节　用机动法作影响线

作静定梁的反力和内力影响线时，除可采用静力法外，还可采用机动法。机动法作影响线的依据是虚位移原理，即刚体系在力系作用下处于平衡的必要与充分条件是：在任何微小的虚位移中，力系所作的虚功总和为零。下面就以图 10-9 (a) 所示简支梁的反力和内力影响线为例，来说明机动法作影响线的概念和步骤。

为了求反力 F_A，我们将与它相应的联系去掉而以力 F_A 代替其作用，如图 10-9 (b) 所示。此时原结构变成具有一个自由度的几何可变体系，而以力 F_A 代替了原有联系的作用，故它仍能维持平衡。然后，给此体系以微小的虚位移，即使刚片 AB 绕 B 点作微小转动，并以 δ_A 和 δ_P 分别表示力 F_A 和 F_P 的作用点沿力作用方向上的虚位移，则由于该机构在力 F_A、F_P 和反力 F_B 的共同作用下处于平衡，故它们所作的虚功总和为零，虚功方程为

$$F_A\delta_A+F_P\delta_P=0$$

在作影响线时，取 $F_P=1$ 故

$$F_A=-\frac{\delta_P}{\delta_A}$$

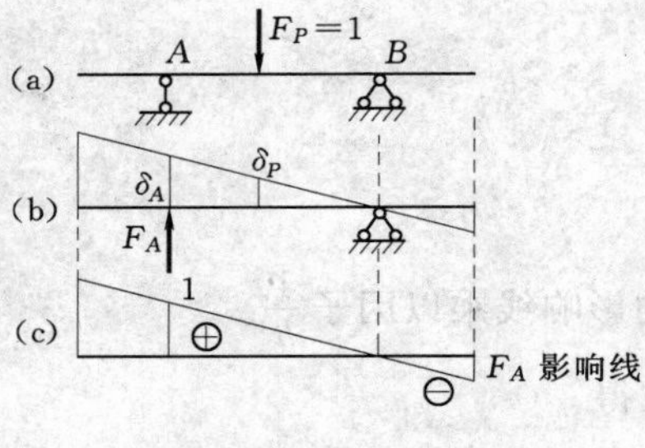

图 10-9　外伸梁反力影响线

式中 δ_A 为力 F_A 的作用点沿其方向的位移，在给定虚位移的情况下它是一个常数；而 δ_P 则为荷载 $F_P=1$ 的作用点沿其方向的位移，由于 $F_P=1$ 是移动的，因而 δ_P 就是荷载所沿着移动的各点的竖向虚位移图。可见，F_A 的影响线与位移图 δ_P 是成正比的，将位移图 δ_P 的竖标除以常数 δ_A 并反号，就得到 F_A 的影响线。为了方便，可令 $\delta_A=1$，则上式成为 $F_A=-\delta_P$，也就是此时的虚位移图 δ_P 便代表 F_A 的影响线［图 10-9（c）］，只不过符号相反。但注意到 δ_P 是以与力 F_P 方向一致为正，即以向下为正，因而可知：当 δ_P 向下时，F_A 为负；当 δ_P 向上时，F_A 为正。这就恰与在影响线中正值的竖标绘在基线的上方相一致。

由上可知，为了作出量值 X 的影响线，只需将 X 相应的联系去掉，并使所得机构沿 X 的正方向发生单位位移，则由此得到的虚位移图即代表 X 的影响线，如 F_A 的影响线［图 10-9（c）］。这种作影响线的方法便称为机动法。

机动法的优点在于不必经过具体计算就能迅速绘出影响线的轮廓，这对于设计工作是很方便的，同时也便于对静力法所作影响线进行校核。

下面再举例说明机动法的应用。如图 10-10（a）所示的简支梁，用机动法作其上截面 C 的弯矩 M_C 的影响线。为此，先将与 M_C 相应的联系去掉，即将截面 C 处改为铰结，并加一对力偶 M_C 代替原有联系的作用。其次，使 AC、BC 两部分沿 M_C 的正方向发生虚位移如图 10-10（b）所示。根据虚位移原理，可写出

$$M_C(\alpha+\beta)+F_P\delta_P=0$$

故
$$M_C=-\frac{\delta_P}{\alpha+\beta}$$

式中 δ_P 和 $\alpha+\beta$ 依照虚位移原理应是微小量。若令 $\alpha+\beta=1$，则所得 M_C 的影响线如图 10-10（c）所示。

若作剪力 F_{SC} 的影响线，则应去掉与 F_{SC} 相应的联系，即将截面 C 处改为用两水平链杆相连（这样，此处便不能抵抗剪力但能承受弯矩和轴力），同时加上一对正向剪力 F_{SC} 代替原有联系的作用［图 10-10（d）］。然后，使此体系沿 F_{SC} 的正向发生虚位移，由虚位移原理写出如下方程

$$F_{SC}(CC_1+CC_2)+F_P\delta_P=0$$

得
$$F_{SC}=-\frac{\delta_P}{CC_1+CC_2}$$

若使 $CC_1+CC_2=1$，亦即使 AC 和 CB 两部分在垂直于两平行链杆的方向的相对位移等于 1，则所得到的虚位移图即表示 F_{SC} 的影响线，如图 10-10（e）所示。值得注意的是：在图 10-10

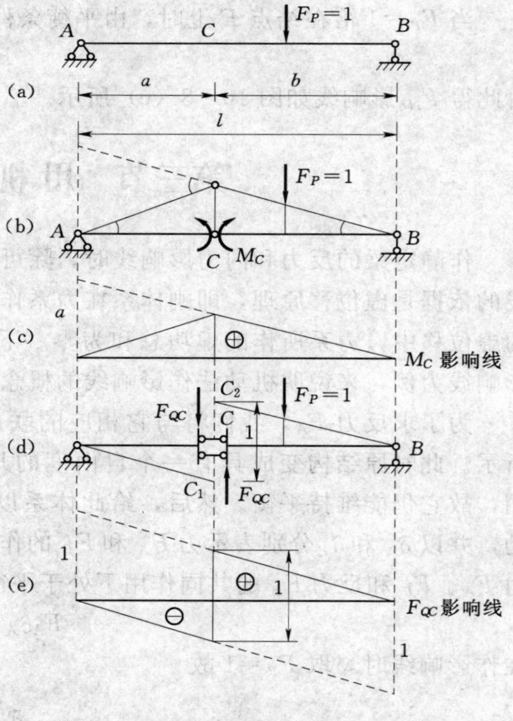

图 10-10　简支梁内力影响线

(d) 中 AC 和 BC 两部分是用平行于杆轴的两根链杆相连的，它们之间的相对运动只能在垂直于链杆的方向作平行移动。因此，如图 10-10 (d) 所示的虚位移图中 AC_1 和 BC_2 应相互平行。

【例 10-1】　用机动法作图 10-11 (a) 所示多跨静定梁 M_A、F_{SC}、M_D、$F_{SD左}$、$F_{SD右}$、M_K、F_{SK} 影响线。

解：解除多余约束，并沿约束力的正方向令其发生单位虚位移，由此产生的体系刚体虚位移图就是要作得影响线，如图 10-11 (b) ～ (h) 所示。

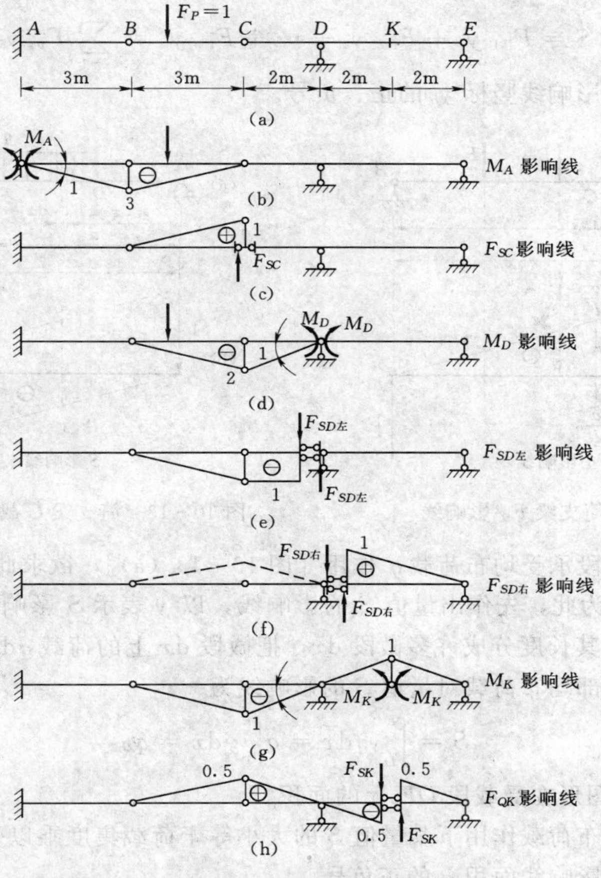

图 10-11　多跨静定梁影响线

第四节　影响线的应用

前以指出，影响线是研究移动荷载作用的基本工具，可以应用它来确定实际的移动荷载对结构上某量值的最不利影响。用影响线可解决两方面的问题：一是当已知实际的移动荷载在结构上的位置时，如何利用某量值的影响线求出该量值的数值；二是如何利用某量值的影响线确定实际移动荷载对该量值的最不利荷载位置。

一、各种荷载作用下的影响

设有一组集中荷载 F_{P1}、F_{P2}、F_{P3} 作用于简支梁，位置已知，如图 10-12 (a) 所示。计算简支梁在该组荷载作用下截面 C 的剪力 F_{SC} 之值。为此先作出 F_{SC} 的影响线如图 10-12

(b) 所示。设在荷载作用点处的竖标依次为 y_1、y_2、y_3，则由 F_{P1} 产生的 F_{SC} 等于 F_{P1y1}，F_{P2} 产生的 F_{SC} 等于 F_{P2y2}，F_{P3} 产生的 F_{SC} 等于 F_{P3y3}。应用叠加原理，可知在这组集中荷载作用下 F_{SC} 的数值为

$$F_{SC}=F_{P1y1}+F_{P2y2}+F_{P3y3}$$

在一般情况下，设有一组集中荷载 F_{P1}、F_{P2}、…、F_{Pn} 作用于结构，而结构上某量值 S 的影响线在各荷载作用处相应的竖标依次为 y_1、y_2、…、y_n，则在该组集中荷载共同作用下的量值 S 为

$$S=F_{P1}\,y_1+F_{P2}\,y_2+\cdots+F_{Pn}\,y_n=\sum_{i=1}^{n}F_{pi}\,y_i \qquad (10-3)$$

应用上式时，需注意影响线竖标 y_i 的正、负号。

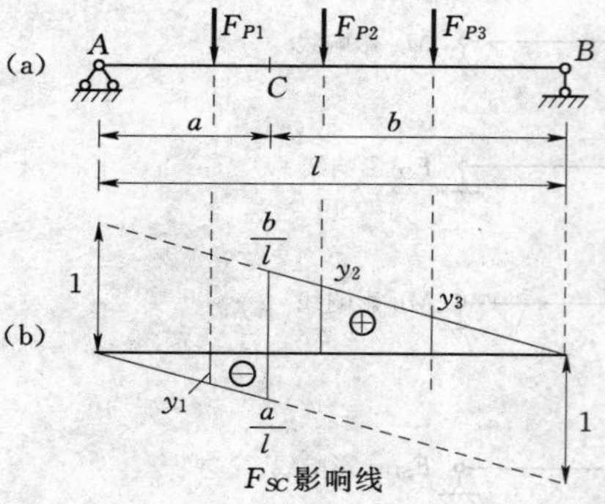

图 10－12 简支梁 F_{SC} 影响线

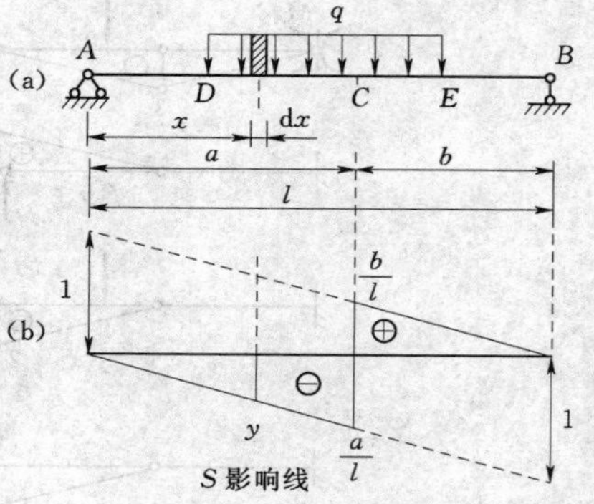

图 10－13 简支梁 C 截面某量值影响线

如果结构在 DE 段承受均布荷载 q 作用［图 10－13 (a)］，欲求此均布荷载作用下量值 S 的影响线的大小。为此，先作出量值 S 的影响线，以 y 表示 S 影响线的竖标［图 10－13 (b)］，将均布荷载沿其长度分成许多微段 dx，把微段 dx 上的荷载 qdx 可看作一集中荷载，则作用于结构上的全部均布荷载对量值 S 的影响线为

$$S=\int_D^E yq\,dx=q\int_D^E y\,dx=q\omega \qquad (10-4)$$

这里，ω 表示影响线图形在受载段 DE 上的面积。

由此可知，在均布荷载作用下某量值 S 的大小等于荷载集度乘以受载段的影响线面积。应用此式时，要注意影响线面积 ω 的正负号。

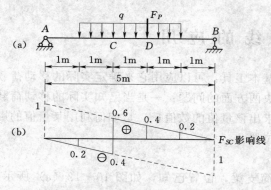

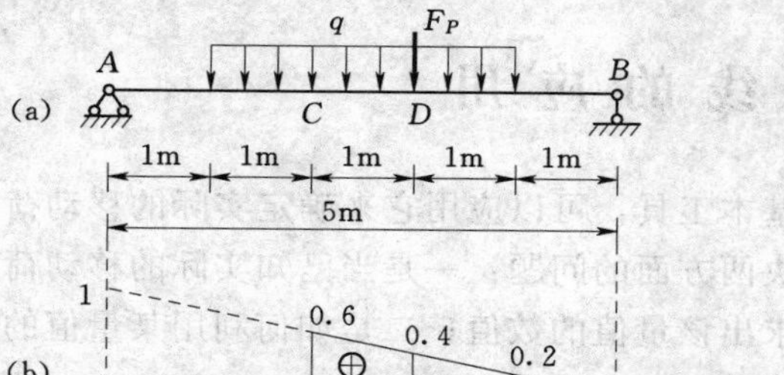

图 10－14 简支梁 F_{SC} 影响线

【例 10－2】 如图 10－14 (a) 所示为一简支梁，均布荷载 $q=10\text{kN/m}$，$F_P=20\text{kN}$。试利用 F_{SC} 影响线计算 F_{SC} 的数值。

解： 先作 F_{SC} 影响线如图 10－14 (b) 所示，并算出有关竖标值。然后，根据叠加原理，可算得

$$F_{SC}=F_{PyD}+q\omega=20\times0.4+10\times\left(\frac{0.6+0.2}{2}\times2-\frac{0.2+0.4}{2}\times1\right)$$

$$=8+5=13(\text{kN})$$

读者可用第三章所述的方法进行校核。

二、判定最不利荷载位置

前已指出，在移动荷载作用下结构上的各种量值均将随荷载的位置而变化，在结构设计时，必须求出各种量值的最大值（包括最大正值和最大负值，最大负值也称最小值），以作为设计的依据。为此，必须先确定使某一量值发生最大（或最小）值的荷载位置，即最不利荷载位置。只要所求量值的最不利荷载位置一经确定，则其最大值不难求得。本节将讨论如何利用影响线来确定最不利荷载位置。

（一）简单荷载情况

当荷载的情况比较简单时，最不利荷载位置凭直观可以确定。例如只有一个集中荷载 F_P 时，显然将 F_P 置于 S 影响线的最大竖标处即产生 $S_{\max}$ 值；而将 F_P 置于 S 影响线的最小竖标处即产生 $S_{\min}$（图 10－16）。

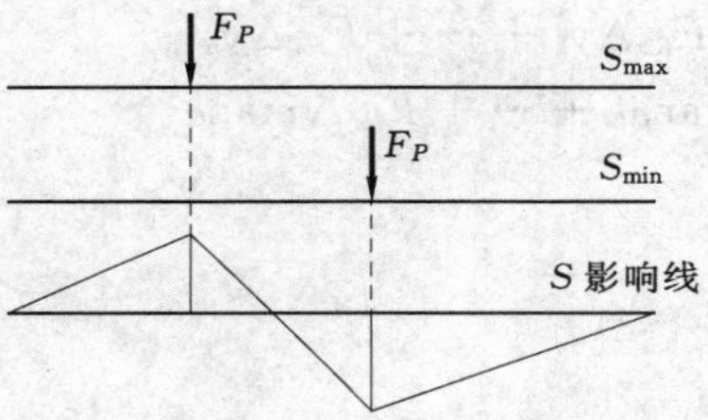

图 10－15　某量值影响线

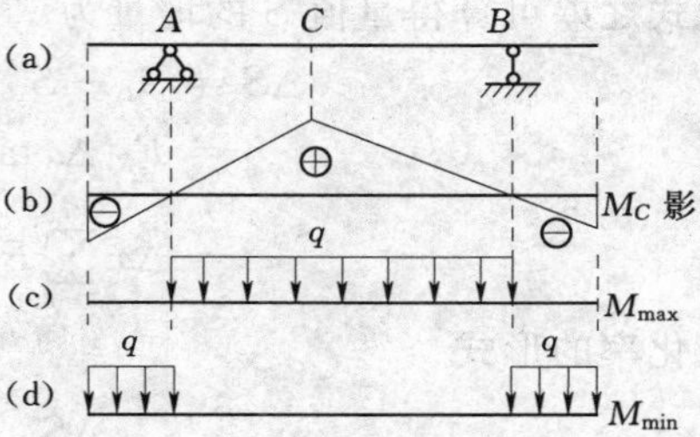

图 10－16　外伸梁 M_C 影响线

（二）移动均布活载情况

对于可以任意断续布置的均布荷载（如人群、货物等荷载），由式（10－4）即 $S=q\omega$ 可知。当均布荷载布满对应影响线正号面积的部分时，量值 S 将产生最大值 $S_{\max}$；反之，当均布荷载布满对应影响线负号面积的部分时，量值 S 将产生最小值 $S_{\min}$。例如，要求图 10－16 所示外伸梁截面 C 的弯矩最大值 $M_{C(\max)}$ 和最小值 $M_{C(\min)}$，则相应的最不利荷载位置如图 10－16（c）、图 10－16（d）所示。

（三）行列荷载

对于一组集中行列荷载，即一系列间距不变的移动集中荷载（也包括均布荷载），如汽车荷载和吊车荷载等，其最不利荷载位置的确定一般要困难些。但是根据最不利荷载位置的定义可知，当荷载移动到该位置时，所求量值 S 为最大，因而荷载由该位置不论向左或向右移动到邻近位置时，S 值均减小。因此，可以从讨论荷载移动时 S 的增量入手来讨论这个问题。

图 10－17（a）、图 10－17（b）分别表示一组间距不变的移动集中荷载和某一量值 S 的影响线。各段直线的倾角为 α_1、α_2、…、α_n。取坐标轴 x 向右为正，y 向上为正，倾角 α 以逆转为正。现有一组集中荷载 F_{R1}、F_{R2}、…、F_{Rn} 在图 10－17（b）所示位置时，各集中荷载对应的影响线竖标为 y_1、y_2、…、y_n。此时，量值 S 的相应值为

$$S_1=F_{R1}y_1+F_{R2}y_2+\cdots+F_{Rn}y_n$$

当整个荷载组向右移动一微小距离 Δx 时，相应的量值 S_2 为

$$S_2=F_{R1}(y_1+\Delta y_1)+F_{R2}(y_2+\Delta y_2)+\cdots+F_{Rn}(y_n+\Delta y_n)$$

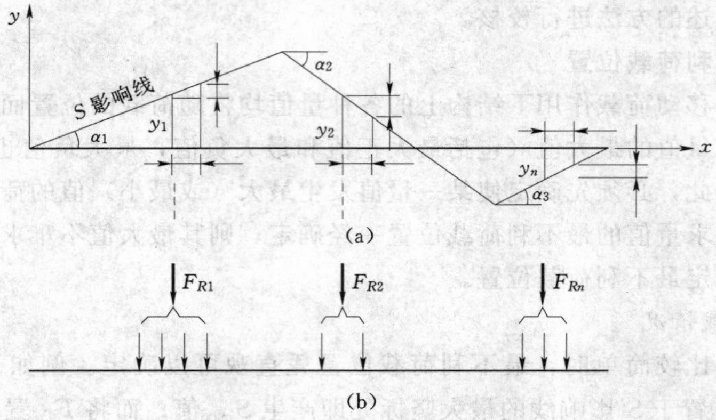

图 10-17　判定最不利荷载图

由上列两式之差可算得量值 S 的增量为

$$\begin{aligned}\Delta S = S_2 - S_1 &= F_{R1}\Delta y_1 + F_{R2}\Delta y_2 + \cdots + F_{Rn}\Delta y_n \\ &= F_{R1}\Delta x\tan\alpha_1 + F_{R2}\Delta x\tan\alpha_2 + \cdots + F_{Rn}\Delta x\tan\alpha \\ &= \Delta x\sum_{i=1}^{n}F_{Ri}\tan\alpha_i\end{aligned}$$

或写为变化率的形式

$$\frac{\Delta S}{\Delta x} = \sum_{i=1}^{n}F_{Ri}\tan\alpha_i$$

显然，使 S 成为极大的条件是：荷载自该位置向右或向左移动微小距离 Δx 时，S 值均应减小或等于零，即 $\Delta S\leqslant 0$。由于荷载左移时 $\Delta x<0$，而右移时 $\Delta x>0$，故 S 为极大时应有

当 $\Delta x<0$ 时(荷载稍向左移)，$\sum F_{Ri}\tan\alpha_i\geqslant 0$

当 $\Delta x>0$ 时(荷载稍向右移)，$\sum F_{Ri}\tan\alpha_i\leqslant 0$

也就是当荷载向左、右移动时 $\sum F_{Ri}\tan\alpha_i$ 必须由正变负，S 才可能为极大值。

同理，使 S 成为极小的条件是：

当 $\Delta x<0$ 时(荷载稍向左移)，$\sum F_{Ri}\tan\alpha_i\leqslant 0$

当 $\Delta x>0$ 时(荷载稍向右移)，$\sum F_{Ri}\tan\alpha_i\geqslant 0$

下面只讨论 $\sum F_{Ri}\tan\alpha_i\neq 0$ 的情形。这时可得出如下结论：如果 S 为极值（极大或极小)，则荷载稍向左、右移动时，$\sum F_{Ri}\tan\alpha_i$ 必须变号。

那么，在什么情况下 $\sum F_{Ri}\tan\alpha_i$ 才能变号呢？式中 $\tan\alpha_i$ 是各段直线的斜率，它是常数，因此，欲使荷载向左、右移动微小距离时 $\sum F_{Ri}\tan\alpha_i$ 改变符号，只有各段内的合力 F_{Ri} 改变数值才有可能，显然这只有当某一集中荷载正好作用在影响线的顶点（转折点）处时，才有可能。当然，不一定每个集中荷载位于顶点时都能使 $\sum F_{Ri}\tan\alpha_i$ 变号。我们把能使 $\sum F_{Ri}\tan\alpha_i$ 变号的集中荷载称为临界荷载（用 F_{Pcr} 表示)，此时的荷载位置称为临界位置。

确定临界荷载位置一般须通过试算，即先将行列荷载中的某一集中荷载置于影响线的某一顶点，然后令该荷载分别向左、右移动，计算相应的 $\sum F_{Ri}\tan\alpha_i$ 值，看其是否变号。计算中，当荷载左移时，该集中荷载应作为该顶点左边直线段上的荷载，右移时则应作为右边直线段上的荷载。如果此时 $\sum F_{Ri}\tan\alpha_i$ 变号（或者由零变为非零)，则此荷载位置称为临界位置，而该集中荷载称为临界荷载。如果此时 $\sum F_{Ri}\tan\alpha_i$ 不变号，则此荷载位置不是临界位置，应换一个荷载置于顶点再进行试算。在一般情况下，临界荷载位置可能不止一个，这就需将与各临界位置相应的 S 极值均求出，然后从各种极值中选出最大值或最小值。同时，也就确定了荷载的最不利位置。

为了减少试算次数，宜事先大致估计最不利荷载位置。为此，应将行列荷载中数值较大且较为密集的部分置于影响线的最大竖标附近，同时注意位于同符号影响线范围内的荷载应尽可能地多，因为这样才可能产生较大的 S 值。

【例 10－3】　如图 8－18（a）所示为一组移动荷载，图 10－18（b）为某量值 S 的影响线，试求最不利荷载位置和 S 的最大值。已知 $F_{P1}=F_{P2}=F_{P3}=F_{P4}=F_{P5}=220$（kN），$q=92$（kN/m）。

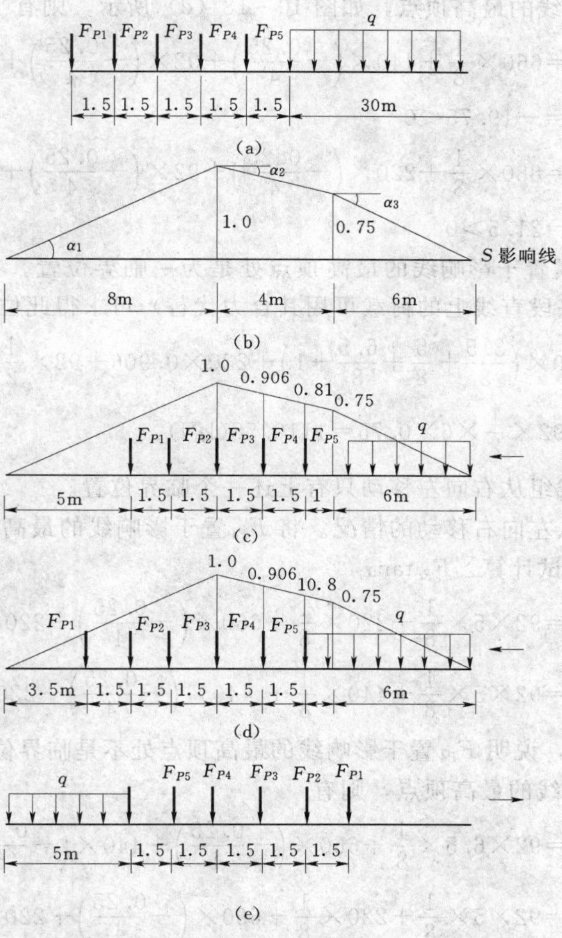

图 10－18　计算最不利荷载位置过程图

解：（1）考虑荷载组从右向左移动的情况。试将 F_{P3} 置于影响线的最高顶点，荷载布置情况如图 10－18（c）所示。

试算 $\sum F_{R_i}\tan\alpha_i$，由图 10－18（c）得知

$$\tan\alpha_1=\frac{1}{8},\quad \tan\alpha_2=-\frac{0.25}{4},\quad \tan\alpha_3=-\frac{0.75}{6}$$

如果整个荷载组稍向右移，各段荷载合力为

$$F_{R1}=220\times2=440(\text{kN}),\quad F_{R2}=220\times3=660(\text{kN}),\quad F_{R3}=92\times5.5=506(\text{kN})$$

因此

$$\sum F_{Ri}\tan\alpha_i=440\times\frac{1}{8}+660\times\left(-\frac{0.25}{4}\right)+506\times\left(-\frac{0.75}{6}\right)=-49.5<0$$

如果整个荷载组稍向左移，各段荷载合力为

$$F_{R1}=220\times3=660(\text{kN}),\quad F_{R2}=220\times2=440(\text{kN}),\quad F_{R3}=92\times5.5=506(\text{kN})$$

$$\sum F_{Ri}\tan\alpha_i=660\times\frac{1}{8}+440\times\left(-\frac{0.25}{4}\right)+506\times\left(-\frac{0.75}{6}\right)=-8.2<0$$

$\sum F_{Ri}\tan\alpha_i$未变号，说明F_{P3}置于影响线的最高顶点处不是临界位置。

再将F_{P4}置于影响线的最高顶点，如图10-18（d）所示，则有

右移：$$\sum F_{Ri}\tan\alpha_i=660\times\frac{1}{8}+440\times\left(-\frac{0.25}{4}\right)+92\times\left(-\frac{0.25}{4}\right)+552\times\left(-\frac{0.75}{6}\right)=-19.75<0$$

左移：$$\sum F_{Ri}\tan\alpha_i=880\times\frac{1}{8}+220\times\left(-\frac{0.25}{4}\right)+92\times\left(-\frac{0.25}{4}\right)+552\times\left(-\frac{0.75}{6}\right)=21.5>0$$

$\sum F_{Ri}\tan\alpha_i$变号，故F_{P4}置于影响线的最高顶点处是为一临界位置。在算出各荷载对应的影响线竖标后（注意同一段直线上的荷载可用其合力代替）可求得此位置相应的S的值为

$$S=220\times\left(\frac{3.5}{8}+\frac{5}{8}+\frac{6.5}{8}+1\right)+220\times0.906+92\times\frac{1}{2}\ (0.75+0.81)\ \times1+92\times\frac{1}{2}\times6\times0.75=1110.58(\text{kN})$$

再继续计算得知，荷载组从右向左移动只有上述一个临界位置。

（2）考虑荷载组从左向右移动的情况。将F_{P4}置于影响线的最高顶点，荷载布置情况如图10-18（e）所示。试计算$\sum F_{Ri}\tan\alpha_i$

右移：$$\sum F_{Ri}\tan\alpha_i=92\times5\times\frac{1}{8}+220\times\frac{1}{8}+660\times\left(-\frac{0.25}{4}\right)+220\left(-\frac{0.75}{6}\right)=16.25>0$$

左移：$$\sum F_{Ri}\tan\alpha_i=92\times5\times\frac{1}{8}+440\times\frac{1}{8}+440\times\left(-\frac{0.25}{4}\right)+220\left(-\frac{0.75}{6}\right)=57.5>0$$

$\sum F_{Ri}\tan\alpha_i$ 未变号，说明F_{P4}置于影响线的最高顶点处不是临界位置。

再将F_{P5}置于影响线的最高顶点，则有

右移：$$\sum F_{Ri}\tan\alpha_i=92\times6.5\times\frac{1}{8}+660\times\left(-\frac{0.25}{4}\right)+440\times\left(-\frac{0.75}{6}\right)=-21.5<0$$

左移：$$\sum F_{Ri}\tan\alpha_i=92\times5\times\frac{1}{8}+220\times\frac{1}{8}+660\times\left(-\frac{0.25}{4}\right)+220\left(-\frac{0.75}{6}\right)=16.25>0$$

$\sum F_{Ri}\tan\alpha_i$变号，荷载组从左向右移动时，将F_{P5}置于影响线的最高顶点处为一临界位置。相应的S值为

$$S=92\times\frac{1}{2}\times6.5\times0.813+220\times(1+0.906+0.81+0.668+0.5)=1101.967(\text{kN}\cdot\text{m})$$

继续计算表明，荷载组从左向右移动也只有一个临界位置。

（3）比较可知，图10-18（d）为最不利荷载位置，S的最大值为

$$S_{\max}=1110.58\text{kN}\cdot\text{m}$$

当影响线为三角形时，临界位置的特点可以用更方便的形式表示出来。如图 10－19 所示，设 S 的影响线为一三角形。如要求 S 的极大值，则在临界位置必有一荷载正好在影响线的顶点上。以 F_{Ra}、F_{Rb} 分别表示 F_{Pcr} 以左和以右荷载的合力，则根据荷载向左、向右移动时 $\sum F_{Ri}\tan\alpha_i$ 应由正变负，可以写出如下两个不等式。

荷载向右移　　$F_{Ra}\tan\alpha-(F_{Pcr}+F_{Rb})\tan\beta\leqslant 0$

荷载向左移　　$(F_{Ra}+F_{Pcr})\tan\alpha-F_{Rb}\tan\beta\geqslant 0$

将 $\tan\alpha=\dfrac{h}{a}$，$\tan\beta=\dfrac{h}{b}$ 代入，得

$$\left.\begin{aligned}\frac{F_{Ra}}{a}&\leqslant\frac{F_{Pcr}+F_{Rb}}{b}\\ \frac{F_{Ra}+F_{Pcr}}{a}&\geqslant\frac{F_{Rb}}{b}\end{aligned}\right\}\qquad(10-5)$$

式（10－5）表明：临界位置的特点为有一集中荷载 F_{Pcr} 在影响线的顶点，将 F_{Pcr} 计入哪一边（左边或右边），则哪一边荷载的平均集度就大。

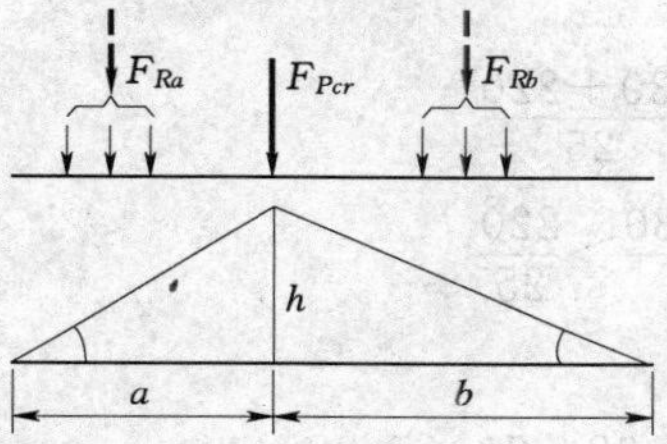

图 10－19　临界荷载在影响线顶点图

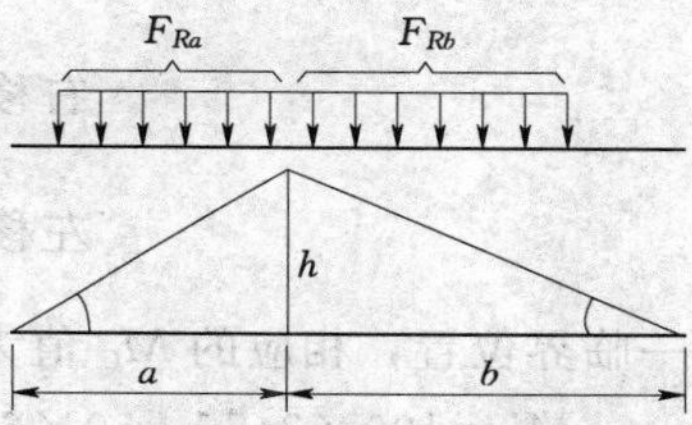

图 10－20　均布荷载跨过影响线顶点图

对于均布荷载跨过三角形影响线顶点的情况如图 10－20 所示，可由 $\dfrac{ds}{dx}=\sum F_{Ri}\tan\alpha_i=0$ 的条件来确定临界位置。此时有

$$\sum F_{Ri}\tan\alpha_i=F_{Ra}\frac{h}{a}-F_{Rb}\frac{h}{b}=0$$

得

$$\frac{F_{Ra}}{a}=\frac{F_{Rb}}{b}\qquad(10-6)$$

即左、右两边的平均荷载应相等。

【例 10－4】　试求图 10－21（a）所示简支梁 AB 在汽车车队荷载作用下截面 C 的最大弯矩。

解： 先作出 M_C 的影响线，为三角形［图 10－21（b）］。先设汽车车队从右向左行使［图 10－21（a）］，将 130kN 的力置于影响线的顶点 C。然后根据式（10－5）来判别临界荷载

右移　　$\dfrac{70}{15}<\dfrac{130+200}{25}$

左移　　$\dfrac{70+130}{15}>\dfrac{200}{25}$

故知这是一临界位置，相应的 M_C 值为

$$M_C=70\times6.88+130\times9.38+50\times7.5+100\times+50\times0.38=2694(\text{kN}\cdot\text{m})$$

其次再考虑汽车车队从左向右行使［图 10-21（a）］，仍将 130kN 的力置于影响线的顶点 C。

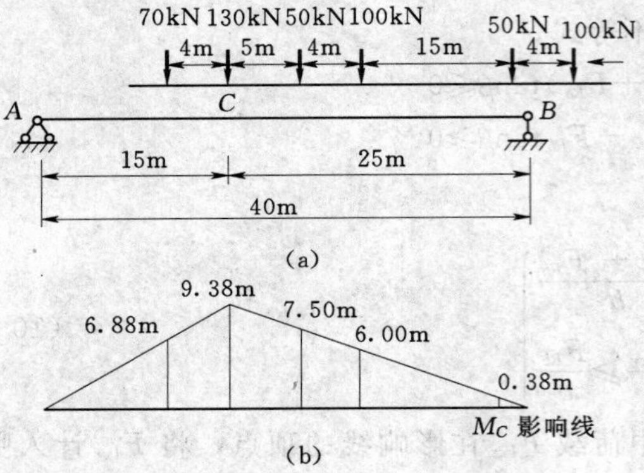

图 10-21　汽车荷载左行图

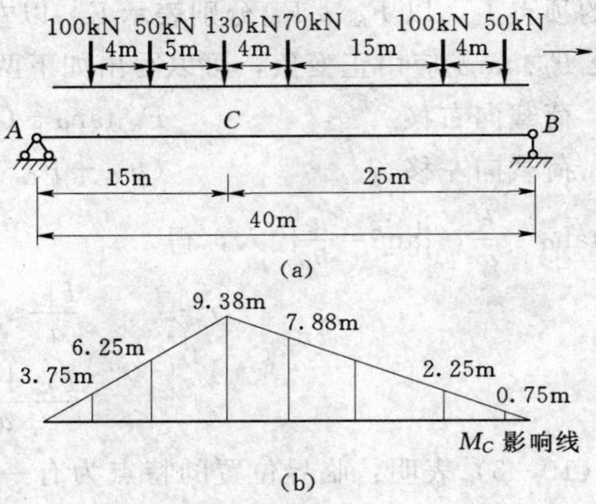

图 10-22　汽车荷载右行图

$$\text{右移}\quad \frac{150}{15}<\frac{130+220}{25}$$

$$\text{左移}\quad \frac{150+130}{15}>\frac{220}{25}$$

故知这又是一临界位置，相应的 M_C 值为

$$M_C=100\times3.75+50\times6.25+130\times9.38+70\times7.88$$
$$+100\times2.25+50\times0.75=2720(\text{kN}\cdot\text{m})$$

经比较得知图 10-22（a）对应的 M_C 值更大，即该位置为最不利荷载位置。M_C 的最大值为 2720kN·m。

第五节　简支梁的包络图和绝对最大弯矩

在设计吊车梁等承受移动荷载的结构时，必须求出各截面上内力的最大值（最大正值和最大负值）。用上节介绍的确定最不利荷载位置进而求某量值最大值的方法，可以求出简支梁任一截面的最大内力值。如果把梁上各截面内力的最大值按同一比例标在图上，连成曲线，这一曲线即称为内力包络图。显然，梁的内力包络图有两种：弯矩包络图和剪力包络图。包络图表示各截面内力变化的极限是结构设计中的主要依据，在吊车梁和楼盖的连续梁和桥梁的设计中应用很多。本节只介绍简支梁的内力包络图，至于连续梁的内力包络图，将在本章第七节中介绍。

一、简支梁的内力包络图

如图 10-23（a）所示一吊车梁，承受两台桥式吊车的作用，吊车轮压见图 10-23（a）。绘制吊车梁的弯矩包络图时，一般将梁分成若干等分（通常为十等分），对每一等分点所在截面利用影响线求出其最大弯矩，用竖标标出，连成曲线，就得到该梁的弯矩包络图。

【例 10-5】　一跨度为 12m 的简支梁 AB，其上作用有吊车荷载，如图 10-23（a）所示。两台吊车传来的最大轮压为 280kN，轮距为 4.8m，两台吊车并行的最小间距为 1.44m。

试绘制该梁的弯矩和剪力包络图。

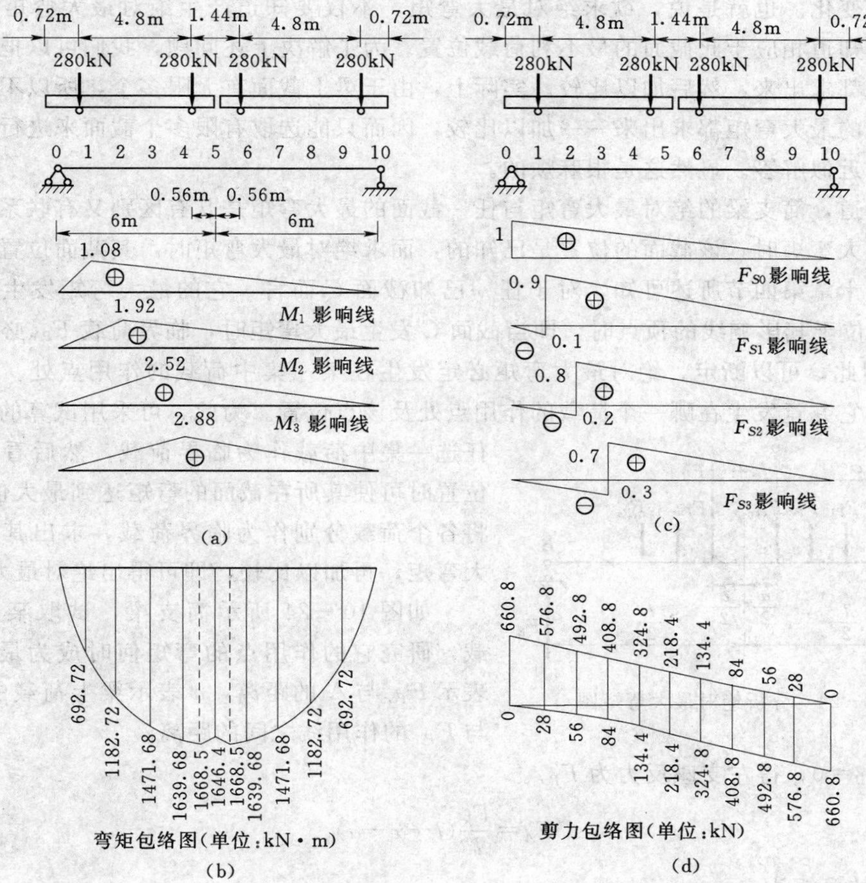

图 10-23　简支梁内力包络图

解： 将梁分成 10 等分，计算各等分点截面的最大弯矩和剪力值。为此，先绘出各截面的弯矩、剪力影响线分别如图 10-23（a）、图 10-23（c）所示。由于对称，可只计算半跨的截面。

$$M_1 = 280\times(1.08+0.938+0.456)=692.72(\text{kN}\cdot\text{m})$$
$$M_2 = 280\times(1.92+1.632+0.672)=1182.72(\text{kN}\cdot\text{m})$$
$$M_3 = 280\times(2.52+2.088+0.648)=1471.68(\text{kN}\cdot\text{m})$$
$$M_4 = 280\times(2.016+2.88+0.96)=1639.68(\text{kN}\cdot\text{m})$$

将以上结果用曲线相连即得弯矩包络图［图 10-23（b）］。

同理，还可求出剪力包络图，如图 10-23（d）所示。

包络图表示各截面内力变化的极值，在设计中是十分重要的。弯矩包络图中最高的竖标称为绝对最大弯矩［图 10-23（b）中为 1668.5kN·m］。它代表在一定移动荷载作用下梁内可能出现的弯矩最大值。下面介绍简支梁的绝对最大弯矩。

二、简支梁的绝对最大弯矩

在移动荷载作用下，弯矩图中的最大竖标即是简支梁各截面的所有最大弯矩中的最大值，我们称它为绝对最大弯矩。绝对最大弯矩与两个可变的条件有关，即截面位置的变化和荷载位置的变化。也就是说，欲求绝对最大弯矩，不仅要知道产生绝对最大弯矩的截面所在，而且要知道相应于此截面的最不利荷载位置。为了解决上述问题，我们可以把各个截面的最大弯矩都求出来，然后加以比较。实际上，由于梁上截面有无限多个，所以不可能把梁上各个截面的最大弯矩都求出来一一加以比较，因而只能选取有限多个截面来进行比较，以求得问题的近似解答。显然这是很麻烦的。

我们知道，简支梁的绝对最大弯矩与任一截面的最大弯矩是既有区别又有联系的。求某一截面的最大弯矩时，该截面的位置是已知的，而求绝对最大弯矩时，其截面位置却是未知的。根据第十章第四节所述可知，对于任一已知截面 C 而言，它的最大弯矩发生在某一临界荷载 F_{Pcr} 位于其影响线的顶点时，即当截面 C 发生最大弯矩时，临界荷载 F_{Pcr} 必定位于截面 C 上。因此，可以断定，绝对最大弯矩必定发生在某一集中荷载的作用点处。剩下的问题只是确定它究竟发生在哪一个荷载的作用点处及该点位置。为此，可采用试算的办法，即任选一集中荷载作为临界荷载，然后看它在哪一位置时可使其所在截面的弯矩达到最大值。这样，将各个荷载分别作为临界荷载，求出其相应的最大弯矩，再加以比较，即可得出绝对最大弯矩。

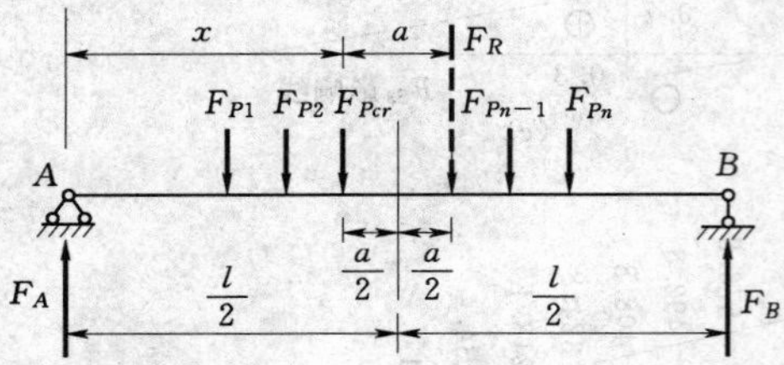

图 10-24 分析绝对最大弯矩图

如图 10-24 所示简支梁，试取某一集中荷载，研究它的作用点的弯矩何时成为最大，以 x 表示 F_{Pcr} 与 A 的距离，a 表示梁上荷载的合力 F_R 与 F_{Pcr} 的作用线之间的距离。

由 $\sum M_B=0$，得左支座反力为 F_{Pcr}。

$$F_A=\frac{F_R}{l}(l-x-a)$$

F_{Pcr} 作用点的弯矩为

$$M_x=F_Ax-M_{cr}=\frac{F_R}{l}(l-x-a)x-M_{cr}$$

式中 M_{cr} 表示 F_{Pcr} 以左梁上荷载对 F_{Pcr} 作用点的力矩之和，它是一个与 x 无关的常数。当 M_x 为极大时，由极值条件

$$\frac{dM_x}{dx}=\frac{F_R}{l}(l-2x-a)=0$$

得

$$x=\frac{l}{2}-\frac{a}{2} \tag{10-7}$$

式（10-7）说明，F_{Pcr} 作用点的弯矩为最大时，梁的中线正好平分 F_{Pcr} 与 F_R 之间的距离。此时最大弯矩为

$$M_{max}=\frac{F_R}{l}\left(\frac{l}{2}-\frac{a}{2}\right)^2-M_{cr} \tag{10-8}$$

应用式（10-7）和式（10-8）时，须注意 F_R 是梁上实有荷载的合力。在安排 F_{Pcr} 与 F_R 的位置时，有些荷载可能来到梁上或者离开梁上，这时应重新计算合力 F_R 的数值和位置。

按上述方法，我们可将各个荷载作用点截面的最大弯矩找出，将它们加以比较，其中最大的一个就是所求的绝对最大弯矩。不过，当荷载数目较多时，仍比较麻烦。在实际计算中，绝对最大弯矩的临界荷载通常容易估计，而可不必多加比较。这是因为绝对最大弯矩通

常总是发生在梁的中点附近，故可设想，使梁的中点发生最大弯矩的临界荷载也就是发生绝对最大弯矩的临界荷载。经验证明，这种设想在通常情况下都是与实际相符的。据此，计算绝对最大弯矩可按下述步骤进行：首先确定使梁中点截面发生最大弯矩的临界荷载 F_{Pcr}，然后移动荷载组，使 F_{Pcr} 与梁上全部荷载的合力 F_R 对称于梁的中点，再算出此时 F_{Pcr} 所在截面的弯矩，即得绝对最大弯矩。

【例 10-6】　试求图 10-25（a）所示简支梁在吊车荷载作用下的绝对最大弯矩，并与跨中截面的最大弯矩比较。$F_{P1}=F_{P2}=F_{P3}=F_{P4}=280\text{kN}$。

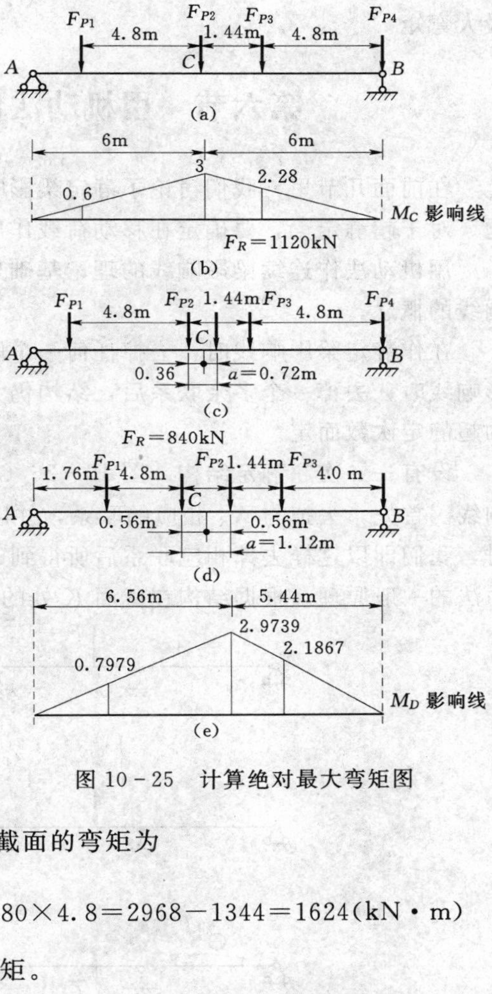

图 10-25　计算绝对最大弯矩图

解：（1）求跨中截面 C 的最大弯矩，绘出 M_C 影响线［图 10-25（b）］，显然 F_{P2} 或 F_{P3} 位于 C 点时才能使截面 C 产生最大弯矩 $M_{C\max}$。当 F_{P2} 在截面 C 时［图 10-25（a）］，求出 M_C 影响线相应的竖标［图 10-25（b）］

$$M_{C\max}=280\times(0.6+3+2.28)$$
$$=280\times5.88=1646.4(\text{kN}\cdot\text{m})$$

同理，可求得 F_{P3} 在截面 C 时所产生的最大弯矩，由对称性可知它也等于 1646.4kN·m。

因此，F_{P2} 和 F_{P3} 就是产生绝对最大弯矩的临界荷载。现以 F_{P2} 为例求绝对最大弯矩，为此，使 F_{P2} 与梁上全部荷载的合力 F_R 对称于梁的中点［图 10-25（c）］，梁上全部荷载的合力为

$$F_R=280\times4=1120(\text{kN})$$

合力作用线就在 F_{P2} 与 F_{P3} 的中间，它与 F_{P2} 的距离为 $a=\frac{1.44}{2}=0.72(\text{m})$。此时 F_{P2} 作用点所在截面的弯矩为

$$M=\frac{F_R}{l}\left(\frac{l-a}{2}\right)^2-M_{cr}=\frac{1120}{4\times12}(12-0.72)^2-280\times4.8=2968-1344=1624(\text{kN}\cdot\text{m})$$

此弯矩值比 $M_{C\max}$ 小，显然它不是绝对最大弯矩。

（2）考察梁上只有三个荷载的情况［图 10-25（d）］。这时梁上荷载的合力 $F_R=280\times3=840(\text{kN})$ 合力作用点至 F_{P2} 的距离为

$$\sum M_{P2}=0\qquad F_R\cdot a=F_{P1}\times4.8-F_{P3}\times1.44$$

$$a=\frac{280\times4.8-280\times1.44}{3\times280}=1.12(\text{m})$$

因 F_{P2} 在截面 C 的右侧，故计算 M_{cr} 时，应取 F_{P3} 对作用点的力矩，可求得 F_{P2} 作用点所在截面的弯矩为

$$M_{\max}=\frac{840}{12}\left(\frac{12}{2}-\frac{1.12}{2}\right)^2-280\times1.44=1668.4(\text{kN}\cdot\text{m})$$

故该吊车梁的绝对最大弯矩为 1668.4kN·m，即为图 10-23（b）所示弯矩包络图中的最大

竖标。

如果我们利用影响线竖标进行计算如图 10－25（e）所示 M_D 影响线，也可得到同样结果，即

$$M_{\max}=280\times(0.7979+2.9739+2.1867)=1668.4(\mathrm{kN\cdot m})$$

比跨中最大弯矩大 1.34%。因此，在实际工作中，有时也用跨中最大弯矩来近似代替绝对最大弯矩。

第六节　用机动法作超静定梁影响线的概念

在前面几节里，我们讨论了静定梁影响线的绘制和利用影响线确定最不利荷载位置等问题。对于超静定梁，要确定在移动荷载作用下的最不利荷载位置，同样需要借助于影响线。

用机动法作连续梁影响线的理论基础是变形体虚功原理。下面介绍用机动法作连续梁影响线的概念。

在作静定梁影响线时，去掉任何一个联系，结构即变为几何可变体系。而作超静定梁的影响线时，去掉一个多余联系后，结构仍为几何不变体系，它是否还有多余联系要视原结构的超静定次数而定。

设有一 n 次超静定结构［图 10－26（a）］，欲绘制其上某指定量值 X_K（例如 M_K）的影响线。首先，去掉与 X_K 相应的联系，并以 X_K 代替其作用，如图 10－26（b）所示。求 X_K 时，我们即以这样去掉相应联系后所得到的 $n-1$ 次超静定结构作为力法的基本结构。按照力法的一般原理，根据结构在截面 K 处的已知位移条件可建立如下力法方程

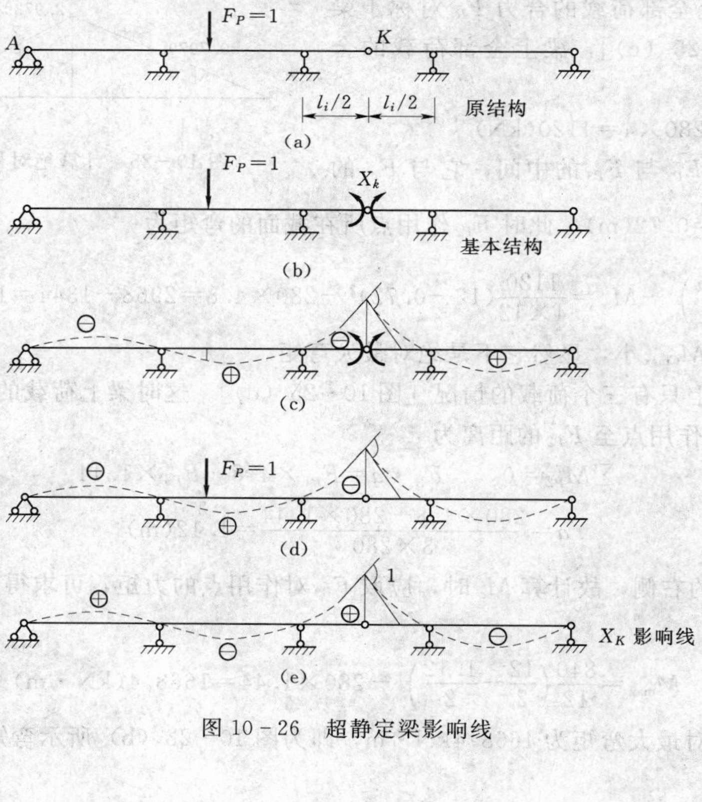

图 10－26　超静定梁影响线

$$\delta_{KK}X_K+\delta_{PK}=0$$

故得

$$X_K=-\frac{\delta_{PK}}{\delta_{KK}} \tag{10-9}$$

这里，δ_{KK}是基本结构在固定荷载作用下沿 X_K 方向的位移，如图 10－26（c）所示，其值与荷载 F_P 的位置无关而为一常数且为正值。δ_{KP}则是基本结构在移动荷载 $F_P=1$ 作用下沿$\overline{X}_K$方向的位移，其值则随荷载 F_P 的位置移动而变化［图 10－26（d）］。

应用位移互等定理

$$\delta_{KP}=\delta_{PK}$$

式（10－9）可写为

$$X_K=-\frac{\delta_{KP}}{\delta_{KK}}=-\frac{\delta_{PK}}{\delta_{KK}} \tag{10-10}$$

δ_{PK}所代表的位移如图 10－26（c）所示，它是$\overline{X}_K=1$ 所引起的沿荷载 F_P 作用点的竖向位移。

在式（10－10）中，X_K 和 δ_{PK} 均随荷载 F_P 的移动而变化，它们都是荷载位置 x 函数，δ_{KK}则是一个常数，不随荷载位置 x 变化。因此，式（10－10）可以明确地写成如下的形式

$$X_K(x)=-\frac{1}{\delta_{KK}}\delta_{PK}(x) \tag{10-11}$$

这里，当 x 变化时，函数 X_K（x）的变化图形就是 X_K 的影响线；而函数 δ_{PK}（x）的变化图形就是图 10－25（c）所示的荷载作用点的竖向位移图。由此可得出结论：超静定结构某一量值 X_K 的影响线，和去掉与 X_K 相应联系后由$\overline{X}_K=1$ 所引起的竖向位移图成正比。进一步考察式（10－11），若将位移 δ_{PK}图的竖标乘以常数$-\frac{1}{\delta_{KK}}$，便是所求量值 X_K 的影响线，或者说，如果我们使 X_K 的作用所产生的位移δ_{KK}恰好为一个单位，即令 $\delta_{KK}=1$，则上式就变为

$$X_K=-\delta_{PK} \tag{10-12}$$

这就是说，相应于 $\delta_{KK}=1$ 而产生的竖向位移图就代表 X_K 的影响线［图 10－26（e）］，只不过符号相反而已。因为竖向位移 δ_{PK}图是取向下为正［图 10－26（d）］，而 X_K 与 δ_{PK}反号，故在 X_K 影响线图形中，应取梁轴线上方的位移为正，下方为负。

综上所述可知，用机动法作超静定结构某一量值 X_K 影响线的步骤可归纳如下。

（1）去掉与 X_K 相应的联系。

（2）使所得结构产生与 X_K 相应的单位位移，作出荷载作用点的竖标图，即为影响线的形状。

（3）将 δ_{PK}图除以常数 δ_{KK}（或在 δ_{PK}图中令 $\delta_{KK}=1$），便确定了影响线的数值。

（4）横坐标以上图形为正号，横坐标以下图形为负号。

下面再举例说明连续梁竖向反力和剪力影响线的例子。如图 10－27（a）所示连续梁为 n 次超静定结构，欲求反力 F_{Ri}的影响线时，去掉相应的联系并代替以该反力（假设向上为

正)，这样得到了一个 ($n-1$) 次超静定结构［图 10-27 (b)］。使去掉联系后的结构产生与 F_{Ri} 相应的单位位移，则所得的位移图即表示 F_{Ri} 的影响线［图 10-27 (c)］。图 8-27 (d) 表示剪力 F_{SK} 的影响线，它是去掉截面 K 处与 F_{SK} 相应的联系，以 F_{SK} 代替并使其发生单位位移而得到的位移图。

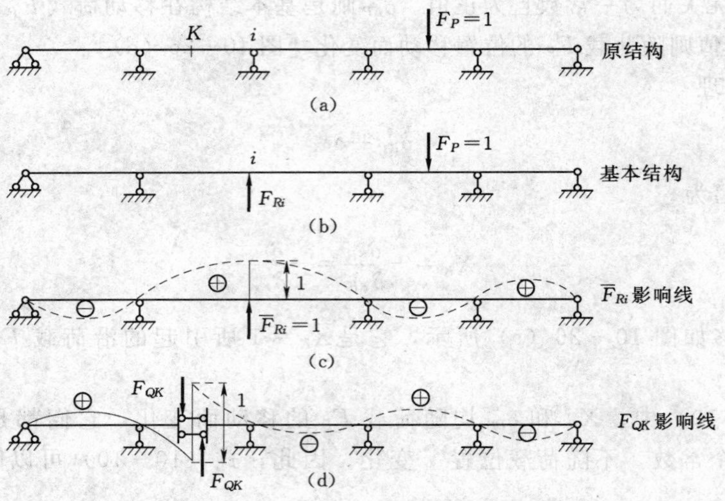

图 10-27　多跨连续梁结构

第七节　连续梁的内力包络图

连续梁是工程中常见的一种结构，它所受荷载通常包括恒载和活载两部分。恒载经常存在而布满全梁，活载不经常存在且不同时布满各跨；设计时必须考虑两者的共同影响，求出各个截面所可能产生的最大和最小内力值，作为选择截面尺寸的依据。对于某一截面来说，恒载产生的内力是固定的，而活载所引起的内力则随活载分布的不同而改变。因此，求各截面最大内力的主要问题在于确定活载的影响。只要求出了活载作用下某一截面的最大和最小内力，再加上恒载作用下该截面的内力，就可得到恒载和活载共同作用下该截面的最大、最小内力。把梁上各截面的最大内力和最小内力用图形表示出来，就得到连续梁的内力包络图。

计算连续梁某截面在活载作用下最大、最小弯矩时，需要事先知道相应的活载最不利分布情况，这时可用影响线来判断。

如图 10-28 (a) 所示连续梁，欲确定截面 K 和支座截面 C 的弯矩的最不利荷载位置，可先分别绘出 M_K 和 M_C 的影响线轮廓［图 10-28 (b)、(e)］。根据式 (10-4)，即 $S=q\omega$ 可知，将均布活载布满影响线面积的正号部分时，即为相应于该量值最大值时的最不利分布情形；反之，使均布活载布满影响线面积的负号部分时，即为相应于该量值最小值（即最大负值）时的最不利分布情形。相应于 M_K 和 M_C 的最大、最小值时的最不利荷载位置如图 10-28 (c) ～ (g) 所示。

由上可知，当简支梁受均布荷载作用时，其上各截面弯矩的最不利荷载位置是在若干跨内布满荷载。因此，在这种活载作用下，各截面的最大、最小弯矩的计算便可以简化。这时只需按每一跨单独布满活载的情况逐一作出其弯矩图，然后对于任一截面，将这些弯矩图中

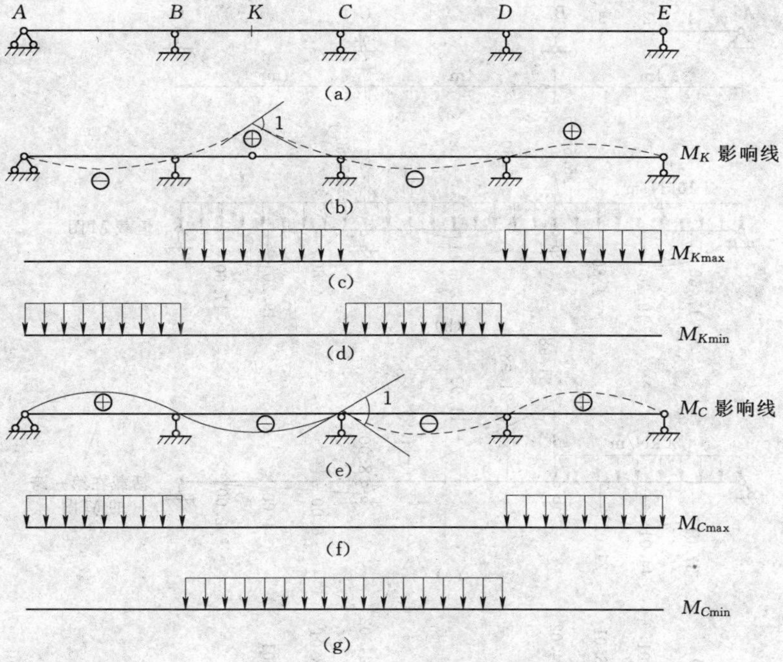

图 10－28　多跨连续梁结构

对应的所有正弯矩值相加，便得到该截面在活载作用下的最大正弯矩；同样若将对应的所有负弯矩值相加，便得到该截面在活载作用下的最大负弯矩值。于是对于这种活载作用下的连续梁，其弯矩包络图可按下述步骤进行绘制。

(1) 绘出连续梁在恒载作用下的弯矩图。

(2) 依此按每一跨上单独布满活载的情况，逐一绘出其弯矩图。

(3) 将各跨分为若干等分，对每一等分点处截面，将恒载弯矩图中该截面的竖标值与所有各个活载弯矩图中对应的正（负）竖标值之和相加，得到各截面的最大（最小）弯矩值。

(4) 将上述各最大（小）弯矩值在同一图中按同一比例尺用竖标标出，并以曲线相连，即得到所求的弯矩包络图。

作连续梁在恒载和活载共同作用下的最大剪力和最小剪力变化情形的剪力包络图，其步骤与绘制弯矩包络图相同。

【例 10－7】　求图 10－29 (a) 所示三跨等截面梁的弯矩包络图和剪力包络图。梁上承受的恒载为 $q=16$KN/m，活载 $p=30$kN/m。

解： 首先应用力矩分配法作出恒载作用下的弯矩图［图 10－29 (b)］和各跨分别承受活载时的弯矩图［图 10－29 (c)、图 10－29 (d)、图 10－29 (e)］，将梁的每一跨分为若干等分（现将每跨分为 4 等分），求出各弯矩图中等分点的竖标值。对每一等分点截面，将恒载弯矩图中该截面处的竖标值与所有各活载弯矩图中对应的正（负）竖标值相加，即得各截面的最大（小）弯矩值。例如截面 2 处

$$M_{2\max}=19.20+44.01+4.00=67.21(\text{kN/m})$$

$$M_{2\min}=19.20-12.01=7.19(\text{kN/m})$$

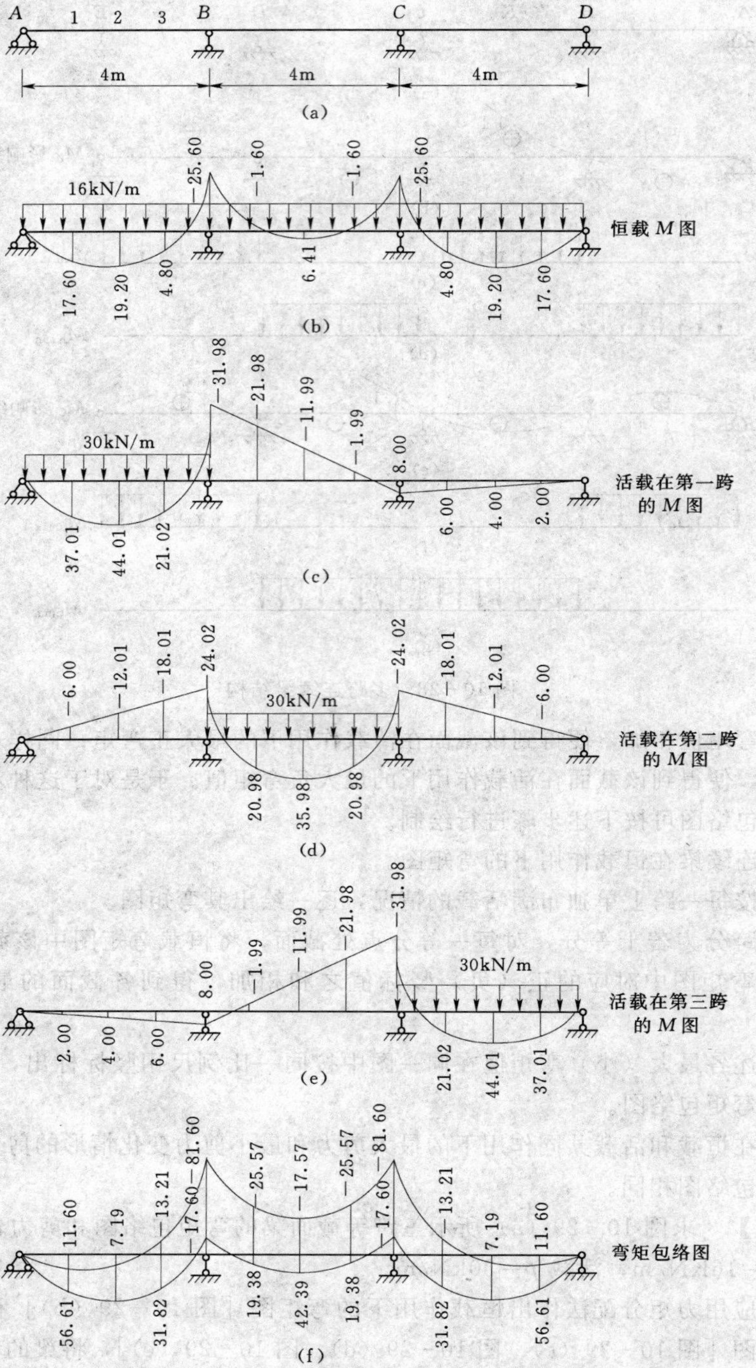

图 10-29　连续梁弯矩包络图

最后把各截面的最大弯矩值和最小弯矩值分别用曲线相连，即得弯矩包络图，如图 10-29 (f) 所示（图中单位为 kN·m)。

同理作剪力包络图时，先作出恒载作用下的剪力图［10-30 (a)］和各跨分别承受活载时的剪力图［10-30 (b)、图 10-30 (c)、图 10-30 (d)］。然后将图 10-30 (a) 中各支座左右两边截面处的竖标值和图 10－30（b）、图 10－30（c）、图 10－30（d）中对应的正（负）竖标值相加，便得到最大（小）剪力值。例如在支座 B 左侧截面上

$$F^{l}_{SB_{\max}}=-38.40+2.00=-36.40(\mathrm{kN})$$

$$F^{l}_{SB_{\min}}=-38.40+(-67.99)+(-6.00)=112.39(\mathrm{kN})$$

工程中常把各支座两边截面上的最大剪力值和最小剪力值分别用直线相连，得到近似的剪力包络图，如图 10－30（e）所示。

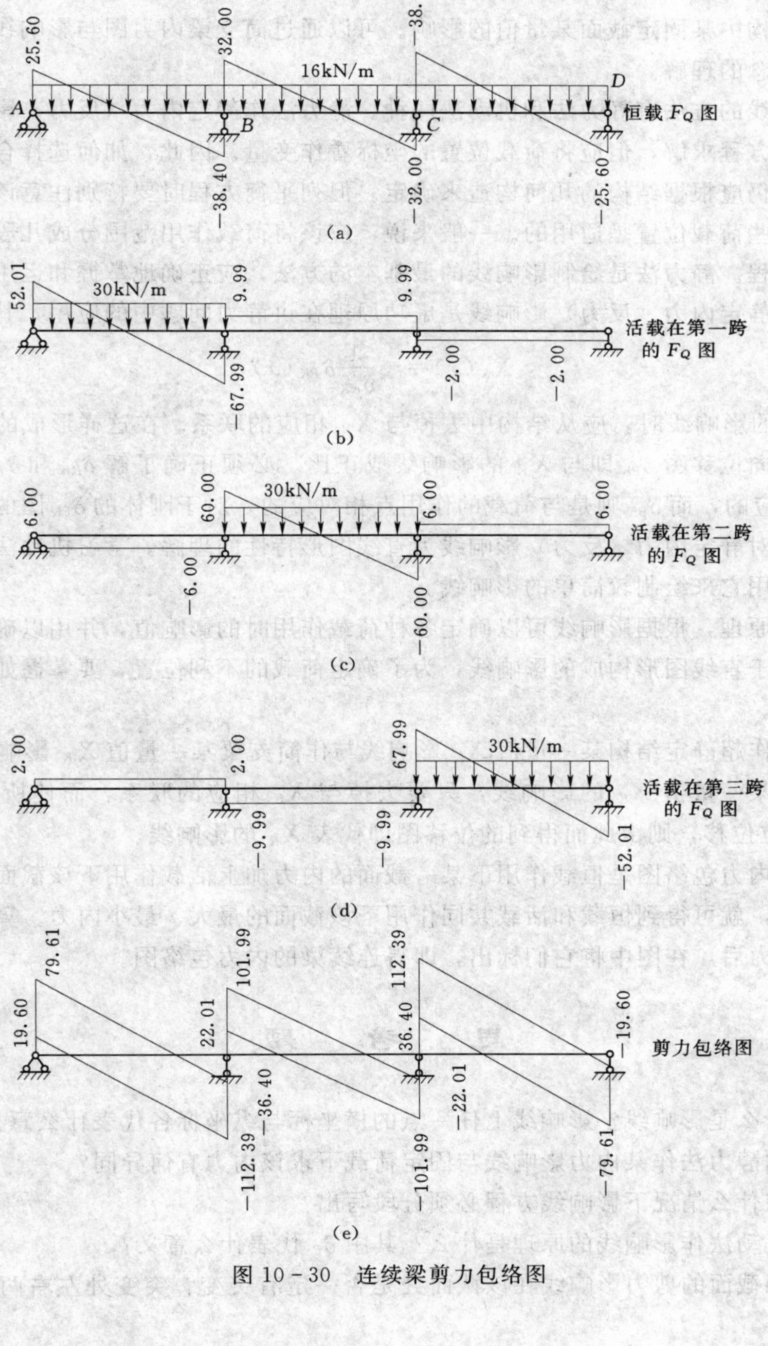

图 10－30　连续梁剪力包络图

小 结

本章主要讨论静定内力（反力）影响线的做法和超静定内力（反力）影响线的做法及其应用。

影响线是影响系数与荷载位置间的曲线关系，它与内力分布图是有区别的。内力图是描述在固定荷载作用下，内力沿结构各个截面的分布；而影响线是描述单位集中荷载在不同位置作用时对结构中某固定截面某量值的影响。可以通过简支梁内力图与影响线的比较讨论加深对影响线概念的理解。

绘制影响线的方法有静力法和机动法两种。静力法作静定内力（反力）影响线时是取隔离体运用平衡方程求解，但应将荷载位置的坐标看作变量。因此，如何选择合适的平衡方程和计算次序，仍应根据结构的几何构造来确定。但列平衡方程时要特别注意该方程的适用范围，即对于哪些荷载位置是适用的。一般来说，应该将荷载作用范围分成几段，对不同区段列影响系数方程。静力法是绘制影响线的最基本的方法，应正确地掌握和运用。

机动法作静定内力（反力）影响线是虚功原理在讲静力问题中的应用，其基本公式为

$$X_K(x)=-\frac{1}{\delta_{KK}}\delta_{PK}(x)$$

在作 X_K 的影响线时，应从结构中去掉与 X_K 相应的联系。在这样形成的机构中，其荷载作用点的竖向位移图 δ_{PK} 即与 X_K 的影响线成正比。必须正确了解 δ_{KK} 和 δ_{PK} 的意义，δ_{KK} 是与 X_K 相对应的，而 δ_{PK} 则是与荷载的作用点相对应的。对于刚体的 δ_{PK} 图的特性应清楚了解，从而加深对静定内力（反力）影响线为直线图形特性的理解。学习机动法，应着重原理部分，并能运用它来绘制较简单的影响线。

利用叠加原理，根据影响线可以确定各种荷载作用时的影响值，并用以确定移动荷载的不利位置。对于直线图形构成的影响线，为了确定荷载的不利位置，要掌握如何判定临界荷载和临界位置。

用机动法作超静定结构某一量值 X_K 影响线与作简支梁某一量值 X_K 影响线的步骤是一致的。要作出某一量值 X_K 的影响线，只要去掉与 X_K 相应的联系，而使所得结构产生与 X_K 相应的单位位移，则由此而得到的位移图即代表 X_K 的影响线。

连续梁的内力包络图是恒载作用下某一截面的内力加上活载作用下该截面的最大正内力和最大负内力，就可得到恒载和活载共同作用下该截面的最大、最小内力。算得每个截面的最大、最小内力后，在图中将它们标出，即得连续梁的内力包络图。

思 考 题

10－1 什么是影响线？影响线上任一点的横坐标与纵坐标各代表什么意义？

10－2 用静力法作某内力影响线与固定荷载下求该内力有何异同？

10－3 在什么情况下影响线方程必须分段写出？

10－4 机动法作影响线的原理是什么？其中 δ_P 代表什么意义？

10－5 某截面的剪力影响线在该截面处是否一定有突变？突变处左右两竖标各代表什

么意义？突变处两侧的线段为何必定平行？

10－6　恒载作用下的内力为何可以利用影响线来求？

10－7　何谓最不利荷载位置？何谓临界荷载和临界位置？

10－8　如果整个荷载分别向左和向右移动后，所得的$\sum F_{Ri}\tan\alpha_i$均为正值，则荷载怎样移动才能得到临界位置？

10－9　简支梁的绝对最大弯矩与跨中截面的最大弯矩是否相等？

10－10　何为内力包络图？它与内力图、影响线有何区别？三者各有何用途？

习　题

10－1　习题10－1图（a）为一简支梁的弯矩图，习题10－1图（b）为此简支梁某一截面的弯矩影响线，两者形状及竖标完全相同，试指出图中y_1和y_2各代表的具体意义。

10－2　试做习题10－2图示悬臂梁的反力F_{Ay}、M_A、M_C及F_{SC}的影响线。

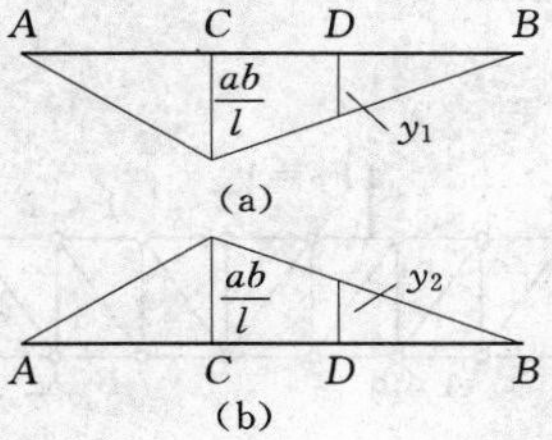

习题10－1图

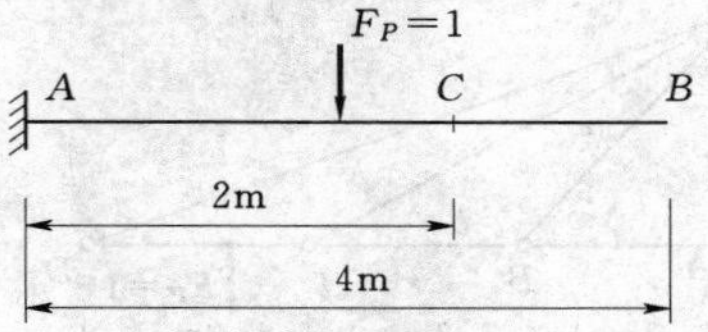

习题10－2图

10－3　试做习题10－3图示伸臂梁中F_{By}、M_C、F_{SC}、M_B、$F_{SB左}$和$F_{SB右}$的影响线。

10－4　试做习题10－4图示结构中下列量值的影响线：F_{NBC}、M_D、F_{SD}。$F_P=1$在AE部分移动。

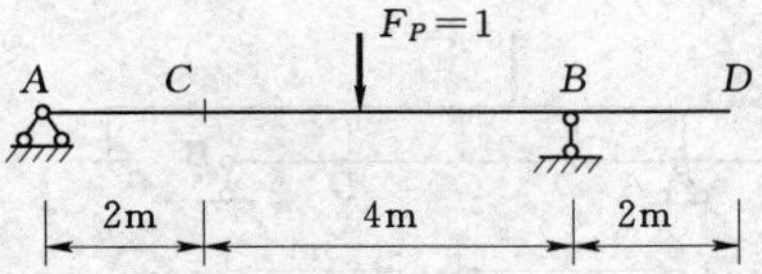

习题10－3图

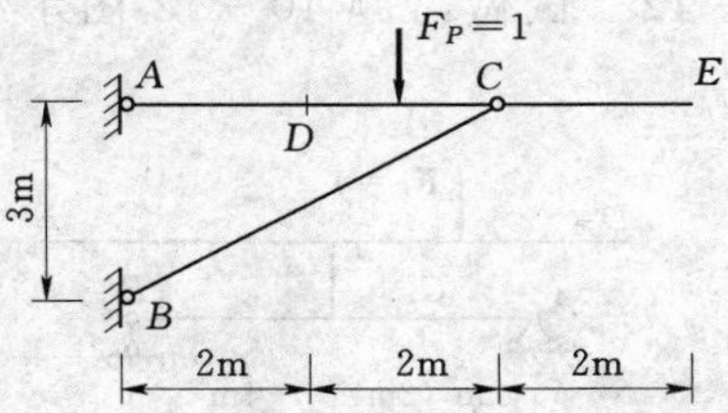

习题10－4图

10－5　试做如习题10－5图所示斜梁F_{Ay}、F_{By}、M_C、F_{SC}、F_{NC}的影响线。

10－6　试做习题10－6图示静定梁F_{SC}、M_C的影响线。

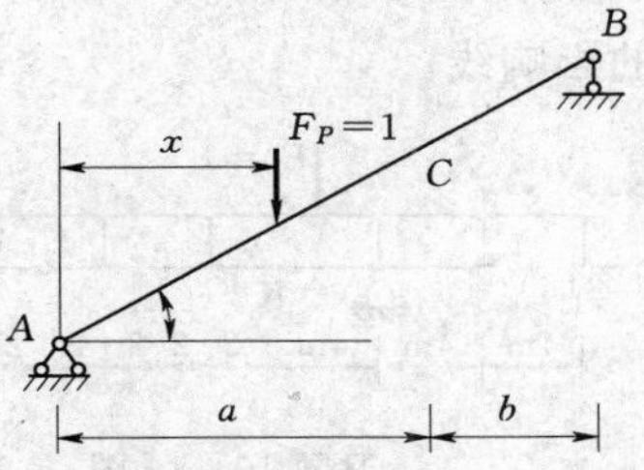

习题10－5图

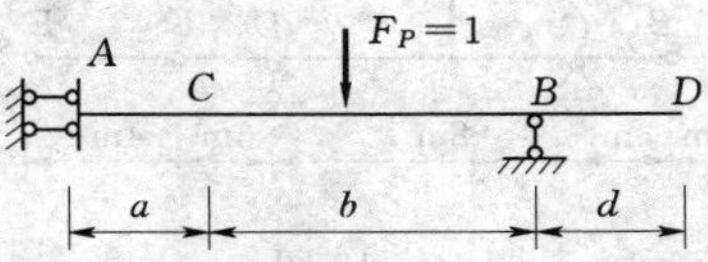

习题10－6图

10－7　如习题 10－7 图所示，用静力法做刚架中 M_A、F_{Ay}、M_K、F_{SK} 的影响线。设 M_A、M_K 均以内侧受拉为正。

10－8　如习题 10－8 图所示用静力法作 F_{RA}、F_{SB}、M_E、F_{SF}、F_{RC}、F_{RD}、M_F、F_{SF} 的影响线。

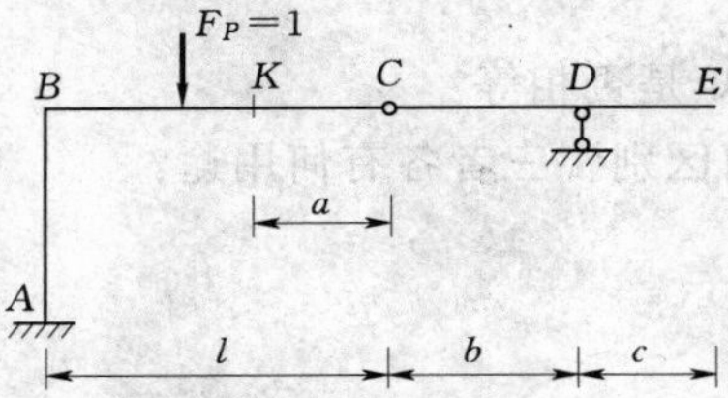

习题 10－7 图

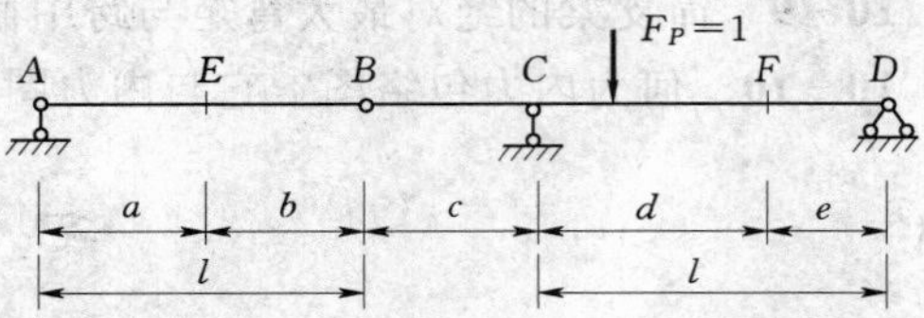

习题 10－8 图

10－9　试做习题 10－9 图示指定杆件的内力影响线。

10－10　试做习题 10－10 图示指定杆件的内力影响线。

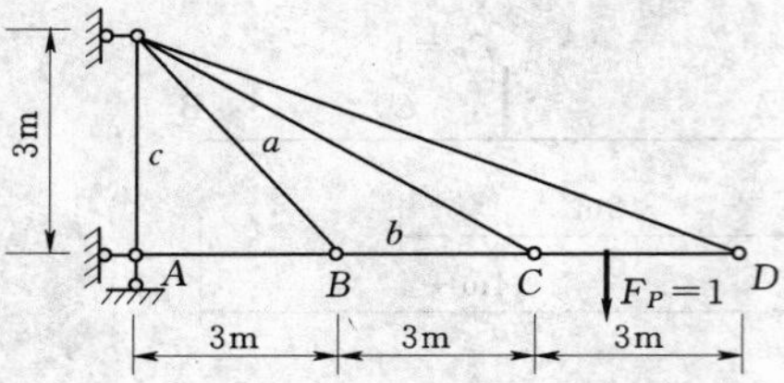

习题 10－9 图

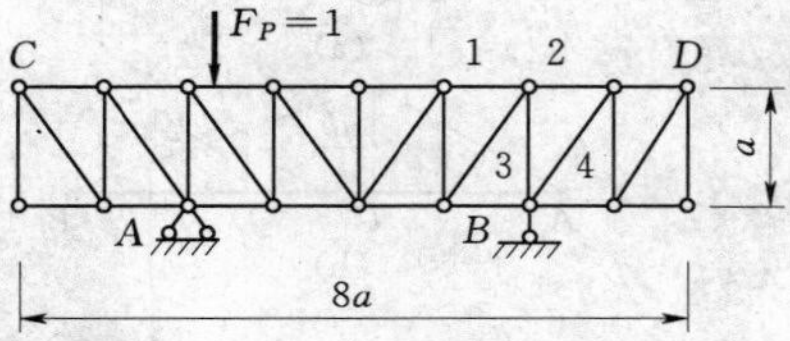

习题 10－10 图

10－11　如习题 10－11 图所示，设荷载 $F_P=1$ 在结构的上面部分 DE 范围内移动，试用静力法绘制截面 C 的 M_C、F_{SC} 影响线。

10－12　试做习题 10－12 图示结构中下列量值的影响线：F_{RB}、M_C、$F_{SC左}$、$F_{SC右}$、M_D、F_{SD}。

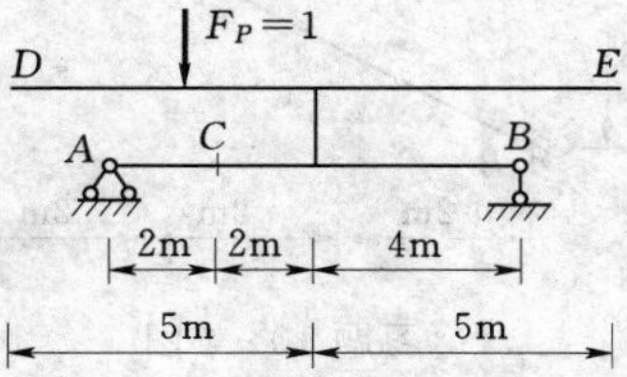

习题 10－11 图

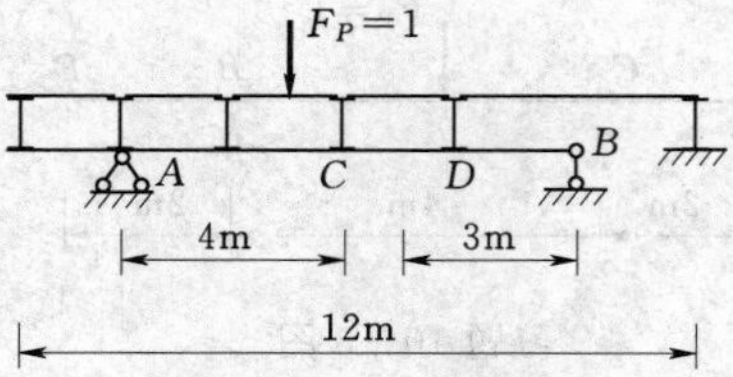

习题 10－12 图

10－13　试做习题 10－13 图示结构中下列量值的影响线：M_K、M_C、$F_{SC左}$、$F_{SC右}$。

10－14　试做习题 10－14 图示结构中 M_K、F_{SK} 的影响线。

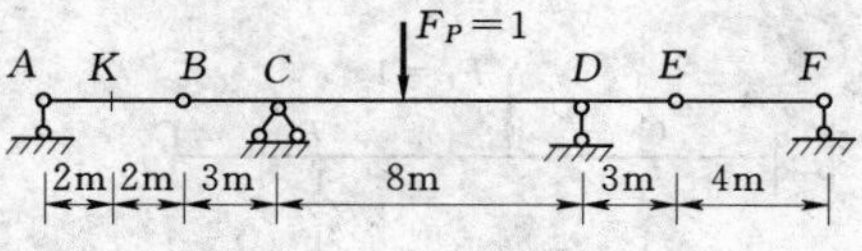

习题 10－13 图

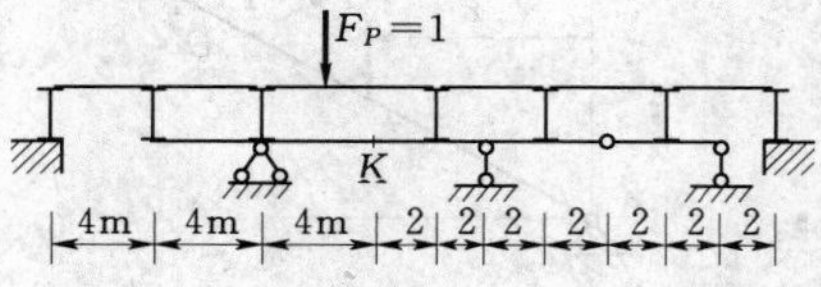

习题 10－14 图

10－15　用静力法及机动法绘制习题 10－15 图示结构中 F_{RA}、F_{RB}、M_A、M_B、M_E、$F_{SA左}$、$F_{SA右}$ 的影响线。

10－16　用静力法及机动法绘制习题 10－16 图示结构中 F_A、F_B、F_C、M_B、$F_{SB左}$、$F_{SB右}$ 的影响线。

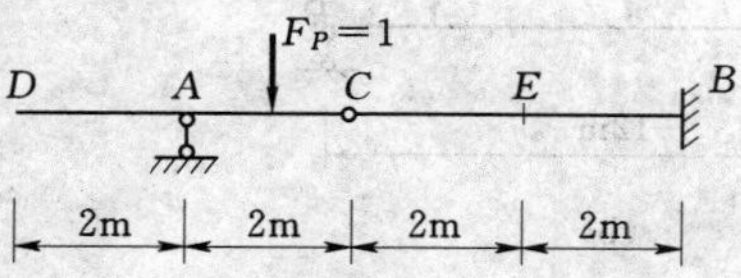

习题 10－15 图

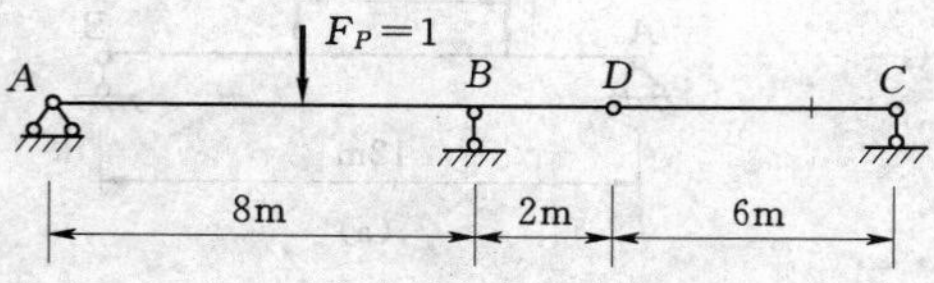

习题 10－16 图

10－17　如习题 10－17 图所示，用机动法作 F_A、F_B、M_E、F_{SE}、M_F、F_{SF} 的影响线。

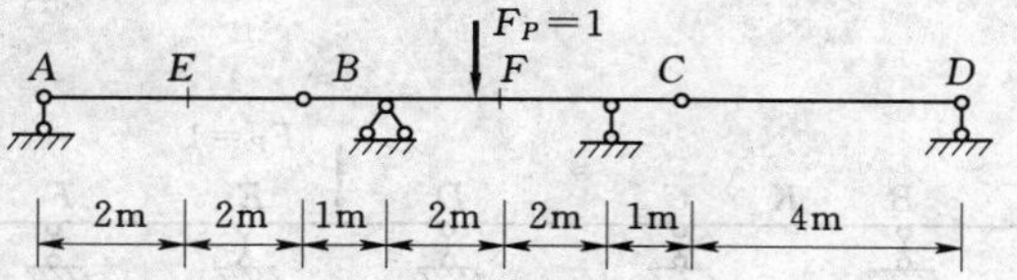

习题 10－17 图

10－18　如习题 10－18 图所示，用机动法作 F_E、F_C、F_A、M_A、M_G、F_{SG} 的影响线。

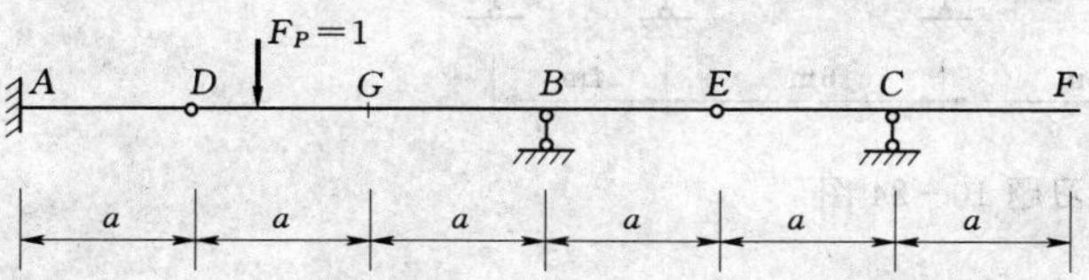

习题 10－18 图

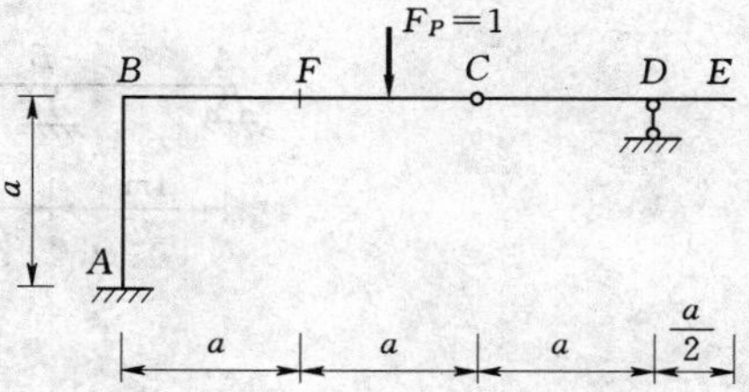

习题 10－19 图

10－19　用静力法做习题 10－19 图示刚架 M_A、M_F、F_{SF} 和 F_{NA} 的影响线。设 $F_P=1$ 在 BE 范围内移动。

10－20　如习题 10－20 图示外伸梁上面作用一集中荷载 $F_P=30$kN 及一段均布荷载 $q=20$kN/m，试利用影响线求截面 C 的弯矩和剪力。

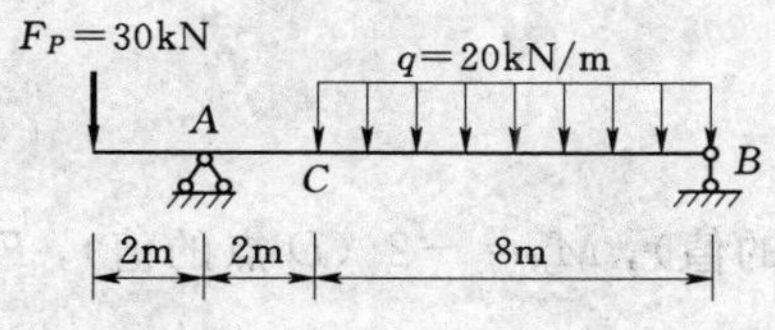

习题 10－20 图

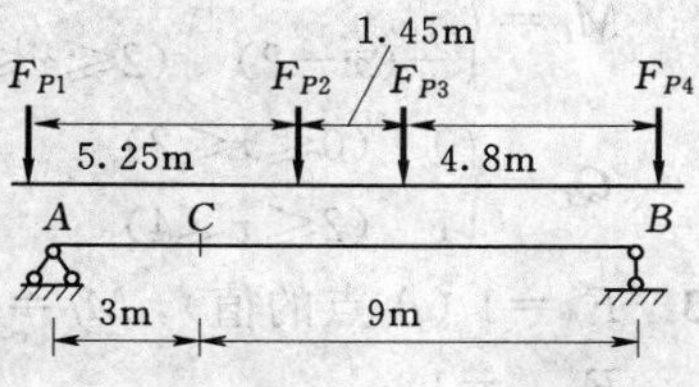

习题 10－21 图

10－21　试求习题 10－21 图示简支梁在吊车荷载作用下截面 C 的最大弯矩、最大正剪力和最大负剪力。

10－22　试求习题 10－22 图示简支梁在移动荷载作用下的绝对最大弯矩、并与跨中截面的最大弯矩作比较。

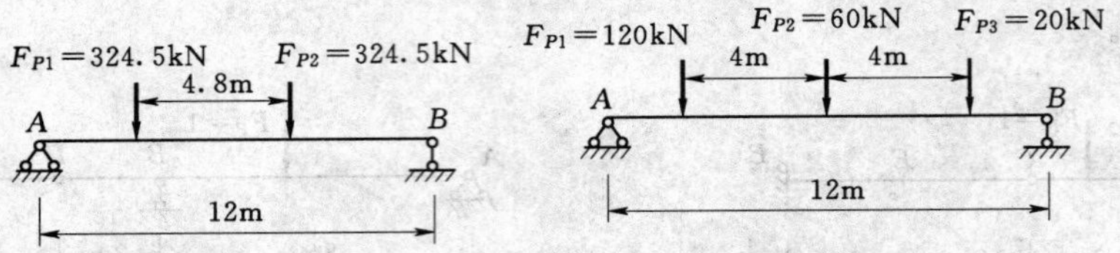

(a)　　(b)

习题 10－22 图

10－23　试绘出习题 10－23 图示连续梁中 F_B、M_A、M_C、M_K、F_{SK}、$F_{SB左}$、$F_{SB右}$ 的影响线的轮廓。

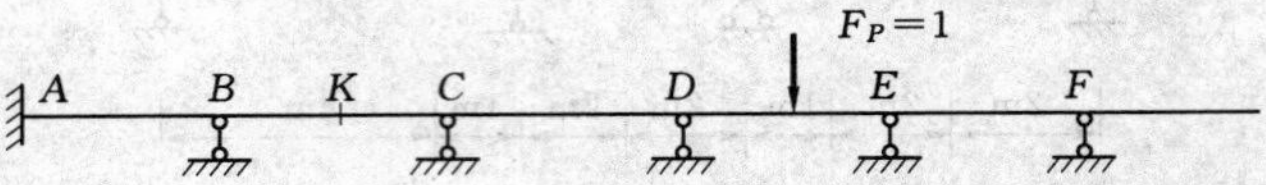

习题 10－23 图

10－24　习题 10－24 图示连续梁各跨除承受均布恒载 $q=10kN/m$ 外，还受有均布活载 $q=20kN/m$ 的作用，试绘制其弯矩和剪力包络图。$EI=$常数。

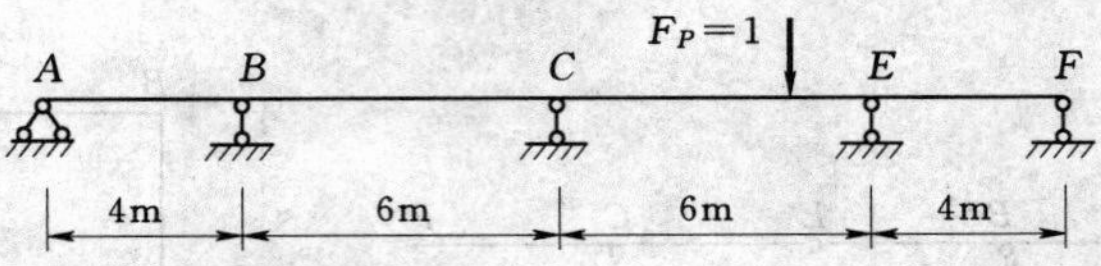

习题 10－24 图

参　考　答　案

10－1　y_1 代表荷载作用于 C 截面时，引起 D 截面的弯矩值；
y_2 代表单位荷载 $F_P=1$ 作用于 D 点时，引起 C 截面的弯矩值

10－2　$F_A=1$，$M_A=-x$，

$$M_C=\begin{cases}0 & (0\leqslant x\leqslant 2)\\-(x-2) & (2\leqslant x\leqslant 4)\end{cases}$$

$$Q_C=\begin{cases}0 & (0\leqslant x\leqslant 2)\\1 & (2\leqslant x\leqslant 4)\end{cases}$$

10－3　$F_A=1$（A 点的值），$M_C=1.333$（C 点的值），$M_B=-2$（D 点的值），$F_{SB}=-1$，$F_{SB左}=1$

10－4　$F_{NBC}=1.667$（C 点的值），$M_D=1$

10－5　$F_A=1$（A 点的值），$F_B=1$（B 点的值），$M_C=ab/l$，$F_{SC}=-0.866a/l$（C 左的值），$F_{NC}=0.5a/l$（C 左的值）

10－6 $M_C=-d$（D 点的值），$F_{SC}=1$

10－7 $M_A=-l$（C 点的值），$F_A=c/b$（E 点的值），$M_K=c$（E 点的值），$F_{SK}=-c/b$（E 点的值）

10－8 $F_A=1$（A 点的值），$F_{SB}=1$（B 点的值），$M_E=ab/l$（E 点的值），
$F_{SE}=-a/l$（E 左的值），$F_C=(l+c)/l$（B 点的值），$F_D=-c/l$（B 点的值），
$M_F=-ce/l$（B 点的值），$F_{SF}=c/l$（B 点的值）

10－9 $F_{Na}=1.414$（$F_P=1$ 在 B 点时的值），$F_{Nb}=-2$（$F_P=1$ 在 C 点时的值），
$F_{Nc}=-1$（$F_P=1$ 在 B 点时的值）

10－10 $F_{N1}=\frac{3}{2}$，$F_{N2}=1$，$F_{N3}=\frac{\sqrt{2}}{2}$，$F_{N4}=\sqrt{2}$（均为 $F_P=1$ 在 D 点的值）

10－11 $M_C=2$（对应于 A 点的值），$F_{SC}=1$（对应于 A 点的值）

10－12 $F_B=1$（B 点的值），$M_C=2$（C 点的值），$F_{SC左}=0.5$（C 点的值），
$F_{SC右}=0.5$（C 点的值），$M_D=1$（D 点的值），$F_{SB}=0.75$（C 左的值）

10－13 $M_K=1$，$M_C=-3$（B 点的值），$F_{SC左}=-1$（B 点的值），$F_{SC右}=1$（C 右点的值）

10－14 $M_K=1$（K 右结点的值），$F_{SK}=-0.5$（K 左的值）

10－15 $F_A=1$（A 点的值），$F_B=1$（B 点的值），$M_A=-2$（D 点的值），$M_B=-4$（C 点的值），$M_E=-2$（C 点的值），$F_{SA左}=-1$（A 左的值），$F_{SA右}=1$

10－16 $F_A=1$（A 点的值），$F_B=1$（B 点的值），$F_C=1$（C 点的值），$M_B=-2$（D 点的值），$F_{SB左}=-1$（B 左的值），$F_{SB右}=1$（B 右的值）

10－17 $F_A=1$（A 点的值），$F_B=1$（B 点的值），$M_E=1$（E 点的值），$F_{SE}=-0.5$（E 左的值），$M_F=-0.5$（B 点的值），$F_{SF}=-0.5$（F 左的值）

10－18 $F_E=-1$（F 点的值），$F_C=1$（F 点的值），$F_A=1$（D 点的值），
$M_A=-a$（D 点的值），$M_G=a/2$（G 点的值），$F_{SG}=-0.5$（G 左的值）

10－19 $M_A=-2a$（C 点的值），$M_F=-a$（C 点的值），$F_{SF}=-0.5$（E 点的值），
$F_{NA}=-a$（C 点的值）

10－20 $M_C=80\text{kN}\cdot\text{m}$，$F_{SC}=70\text{kN}\cdot\text{m}$

10－21 $M_{C\max}=1912.2\text{kN}\cdot\text{m}$，$F_{SC\max}=637.4\text{kN}$，$F_{SC\min}=-81.1\text{kN}$

10－22 (a) $M_{\max}=1248\text{kN}\cdot\text{m}$。
(b) $M_{\max}=426.7\text{kN}\cdot\text{m}$

10－23（略）

10－24 $M_{C\max}=-22.94\text{kN}\cdot\text{m}$，$M_{C\min}=-106.48\text{kN}\cdot\text{m}$，$F_{SC\max}=98.23\text{kN}$，$F_{SC\min}=26.46\text{kN}$

第十一章　矩阵位移法

第一节　概　述

前面介绍的力法和位移法是结构分析的两种基本方法，按照这两种分析方法，求解结构的问题都演化为求解一组线性方程组的问题。但当结构较复杂时，方程组的未知量数目也随之增多，用手工求解就变得十分困难。由于计算机技术的快速发展，适用于计算机运算的结构矩阵分析方法得到了迅速发展。

结构的矩阵分析方法实际上是将结构分析的基本原理和方法以矩阵的形式表达出来。这样不仅可以使结构力学的原理和分析过程表达得十分简洁，更为重要的是使结构的力学分析过程充分地规格化，便于计算机程序的编制。与力法和位移法这两种结构分析的基本方法相对应，结构的矩阵分析方法也分为矩阵力法和矩阵位移法。由于力法的基本结构可以采用不同的形式，因而会给程序的编制带来麻烦，而位移法基本结构的形式一般是唯一的，计算比较规则，另外，力法不能用于求解静定结构，而位移法对于静定结构和超静定结构是同样适用的。由此可见，位移法的分析过程更容易规格化，也就更适宜于用计算机来实现其分析过程，而且通用性强。因此，矩阵位移法成为了结构分析的一种重要方法，并得到广泛应用，本章只介绍矩阵位移法。

结构矩阵分析方法就是有限单元法在杆件结构分析中的应用，也称为杆件有限元法，其基本思路是：把整个结构看作是由若干单个杆件（称为单元）所组成的集合体。在进行分析时，首先把结构拆成有限数目的杆件单元（一般以一根杆件或杆件的一段作为一个单元），这一过程通常称为结构的离散化；然后对每个单元进行分析，建立各单元杆端力与杆端位移间的关系式，即单元刚度方程；再根据变形连续条件将各单元集合成整体，并根据各结点的平衡条件进行结构整体分析，建立结构的各结点外力与结点位移间的关系式，即结构的刚度方程；最后求解结构的刚度方程，求出结点位移，利用结点处的变形连续条件得到各单元的杆端位移，代入单元刚度方程，即可求出各杆端内力。可见，结构矩阵分析方法的解题过程主要分为两步：一是单元分析，二是整体分析。

在矩阵位移法中，单元分析的任务是建立单元刚度方程，形成单元刚度矩阵；整体分析的主要任务是将单元集合成整体，由单元刚度矩阵按照刚度集成规则形成整体结构的刚度矩阵，建立整体结构的刚度方程，从而求出解答。

第二节　单元刚度矩阵

用矩阵位移法进行结构分析时，关键问题在于建立单元刚度矩阵及由各单元刚度矩阵形成整体刚度矩阵。本节和下一节先对平面结构的杆件单元进行单元分析，得出单元刚度方程和单元刚度矩阵。

单元分析的任务是建立杆端力与杆端位移之间的关系，这就是第八章中讨论过的转角位移方程，现在用矩阵形式来表达。同时，为了更精确和一般化，将考虑轴向变形影响。

一、一般单元

设有一等截面直杆，在整个结构中的单元编号为 e，单元的两个端点为 i、j，如图 11-1 所示。现以 i 为原点，以从 i 向 j 的方向为 $\overline{x}$ 轴的正向，并以 $\overline{x}$ 轴的正向逆时针转 90°为 $\overline{y}$ 轴的正向。这样的坐标系称为单元的局部坐标系，i、j 分别称为单元的始端和末端。

对于平面杆件，在一般情况下两端各有三个杆端力分量和与其相应的三个杆端位移分量，即 i 端的轴力 $\overline{F}^e_{Ni}$、剪力 $\overline{F}^e_{Si}$、弯矩 $\overline{M}^e_i$ 和杆端位移 $\overline{u}^e_i$、$\overline{v}^e_i$、$\overline{\varphi}^e_i$，j 端的轴力 $\overline{F}^e_{Nj}$、剪力 $\overline{F}^e_{Sj}$、弯矩 $\overline{M}^e_j$ 和杆端位移 $\overline{u}^e_j$、$\overline{v}^e_j$、$\overline{\varphi}^e_j$，如图 11-1 所示，这样的单元称为一般单元或自由单元。杆端力和杆端位移的正负号规定是：力和线位移以与坐标轴的正方向一致时为正，相反为负；转角和弯矩则以逆时针方向为正，顺时针方向为负。

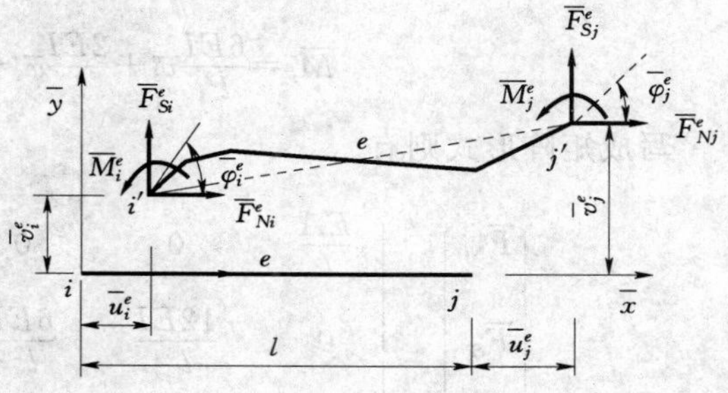

图 11-1　一般单元

分别把单元杆端力各分量和杆端位移各分量按一定顺序排成一列，用矩阵形式表示，得到单元杆端力列向量 $\overline{F}^e$ 和单元杆端位移列向量 $\overline{\delta}^e$ 分别为

$$\overline{F}^e=\left\{\begin{array}{c}\overline{F}^e_{Ni}\\ \overline{F}^e_{Si}\\ \overline{M}^e_i\\ \hdashline \overline{F}^e_{Nj}\\ \overline{F}^e_{Sj}\\ \overline{M}^e_j\end{array}\right\} \tag{11-1}$$

$$\overline{\delta}^e=\left\{\begin{array}{c}\overline{u}^e_i\\ \overline{v}^e_i\\ \overline{\varphi}^e_i\\ \hdashline \overline{u}^e_j\\ \overline{v}^e_j\\ \overline{\varphi}^e_j\end{array}\right\} \tag{11-2}$$

因为我们所讨论的问题仅限于线性变形体系，故可不必考虑杆件轴向受力状态和弯曲受力状态间的相互影响。根据胡克定律和第八章已得到的转角位移方程，并按本章符号规定，叠加可得杆端力与杆端位移的关系方程为

$$\left.\begin{aligned}
\overline{F}^e_{Ni}&=\frac{EA}{l}\overline{u}^e_i-\frac{EA}{l}\overline{u}^e_j\\
\overline{F}^e_{Si}&=\frac{12EI}{l^3}\overline{v}^e_i+\frac{6EI}{l^2}\overline{\varphi}^e_i-\frac{12EI}{l^3}\overline{v}^e_j+\frac{6EI}{l^2}\overline{\varphi}^e_j\\
\overline{M}^e_i&=\frac{6EI}{l^2}\overline{v}^e_i+\frac{4EI}{l}\overline{\varphi}^e_i-\frac{6EI}{l^2}\overline{v}^e_j+\frac{2EI}{l}\overline{\varphi}^e_j\\
\overline{F}^e_{Nj}&=-\frac{EA}{l}\overline{u}^e_i+\frac{EA}{l}\overline{u}^e_j\\
\overline{F}^e_{Sj}&=-\frac{12EI}{l^3}\overline{v}^e_i-\frac{6EI}{l^2}\overline{\varphi}^e_i+\frac{12EI}{l^3}\overline{v}^e_j-\frac{6EI}{l^2}\overline{\varphi}^e_j\\
\overline{M}^e_j&=\frac{6EI}{l^2}\overline{v}^e_i+\frac{2EI}{l}\overline{\varphi}^e_i-\frac{6EI}{l^2}\overline{v}^e_j+\frac{4EI}{l}\overline{\varphi}^e_j
\end{aligned}\right\}\tag{11-3}$$

写成矩阵形式则有

$$\begin{Bmatrix}\overline{F}^e_{Ni}\\ \overline{F}^e_{Si}\\ \overline{M}^e_i\\ \cdots\\ \overline{F}^e_{Nj}\\ \overline{F}^e_{Sj}\\ \overline{M}^e_j\end{Bmatrix}=\left[\begin{array}{ccc:ccc}
\frac{EA}{l} & 0 & 0 & -\frac{EA}{l} & 0 & 0\\
0 & \frac{12EI}{l^3} & \frac{6EI}{l^2} & 0 & -\frac{12EI}{l^3} & \frac{6EI}{l^2}\\
0 & \frac{6EI}{l^2} & \frac{4EI}{l} & 0 & -\frac{6EI}{l^2} & \frac{2EI}{l}\\ \hdashline
-\frac{EA}{l} & 0 & 0 & \frac{EA}{l} & 0 & 0\\
0 & -\frac{12EI}{l^3} & -\frac{6EI}{l^2} & 0 & \frac{12EI}{l^3} & -\frac{6EI}{l^2}\\
0 & \frac{6EI}{l^2} & \frac{2EI}{l} & 0 & -\frac{6EI}{l^2} & \frac{4EI}{l}
\end{array}\right]\begin{Bmatrix}\overline{u}^e_i\\ \overline{v}^e_i\\ \overline{\varphi}^e_i\\ \overline{u}^e_j\\ \overline{v}^e_j\\ \overline{\varphi}^e_j\end{Bmatrix}\tag{11-4}$$

上式称为局部坐标系下的单元刚度方程，它可简写成为

$$\overline{\boldsymbol{F}}^e=\overline{\boldsymbol{k}}^e\overline{\boldsymbol{\delta}}^e\tag{11-5}$$

其中

$$\overline{k}^e=\left[\begin{array}{ccc:ccc}
\frac{EA}{l} & 0 & 0 & -\frac{EA}{l} & 0 & 0\\
0 & \frac{12EI}{l^3} & \frac{6EI}{l^2} & 0 & -\frac{12EI}{l^3} & \frac{6EI}{l^2}\\
0 & \frac{6EI}{l^2} & \frac{4EI}{l} & 0 & -\frac{6EI}{l^2} & \frac{2EI}{l}\\ \hdashline
-\frac{EA}{l} & 0 & 0 & \frac{EA}{l} & 0 & 0\\
0 & -\frac{12EI}{l^3} & -\frac{6EI}{l^2} & 0 & \frac{12EI}{l^3} & -\frac{6EI}{l^2}\\
0 & \frac{6EI}{l^2} & \frac{2EI}{l} & 0 & -\frac{6EI}{l^2} & \frac{4EI}{l}
\end{array}\right]\tag{11-6}$$

称为局部坐标系下的单元刚度矩阵。$\overline{\boldsymbol{k}}^e$ 的行数等于杆端力列向量的分量个数，而列数则等

于杆端位移列向量的分量个数，它是 6×6 阶方阵。$\overline{\boldsymbol{k}}^e$ 中的每个元素称为刚度系数，它的物理意义是由于单位杆端位移所引起的杆端力，例如单元的任一刚度系数 $\overline{k}_{mn}$（m，n=1、2、…、6），表示第 n 个杆端位移等于 1 而其余杆端位移全为零时所引起的第 m 个杆端力。$\overline{\boldsymbol{k}}^e$ 中的第 n 列元素分别表示第 n 个杆端位移为 1 而其余杆端位移全为零时所引起的 6 个杆端力，第 m 行元素则表示各个杆端位移分量分别等于 1 时所引起的第 m 个杆端力的量值。

从式（11-6）可以看出，单元刚度矩阵是：

(1) 对称矩阵。根据反力互等定理，可知 $\overline{k}_{mn}=\overline{k}_{nm}$，即位于主对角线两边对称位置的两个元素是相等的。

(2) 奇异矩阵。若将 $\overline{\boldsymbol{k}}^e$ 中的第 1 行（或列）元素与第 4 行（或列）元素相加，则所得的一行（或列）元素全为零；或将第 2 行（或列）元素与第 5 行（或列）元素相加，所得的一行（或列）元素也全为零。因此，$\overline{\boldsymbol{k}}^e$ 是奇异的，它的逆矩阵不存在。这也就是说，若已知单元的杆端位移 $\overline{\boldsymbol{\delta}}^e$，利用式（11-5）可以唯一地确定相应的杆端力 $\overline{\boldsymbol{F}}^e$。反之，若已知单元的杆端力 $\overline{\boldsymbol{F}}^e$，利用式（11-5）则不能唯一地确定相应的杆端位移 $\overline{\boldsymbol{\delta}}^e$。这是由于我们所讨论的是一个自由单元，两端没有任何支承约束。因此，在杆端力作用下，除了弹性变形外，还可以有不确定的刚体位移，故无法确定杆端位移。

二、轴力单元

对于平面桁架中的杆件，其两端仅有轴力作用，剪力和弯矩均为零，称为轴力单元，如图 11-2 所示。由式（11-3）可得杆端力与杆端位移间的关系式，写成矩阵形式为

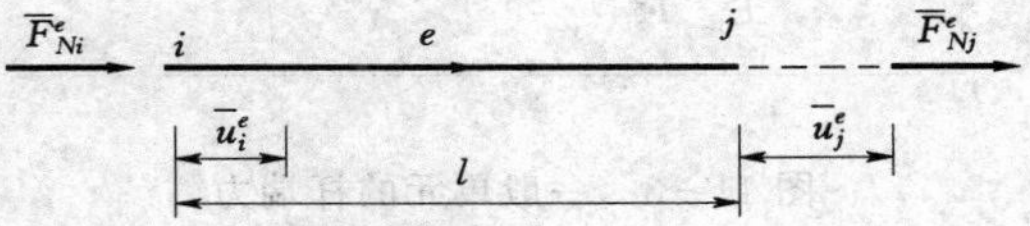

图 11-2　轴力单元

$$\begin{bmatrix}\overline{F}^e_{N_i}\\ \\ \overline{F}^e_{N_j}\end{bmatrix}=\begin{bmatrix}\dfrac{EA}{l} & -\dfrac{EA}{l}\\ -\dfrac{EA}{l} & \dfrac{EA}{l}\end{bmatrix}\begin{Bmatrix}\overline{u}^e_i\\ \\ \overline{u}^e_j\end{Bmatrix} \tag{11-7}$$

上式即为轴力单元的刚度方程，相应的单元刚度矩阵为

$$\overline{\boldsymbol{k}}^e=\begin{bmatrix}\dfrac{EA}{l} & -\dfrac{EA}{l}\\ -\dfrac{EA}{l} & \dfrac{EA}{l}\end{bmatrix} \tag{11-8}$$

显然，它可以从式（11-6）的刚度矩阵中删去与杆端剪力和弯矩对应的行及与杆端横向位移和转角对应的列而得到。在轴力单元中，$\overline{F}^e_{Si}=\overline{F}^e_{Sj}=0$，垂直于杆轴方向的杆端位移 $\overline{v}^e_i$、$\overline{v}^e_j$ 对 $\overline{F}^e_{Ni}$、$\overline{F}^e_{Nj}$ 也并无影响。在局部坐标系下研究单元内力时，本来并不需要将它们引入，但为了便于整体分析前的坐标转换，我们在刚度矩阵中补入适当的零元素，而将式（11-8）扩展为 4×4 阶矩阵

$$\overline{\boldsymbol{k}}^e=\left[\begin{array}{cc:cc}\dfrac{EA}{l} & 0 & -\dfrac{EA}{l} & 0\\ 0 & 0 & 0 & 0\\ \hdashline -\dfrac{EA}{l} & 0 & \dfrac{EA}{l} & 0\\ 0 & 0 & 0 & 0\end{array}\right] \tag{11-9}$$

对于其他特殊的杆件单元，如一端 $\overline{M}$ 为零的单元及两端 $\overline{F}_N$ 为零的梁式单元，同样可由式（11－4）经过修改得到相应的单元刚度矩阵。

第三节　单元刚度矩阵的坐标转换

上一节我们所讨论的单元刚度矩阵，是建立在以杆轴为 $\overline{x}$ 的局部坐标系 $\overline{x}o\overline{y}$ 上的，这样做的目的是为了得到单元刚度矩阵最简单的形式。但在很多情况下，一个平面结构的各杆轴向并不完全相同，也就是各有各的局部坐标系。但在进行整体分析，考虑结点的平衡及位移连续条件时，则需参照一个共同的坐标系，称为整体坐标系（也称结构坐标系），并以 xoy 表示它。因此，在进行结构的整体分析之前，应先讨论如何把局部坐标系下的单元刚度矩阵 $\overline{\boldsymbol{k}}^e$ 转换到整体坐标系上来，以建立整体坐标系下的单元刚度矩阵 $\boldsymbol{k}^e$。为此，我们采用坐标转换的方法，先讨论两种坐标系中单元杆端力的转换式，得出单元坐标转换矩阵，再讨论两种坐标系中单元刚度矩阵的转换式。

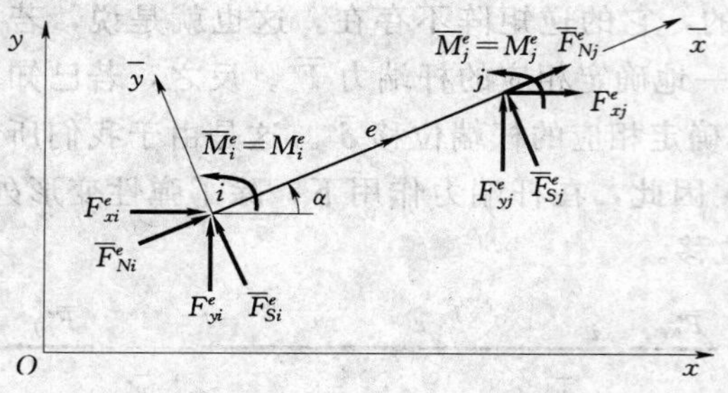

图 11－3　一般单元的杆端力

如图 11－3 所示杆件 i　j，在局部坐标系中，仍按式（11－1）、式（11－2）那样，以 $\overline{\boldsymbol{F}}^e$、$\overline{\boldsymbol{\delta}}^e$ 分别表示杆端力列向量和杆端位移列向量。在整体坐标系中，则以 $\boldsymbol{F}^e$、$\boldsymbol{\delta}^e$ 分别来表示杆端力列向量和杆端位移列向量，即

$$\boldsymbol{F}^e=\begin{Bmatrix} F_{xi}^e \\ F_{yi}^e \\ M_i^e \\ \hdashline F_{xj}^e \\ F_{yj}^e \\ M_j^e \end{Bmatrix} \tag{11-10}$$

$$\boldsymbol{\delta}^e=\begin{Bmatrix} u_i^e \\ v_i^e \\ \varphi_i^e \\ \hdashline u_j^e \\ v_j^e \\ \varphi_j^e \end{Bmatrix} \tag{11-11}$$

首先讨论两种坐标系中单元杆端力的转换式。设两种坐标系之间的夹角为 α，它是从 x 轴沿逆时针方向转至 $\overline{x}$ 轴来度量的。根据力的投影定理，局部坐标系中 i 端的杆端力与整体坐标系中 i 端的杆端力之间的关系可表示为

$$\left.\begin{aligned}\overline{F}^e_{Ni}&=F^e_{xi}\cos\alpha+F^e_{yi}\sin\alpha\\\overline{F}^e_{Si}&=-F^e_{xi}\sin\alpha+F^e_{yi}\cos\alpha\\\overline{M}^e_i&=M^e_i\end{aligned}\right\}\tag{11-12}$$

同理也可求出 j 端杆端力在两坐标系之间的关系为

$$\left.\begin{aligned}\overline{F}^e_{Nj}&=F^e_{xj}\cos\alpha+F^e_{yj}\sin\alpha\\\overline{F}^e_{Sj}&=-F^e_{xj}\sin\alpha+F^e_{yj}\cos\alpha\\\overline{M}^e_j&=M^e_j\end{aligned}\right\}\tag{11-13}$$

将式（11－12）、式（11－13）两式合起来，并写成矩阵形式，则有

$$\begin{Bmatrix}\overline{F}^e_{Ni}\\\overline{F}^e_{Si}\\\overline{M}^e_i\\\overline{F}^e_{Nj}\\\overline{F}^e_{Sj}\\\overline{M}^e_j\end{Bmatrix}=\begin{bmatrix}\cos\alpha&\sin\alpha&0&&&\\-\sin\alpha&\cos\alpha&0&&0&\\0&0&1&&&\\&&&\cos\alpha&\sin\alpha&0\\&0&&-\sin\alpha&\cos\alpha&0\\&&&0&0&1\end{bmatrix}\begin{Bmatrix}F^e_{xi}\\F^e_{yi}\\M^e_i\\F^e_{xj}\\F^e_{yj}\\M^e_j\end{Bmatrix}\tag{11-14}$$

或简写为

$$\overline{\boldsymbol{F}}^e=\boldsymbol{T}\boldsymbol{F}^e\tag{11-15}$$

式中

$$\boldsymbol{T}=\begin{bmatrix}\cos\alpha&\sin\alpha&0&&&\\-\sin\alpha&\cos\alpha&0&&0&\\0&0&1&&&\\&&&\cos\alpha&\sin\alpha&0\\&0&&-\sin\alpha&\cos\alpha&0\\&&&0&0&1\end{bmatrix}\tag{11-16}$$

称为坐标转换矩阵。它是一个正交矩阵，即有

$$\boldsymbol{T}^{-1}=\boldsymbol{T}^T\tag{11-17}$$

同理，可以求出单元杆端位移在两种坐标系中的转换关系为

$$\overline{\boldsymbol{\delta}}^e=\boldsymbol{T}\boldsymbol{\delta}^e\tag{11-18}$$

式中　$\overline{\boldsymbol{\delta}}^e$——局部坐标系中的单元杆端位移列向量；

　　　$\boldsymbol{\delta}^e$——整体坐标系中的单元杆端位移列向量。

单元杆端力与杆端位移在整体坐标系中的关系式可写为

$$\boldsymbol{F}^e=\boldsymbol{k}^e\boldsymbol{\delta}^e\tag{11-19}$$

这就是整体坐标系中的单元刚度方程，其中 $\boldsymbol{k}^e$ 称为整体坐标系中的单元刚度矩阵。

现在讨论两种坐标系中单元刚度矩阵的转换式。将式（11－15）、式（11－18）代入式（11－5），则有

$$\boldsymbol{T}\boldsymbol{F}^e=\overline{\boldsymbol{k}}^e\boldsymbol{T}\boldsymbol{\delta}^e$$

上式两边左乘以 $\boldsymbol{T}^{-1}$ 得

$$\boldsymbol{F}^e=\boldsymbol{T}^{-1}\overline{\boldsymbol{k}}^e\boldsymbol{T}\boldsymbol{\delta}^e$$

由式（11-17），则有

$$\boldsymbol{F}^e=\boldsymbol{T}^T\overline{\boldsymbol{k}}^e\boldsymbol{T}\boldsymbol{\delta}^e \tag{11-20}$$

比较式（11-19）与式（11-20），可得

$$\boldsymbol{k}^e=\boldsymbol{T}^T\overline{\boldsymbol{k}}^e\boldsymbol{T} \tag{11-21}$$

式（11-21）为单元刚度矩阵由局部坐标系向整体坐标系转换的公式。可见只要求出单元坐标转换矩阵 $\boldsymbol{T}$，就可由 $\overline{\boldsymbol{k}}^e$ 求得 $\boldsymbol{k}^e$，而且 $\boldsymbol{k}^e$ 与 $\overline{\boldsymbol{k}}^e$ 同阶，仍然具有对称性和奇异性。

特殊情况下，当单元的轴线指向与 x 轴相同，即 $\alpha=0°$时，这时 $\boldsymbol{T}=\boldsymbol{I}$，则有

$$\boldsymbol{k}^e=\boldsymbol{T}^T\overline{\boldsymbol{k}}^e\boldsymbol{T}=\overline{\boldsymbol{k}}^e \tag{11-22}$$

即当单元的局部坐标系与整体坐标系一致时，$\boldsymbol{k}^e$ 与 $\overline{\boldsymbol{k}}^e$ 相同。

为了便于书写和使用，我们把式（11-19）中的矩阵按始末端结点 i、j 进行分块，则有

$$\begin{Bmatrix}\boldsymbol{F}_i^e\\ \boldsymbol{F}_j^e\end{Bmatrix}=\begin{bmatrix}\boldsymbol{k}_{ii}^e & \boldsymbol{k}_{ij}^e\\ \boldsymbol{k}_{ji}^e & \boldsymbol{k}_{jj}^e\end{bmatrix}\begin{Bmatrix}\boldsymbol{\delta}_i^e\\ \boldsymbol{\delta}_j^e\end{Bmatrix} \tag{11-23}$$

其中

$$\boldsymbol{F}_i^e=\begin{Bmatrix}F_{xi}^e\\ F_{yi}^e\\ M_i^e\end{Bmatrix},\boldsymbol{F}_j^e=\begin{Bmatrix}F_{xj}^e\\ F_{yj}^e\\ M_j^e\end{Bmatrix},\boldsymbol{\delta}_i^e=\begin{Bmatrix}u_i^e\\ v_i^e\\ \varphi_i^e\end{Bmatrix},\boldsymbol{\delta}_j^e=\begin{Bmatrix}u_j^e\\ v_j^e\\ \varphi_j^e\end{Bmatrix} \tag{11-24}$$

分别为始端 i 和末端 j 的杆端力和杆端位移列向量。而 $\boldsymbol{k}_{ii}^e$、$\boldsymbol{k}_{ij}^e$、$\boldsymbol{k}_{ji}^e$、$\boldsymbol{k}_{jj}^e$ 为单元刚度矩阵 $\boldsymbol{k}^e$ 的四个子块，每个子块都是 3×3 阶方阵。

将式（11-6）和式（11-16）代入式（11-21），并进行矩阵运算，可得整体坐标系中的单元刚度矩阵的计算公式如下：

$$\boldsymbol{k}^e=\begin{bmatrix}\boldsymbol{k}_{ii}^e & \boldsymbol{k}_{ij}^e\\ \boldsymbol{k}_{ji}^e & \boldsymbol{k}_{jj}^e\end{bmatrix}$$

$$=\begin{bmatrix}
\left(\frac{EA}{l}c^2+\frac{12EI}{l^3}s^2\right) & \left(\frac{EA}{l}-\frac{12EI}{l^3}\right)cs & -\frac{6EI}{l^2}s & \left(-\frac{EA}{l}c^2-\frac{12EI}{l^3}s^2\right) & \left(-\frac{EA}{l}+\frac{12EI}{l^3}\right)cs & -\frac{6EI}{l^2}s\\
\left(\frac{EA}{l}-\frac{12EI}{l^3}\right)cs & \left(\frac{EA}{l}s^2+\frac{12EI}{l^3}c^2\right) & \frac{6EI}{l^2}c & \left(-\frac{EA}{l}+\frac{12EI}{l^3}\right)cs & \left(-\frac{EA}{l}s^2-\frac{12EI}{l^3}c^2\right) & \frac{6EI}{l^2}c\\
-\frac{6EI}{l^2}s & \frac{6EI}{l^2}c & \frac{4EI}{l} & \frac{6EI}{l^2}s & -\frac{6EI}{l^2}c & \frac{2EI}{l}\\
\left(-\frac{EA}{l}c^2-\frac{12EI}{l^3}s^2\right) & \left(-\frac{EA}{l}+\frac{12EI}{l^3}\right)cs & \frac{6EI}{l^2}s & \left(\frac{EA}{l}c^2+\frac{12EI}{l^3}s^2\right) & \left(\frac{EA}{l}-\frac{12EI}{l^3}\right)cs & \frac{6EI}{l^2}s\\
\left(-\frac{EA}{l}+\frac{12EI}{l^3}\right)cs & \left(-\frac{EA}{l}s^2-\frac{12EI}{l^3}c^2\right) & \frac{6EI}{l^2}c & \left(\frac{EA}{l}-\frac{12EI}{l^3}\right)cs & \left(\frac{EA}{l}s^2+\frac{12EI}{l^3}c^2\right) & -\frac{6EI}{l^2}c\\
-\frac{6EI}{l^2}s & \frac{6EI}{l^2}c & \frac{2EI}{l} & \frac{6EI}{l^2}s & -\frac{6EI}{l^2}c & \frac{4EI}{l}
\end{bmatrix} \tag{11-25}$$

（其中 $c=\cos\alpha$，$s=\sin\alpha$）

由式（11－23）又可知

$$\left.\begin{aligned}\boldsymbol{F}_i^e=\boldsymbol{k}_{ii}^e\delta_i^e+\boldsymbol{k}_{ij}^e\delta_j^e\\ \boldsymbol{F}_j^e=\boldsymbol{k}_{ji}^e\delta_i^e+\boldsymbol{k}_{jj}^e\delta_j^e\end{aligned}\right\}\tag{11-26}$$

对于平面桁架杆件，为轴力单元，两端只承受轴力，如图 11－4 所示。两种坐标系下的杆端力之间以及杆端位移之间的关系式仍然满足式（11－15）和式（11－18），而其中

$$\overline{\boldsymbol{F}}^e=\begin{Bmatrix}\overline{F}_{Ni}^e\\0\\\overline{F}_{Nj}^e\\0\end{Bmatrix},\boldsymbol{F}^e=\begin{Bmatrix}F_{xi}^e\\F_{yi}^e\\F_{xj}^e\\F_{yj}^e\end{Bmatrix},\overline{\boldsymbol{\delta}}^e=\begin{Bmatrix}\overline{u}_i^e\\\overline{v}_i^e\\\overline{u}_j^e\\\overline{v}_j^e\end{Bmatrix},\boldsymbol{\delta}^e=\begin{Bmatrix}u_i^e\\v_i^e\\u_j^e\\v_j^e\end{Bmatrix}\tag{11-27}$$

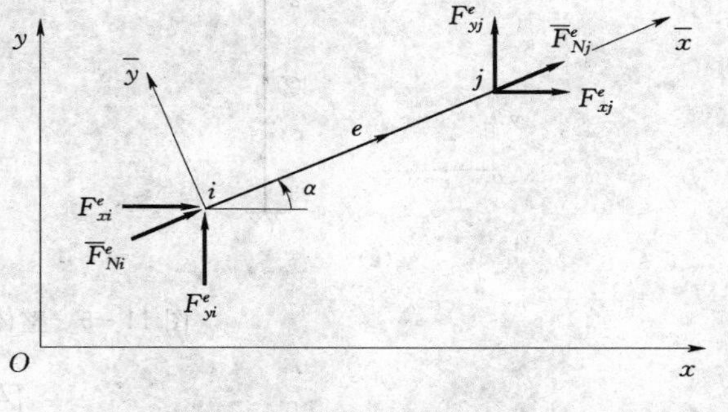

图 11－4 轴力单元的杆端力

由式（11－16）删去第 3、第 6 行和列，可得轴力单元的坐标转换矩阵为

$$\boldsymbol{T}=\begin{bmatrix}\cos\alpha & \sin\alpha & 0 & 0\\-\sin\alpha & \cos\alpha & 0 & 0\\0 & 0 & \cos\alpha & \sin\alpha\\0 & 0 & -\sin\alpha & \cos\alpha\end{bmatrix}\tag{11-28}$$

将式（11－9）和式（11－28）代入式（11－21），经过矩阵运算，即可得到平面桁架杆件（轴力单元）整体坐标系下的单元刚度矩阵。

对于其他特殊的杆件单元，可采用同样的方式得到坐标转换矩阵和整体坐标系下的单元刚度矩阵。

第四节 整 体 分 析

前面我们讨论了有关单元刚度方程和单元刚度矩阵的问题，本节在单元分析的基础上，对结构进行整体分析，建立结构的结点力和结点位移之间的关系式，即结构刚度方程，然后求解结点位移，进而计算杆端力。下面以一平面刚架为例来说明。

如图 11－5（a）所示为一承受结点力的平面刚架。对单元和各结点（包括支座）进行编号，建立整体坐标系和各单元的局部坐标系，由式（11－25）可写出各单元子块形式的单元刚度矩阵分别为

$$\boldsymbol{k}^{①}=\begin{bmatrix}\boldsymbol{k}_{11}^{①} & \boldsymbol{k}_{12}^{①}\\\boldsymbol{k}_{21}^{①} & \boldsymbol{k}_{22}^{①}\end{bmatrix},\boldsymbol{k}^{②}=\begin{bmatrix}\boldsymbol{k}_{33}^{②} & \boldsymbol{k}_{32}^{②}\\\boldsymbol{k}_{23}^{②} & \boldsymbol{k}_{22}^{②}\end{bmatrix}\tag{11-29}$$

在平面刚架中，每个刚结点有三个独立的位移分量，即沿 x、y 轴方向的结点线位移 u、v 及结点角位移 φ。此刚架有三个刚结点，共有 9 个位移分量，将各结点的位移分量按结点编码顺序排成一列阵，称为结构的结点位移列向量，即

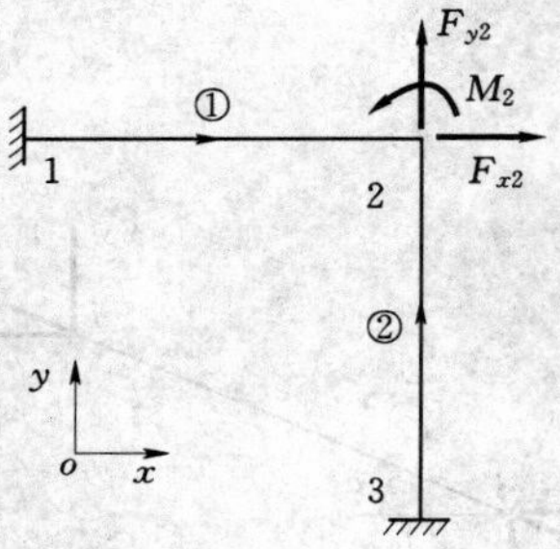

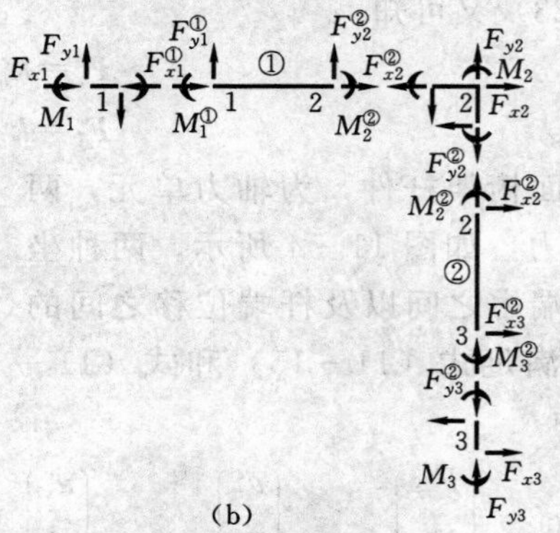

图 11－5 整体分析示例

$$\boldsymbol{\Delta}_0=\begin{Bmatrix}\boldsymbol{\Delta}_1\\\boldsymbol{\Delta}_2\\\boldsymbol{\Delta}_3\end{Bmatrix}$$

其中

$$\boldsymbol{\Delta}_1=\begin{Bmatrix}u_1\\v_1\\\varphi_1\end{Bmatrix},\ \boldsymbol{\Delta}_2=\begin{Bmatrix}u_2\\v_2\\\varphi_2\end{Bmatrix},\ \boldsymbol{\Delta}_3=\begin{Bmatrix}u_3\\v_3\\\varphi_3\end{Bmatrix}$$

这里，$\boldsymbol{\Delta}_i$ 代表结点 i 的位移列向量，u_i、v_i 和 φ_i 分别表示结点 i 沿结构坐标系 x、y 轴的线位移和角位移，并规定 u、v 的方向与 x、y 轴正方向一致时为正，角位移以逆时针方向为正。

该刚架只承受结点外力，可直接列出与结点位移列向量相对应的结点外力（包括荷载和支座反力）列向量为

$$\boldsymbol{F}_0=\begin{Bmatrix}\boldsymbol{F}_1\\\boldsymbol{F}_2\\\boldsymbol{F}_3\end{Bmatrix}$$

其中

$$\boldsymbol{F}_1=\begin{Bmatrix}F_{x1}\\F_{y1}\\M_1\end{Bmatrix},\boldsymbol{F}_2=\begin{Bmatrix}F_{x2}\\F_{y2}\\M_2\end{Bmatrix},\boldsymbol{F}_3=\begin{Bmatrix}F_{x3}\\F_{y3}\\M_3\end{Bmatrix}$$

这里，$\boldsymbol{F}_i$ 代表结点 i 的外力列向量，F_{xi}、F_{yi} 和 M_i 分别表示作用于结点 i 的沿结构坐标系 x、y 方向的外力和外力偶，并规定 F_x、F_y 的方向与 x、y 轴正方向一致时为正，外力偶以逆时针方向为正。对于自由结点，结点外力就是结点荷载，它们通常是给定的。在支座结点处，结点外力则应为作用于结点的荷载和支座反力的代数和。

下面讨论结构的结点外力和结点位移之间的关系式，并导出整体结构的刚度矩阵。首先对各结点由平衡条件 $\sum F_x=0$、$\sum F_y=0$ 和 $\sum M=0$ ［隔离体如图 11－5（b）所示］可得

$$\text{结点 1：}\begin{cases}F_{x1}=F_{x1}^{①}\\F_{y1}=F_{y1}^{①}\\M_1=M_1^{①}\end{cases}，\text{结点 2：}\begin{cases}F_{x2}=F_{x2}^{①}+F_{x2}^{②}\\F_{y2}=F_{y2}^{①}+F_{y2}^{②}\\M_2=M_2^{①}+M_2^{②}\end{cases}，\text{结点 3：}\begin{cases}F_{x3}=F_{x3}^{②}\\F_{y3}=F_{y3}^{②}\\M_3=M_3^{②}\end{cases}$$

写成矩阵形式为

$$\begin{Bmatrix}F_{x1}\\F_{y1}\\M_1\end{Bmatrix}=\begin{Bmatrix}F_{x1}^{①}\\F_{y1}^{①}\\M_1^{①}\end{Bmatrix},\begin{Bmatrix}F_{x2}\\F_{y2}\\M_2\end{Bmatrix}=\begin{Bmatrix}F_{x2}^{①}\\F_{y2}^{①}\\M_2^{①}\end{Bmatrix}+\begin{Bmatrix}F_{x2}^{②}\\F_{y2}^{②}\\M_2^{②}\end{Bmatrix},\begin{Bmatrix}F_{x3}\\F_{y3}\\M_3\end{Bmatrix}=\begin{Bmatrix}F_{x3}^{②}\\F_{y3}^{②}\\M_3^{②}\end{Bmatrix}$$

可简写为

$$F_1=F_1^{①},F_2=F_2^{①}+F_2^{②},F_3=F_3^{②} \tag{11-30}$$

式中 $\boldsymbol{F}_i$——结点 i 的外力列向量；

$\boldsymbol{F}_i^e$——单元 e 在 i 端的杆端力列向量。

由式（11－26）写出各单元的单元刚度方程分别为

$$\text{单元①：}\begin{cases}F_1^{①}=k_{11}^{①}\delta_1^{①}+k_{12}^{①}\delta_2^{①}\\F_2^{①}=k_{21}^{①}\delta_1^{①}+k_{22}^{①}\delta_2^{①}\end{cases},\text{单元②：}\begin{cases}F_3^{②}=k_{33}^{②}\delta_3^{②}+k_{32}^{②}\delta_2^{②}\\F_2^{②}=k_{23}^{②}\delta_3^{②}+k_{22}^{②}\delta_2^{②}\end{cases} \tag{11-31}$$

再由结点处的变形连续条件可知

$$\delta_1^{①}=\Delta_1,\delta_2^{①}=\delta_2^{②}=\Delta_2,\delta_3^{②}=\Delta_3 \tag{11-32}$$

式中 Δ_i——结点 i 的位移列向量；

$\boldsymbol{\delta}_i^e$——单元 e 在 i 端的杆端位移列向量。

将式（11－31）和式（11－32）代入式（11－30），可得以下用结点位移表示的平衡方程为

$$\left.\begin{aligned}F_1&=k_{11}^{①}\Delta_1+k_{12}^{①}\Delta_2\\F_2&=k_{21}^{①}\Delta_1+(k_{22}^{①}+k_{22}^{②})\Delta_2+k_{23}^{②}\Delta_3\\F_3&=k_{32}^{②}\Delta_2+k_{33}^{②}\Delta_3\end{aligned}\right\} \tag{11-33}$$

写成矩阵形式则为

$$\begin{Bmatrix}F_1\\F_2\\F_3\end{Bmatrix}=\begin{bmatrix}k_{11}^{①} & k_{12}^{①} & 0\\k_{21}^{①} & k_{22}^{①}+k_{22}^{②} & k_{23}^{②}\\0 & k_{32}^{②} & k_{33}^{②}\end{bmatrix}\begin{Bmatrix}\Delta_1\\\Delta_2\\\Delta_3\end{Bmatrix} \tag{11-34}$$

式（11－34）表明了结点外力和结点位移之间的关系，称为结构的原始刚度方程或整体刚度方程。所谓“原始”是因为尚未考虑结构的支承条件。可简写为

$$\boldsymbol{F}_0=\boldsymbol{K}_0\boldsymbol{\Delta}_0 \tag{11-35}$$

其中

$$K_0=\begin{bmatrix}K_{11} & K_{12} & K_{13}\\K_{21} & K_{22} & K_{23}\\K_{31} & K_{32} & K_{33}\end{bmatrix}=\begin{bmatrix}k_{11}^{①} & k_{12}^{①} & 0\\k_{21}^{①} & k_{22}^{①}+k_{22}^{②} & k_{23}^{②}\\0 & k_{32}^{②} & k_{33}^{②}\end{bmatrix} \tag{11-36}$$

称为结构的原始刚度矩阵，也称为结构的总刚度矩阵（简称总刚）。

对照式（11－29）和式（11－36），可以看出，我们只要将每个单元刚度矩阵 $\boldsymbol{k}^e$ 的四个子块按照它们的下标放入总刚 $\boldsymbol{K}_0$ 中相应的子块内，也就是所谓“对号入座”，就可得到结构原始刚度矩阵。在对号入座时，具有相同下标的各单刚子块，即在总刚中被送到同一位置

上的各单刚子块就要叠加，而在没有单刚子块入座的位置上则为零子块。这种利用坐标转换后的单刚子块按照它们的下标对号入座而直接形成总刚，而后进行结构整体分析的方法，称为直接刚度法。

在总刚中，将主对角线上的子块称为主子块，其余子块称为副子块；将同交于一个结点的各杆件称为该结点的相关单元；而将有杆件直接相连的两个结点称为相关结点。于是，可总结出总刚中各子块的分布规律为：

（1）总刚中的主子块 $\boldsymbol{k}_{ii}$ 是由结点 i 的各相关单元的主子块叠加而得，即 $\boldsymbol{k}_{ii}=\sum\boldsymbol{k}_{ii}^{e}$。

（2）总刚中的副子块 $\boldsymbol{k}_{ij}$，当 i、j 为相关结点时即为连接它们的单元的相应副子块，即 $\boldsymbol{k}_{ij}=\boldsymbol{k}_{ij}^{e}$；当 i、j 为非相关结点时即为零子块。

总刚中的每个子块都是 3×3 阶方阵，其任一元素 $\boldsymbol{K}_{mn}$ 的物理意义为第 n 个结点位移分量等于 1（其余结点位移分量均为零）时，第 m 个结点外力分量所应有的数值。由反力互等定理可知，它是对称矩阵。另外，在建立方程式（10－34）时，还没有考虑结构的支承条件，因而在外力作用下，除了弹性变形外，还可有任意刚体位移。在这种情况下，各结点位移不能唯一地确定，这说明结构的原始刚度矩阵是一奇异矩阵，其逆矩阵不存在。

实际上要分析的结构，并非所有结点位移都是未知的，其中总有一部分结点，按照支承条件的限定，受到某种约束，因而其位移是已知的。为了能确定未知结点位移，就必须考虑支承条件。只有在引入支承条件，对结构的原始刚度方程进行修改之后，才能求解未知的结点位移。

仍以图 11－5（a）所示的平面刚架为例，来说明如何引入支承条件。在该刚架的原始刚度方程即式（11－34）中，$\boldsymbol{F}_2$ 是已知的结点荷载，与之相应的 $\boldsymbol{\Delta}_2$ 是未知的结点位移；$\boldsymbol{F}_1$、$\boldsymbol{F}_3$ 是未知的支座反力，与之相应的 $\boldsymbol{\Delta}_1$、$\boldsymbol{\Delta}_3$ 则是已知的结点位移。由于结点 1、3 均为固定端，故支承条件为

$$\boldsymbol{\Delta}_1=\boldsymbol{\Delta}_3=0 \tag{11-37}$$

将式（11－37）代入结构的原始刚度方程即式（11－34）中，经矩阵的乘法运算后，将它分成两组方程分别为

$$F_2=(k_{22}^{①}+k_{22}^{②})\Delta_2 \tag{11-38}$$

和

$$\left.\begin{aligned}F_1&=k_{12}^{①}\Delta_2\\F_3&=k_{32}^{②}\Delta_2\end{aligned}\right\} \tag{11-39}$$

在其中一组方程即式（11－38）中，结点外力是已知的，而结点位移是未知的，称为引入支承条件的结构刚度方程，常简写为

$$\boldsymbol{F}=\boldsymbol{K\Delta} \tag{11-40}$$

式中矩阵 $\boldsymbol{K}$ 为从结构的原始刚度矩阵中删去与已知为零的结点位移对应的行和列而得到，称为结构的刚度矩阵，或称为缩减的总刚。由于已引入支承条件，即消除了任意刚体位移，因而结构的刚度矩阵为非奇异矩阵，于是可由式（11－40）求解未知结点位移。

在另一组方程即式（11－39）中，结点外力是未知的支座反力，将已求得的结点位移代入后，用它可以计算未知的支座反力，称为反力方程。

求出结点位移后，可由结点处的变形连续条件即式（11－32）得到各单元的杆端位移列向量 $\boldsymbol{\delta}^e$，将其代入整体坐标系下的单元刚度方程即式（11－19），计算可得整体坐标系下各单元的杆端力列向量 $\boldsymbol{F}^e$，再由式（11－15）可求得局部坐标系下的杆端力列向量

$$\overline{\boldsymbol{F}}^e=\boldsymbol{T}\boldsymbol{F}^e=\boldsymbol{T}\boldsymbol{k}^e\boldsymbol{\delta}^e \tag{11-41}$$

或由式（11－18）求得局部坐标系下的杆端位移列向量 $\overline{\boldsymbol{\delta}}^e$，再由式（11－5）求得局部坐标系下的杆端力列向量

$$\overline{\boldsymbol{F}}^e=\overline{\boldsymbol{k}}^e\overline{\boldsymbol{\delta}}^e=\overline{\boldsymbol{k}}^e\boldsymbol{T}\boldsymbol{\delta}^e \tag{11-42}$$

前面介绍的矩阵位移法，是把包括支座在内的全部结点位移都作为未知量，每一单刚的所有元素都对号入座形成总刚，即在形成整体刚度矩阵之前，先不考虑支承情况，而是在形成整体刚度矩阵之后，再根据给定的支承条件对整体刚度矩阵进行修改，这种支承条件的引入方法称为后处理法。先处理法的优点是程序简单，适应性广，但这样形成的总刚阶数较高，占用存储量大。另一种方法是，只把独立的未知结点位移作为未知量，在建立单元刚度方程时就考虑了支承情况，对各单元刚度矩阵进行处理，即在形成整体刚度矩阵之前，也就是在建立单元刚度矩阵时就考虑到实际的支承情况，这种支承条件的引入方法称为先处理法，其具体处理方式可参阅其他书籍。

第五节　非结点荷载的处理

以上关于矩阵位移法的讨论，只考虑了作用结点荷载的情况。而实际作用在结构上的荷载常常是作用在杆件单元上的分布荷载或集中荷载，对于这种非结点荷载的处理，一种方法是，不论是均布或分布荷载都适当的改用若干集中荷载加以代替，并把集中荷载的作用点也看作结点。这样处理的结果是增加了单元和结点位移的数目，从而增加了计算工作量。另一种则是目前普遍采用的方法，即采用所谓的等效结点荷载。

现以图 11－6（a）所示刚架为例来说明如何将非结点荷载转化为等效结点荷载。首先，与位移法一样，在可动结点加上附加链杆和刚臂，使其不能发生线位移和角位移，此时各单元都变成两端固定的梁。在杆件单元上的荷载作用下，各单元有固端杆端力（以下简称固端力），各附加链杆和刚臂上有附加反力和反力矩。由结点平衡可知，这些附加反力和反力矩的数值等于汇交于该点的各固端力的代数和，如图 11－6（b）所示。然后取消附加链杆和刚臂，即将上述附加反力和反力矩反号后作为荷载加于结点上，如图 11－6（c）所示，这些荷载称为原非结点荷载的等效结点荷载［这里所谓“等效”是指产生结点位移相等，这是因为图 11－6（a）所示结构在荷载作用下的情况可看作是图 11－6（b）和图 11－6（c）两种情况的叠加，而图 11－6（b）情况的结点位移为零，故图 11－6（a）所示原结构在非结点荷载作用下的结点位移与图 11－6（c）所示结点荷载作用下的结点位移相等］。这样就把非结点荷载问题转化为了结点荷载问题，即可用前面已讨论过的方法求解结构在等效结点荷载结点作用下［图 11－6（c）］的杆端力，将其与图 11－6（b）中的固端力叠加，即为结构在原非结点荷载作用下［图 11－6（a）］的杆端力。

通过上面分析，可将非结点荷载转化为等效结点荷载的计算步骤归纳如下：

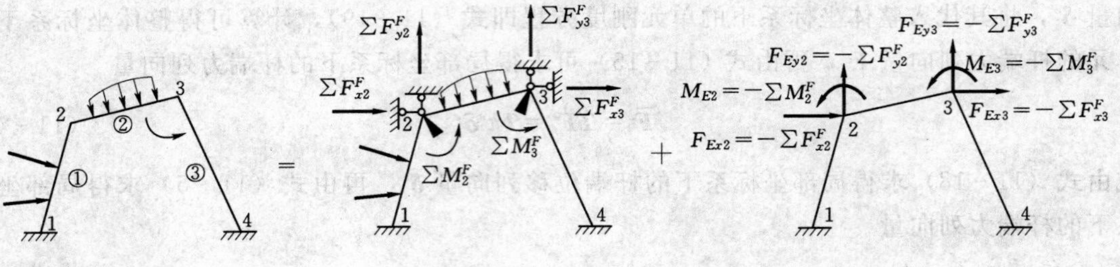

图 11-6　等效结点荷载

(1) 对在非结点荷载作用下的各单元，查表 11-1 得其局部坐标系中的固端力 $\overline{\boldsymbol{F}}^{Fe}$。

$$\overline{\boldsymbol{F}}^{Fe}=\begin{Bmatrix}\overline{\boldsymbol{F}}_i^{Fe}\\ \cdots\\ \overline{\boldsymbol{F}}_j^{Fe}\end{Bmatrix}=\begin{Bmatrix}\overline{F}_{Ni}^{Fe}\\ \overline{F}_{Si}^{Fe}\\ \overline{M}_i^{Fe}\\ \cdots\\ \overline{F}_{Nj}^{Fe}\\ \overline{F}_{Sj}^{Fe}\\ \overline{M}_j^{Fe}\end{Bmatrix} \tag{11-43}$$

上标 F 表示固端情况。

表 11-1　　　　等直杆单元的固端力

序号	荷　载	固端力	始端 i	末端 j
1	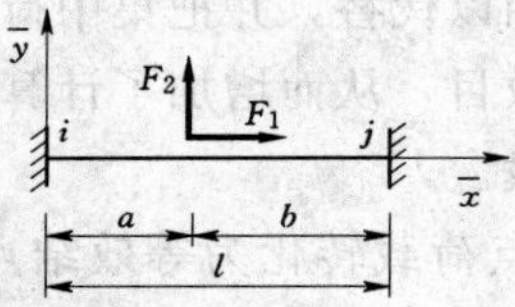	$\overline{F}_N^F$	$-\dfrac{F_1 b}{l}$	$-\dfrac{F_1 a}{l}$
		$\overline{F}_S^F$	$-\dfrac{F_2 b^2(l+2a)}{l^3}$	$-\dfrac{F_2 a^2(l+2b)}{l^3}$
		$\overline{M}^F$	$-\dfrac{F_2 ab^2}{l^2}$	$\dfrac{F_2 a^2 b}{l^2}$
2	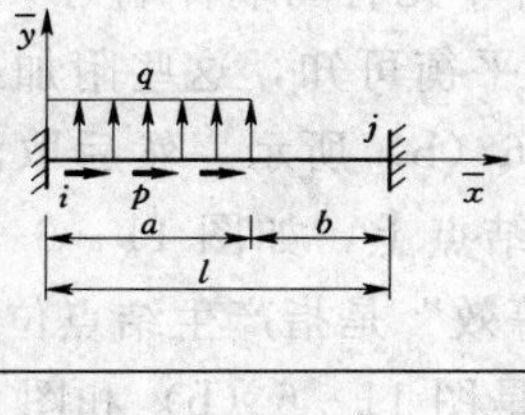	$\overline{F}_N^F$	$-\dfrac{pa(l+b)}{2l}$	$-\dfrac{pa^2}{2l}$
		$\overline{F}_S^F$	$-\dfrac{qa(2l^3-2la^2+a^3)}{2l^3}$	$-\dfrac{qa^3(2l-a)}{2l^3}$
		$\overline{M}^F$	$-\dfrac{qa^2(6l^2-8la+3a^2)}{12l^2}$	$\dfrac{qa^3(4l-3a)}{12l^2}$
3	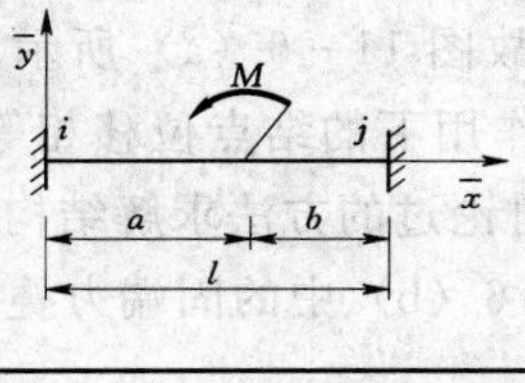	$\overline{F}_N^F$	0	0
		$\overline{F}_S^F$	$\dfrac{6Mab}{l^3}$	$-\dfrac{6Mab}{l^3}$
		M^F	$\dfrac{Mb(3a-l)}{l^2}$	$\dfrac{Ma(3b-l)}{l^2}$

(2) 通过坐标转换，得到各单元在整体坐标系中的固端力 $\boldsymbol{F}^{Fe}$。

$$\boldsymbol{F}^{Fe}=\boldsymbol{T}^{T}\overline{\boldsymbol{F}}^{Fe}=\begin{Bmatrix}\boldsymbol{F}_{i}^{Fe}\\ \cdots\\ \boldsymbol{F}_{j}^{Fe}\end{Bmatrix}=\begin{Bmatrix}F_{xi}^{Fe}\\ F_{yi}^{Fe}\\ M_{i}^{Fe}\\ \cdots\\ F_{xj}^{Fe}\\ F_{yj}^{Fe}\\ M_{j}^{Fe}\end{Bmatrix}\tag{11-44}$$

（3）首先计算各附加链杆和刚臂上的附加反力和反力矩。由结点平衡知，这些附加反力和反力矩在数值上等于汇交于该结点的整体坐标系中的各固端力的代数和。然后将计算得到的附加反力和反力矩反号，则得到该结点的等效结点荷载。以任一结点 i 为例，其等效结点荷载为

$$\boldsymbol{F}_{Ei}=\begin{Bmatrix}F_{Exi}\\ F_{Eyi}\\ M_{Ei}\end{Bmatrix}=-\sum\boldsymbol{F}_{i}^{F}=\begin{Bmatrix}-\sum F_{xi}^{F}\\ -\sum F_{yi}^{F}\\ -\sum M_{i}^{F}\end{Bmatrix}\tag{11-45}$$

下标 E 表示等效。采用相同的处理方式可得到各结点的等效结点荷载，即可合成整个结构的等效结点荷载 $\boldsymbol{F}_E$。

如果结构上除了有非结点荷载外，还有直接作用在结点上的荷载 $\boldsymbol{F}_D$（下标用 D 表示直接），则总的结点荷载（也称综合结点荷载）为

$$\boldsymbol{F}=\boldsymbol{F}_E+\boldsymbol{F}_D\tag{11-46}$$

式中 $\boldsymbol{F}$ 为整个结构的综合结点荷载，其任一结点 i 的综合结点荷载为

$$\boldsymbol{F}_i=\boldsymbol{F}_{Ei}+\boldsymbol{F}_{Di}\tag{11-47}$$

式中　$\boldsymbol{F}_{Di}$——结点 i 的直接结点荷载；

　　　$\boldsymbol{F}_{Ei}$——结点 i 的等效结点荷载。

在求各单元最后的杆端力时需要注意，综合结点荷载作用下的杆端力并不等于实际荷载作用下的杆端力。各单元最后的杆端力应为综合结点荷载作用下的杆端力与相应的固端力之和，即

$$\boldsymbol{F}^{e}=\boldsymbol{F}^{Fe}+\boldsymbol{k}^{e}\boldsymbol{\delta}^{e}\tag{11-48}$$

和

$$\overline{\boldsymbol{F}}^{e}=\overline{\boldsymbol{F}}^{Fe}+\boldsymbol{T}\boldsymbol{k}^{e}\boldsymbol{\delta}^{e}\tag{11-49}$$

或

$$\overline{\boldsymbol{F}}^{e}=\overline{\boldsymbol{F}}^{Fe}+\overline{\boldsymbol{k}}^{e}\boldsymbol{T}\boldsymbol{\delta}^{e}\tag{11-50}$$

对于结构在温度变化和支座位移等因素影响下的计算，只需确定各杆件单元在温度变化和支座位移等因素下的固端力，同样可按上述方法计算相应的等效结点荷载，进而求解出各单元的最后杆端力。

第六节　矩阵位移法举例

通过前面几节的讨论，可将矩阵位移法计算步骤归纳如下：

（1）对结点和单元进行编号，建立整体坐标系和局部坐标系。

(2) 计算各杆件单元局部坐标系下的单元刚度矩阵 $\overline{k}^e$，并通过坐标转换得到整体坐标系下的单元刚度矩阵 k^e。

(3) 由各单元整体坐标系下的单元刚度矩阵通过"对号入座"形成结构的原始刚度矩阵 K_0。

(4) 求承受非结点荷载单元局部坐标系下的固端力 $\overline{F}^{Fe}$，并通过坐标转换得到整体坐标系下的固端力 F^{Fe}，进而求出各结点的等效结点荷载 F_{Ei}、综合结点荷载 F_i 和结构的结点外力列向量 F_0。

(5) 引入支承条件，修改结构的原始刚度方程。

(6) 解算引入支承条件的结构刚度方程，求出结点位移 Δ。

(7) 计算各单元杆端力 F^e 或 $\overline{F}^e$。

(8) 绘制内力图。

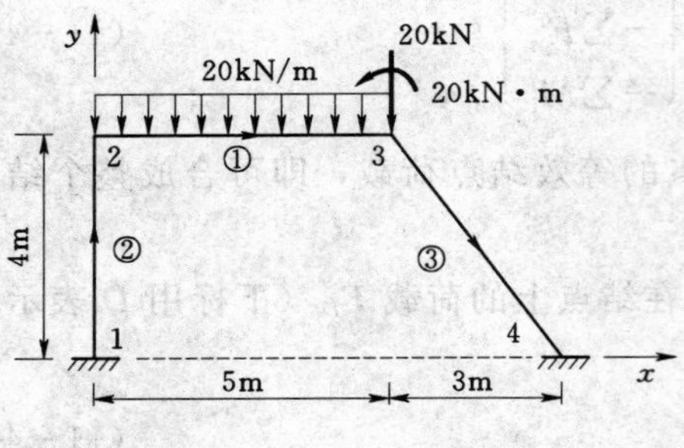

图 11-7　例 11-1 图

【例 11-1】 试求图 11-7 所示刚架的内力。已知各杆材料及截面相同，$E=20\text{MPa}$，$A=0.25\text{m}^2$，$I=\frac{1}{24}\text{m}^4$。

解：(1) 对结点和单元进行编号，建立整体及各单元局部坐标系，如图 11-7 所示。

(2) 计算整体坐标系下的单元刚度矩阵。由式 (11-25) 通过坐标转换得到整体坐标系下的单元刚度矩阵。

对于单元①，$\alpha=0°$，则

$$k^{①}=\begin{bmatrix} k_{22}^{①} & k_{23}^{①} \\ k_{32}^{①} & k_{33}^{①} \end{bmatrix}=\overline{k}=10^4\times\begin{bmatrix} 100 & 0 & 0 & -100 & 0 & 0 \\ 0 & 8 & 20 & 0 & -8 & 20 \\ 0 & 20 & 66.67 & 0 & -20 & 33.33 \\ -100 & 0 & 0 & 100 & 0 & 0 \\ 0 & -8 & -20 & 0 & 8 & -20 \\ 0 & 20 & 33.33 & 0 & -20 & 66.67 \end{bmatrix}$$

对于单元②，$\alpha=90°$，则

$$T=\begin{bmatrix} 0 & 1 & 0 & & & \\ -1 & 0 & 0 & & 0 & \\ 0 & 0 & 1 & & & \\ & & & 0 & 1 & 0 \\ & 0 & & -1 & 0 & 0 \\ & & & 0 & 0 & 1 \end{bmatrix}$$

$$k^{②}=\begin{bmatrix} k_{11}^{②} & k_{12}^{②} \\ k_{21}^{②} & k_{22}^{②} \end{bmatrix}=T^T\overline{k}\ T=10^4\times\begin{bmatrix} 15.63 & 0 & -31.25 & -15.63 & 0 & -31.25 \\ 0 & 125 & 0 & 0 & -125 & 0 \\ -31.25 & 0 & 83.33 & 31.25 & 0 & 41.67 \\ -15.63 & 0 & 31.25 & 15.63 & 0 & 31.25 \\ 0 & -125 & 0 & 0 & 125 & 0 \\ -31.25 & 0 & 41.67 & 31.25 & 0 & 83.33 \end{bmatrix}$$

对于单元③，$\alpha=-53.13°$，则

$$
\boldsymbol{T}=\left[\begin{array}{ccc:ccc}
0.6 & -0.8 & 0 & & & \\
0.8 & 0.6 & 0 & & 0 & \\
0 & 0 & 1 & & & \\
\hdashline
 & & & 0.6 & -0.8 & 0 \\
 & 0 & & 0.8 & 0.6 & 0 \\
 & & & 0 & 0 & 1
\end{array}\right]
$$

$$
\boldsymbol{k}^{③}=\left[\begin{array}{c:c}
\boldsymbol{k}_{33}^{③} & \boldsymbol{k}_{34}^{③} \\
\hdashline
\boldsymbol{k}_{43}^{③} & \boldsymbol{k}_{44}^{③}
\end{array}\right]=\boldsymbol{T}^{T}\overline{\boldsymbol{k}}\ \ \boldsymbol{T}=10^{4}\times\left[\begin{array}{ccc:ccc}
41.12 & -44.16 & 16 & -41.12 & 44.16 & 16 \\
-44.16 & 66.88 & 12 & 44.16 & -66.88 & 12 \\
16 & 12 & 66.67 & -16 & -12 & 33.33 \\
\hdashline
-41.12 & 44.16 & -16 & 41.12 & -44.16 & -16 \\
44.16 & -66.88 & -12 & -44.16 & 66.88 & -12 \\
16 & 12 & 33.33 & -16 & -12 & 66.67
\end{array}\right]
$$

（3）由各单元整体坐标系下的单元刚度矩阵通过对号入座形成总刚。

$$
K_{0}=\left[\begin{array}{c:c:c:c}
k_{11}^{②} & k_{12}^{②} & 0 & 0 \\
\hdashline
k_{21}^{②} & k_{22}^{②}+k_{22}^{①} & k_{23}^{①} & 0 \\
\hdashline
0 & k_{32}^{①} & k_{33}^{①}+k_{33}^{③} & k_{34}^{③} \\
\hdashline
0 & 0 & k_{43}^{③} & k_{44}^{③}
\end{array}\right]
$$

$$
=10^{4}\times\left[\begin{array}{ccc:ccc:ccc:ccc}
15.63 & 0 & -31.25 & -15.63 & 0 & -31.25 & & & & & & \\
0 & 125 & 0 & 0 & -125 & 0 & & 0 & & & 0 & \\
-31.25 & 0 & 83.33 & 31.25 & 0 & 41.67 & & & & & & \\
\hdashline
-15.63 & 0 & 31.25 & 115.63 & 0 & 31.25 & -100 & 0 & 0 & & & \\
0 & -125 & 0 & 0 & 133 & 20 & 0 & -8 & 20 & & 0 & \\
-31.25 & 0 & 41.67 & 31.25 & 20 & 150 & 0 & -20 & 33.33 & & & \\
\hdashline
 & & & -100 & 0 & 0 & 141.12 & -44.16 & 16 & -41.12 & 44.16 & 16 \\
 & 0 & & 0 & -8 & -20 & -44.16 & 74.88 & -8 & 44.16 & -66.88 & 12 \\
 & & & 0 & 20 & 33.33 & 16 & -8 & 133.33 & -16 & -12 & 33.33 \\
\hdashline
 & & & & & & -41.12 & 44.16 & -16 & 41.12 & -44.16 & -16 \\
 & 0 & & & 0 & & 44.16 & -66.88 & -12 & -44.16 & 66.88 & -12 \\
 & & & & & & 16 & 12 & 33.33 & -16 & -12 & 66.67
\end{array}\right]
$$

（4）求承受非结点荷载单元局部坐标系下的固端力，并通过坐标转换得到整体坐标系下的固端力，进而求出各结点的等效结点荷载、综合结点荷载和结构的结点外力列向量。

该刚架只有单元①承受非结点荷载，根据表 11－1 可得该单元在局部坐标系下的固端力为

$$\overline{\boldsymbol{F}}^{F①}=\begin{Bmatrix}\overline{\boldsymbol{F}}_2^{F①}\\ \cdots\\ \overline{\boldsymbol{F}}_3^{F①}\end{Bmatrix}=\begin{Bmatrix}\overline{F}_{N2}^{F①}\\ \overline{F}_{S2}^{F①}\\ \overline{M}_2^{F①}\\ \cdots\\ \overline{F}_{N3}^{F①}\\ \overline{F}_{S3}^{F①}\\ \overline{M}_3^{F①}\end{Bmatrix}=\begin{Bmatrix}0\\ 50\\ 41.67\\ \cdots\\ 0\\ 50\\ -41.67\end{Bmatrix}$$

由式（11-44）通过坐标转换得到整体坐标系下的固端力，因为对于单元①，$\alpha=0°$，则

$$\boldsymbol{F}^{F①}=\begin{Bmatrix}\boldsymbol{F}_2^{F①}\\ \cdots\\ \boldsymbol{F}_3^{F①}\end{Bmatrix}=\begin{Bmatrix}F_{x2}^{F①}\\ F_{y2}^{F①}\\ M_2^{F①}\\ \cdots\\ F_{x3}^{F①}\\ F_{y3}^{F①}\\ M_3^{F①}\end{Bmatrix}=\overline{\boldsymbol{F}}^{F①}=\begin{Bmatrix}0\\ 50\\ 41.67\\ \cdots\\ 0\\ 50\\ -41.67\end{Bmatrix}$$

由式（11-45）求得 2、3 结点的等效结点荷载分别为

$$\boldsymbol{F}_{E2}=-\boldsymbol{F}_2^{F①}=\begin{Bmatrix}0\\ -50\\ -41.67\end{Bmatrix},\quad \boldsymbol{F}_{E3}=-\boldsymbol{F}_3^{F①}=\begin{Bmatrix}0\\ -50\\ 41.67\end{Bmatrix}$$

再由式（11-47）求得 2、3 结点的综合结点荷载分别为

$$\boldsymbol{F}_2=\boldsymbol{F}_{E2}+\boldsymbol{F}_{D2}=\begin{Bmatrix}0\\ -50\\ -41.67\end{Bmatrix}+\begin{Bmatrix}0\\ 0\\ 0\end{Bmatrix}=\begin{Bmatrix}0\\ -50\\ -41.67\end{Bmatrix}$$

$$\boldsymbol{F}_3=\boldsymbol{F}_{E3}+\boldsymbol{F}_{D3}=\begin{Bmatrix}0\\ -50\\ 41.67\end{Bmatrix}+\begin{Bmatrix}0\\ -20\\ 20\end{Bmatrix}=\begin{Bmatrix}0\\ -70\\ 61.67\end{Bmatrix}$$

最后形成结构的结点外力列向量为

$$\boldsymbol{F}_0=\begin{Bmatrix}\boldsymbol{F}_1\\ \cdots\\ \boldsymbol{F}_2\\ \cdots\\ \boldsymbol{F}_3\\ \cdots\\ \boldsymbol{F}_4\end{Bmatrix}=\begin{Bmatrix}F_{x1}\\ F_{y1}\\ M_1\\ \cdots\\ F_{x2}\\ F_{y2}\\ M_2\\ \cdots\\ F_{x3}\\ F_{y3}\\ M_3\\ \cdots\\ F_{x4}\\ F_{y4}\\ M_4\end{Bmatrix}=\begin{Bmatrix}F_{x1}\\ F_{y1}\\ M_1\\ \cdots\\ 0\\ -50\\ -41.67\\ \cdots\\ 0\\ -70\\ 61.67\\ \cdots\\ F_{x4}\\ F_{y4}\\ M_4\end{Bmatrix}$$

（5）引入支承条件，修改结构的原始刚度方程。结构的原始刚度方程为

$$
\begin{Bmatrix} F_{x1} \\ F_{y1} \\ M_1 \\ \hdashline 0 \\ -50 \\ -41.67 \\ \hdashline 0 \\ -70 \\ 61.67 \\ \hdashline F_{x4} \\ F_{y4} \\ M_4 \end{Bmatrix} = 10^4 \times
\left[\begin{array}{ccc:ccc:ccc:ccc}
15.63 & 0 & -31.25 & -15.63 & 0 & -31.25 & & & & & & \\
0 & 125 & 0 & 0 & -125 & 0 & & 0 & & & 0 & \\
-31.25 & 0 & 83.33 & 31.25 & 0 & 41.67 & & & & & & \\ \hdashline
-15.63 & 0 & 31.25 & 115.63 & 0 & 31.25 & -100 & 0 & 0 & & & \\
0 & -125 & 0 & 0 & 133 & 20 & 0 & -8 & 20 & & 0 & \\
-31.25 & 0 & 41.67 & 31.25 & 20 & 150 & 0 & -20 & 33.33 & & & \\ \hdashline
& & & -100 & 0 & 0 & 141.12 & -44.16 & 16 & -41.12 & 44.16 & 16 \\
& 0 & & 0 & -8 & -20 & -44.16 & 74.88 & -8 & 44.16 & -66.88 & 12 \\
& & & 0 & 20 & 33.33 & 16 & -8 & 133.33 & -16 & -12 & 33.33 \\ \hdashline
& & & & & & -41.12 & 44.16 & -16 & 41.12 & -44.16 & -16 \\
& 0 & & & 0 & & 44.16 & -66.88 & -12 & -44.16 & 66.88 & -12 \\
& & & & & & 16 & 12 & 33.33 & -16 & -12 & 66.67
\end{array}\right]
\begin{Bmatrix} u_1 \\ v_1 \\ \varphi_1 \\ \hdashline u_2 \\ v_2 \\ \varphi_2 \\ \hdashline u_3 \\ v_3 \\ \varphi_3 \\ \hdashline u_4 \\ v_4 \\ \varphi_4 \end{Bmatrix}
$$

由于结点 1、4 为固定端，可知支承条件为

$$
\Delta_1 = \begin{Bmatrix} u_1 \\ v_1 \\ \varphi_1 \end{Bmatrix} = \begin{Bmatrix} 0 \\ 0 \\ 0 \end{Bmatrix}, \Delta_4 = \begin{Bmatrix} u_4 \\ v_4 \\ \varphi_4 \end{Bmatrix} = \begin{Bmatrix} 0 \\ 0 \\ 0 \end{Bmatrix}
$$

在原始刚度矩阵中删去与零位移对应的行和列，同时在结点位移列向量和结点外力列向量中删去相应的行，得到修改后的结构刚度方程为

$$
\begin{Bmatrix} 0 \\ -50 \\ -41.67 \\ \hdashline 0 \\ -70 \\ 61.67 \end{Bmatrix} = 10^4 \times
\left[\begin{array}{ccc:ccc}
115.63 & 0 & 31.25 & -100 & 0 & 0 \\
0 & 133 & 20 & 0 & -8 & 20 \\
31.25 & 20 & 150 & 0 & -20 & 33.33 \\ \hdashline
-100 & 0 & 0 & 141.12 & -44.16 & 16 \\
0 & -8 & -20 & -44.16 & 74.88 & -8 \\
0 & 20 & 33.33 & 16 & -8 & 133.33
\end{array}\right]
\begin{Bmatrix} u_2 \\ v_2 \\ \varphi_2 \\ \hdashline u_3 \\ v_3 \\ \varphi_3 \end{Bmatrix}
$$

（6）解方程，求得未知结点位移为

$$\begin{Bmatrix} u_2 \\ v_2 \\ \varphi_2 \\ \hdashline u_3 \\ v_3 \\ \varphi_3 \end{Bmatrix} = 10^{-4} \times \begin{Bmatrix} -1.312 \\ -0.548 \\ -0.352 \\ \hdashline -1.627 \\ -1.971 \\ 0.709 \end{Bmatrix}$$

（7）计算各单元杆端力。由式（11-49）可计算各单元局部坐标系下的杆端力分别为

$$\overline{\boldsymbol{F}}^{①} = \overline{\boldsymbol{F}}^{F①} + \boldsymbol{T}\boldsymbol{k}^{①}\boldsymbol{\delta}^{①}$$

$$= \begin{Bmatrix} 0 \\ 50 \\ 41.67 \\ \hdashline 0 \\ 50 \\ -41.67 \end{Bmatrix} + 10^4 \times \left[\begin{array}{ccc:ccc} 100 & 0 & 0 & -100 & 0 & 0 \\ 0 & 8 & 20 & 0 & -8 & 20 \\ 0 & 20 & 66.67 & 0 & -20 & 33.33 \\ \hdashline -100 & 0 & 0 & 100 & 0 & 0 \\ 0 & -8 & -20 & 0 & 8 & -20 \\ 0 & 20 & 33.33 & 0 & -20 & 66.67 \end{array}\right] 10^{-4} \times \begin{Bmatrix} -1.312 \\ -0.548 \\ -0.352 \\ \hdashline -1.627 \\ -1.971 \\ 0.709 \end{Bmatrix} = \begin{Bmatrix} 31.5 \\ 68.5 \\ 70.3 \\ \hdashline -31.5 \\ 31.5 \\ 22.4 \end{Bmatrix}$$

$$\overline{\boldsymbol{F}}^{②} = \boldsymbol{T}\boldsymbol{k}^{②}\boldsymbol{\delta}^{②}$$

$$= \left[\begin{array}{ccc:ccc} 0 & 1 & 0 & & & \\ -1 & 0 & 0 & & 0 & \\ 0 & 0 & 1 & & & \\ \hdashline & & & 0 & 1 & 0 \\ & 0 & & -1 & 0 & 0 \\ & & & 0 & 0 & 1 \end{array}\right] 10^4 \times \left[\begin{array}{ccc:ccc} 15.63 & 0 & -31.25 & -15.63 & 0 & -31.25 \\ 0 & 125 & 0 & 0 & -125 & 0 \\ -31.25 & 0 & 83.33 & 31.25 & 0 & 41.67 \\ \hdashline -15.63 & 0 & 31.25 & 15.63 & 0 & 31.25 \\ 0 & -125 & 0 & 0 & 125 & 0 \\ -31.25 & 0 & 41.67 & 31.25 & 0 & 83.33 \end{array}\right] 10^{-4} \times$$

$$\begin{Bmatrix} 0 \\ 0 \\ 0 \\ \hdashline -1.312 \\ -0.548 \\ -0.352 \end{Bmatrix} = \begin{Bmatrix} 68.5 \\ -31.5 \\ -55.6 \\ \hdashline -68.5 \\ 31.5 \\ -70.3 \end{Bmatrix}$$

$$\overline{\boldsymbol{F}}^{③} = \boldsymbol{T}\boldsymbol{k}^{③}\boldsymbol{\delta}^{③}$$

$$= \left[\begin{array}{ccc:ccc} 0.6 & -0.8 & 0 & & & \\ 0.8 & 0.6 & 0 & & 0 & \\ 0 & 0 & 1 & & & \\ \hdashline & & & 0.6 & -0.8 & 0 \\ & 0 & & 0.8 & 0.6 & 0 \\ & & & 0 & 0 & 1 \end{array}\right] 10^4 \times$$

$$\left[\begin{array}{ccc:ccc}41.12 & -44.16 & 16 & -41.12 & 44.16 & 16\\-44.16 & 66.88 & 12 & 44.16 & -66.88 & 12\\16 & 12 & 66.67 & -16 & -12 & 33.33\\\hdashline -41.12 & 44.16 & -16 & 41.12 & -44.16 & -16\\44.16 & -66.88 & -12 & -44.16 & 66.88 & -12\\16 & 12 & 33.33 & -16 & -12 & 66.67\end{array}\right]10^{-4}\times\left\{\begin{array}{c}-1.627\\-1.971\\0.709\\\hdashline 0\\0\\0\end{array}\right\}=\left\{\begin{array}{c}60.1\\-5.68\\-2.4\\\hdashline -60.1\\5.68\\-26\end{array}\right\}$$

(8) 根据杆端力绘制内力图，如图 11-8 所示。

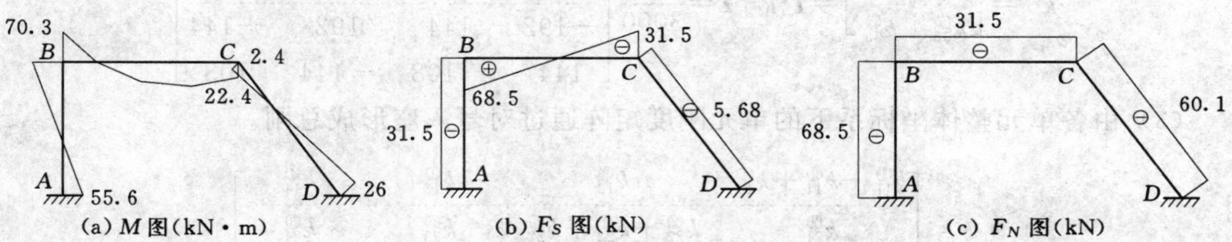

图 11-8　例 11-1 内力图

【例 11-2】 试求图 11-9 所示桁架的内力，各杆 EA 均相同。

解：(1) 对结点和单元进行编号，建立整体及各单元局部坐标系，如图 11-9 所示。

(2) 计算整体坐标系下的单元刚度矩阵。分别由式 (11-9) 和式 (11-28) 得到各杆件单元局部坐标系下的单元刚度矩阵和坐标转换矩阵，然后由式(11-21) 通过坐标转换得到整体坐标系下的单元刚度矩阵。

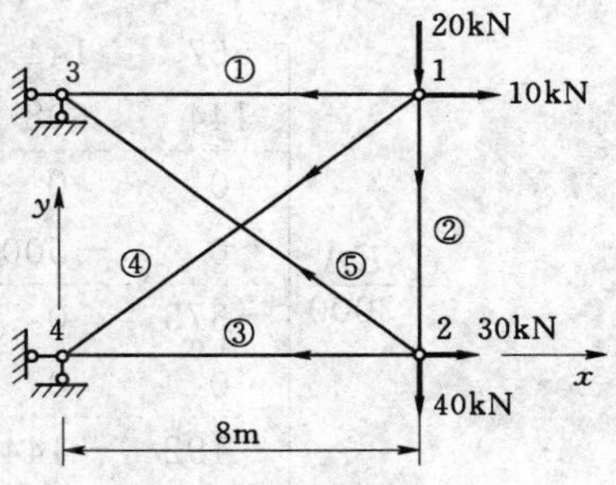

图 11-9　例 11-2 图

对于单元①，$\alpha=180°$，则

$$\boldsymbol{k}^{①}=\left[\begin{array}{c:c}k_{11}^{①} & k_{13}^{①}\\\hdashline k_{31}^{①} & k_{33}^{①}\end{array}\right]=\boldsymbol{T}^T\bar{\boldsymbol{k}}^{①}\boldsymbol{T}=\frac{EA}{3000}\left[\begin{array}{cc:cc}375 & 0 & -375 & 0\\0 & 0 & 0 & 0\\\hdashline -375 & 0 & 375 & 0\\0 & 0 & 0 & 0\end{array}\right]$$

对于单元②，$\alpha=-90°$，则

$$\boldsymbol{k}^{②}=\left[\begin{array}{c:c}k_{11}^{②} & k_{12}^{②}\\\hdashline k_{21}^{②} & k_{22}^{②}\end{array}\right]=\boldsymbol{T}^T\bar{\boldsymbol{k}}^{②}\boldsymbol{T}=\frac{EA}{3000}\left[\begin{array}{cc:cc}0 & 0 & 0 & 0\\0 & 500 & 0 & -500\\\hdashline 0 & 0 & 0 & 0\\0 & -500 & 0 & 500\end{array}\right]$$

对于单元③，$\alpha=180°$，则

$$\boldsymbol{k}^{③}=\left[\begin{array}{c:c}k_{22}^{③} & k_{24}^{③}\\\hdashline k_{42}^{③} & k_{44}^{③}\end{array}\right]=\boldsymbol{T}^T\bar{\boldsymbol{k}}^{③}\boldsymbol{T}=\frac{EA}{3000}\left[\begin{array}{cc:cc}375 & 0 & -375 & 0\\0 & 0 & 0 & 0\\\hdashline -375 & 0 & 375 & 0\\0 & 0 & 0 & 0\end{array}\right]$$

对于单元④，$\alpha=-143.13°$，则

$$\boldsymbol{k}^{④}=\begin{bmatrix} k_{11}^{④} & k_{14}^{④} \\ k_{41}^{④} & k_{44}^{④} \end{bmatrix}=\boldsymbol{T}^{T}\bar{\boldsymbol{k}}^{④}\boldsymbol{T}=\frac{EA}{3000}\begin{bmatrix} 192 & 144 & -192 & -144 \\ 144 & 108 & -144 & -108 \\ -192 & -144 & 192 & 144 \\ -144 & -108 & 144 & 108 \end{bmatrix}$$

对于单元⑤，$\alpha=143.13°$，则

$$\boldsymbol{k}^{⑤}=\begin{bmatrix} k_{22}^{⑤} & k_{23}^{⑤} \\ k_{32}^{⑤} & k_{33}^{⑤} \end{bmatrix}=\boldsymbol{T}^{T}\bar{\boldsymbol{k}}^{⑤}\boldsymbol{T}=\frac{EA}{3000}\begin{bmatrix} 192 & -144 & -192 & 144 \\ -144 & 108 & 144 & -108 \\ -192 & 144 & 192 & -144 \\ 144 & -108 & -144 & 108 \end{bmatrix}$$

(3) 由各单元整体坐标系下的单元刚度矩阵通过对号入座形成总刚。

$$K_0=\begin{bmatrix} k_{11}^{①}+k_{11}^{②}+k_{11}^{④} & k_{12}^{②} & k_{13}^{①} & k_{14}^{④} \\ k_{21}^{②} & k_{22}^{②}+k_{22}^{③}+k_{22}^{⑤} & k_{23}^{⑤} & k_{24}^{③} \\ k_{31}^{①} & k_{32}^{⑤} & k_{33}^{①}+k_{33}^{⑤} & 0 \\ k_{41}^{④} & k_{42}^{③} & 0 & k_{44}^{③}+k_{44}^{④} \end{bmatrix}$$

$$=\frac{EA}{3000}\begin{bmatrix} 567 & 144 & 0 & 0 & -375 & 0 & -192 & -144 \\ 144 & 608 & 0 & -500 & 0 & 0 & -144 & -108 \\ 0 & 0 & 567 & -144 & -192 & 144 & -375 & 0 \\ 0 & -500 & -144 & 608 & 144 & -108 & 0 & 0 \\ -375 & 0 & -192 & 144 & 567 & -144 & 0 & 0 \\ 0 & 0 & 144 & -108 & -144 & 108 & 0 & 0 \\ -192 & -144 & -375 & 0 & 0 & 0 & 567 & 144 \\ -144 & -108 & 0 & 0 & 0 & 0 & 144 & 108 \end{bmatrix}$$

(4) 列出桁架结构的原始刚度方程为

$$\begin{Bmatrix} F_{x1} \\ F_{y1} \\ F_{x2} \\ F_{y2} \\ F_{x3} \\ F_{y3} \\ F_{x4} \\ F_{y4} \end{Bmatrix}=\frac{EA}{3000}\begin{bmatrix} 567 & 144 & 0 & 0 & -375 & 0 & -192 & -144 \\ 144 & 608 & 0 & -500 & 0 & 0 & -144 & -108 \\ 0 & 0 & 567 & -144 & -192 & 144 & -375 & 0 \\ 0 & -500 & -144 & 608 & 144 & -108 & 0 & 0 \\ -375 & 0 & -192 & 144 & 567 & -144 & 0 & 0 \\ 0 & 0 & 144 & -108 & -144 & 108 & 0 & 0 \\ -192 & -144 & -375 & 0 & 0 & 0 & 567 & 144 \\ -144 & -108 & 0 & 0 & 0 & 0 & 144 & 108 \end{bmatrix}\begin{Bmatrix} u_1 \\ v_1 \\ u_2 \\ v_2 \\ u_3 \\ v_3 \\ u_4 \\ v_4 \end{Bmatrix}$$

(5) 引入支承条件，修改结构的原始刚度方程。由于结点 3、4 为固定铰支座，可知支承条件为

$$u_3=v_3=u_4=v_4=0$$

在原始刚度矩阵中删去与零位移对应的行和列，同时在结点位移列向量和结点外力列向量中删去相应的行，得到修改后的结构刚度方程为

$$\begin{Bmatrix} F_{x1} \\ F_{y1} \\ \hdashline F_{x2} \\ F_{y2} \end{Bmatrix} = \frac{EA}{3000}\left[\begin{array}{cc:cc} 567 & 144 & 0 & 0 \\ 144 & 608 & 0 & -500 \\ \hdashline 0 & 0 & 567 & -144 \\ 0 & -500 & -144 & 608 \end{array}\right]\begin{Bmatrix} u_1 \\ v_1 \\ \hdashline u_2 \\ v_2 \end{Bmatrix}$$

(6) 解方程，求得未知结点位移。根据所给结点荷载可知

$$\begin{Bmatrix} F_{x1} \\ F_{y1} \\ \hdashline F_{x2} \\ F_{y2} \end{Bmatrix} = \begin{Bmatrix} 10 \\ -20 \\ \hdashline 30 \\ -40 \end{Bmatrix}$$

将其代入上式可解得

$$\begin{Bmatrix} u_1 \\ v_1 \\ \hdashline u_2 \\ v_2 \end{Bmatrix} = \frac{1}{EA}\begin{Bmatrix} 342.322 \\ -1139.555 \\ \hdashline -137.680 \\ -1167.111 \end{Bmatrix}$$

(7) 由式（11-41）计算各单元轴力。

对于单元①，坐标转换矩阵为

$$\boldsymbol{T} = \left[\begin{array}{cc:cc} -1 & 0 & & \\ 0 & -1 & & 0 \\ \hdashline & & -1 & 0 \\ & 0 & 0 & -1 \end{array}\right]$$

$$\overline{\boldsymbol{F}}^{①} = \begin{Bmatrix} \overline{F}_{N1}^{①} \\ \overline{F}_{S1}^{①} \\ \hdashline \overline{F}_{N3}^{①} \\ \overline{F}_{S3}^{①} \end{Bmatrix} = \boldsymbol{T}\boldsymbol{k}^{①}\boldsymbol{\delta}^{①}$$

$$= \left[\begin{array}{cc:cc} -1 & 0 & & \\ 0 & -1 & & 0 \\ \hdashline & & -1 & 0 \\ & 0 & -1 & 0 \end{array}\right]\frac{EA}{3000}\left[\begin{array}{cc:cc} 375 & 0 & -375 & 0 \\ 0 & 0 & 0 & 0 \\ \hdashline -375 & 0 & 375 & 0 \\ 0 & 0 & 0 & 0 \end{array}\right]\frac{1}{EA}\begin{Bmatrix} 342.322 \\ -1139.555 \\ \hdashline 0 \\ 0 \end{Bmatrix} = \begin{Bmatrix} -42.79 \\ 0 \\ \hdashline 42.79 \\ 0 \end{Bmatrix}$$

也就是单元①的轴力 $\overline{F}_N^{①}=42.79\text{kN}$（拉）。同样可以求得其余各单元的轴力分别为 $\overline{F}_N^{②}=4.59\text{kN}$（拉）、$\overline{F}_N^{③}=17.21\text{kN}$（拉）、$\overline{F}_N^{④}=-40.99\text{kN}$（压）、$\overline{F}_N^{⑤}=59.01\text{kN}$（拉）。

小　结

矩阵位移法实际上是以矩阵形式表达的位移法分析过程，是传统的位移法与计算机相结合的产物。矩阵位移法的解题过程主要分为两步：①单元分析；②整体分析。

单元分析的任务是建立各单元杆端力与杆端位移间的关系式，即单元刚度方程，确定局部坐标系中的单元刚度矩阵 $\overline{\boldsymbol{k}}^e$，并对 $\overline{\boldsymbol{k}}^e$ 进行坐标变换，形成整体坐标系中的单元刚度矩阵 $\boldsymbol{k}^e$，即

$$\boldsymbol{k}^e=\boldsymbol{T}^T\bar{\boldsymbol{k}}^e\boldsymbol{T}$$

整体分析的任务是建立结构的各结点外力与结点位移间的关系式，即结构的刚度方程。在整体分析时，对支承条件的引入有两种方法，分别为先处理法和后处理法。先处理法是在形成整体刚度矩阵之前，也就是在建立单元刚度矩阵时即考虑到实际的支承情况。后处理法则是在形成整体刚度矩阵之前，先不考虑支承情况，而是在形成整体刚度矩阵之后，再根据给定的支承条件对整体刚度矩阵进行修改。

本章采用的是后处理法，其分析过程如下。

第一步：将整体坐标系中的单元刚度矩阵 $\boldsymbol{k}^e$ 对号入座形成结构的原始刚度矩阵 $\boldsymbol{K}_0$，建立结构的原始刚度方程

$$\boldsymbol{F}_0=\boldsymbol{K}_0\boldsymbol{\Delta}_0$$

第二步：在原始刚度矩阵中删去与零位移对应的行和列，同时在结点位移列向量和结点外力列向量中删去相应的行，得到引入支承条件的结构刚度方程

$$\boldsymbol{F}=\boldsymbol{K}\boldsymbol{\Delta}$$

第三步：解方程，求出结点位移 $\boldsymbol{\Delta}$。

结点位移求出后，利用结点处的变形连续条件得到各单元的杆端位移，代入单元刚度方程，即可求出各单元的杆端力。

当结构上有非结点荷载作用时，应将非结点荷载转换成等效结点荷载，并与直接结点荷载叠加，得到综合结点荷载，而各单元最后的杆端力应为综合结点荷载作用下的杆端力与相应的固端力之和。

思 考 题

11-1 从矩阵位移法的计算步骤来看，矩阵位移法与传统位移法有何异同？

11-2 单元刚度方程的物理意义是什么？单元刚度矩阵每一元素的物理意义又是什么？

11-3 结构的总刚度方程的物理意义是什么？总刚度矩阵的形成有何规律？其每一元素的物理意义又是什么？

11-4 什么叫等效结点荷载？如何求？“等效”是指什么等效？

11-5 刚架中有铰结点时应该怎样处理？为什么这样处理？

11-6 当忽略刚架的轴向变形时，如何用矩阵位移法求解？

11-7 矩阵位移法能否计算静定结构？它与计算超静定结构有何不同？

11-8 如果一个刚架结构具有弹性支座，应该如何形成它的刚度矩阵？

习 题

11-1 图 11-1 的单元若 j 端为铰结（即 $\overline{M}_j=0$），试写出其单元刚度矩阵。

11-2 试以子块的形式写出习题 11-2 图示刚架的原始刚度矩阵。

11-3 用矩阵位移法求习题 11-3 图示刚架的内力。已知各杆 $A=20\text{cm}^2$，$I=300\text{cm}^4$，$l=100\text{cm}$，$E=2.1\times10^4\text{kN/cm}^2$。

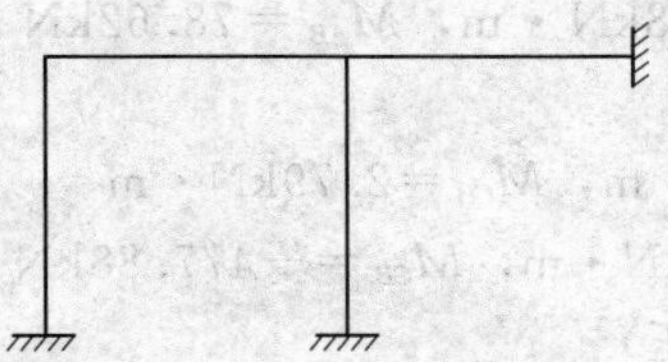

习题 11 - 2 图

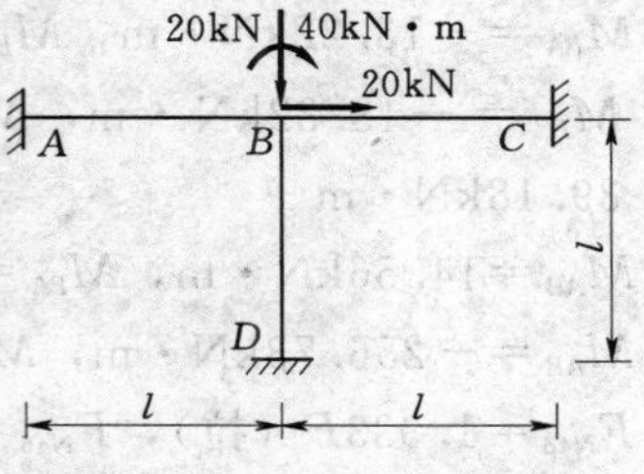

习题 11 - 3 图

11 - 4 用矩阵位移法求习题 11 - 4 图示刚架的内力。已知 $E=5\times10^6\text{kN/m}^2$，$A=0.16\text{m}^2$，$I=0.02\text{m}^4$。

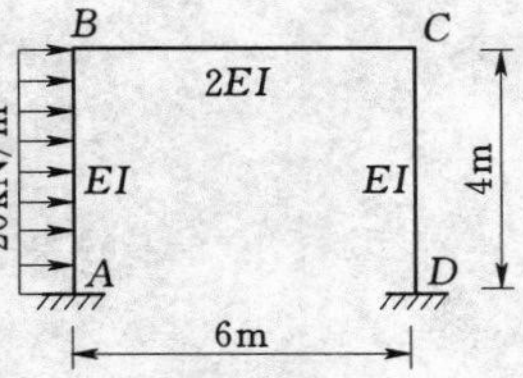

习题 11 - 4 图

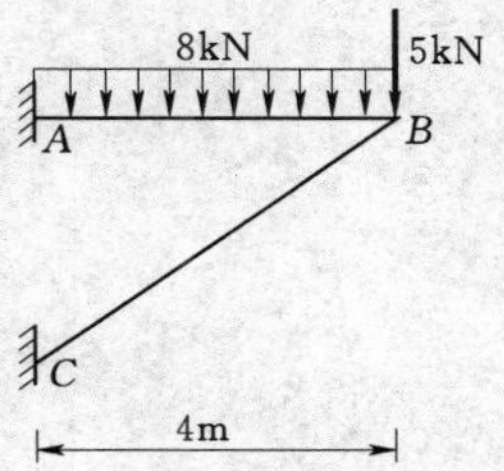

习题 11 - 5 图

11 - 5 用矩阵位移法求习题 11 - 5 图示刚架的内力。已知各杆 $E=3\times10^7\text{kN/m}^2$，$A=0.16\text{m}^2$，$I=0.002\text{m}^4$。

11 - 6 用矩阵位移法求习题 11 - 6 图示连续梁的内力。已知 $EI=5000\text{kN}\cdot\text{m}^2$。

11 - 7 用矩阵位移法求习题 11 - 7 图示桁架的内力。已知各杆 EA 均相同。

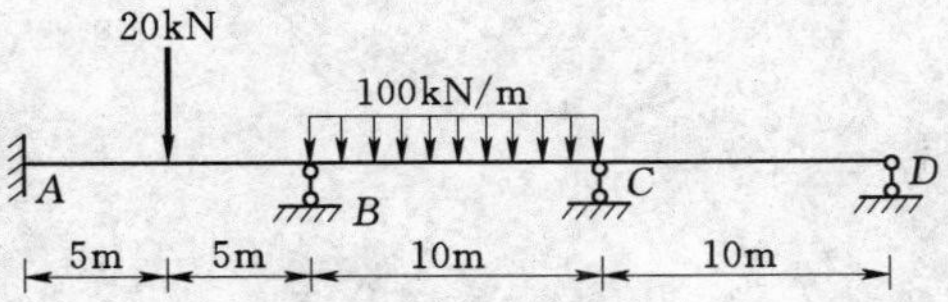

习题 11 - 6 图

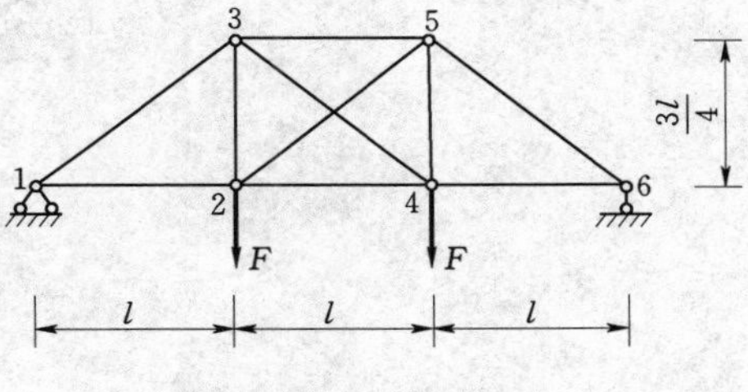

习题 11 - 7 图

参 考 答 案

11 - 1
$$k^e=\begin{bmatrix} \frac{EA}{l} & 0 & 0 & -\frac{EA}{l} & 0 \\ 0 & \frac{3EI}{l^3} & \frac{3EI}{l^2} & 0 & -\frac{3EI}{l^3} \\ 0 & \frac{3EI}{l^2} & \frac{3EI}{l} & 0 & -\frac{3EI}{l^2} \\ -\frac{EA}{l} & 0 & 0 & \frac{EA}{l} & 0 \\ 0 & -\frac{3EI}{l^3} & -\frac{3EI}{l^2} & 0 & \frac{3EI}{l^3} \end{bmatrix}$$

11－3　$M_{BA}=-13.22$kN·m，$M_{BC}=-13.57$kN·m，$M_{BC}=-13.21$kN·m

11－4　$M_{BC}=-18.32$kN·m，$M_{CB}=-23.88$kN·m，$M_{AB}=78.62$kN·m，$M_{DC}=39.18$kN·m

11－5　$M_{AB}=14.56$kN·m，$M_{BA}=-4.56$kN·m，$M_{CB}=2.79$kN·m

11－6　$M_{AB}=-256.73$kN·m，$M_{BC}=588.46$kN·m，$M_{CB}=-477.88$kN·m

11－7　$F_{N46}=1.333F$（拉），$F_{N46}=1.667F$（压）

第十二章　结构动力分析

第一节　概　述

一、结构动力学的任务和研究内容

结构所承受的荷载主要有两大类：静荷载和动荷载，前面各章研究的是静荷载对结构的作用，静荷载不随时间变化，如重力和定常温度场荷载等。但是在实际工程中，往往多数场合结构所受的荷载有别于静荷载，它不是一个恒定值，而是随时间 t 变化而变化的，我们称这种外荷载为动荷载。结构在动荷载作用下将发生变形和振动，称之为动力响应，在此情况下，结构的平衡是惯性力、阻尼力和弹性恢复力与外荷载之间的动平衡。结构动力学就是一门研究结构体系在动力荷载作用下的动力学行为的技术科学，研究该学科的根本目的是为了了解结构体系的动力特性，掌握结构体系动力响应的分析原理和求解方法，旨在为改善工程结构体系在动力环境中的安全和可靠性提供坚实的理论基础。

结构物在动荷载作用下要产生各种形式的动力响应，因此，结构动力学就是研究结构、动荷载和结构响应三者关系的一门科学。三者的关系可用图 12－1 来简要说明，其中 M、C、K 分别表示描述结构体系动力学参数的质量、阻尼和刚度矩阵，$F(t)$ 表示外加的激振力矢量，$X(t)$ 表示由 $F(t)$ 引起的结构响应。根据求解问题的不同，现代的结构动力学问题可分为三大类：

(1) 已知结构参数和输入荷载，求系统的响应，成为响应计算或响应预估问题。

(2) 已知输入荷载，根据结构试验测得的系统响应来确定结构参数，成为参数识别问题。

(3) 已知结构参数和系统的响应，反求输入荷载，称为荷载识别问题。

在上面三类问题中，第一类问题为正问题，第二和第三类问题为反问题，如图 12－1 所示。本教材只介绍正问题。

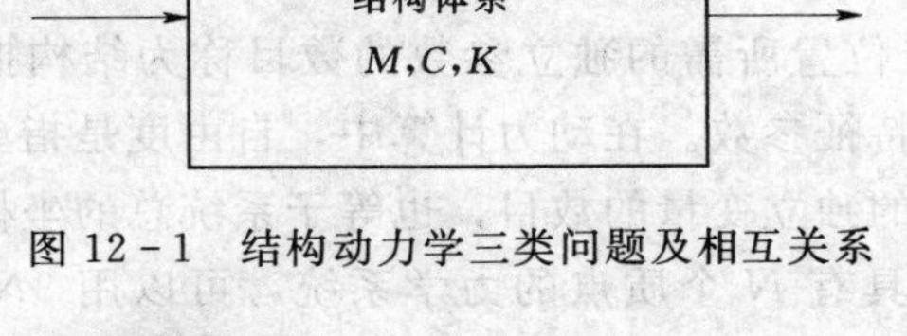

图 12－1　结构动力学三类问题及相互关系

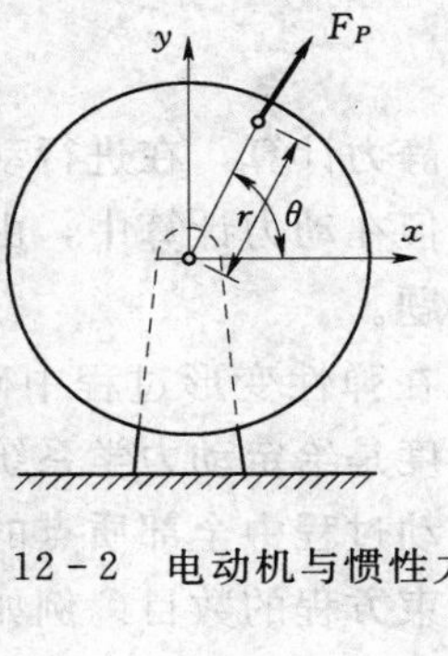

图 12－2　电动机与惯性力

二、动力荷载的分类

(1) 简谐周期荷载：该荷载的特征是它的大小随时间按正弦或余弦规律变化，通常也称之为振动荷载，这是工程中最常见的动力荷载。例如图 12-2 的电动机在等速运转时，其偏心质量产生的离心力对结构的影响就是这种荷载。

（2）一般周期荷载：这是指除简谐周期荷载外的其他形式的周期荷载，如图 12-3（a）所示。

（3）突加荷载：荷载突然作用于结构并且在较长时间内保持不变，如起重机起吊重物时所产生的荷载，如图 12-3（c）所示。

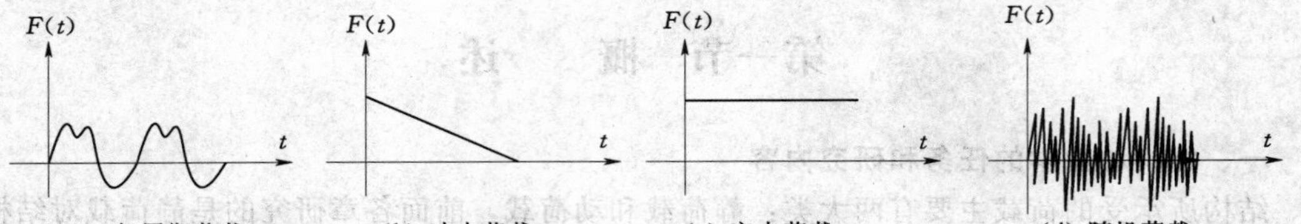

图 12-3 各中荷载类型

（4）冲击荷载：这是指在极短的时间内，就把全部量值加于结构，而后就消失的荷载，例如打桩机的桩锤对桩的冲击作用，如图 12-3（b）所示。

（5）随机荷载：这是一类极不规则，无法预测其在任一时刻的数值的荷载，是一类只能用概率的方法寻求其统计规律的荷载。如风力对建筑物的作用、地震对建筑物的激振等，都属于这种荷载，如图 12-3（d）所示。

根据荷载类型的不同，对结构的分析采用不同的方法，结构在确定性荷载作用下采取确定性分析方法；结构在非确定性荷载作用下采取非确定性方法。所以荷载决定了结构的分析方法。

三、振动的分类

按荷载来分，振动可分为确定性的振动和随机振动两大类。确定性振动可进一步分为简谐振动、周期振动、和非周期振动。结构在荷载持续作用下产生的振动成为受迫振动，其运动方程为 $m\ddot{x}(t)+c\dot{x}(t)+kx(t)=F(t)$；结构不受荷载作用，而由于受某一初始干扰而产生的衰减振动或某种形式的稳定周期振动称为自由振动，其运动方程为

$$m\ddot{x}(t)+c\dot{x}(t)+kx(t)=0$$

第二节 动力自由度

如同静力计算，在进行动力计算时，也必须建立简化了的数学模型。两者选取的原则基本相同，但在动力计算中，由于要考虑惯性力的作用，因此还需要研究质量在运动过程中的自由度问题。

结构在弹性变形过程中确定全部质点位置所需的独立参数的数目称为结构振动的自由度，自由度是给定动力学系统的一个重要特征参数。在动力计算中，自由度是指要描述一个体系在振动过程中全部质点的位置所需要的独立变量的数目，也等于系统总的坐标数目减去独立的约束方程的数目。例如，对于一个具有 N 个质点的力学系统，可以用 $3N$ 个直角坐标 $x=(x_1, x_2, \cdots, x_{3N})$ 来描述各质点的位置及其运动，同时又有 l 个联系这组坐标的独立的约束方程

$$f_k(x_1, x_2, \cdots, x_{3N}) = 0 \quad (k=1,2,\cdots,l)$$

则该力学系统具有 $n=3N-l$ 个自由度。

由于实际结构的质量都是连续分布的，任何一个实际结构都应按无限自由度体系进行分析，这样不仅十分困难，而且也没有必要，因此，通常需要对结构加以简化。常用的简化方法主要三种，分别是质量集中法、广义坐标法、有限单元法。在本书中主要介绍质量集中法。

一、质量集中法

这是最常用的方法，是将体系连续分布的质量集中为有限个质点，这样就可以把一个原来是无限自由度的问题简化为有限自由度的问题。下面举一个例子加以说明。如图 12－4 所示为一简支梁，在跨中放置一重物 W，当梁本身质量远小于重物的质量时，可取图示计算简图。这时体系由无限自由度简化为一个自由度。

如图 12－5（a）所示为两层平面刚架。在水平力作用下计算刚架的侧向振动时，一种常用的简化计算方法是将柱子的分布质量化为作用于上下横梁上各点的水平位移并认为彼此相等，因而横梁上的分布质量可用一个集中质量来代替。最后，可取图 12－5（b）所示的计算简图，只有两个自由度。

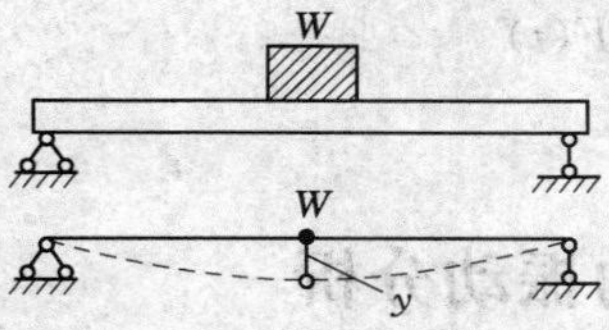

图 12－4 质量集中法结构原图和计算简图

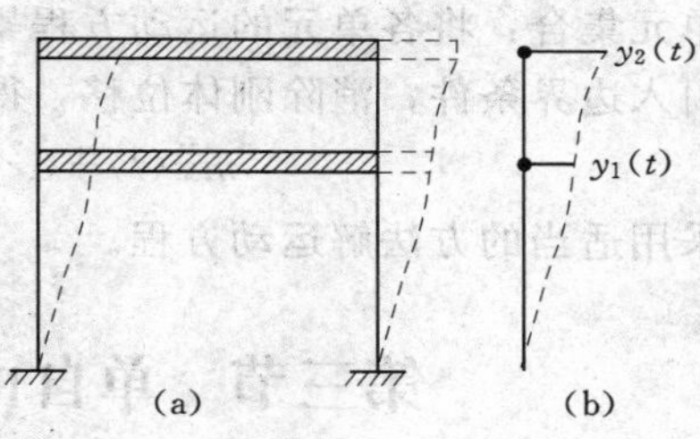

图 12－5 两自由度体系

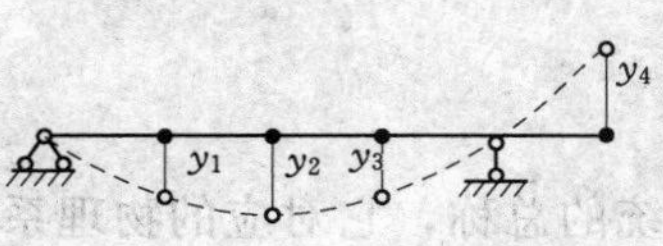

图 12－6 四个自由度体系

在确定振动自由度时应根据确定质点位置所需的独立参数数目来判定，例如图 12－6 所示简支梁上附有四个集中质量，若梁本身的质量可以略去，又不考虑梁的轴向变形和质点的转动，其自由度数为 4，因为尽管梁 y_1、y_2、y_3、y_4 的变形曲线可以有无限多种形式，但其上四个质点的位置却只需由挠度就可确定。

如图 12－7 所示为一简支梁，图 12－7（a）为连续模型，是无限自由度体系。如果不计轴向变形，根据计算精度要求可简化为图 12－7（b）、图 12－7（c）、图 12－7（d）所示的一个自由度体系、两个自由度体系、三个自由度体系。

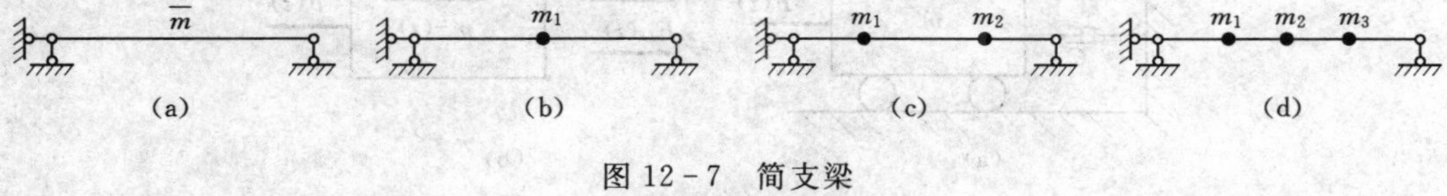

图 12－7 简支梁

二、广义坐标法

质量集中法时从物理角度提供一个减少动力自由度的简化方法。此外，也可以从数学角

度提供一个减少动力自由度的简化方法。这个方法是假定体系的振动曲线为

$$y(x) = \sum_{k=1}^{n} a_k \varphi_k(x)$$

式中　$\varphi_k(x)$ ——满足位移边界条件的给定函数，表征了振动曲线的形状，称为形状函数，它们可选取满足位移边界条件的已知函数；

a_k——未知数，称为广义坐标。

从上式可以看出：体系的振动曲线 $y(x)$ 完全由 n 个待定的广义坐标所确定，也就是说体系的动力自由度为 n 个。

三、有限单元法

有限单元法可看作广义坐标法的一种特殊应用。该方法是将有限元的思想用于结构的动力分析中，通过将实际结构离散化为有限的单元，将无限自由度问题化为有限自由度问题来解决，体系振动的自由度数等于独立的结点位移数。有限单元法的基本步骤为

(1) 单元划分：选择合适的单元对结构进行离散。

(2) 单元分析：计算各种力由于变形和位移所做的功，或相应的能量，再应用哈密尔顿原理建立单元的运动方程。

(3) 单元集合：将各单元的运动方程累加在一起，从而形成整个结构的整体运动方程。

(4) 引入边界条件，消除刚体位移，得到运动方程

$$m\ddot{x}(t)+c\dot{x}(t)+kx(t)=F(t)$$

(5) 采用适当的方法解运动方程。

第三节　单自由度体系的振动分析

单自由度系统是最简单的振动系统，它的求解相对比较容易，单自由度系统的振动分析是多自由度系统和连续系统振动分析的基础。对单自由度系统的分析我们分为单自由度系统的自由振动和受迫振动两大部分。

一、单自由度系统的力学模型与运动方程

单自由度系统是一类只需要一个独立坐标来描述运动的系统的总称，它对应的物理系统是多种多样的。这一节重点介绍质量—弹簧—阻尼器系统，也就是弹簧振子，如图 12-8 所示的是弹簧振子系统，用一个位移坐标 x 确定质量块 m 在水平方向运动。抵抗运动的弹性恢复力由无质量的水平弹簧来提供，其刚度系数为 k。耗能的装置为一个阻尼器，阻尼系数为 c。

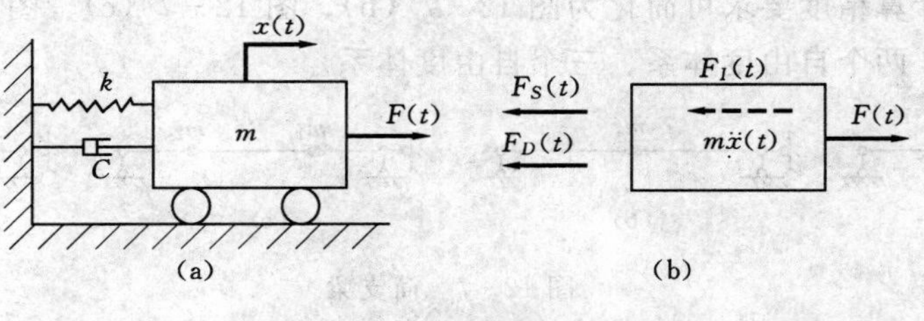

图 12-8　弹簧振子系统

下面采用达朗伯原理（在物块运动的每一瞬间，作用于物块上全部外力与假象地加在物

块上的惯性力相平衡），即直接平衡法来建立系统的运动方程，为此要明确作用在质量块上的所有力。如图 12－8（b）所示，质量块 m 在水平方向上除了有施加的外力 $F(t)$ 之外，由于运动还会产生一些附加的力：①弹性恢复力 $F_S(t)=kx(t)$，与物块运动的位移方向相反；②阻尼力 $F_D(t)=c\dot{x}(t)$；与物块运动的速度方向相反；③惯性力 $F_I(t)=m\ddot{x}(t)$，与物块运动的加速度方向相反。可以得到如下的运动方程

$$m\ddot{x}(t)+c\dot{x}(t)+kx(t)=F(t) \tag{12-1}$$

或将其改写成

$$\ddot{x}+2\xi\omega\dot{x}+\omega^2 x=f(t) \tag{12-2}$$

$$\xi=\frac{c}{2\sqrt{mk}}$$

$$\omega=\sqrt{\frac{k}{m}}$$

$$f(t)=\frac{F(t)}{m}$$

式中　ξ——阻尼比；

ω——系统的固有频率，是激振加速度。

式（12－1）是单自由度系统运动方程最常见的形式。任何形式的单自由度系统的运动方程最总都能化为式（12－1）的形式，所以式（12－1）是单自由度系统运动方程的一般形式。

二、单自由度系统自由振动分析

（一）单自由度系统无阻尼情况

1. 建立系统的运动微分方程

单自由度系统，当没有阻尼时，系统的振动微分方程的一般形式为

$$m\ddot{x}(t)+kx(t)=0 \tag{12-3}$$

式（12－3）中只要 k 确定了，就可以写出系统的运动方程了，所以接下来我们要确定 k，下面我们以一道例题为例来说明 k。

【例 12－1】 如图 12－9 所示梁的抗弯刚度为 EI，伸臂的端点固定一质量为 m 的重物，不计梁的质量，试确定其该自由振动的运动微分方程。k 的意义为产生单位位移而需要施加的力，这个比较难求，但 δ 也就是单位力下产生的位移比较容易求出，然后利用 $k=\dfrac{1}{\delta}$就可以求出 k，单位力下的位移 δ 我们可以用图乘法求。

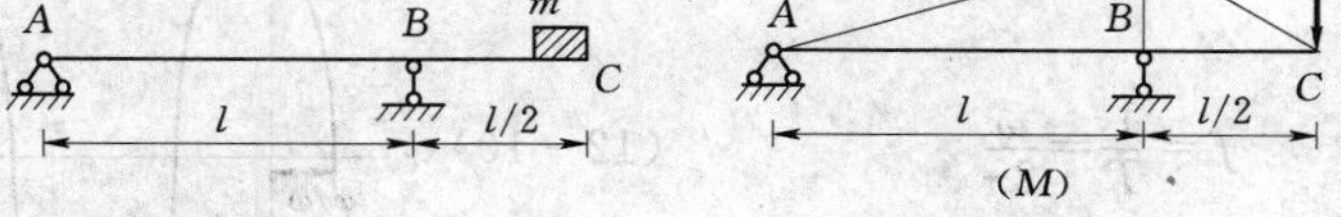

图 12－9　例 12－1 图

解： 质点 m 在垂直方向振动，为确定该体系的刚度系数，在伸臂端作用单位竖向荷载，作出单位弯矩图 $\overline{M}$ 如图所示，单位荷载下的柔度系数为

$$\delta=\frac{1}{EI}\sum\int\overline{M}^2\mathrm{d}s=\frac{1}{EI}\left(\frac{l^2}{4}+\frac{l^2}{8}\right)\times\frac{l}{3}=\frac{l^3}{8EI}$$

$$k=\frac{1}{\delta}=\frac{8EI}{l^3}$$

该体系自由振动的运动微分方程为

$$m\ddot{x}(t)+\frac{8EI}{l^3}x(t)=0$$

2. 解运动微分方程

现在来解该振动微分方程，将式（12－3）改写为

$$\ddot{x}(t)+\omega^2 x(t)=0 \tag{12-4}$$

式中的 $\omega=\sqrt{\frac{k}{m}}$ 称为系统的固有频率，从式中可以看出固有频率只与系统的质量和刚度有关系，而与系统所受的外力或初始条件无关，它反映了系统的振动的快慢。

式（12－4）是一个二阶常系数线性齐次微分方程。由数学方法解得其通解为

$$x=A_1\cos\omega t+A_2\sin\omega t \tag{12-5}$$

其中系数 A_1、A_2 可由初始条件确定，设在初始时刻（$t=0$）有初始位移 x_0 和初始速度 $\dot{x}_0$，则有 $x(0)=x_0$，$\dot{x}(0)=\dot{x}_0$，由此可解出 $A_1=x_0$、$A_2=\frac{\dot{x}_0}{\omega}$，于是自由振动的响应可写成

$$x=x_0\cos\omega t+\frac{\dot{x}_0}{\omega}\sin\omega t \tag{12-6}$$

由式（12－6）可以看出，振动是由两部分所组成：一部分是由初始位移 x_0（此时初始速度 $v_0=0$）引起的，质点位移按余弦函数规律变化。另一部分是由初始速度 v_0（此时初始位移 $x_0=0$）所引起的，质点位移按正弦函数规律变化。

将式（12－6）改写成

$$x=A\sin(\omega t+\varphi) \tag{12-7}$$

式（12－7）是简谐振动的标准形式，其中 A 是振幅，φ 是初相角。

$$A=\sqrt{{x_0}^2+\left(\frac{\dot{x}_0}{\omega}\right)^2}\quad \varphi=\arctan\frac{\omega x_0}{\dot{x}_0} \tag{12-8}$$

从式（12－7）可以看出，单自由度体系的自由振动是简谐振动，在振动过程中，每隔一段时间 T 质点又回到原来状态。振动一次所需时间为

$$T=\frac{2\pi}{\omega} \tag{12-9}$$

T 称为体系的自振周期，自振周期的倒数称为频率，记作 f

$$f=\frac{1}{T}=\frac{\omega}{2\pi} \tag{12-10}$$

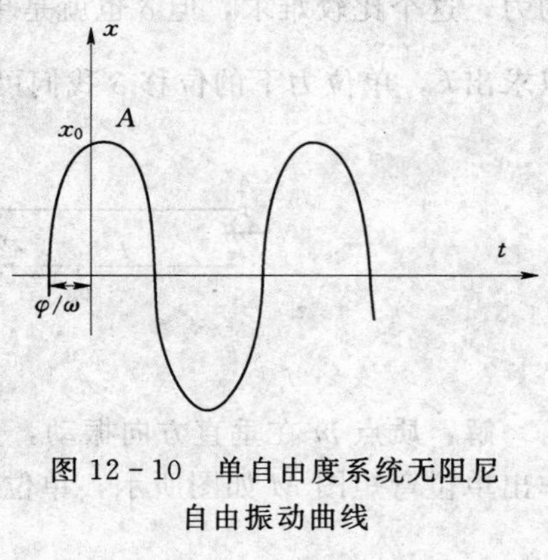

图 12－10　单自由度系统无阻尼自由振动曲线

【例 12－2】 试确定图 12－10 的自由振动频率；若在初始时刻给重物一个初速度 v_0，求其自由振动的振幅和初相角。

解： 该系统自由振动运动微分方程为

$$m\ddot{x}(t)+\frac{8EI}{l^3}x(t)=0$$

因 $\omega=\sqrt{\frac{k}{m}}=\sqrt{\frac{8EI}{ml^3}}$　其中初始条件为：$x(0)=0$，$\dot{x}(0)=v_0$

故振幅　　$A=\sqrt{x_0^2+\left(\frac{\dot{x}_0}{\omega}\right)^2}=\frac{\dot{x}_0}{\omega}=v_0\sqrt{\frac{ml^3}{8EI}}$　初相角 $\varphi=\arctan\frac{\omega x_0}{\dot{x}_0}=0$

【例 12-3】　图 12-11 所示 L 形平面刚架，抗弯刚度为 EI，求质量块 m 水平自由振动频率。

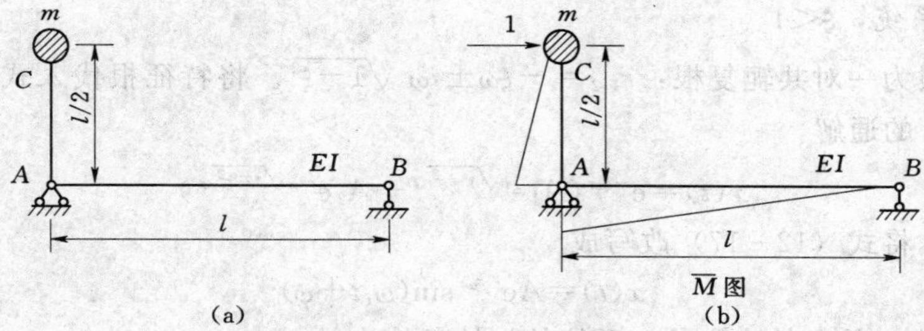

图 12-11　例 12-3 图

解：系统只有一个自由度，即质点的水平位移。在质量块上施加单位水平力，作出单位弯矩图如图 12-11（b）所示。

$$\delta=\frac{1}{EI}\sum\int\overline{M}^2\mathrm{d}s=\frac{1}{EI}\left(\frac{l^2}{4}+\frac{l^2}{8}\right)\times\frac{l}{3}=\frac{l^3}{8EI}$$

$$因\ k=\frac{1}{\delta}=\frac{8EI}{l^3}$$

$$故\ \omega=\sqrt{\frac{k}{m}}=\sqrt{\frac{8EI}{ml^3}}$$

结果同例题 12-1 的结果一样。

（二）单自由度系统有阻尼情况

在式（12-1）中令 $F(t)=0$，得到下面的有阻尼自由振动方程

$$m\ddot{x}(t)+c\dot{x}(t)+kx(t)=0 \tag{12-11}$$

将其改写成

$$\ddot{x}+2\xi\omega\dot{x}+\omega^2x=0 \tag{12-12}$$

式中　ω、ξ——体系的固有频率和阻尼比。

根据微分方程的求解理论，设

$$x=e^{rt} \tag{12-13}$$

r 为待定系数，将式（12-13）代入式（12-12）中，得特征方程

$$r^2+2\xi\omega r+\omega^2=0 \tag{12-14}$$

它的两个特征根为

$$\begin{cases}r_1=-\xi\omega+\omega\sqrt{\xi^2-1}\\ r_2=-\xi\omega-\omega\sqrt{\xi^2-1}\end{cases} \tag{12-15}$$

于是式（12-12）的解为

$$x(t)=C_1 e^{r_1 t}+C_2 e^{r_2 t} \tag{12-16}$$

$$r_{1,2}=(-\xi\pm\sqrt{\xi^2-1})\omega \tag{12-17}$$

对于不同的结构，阻尼比 ξ 是不同的，因而式（12-15）根号中的值有可能等于、小于或大于零。这就必须在以下的讨论中区分三种不同的阻尼大小来进行，即

（1）小阻尼系统，$\xi<1$。

（2）临界阻尼系统，$\xi=1$。

（3）大阻尼系统，$\xi>1$。

1. 小阻尼系统，$\xi<1$

此时特征根为一对共轭复根：$r_{1,2}=-\xi\omega\pm i\omega\sqrt{1-\xi^2}$。将特征根代入式（12-16），得到式（12-12）的通解

$$x(t)=e^{-\xi\omega t}(A_1 e^{i\sqrt{1-\xi^2}\omega t}+A_2 e^{-i\sqrt{1-\xi^2}\omega t}) \tag{12-18}$$

根据欧拉公式，将式（12-17）改写成

$$x(t)=Ae^{-\xi\omega t}\sin(\omega_1 t+\varphi) \tag{12-19}$$

式中 A 和 φ 是由初始条件决定的，系统的初始条件为

$$t=0\text{ 时},x(0)=x_0,\dot{x}(0)=\dot{x}_0 \tag{12-20}$$

$\omega_1=\sqrt{1-\xi^2}\omega$，称之为有阻尼自由振动的圆频率。将式（12-18）代入初始条件，求得 A 和 φ

$$\varphi=\arctan\frac{\omega_1 x_0}{\xi\omega x_0+\dot{x}_0}$$

$$A=\sqrt{x_0^2+\left(\frac{\xi\omega x_0+\dot{x}_0}{\omega_1}\right)^2} \tag{12-21}$$

式（12-18）表示衰减的简谐振动，其时程曲线如图12-12所示，可以看出，衰减振动的振幅按负指数函数的规律变化，周期 $T_1=\dfrac{2\pi}{\omega_1}$。

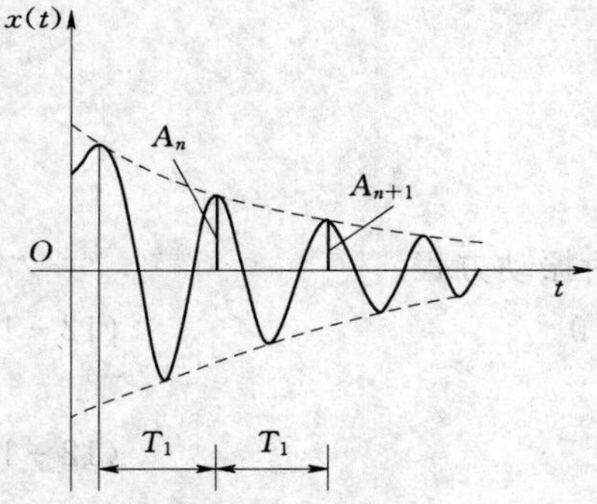

图 12-12　单自由度系统有阻尼自由振动曲线

若用 A_n 表示某一时刻 t_n 的振幅，A_{n+1} 表示经过一个周期 T_1 后的振幅，则有

$$\frac{A_n}{A_{n+1}}=\frac{Ae^{-\omega\xi t_n}}{Ae^{-\omega\xi(t_n+T_1)}}=e^{\omega\xi T_1} \tag{12-22}$$

可见经过一个周期 T_1 后，相邻两个振幅之比为一常数，也即振幅是按等比级数递减，并且 ξ 值越大，衰减速度越快。ξ 可根据式（12-22）来求出，具体做法如下：对式（12-22）两边取自然对数，在一般建筑结构中，ξ 是一个很小的数，约在 0.01～0.1 之间，$\omega_1=\sqrt{1-\xi^2}\cdot\omega$，故可见 ξ^2 的值与 1 相比很小，可以略去不计，$\omega_1\approx\omega$ 于是有

$$\delta=\ln\frac{A_n}{A_{n+1}}=\xi\omega T_1=\xi\omega\frac{2\pi}{\omega_1}\approx 2\pi\xi \tag{12-23}$$

则有

$$\xi=\frac{\delta}{2\pi} \tag{12-24}$$

式中　δ——对数衰减率，通常由实验方法来测定。

当ξ很小时，自由振动曲线衰减很慢，相邻的两个位移峰值相差不大，由于测量上的误差会导致结果不准。实际计算时常采用间隔m个周期的位移峰值之比来计算对数衰减率

$$\delta=\frac{1}{m}\ln\frac{A_n}{A_{n+m}} \tag{12-25}$$

当知道实测的振幅A_n，A_{n+1}，A_{n+m}时，便可根据式（12-23）、式（12-24）和式（12-25）来计算ξ。

【例 12-4】 某系统作自由衰减振动，由衰减曲线发现，经过5个周期振幅减至原来的一半，求系统的阻尼比ξ。

解： 由式（12-25）

$$\delta=\frac{1}{m}\ln\frac{A_n}{A_{n+m}}=\frac{1}{5}\ln2=2\pi\xi$$

$$\xi=\frac{1}{10\pi}\ln2=0.022$$

由于阻尼的存在，$\omega_1<\omega$，而且$T_1>T$，也就是说，阻尼使得自由振动的振动频率降低，图12-12是系统小阻尼自由振动衰减曲线。

2. 大阻尼系统，$\xi>1$

这时的特征根为两个实根

$$r_{1,2}=-\xi\omega\pm\omega\sqrt{\xi^2-1} \tag{12-26}$$

得到式（12-12）的通解

$$x(t)=e^{-\xi\omega t}\left(A_1e^{\sqrt{\xi^2-1}\omega t}+A_2e^{-\sqrt{\xi^2-1}\omega t}\right) \tag{12-27}$$

引入初始条件式（12-20），求出两个待定系数为

$$A_1=\frac{1}{2}\left(x_0+\frac{\dot{x}_0+\xi\omega x_0}{\omega\sqrt{\xi^2-1}}\right),A_2=\frac{1}{2}\left(x_0-\frac{\dot{x}_0+\xi\omega x_0}{\omega\sqrt{\xi^2-1}}\right) \tag{12-28}$$

将式（12-28）代入式（12-27），得到通解的最后结果如下

$$x(t)=e^{-\xi\omega t}\left(x_0\cosh\bar{\omega}t+\frac{\dot{x}_0+\xi\omega x_0}{\bar{\omega}}\sinh\bar{\omega}t\right) \tag{12-29}$$

式中$\bar{\omega}=\omega\sqrt{\xi^2-1}$，这是非周期函数，因此不会产生振动，结构受初始干扰偏离平衡位置后将缓慢地回复到原有位置，见图12-12。

3. 临界阻尼系统，$\xi=1$

此时的特征根是两个相同的实根，$r_1=r_2=-\omega$。得到式（12-12）的通解是

$$x(t)=(A_1+A_2t)e^{-\omega t} \tag{12-30}$$

引入初始条件式（12-20），求出两个待定系数为$A_1=x_0$，$A_2=\dot{x}_0+\omega x_0$代入式（12-30）得

$$x(t)=[x_0+(\dot{x}_0+\omega x_0)t]e^{-\omega t} \tag{12-31}$$

这也是非周期函数，故也不发生振动，见图12-13。这是由振动过渡到非振动状态之间的

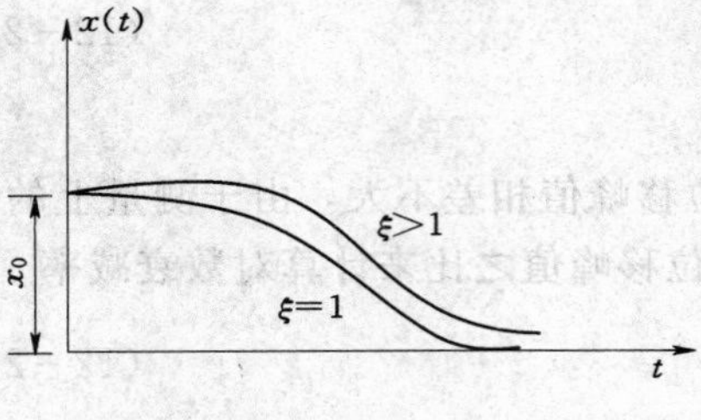

图 12－13　系统大阻尼、临界阻尼自由振动

线临界情况，此时阻尼比 $\xi=1$，相应的 c 值称为临界阻尼系数，用 c_{cr} 表示，见图 12－13。

$$\Theta \frac{c}{m}=2\xi\omega$$

$$c_{cr}=2m\omega$$

三、单自由度系统在简谐荷载作用下的振动分析

所谓简谐荷载就是按正弦或余弦变化的荷载，是最简单的周期荷载，在建筑结构中经常遇到简谐荷载，如具有转动部件的机械所产生的离心力就是一种简谐荷载。这一节我们研究单自由系统受简谐荷载的作用下的振动。

（一）无阻尼单自由度系统

设系统受简谐荷载 $F(t)=F\sin\theta t$ 的作用，则系统的运动方程为

$$m\ddot{x}(t)+kx(t)=F\sin\theta t \tag{12-32}$$

该微分方程的齐次解为

$$x_c(t)=A_1\cos\omega t+A_2\sin\omega t \tag{12-33}$$

设微分方程的特解为

$$x_F(t)=A\sin\theta t \tag{12-34}$$

将式（12－34）代入，解式（12－32）得

$$A=\frac{F}{m(\omega^2-\theta^2)}=\frac{F}{k}\frac{1}{1-v^2}=x_{st}\eta_d \tag{12-35}$$

$$v=\frac{\theta}{\omega}$$

$$x_{st}=\frac{F}{k}$$

$$\eta_d=\frac{1}{1-v^2}=\frac{1}{1-\left(\frac{\theta}{\omega}\right)^2}$$

式中　v——频率比，为简谐荷载的频率于与系统固有频率的比值；

x_{st}——静位移，即将荷载 F 静止地作用在体系上所产生的位移；

η_d——动力放大系数。

从式（12－35）可见 η_d 是频率比 $\frac{\theta}{\omega}$ 的函数，η_d 随频率比 $\frac{\theta}{\omega}$ 变化的曲线称为幅频响应曲线，见图 12－13。

因此特解为

$$x_F(t)=\frac{F}{m(\omega^2-\theta^2)}\sin\theta t \tag{12-36}$$

于是方程的通解为

$$x(t)=A_1\cos\omega t+A_2\sin\omega t+\frac{F}{m(\omega^2-\theta^2)}\sin\theta t \tag{12-37}$$

将初始条件 $x(0)=\dot{x}(0)=0$ 代入式（12－37）求出待定系数 A_1、A_2

$$A_1=0 \quad A_2=-A\frac{\theta}{\omega}=-\frac{F\theta}{m\omega(\omega^2-\theta^2)} \tag{12-38}$$

将 A_1、A_2 代入式（12-37），得

$$\begin{aligned}x(t)&=\frac{F}{m(\omega^2-\theta^2)}\sin\theta t-\frac{F\theta}{m\omega(\omega^2-\theta^2)}\sin\omega t\\&=\frac{F}{m(\omega^2-\theta^2)}\left(\sin\theta t-\frac{\theta}{\omega}\sin\omega t\right)\\&=A\left(\sin\theta t-\frac{\theta}{\omega}\sin\omega t\right)\end{aligned} \tag{12-39}$$

由式（12-39）看出，振动是由两部分所组成：第一部分按荷载频率 θ 振动，是纯粹的受迫振动，第二部分按自振频率 ω 振动，是自由振动，由于实际振动过程中多少总存在着阻尼力，因而自由振动部分将在振动开始后逐渐衰减而消失，故称之为瞬态响应，最后只剩下纯受迫振动部分，称之为稳态响应。我们把振动开始后两种振动同时存在的阶段称为过渡阶段，过渡阶段的长短取决于阻尼的大小。

【例 12-5】 如图 12-14 所示两跨的连续梁，右跨的中央安装了质量为 M 的马达，若马达的转速为 p(rad/s)，转子的偏心质量为 m，偏心距为 e 的梁的抗弯刚度为 EI，不考虑梁的自重，试求马达动位移的幅值。

解： 两跨连续梁为一次超静定问题，应用力法求出多余约束力，画弯矩图。求柔度系数，先画出图示的单位荷载弯矩图 M 和 $\overline{M}_1$，由力法可求出多余约束力为

$$X_1=\frac{\int M\cdot\overline{M}_1\,\mathrm{d}x}{\int\overline{M}_1^2\,\mathrm{d}x}=\frac{11}{16}$$

则原结构的最后单位弯矩图 $\overline{M}$ 为

$$\overline{M}=M+X_1\overline{M}_1$$

$\overline{M}$如图 12-14（d）所示。所以马达位置处作用单位力引起的位移，即柔度系数为

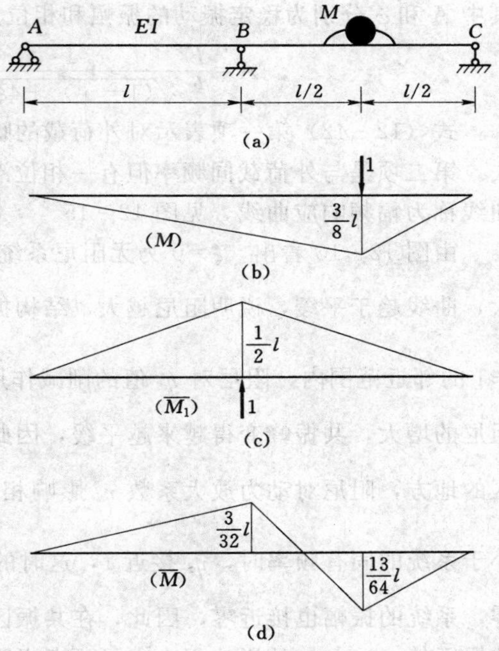

图 12-14　例 12-5 图

$$\delta=\frac{1}{EI}\int\overline{M}^2\,\mathrm{d}x=\frac{23l^3}{1536EI}$$

$$\omega=\sqrt{\frac{k}{m}}=\sqrt{\frac{1}{mk}}=8.17206\sqrt{\frac{EI}{ml^3}}$$

由于转子的偏心，马达在垂直方向产生简谐激振力，它所引起的静位移为

$x_{st}=\frac{mep^2}{k}=mep^2\delta=\frac{23l^3mep^2}{1536EI}$，而频率比 v 和动位移 y_d 为 $v=\frac{p}{\omega}=0.12237p\sqrt{\frac{ml^3}{EI}}$；$y_d=\eta_d x_{st}=\frac{1}{1-v^2}x_{st}$ 将具体数值代入，便可以求出结果。

（二）有阻尼单自由度系统

有阻尼系统的运动微分方程为

$$m\ddot{x}(t)+c\dot{x}(t)+kx(t)=F\sin\theta t \tag{12-40}$$

将（12－40）改写为

$$\ddot{x}(t)+2\xi\omega\dot{x}(t)+\omega^2 x(t)=f\sin\theta t \tag{12-41}$$

$$f=\frac{F}{m}$$

式中 f——等效的荷载加速度。

同样方程（12－40）的解也由齐次解和特解两部分组成。

解运动微分方程式（12－41），得其全解为

$$x(t)=e^{-\xi\omega t}(C_1\cos\omega_1 t+C_2\sin\omega_1 t)+A\sin(\theta t-\varphi) \tag{12-42}$$

其中待定系数 C_1、C_2 由初始条件确定。

$$C_1=\frac{F}{k}\frac{-2\xi v}{(1-v^2)^2+4\xi^2 v^2}\quad C_2=\frac{F}{k}\frac{1-v^2}{(1-v^2)^2+4\xi^2 v^2} \tag{12-43}$$

其中 A 和 φ 分别为稳定振动的振幅和相位角，有

$$A=\frac{F}{k}\frac{1}{\sqrt{(1-v^2)^2+4\xi^2 v^2}}=\eta_d x_{st}\quad \varphi=\arctan\frac{2\xi v}{1-v^2} \tag{12-44}$$

式（12－42）第一项表示对外荷载的瞬态响应，由于阻尼的存在，这一项很快衰减而消失，第二项是与外荷载同频率但有一相位滞后的稳态简谐响应。η_d 随频率比 ν 的变化的变化曲线称为幅频响应曲线，见图 12－15。

由图 12－15 看出，$\xi=0$ 为无阻尼系统振动；在 $0\leqslant\xi\leqslant1$ 范围内，随着阻尼比 ξ 值的增大，曲线趋于平缓，说明阻尼越大，结构振幅减少越多；同时，振幅又随$\frac{\theta}{\omega}$值而变化，在$\frac{\theta}{\omega}\approx1$ 的邻近范围内，阻尼对 η_d 值的削减作用特别显著，因为$\frac{\theta}{\omega}\approx1$ 附近两侧为共振区，随着阻尼的增大，共振峰变得越来越平缓，因此阻尼对抑制共振峰起着决定性作用，在远离共振区的地方，阻尼对动力放大系数 η_d 影响相对比较小；当$\frac{\theta}{\omega}$很小时，也就是外荷载的频率远小于系统的固有频率时，η_d 接近 1，这时的外荷载可作为静荷载处理；当$\frac{\theta}{\omega}$很大时，η_d 接近零，系统的振幅也接近零，因此，在共振区内，阻尼因素对动力反应的影响必须考虑，而在共振区外，ξ 对 η_d 的影响不大，可不考虑阻尼影响以简化计算。

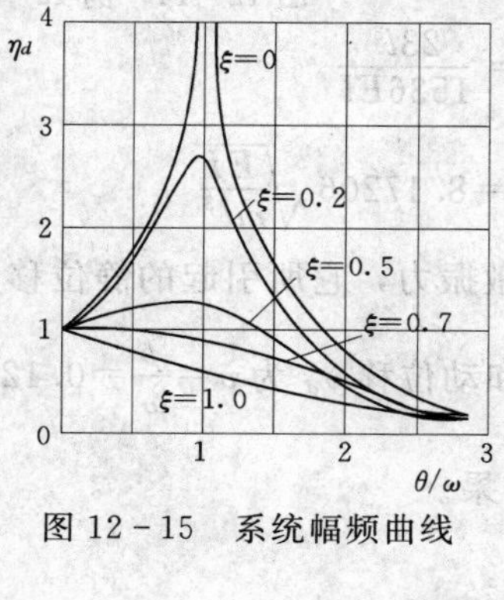

图 12－15 系统幅频曲线

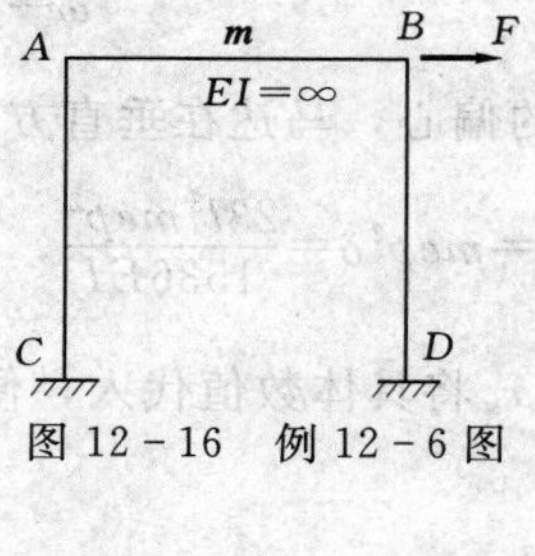

图 12－16 例 12－6 图

【例 12-6】 图 12-16 为一建筑物的计算简图。设横梁的 $EI=\infty$，屋盖系统的质量和柱子的质量均集中在横梁处，总质量为 m。现在刚性横梁处加一水平力 $F_p=19.6\text{kN}$，测得侧移 $A_0=0.8\text{cm}$，然后突然卸去荷载使结构发生水平自由振动。此时，测得周期 $T_1=1.50\text{s}$ 及一个周期后刚架的侧移为 $A_1=0.6\text{cm}$。试求刚架的阻尼比 ξ 和阻尼系数 C。

解： 先算出振幅的对数递减率

$$\delta=\ln\frac{A_o}{A_1}=\ln\frac{0.8}{0.6}=0.288$$

然后有

$$\xi=\frac{\delta}{2\pi}=\frac{0.288}{2\pi}=0.0458$$

又因

$$\omega_1=\frac{2\pi}{T_1}=\frac{2\pi}{1.5}=4.189(\text{s}^{-1})$$

故有

$$\omega\approx\omega_1=4.189\text{s}^{-1}$$

$$k_{11}=\frac{F_P}{A_0}=\frac{19.6\times10^3}{0.008}=245\times10^4(\text{N/m})$$

再由 $k_{11}=m\omega^2$，可算出

$$m=\frac{k_{11}}{\omega^2}=\frac{245\times10^4}{(4.189)^2}=139619(\text{kg})$$

故算得阻尼系数

$$c=\xi\cdot2m\omega=0.0458\times2\times139619\times4.189=53573(\text{N}\cdot\text{s/m})$$

第四节　多自由度体系的振动分析

第十一章介绍了单自由度系统的振动特点和基本分析方法，在实际工程中，很多问题可以简化为单自由度体系计算。但也有很多结构的振动问题不宜简化为单自由度体系计算，如多层房屋的侧向振动、不等高排架的振动、柔性较大的高耸结构在地震作用下的振动等，都应按多自由度体系来计算。所谓多自由度体系是指两个自由度以上的体系。先研究两个自由度体系的自由振动，由于双自由度体系和多自由度体系的振动特点十分相似，研究方法也基本相同，所以在双自由度的基础上再研究多自由度体系的振动。由于阻尼对自振频率的影响很小，在计算结构的动力反应时也常常在不考虑阻尼的情况下进行，因此，在研究中将略去阻尼的影响。

一、双自由度系统的振动

如果确定一个振动系统位置的独立参数只有两个，则称这样的系统为双自由度系统。双自由度体系是多自由度体系的最简单情况，能清楚地反映多自由度体系的特征。本节先介绍双自由度系统的振动。

（一）运动方程的建立

如图 12-17（a）所示的双自由度系统，采用直接平衡法建立系统的运动方程，如图 12-17（b）所示，取质量块 m_1、m_2 进行受力分析，然后由平衡条件列方程

$$\begin{cases}m_1\ddot{x}_1+c_1\dot{x}_1-c_2(\dot{x}_2-\dot{x}_1)+k_1x_1-k_2(x_2-x_1)=F_1(t)\\ m_2\ddot{x}_2+c_2(\dot{x}_2-\dot{x}_1)-c_3\dot{x}_2+k_2(x_2-x_1)-k_3x_2=F_2(t)\end{cases}\tag{12-45}$$

将式（12-45）用矩阵形式表示

$$\begin{bmatrix} m_1 & 0 \\ 0 & m_2 \end{bmatrix}\begin{Bmatrix} \ddot{x}_1 \\ \ddot{x}_2 \end{Bmatrix}+\begin{bmatrix} c_1+c_2 & -c_2 \\ -c_2 & c_2+c_3 \end{bmatrix}\begin{Bmatrix} \dot{x}_1 \\ \dot{x}_2 \end{Bmatrix}+\begin{bmatrix} k_1+k_2 & -k_2 \\ -k_2 & k_2+k_3 \end{bmatrix}\begin{Bmatrix} x_1 \\ x_2 \end{Bmatrix}=\begin{Bmatrix} F_1(t) \\ F_2(t) \end{Bmatrix} \tag{12-46}$$

将式（12-46）简写为

$$M\ddot{x}+C\dot{x}+Kx=F(t) \tag{12-47}$$

式中　M——质量矩阵；

C——阻尼矩阵；

K——刚度。

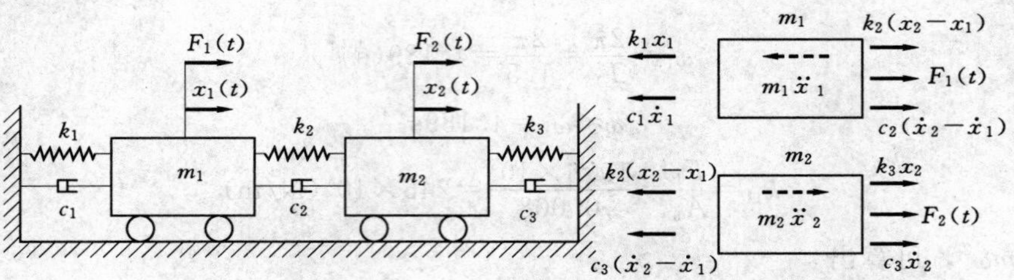

图 12-17　双自由度系统受迫振动

双自由度体系的运动方程的一般形式为

$$\begin{bmatrix} m_{11} & m_{12} \\ m_{21} & m_{22} \end{bmatrix}\begin{Bmatrix} \ddot{x}_1 \\ \ddot{x}_2 \end{Bmatrix}+\begin{bmatrix} c_{11} & c_{12} \\ c_{21} & c_{22} \end{bmatrix}\begin{Bmatrix} \dot{x}_1 \\ \dot{x}_2 \end{Bmatrix}+\begin{bmatrix} k_{11} & k_{12} \\ k_{21} & k_{22} \end{bmatrix}\begin{Bmatrix} x_1 \\ x_2 \end{Bmatrix}=\begin{Bmatrix} F_1(t) \\ F_2(t) \end{Bmatrix} \tag{12-48}$$

要建立体系的运动方程，就是要确定质量矩阵 M、阻尼矩阵 C、刚度矩阵 K，后面会讲到它们的确定方法。

（二）双自由度体系无阻尼自由振动

其运动微分方程的一般形式为

$$\begin{bmatrix} m_{11} & m_{12} \\ m_{21} & m_{22} \end{bmatrix}\begin{Bmatrix} \ddot{x}_1 \\ \ddot{x}_2 \end{Bmatrix}+\begin{bmatrix} k_{11} & k_{12} \\ k_{21} & k_{22} \end{bmatrix}\begin{Bmatrix} x_1 \\ x_2 \end{Bmatrix}=0 \tag{12-49}$$

由数学方法解得其通解为 $\ddot{x}_2$

$$\begin{cases} x_1=A_1\sin(\omega t+\varphi) \\ x_2=A_2\sin(\omega t+\varphi) \end{cases} \tag{12-50}$$

式中　A_1、A_2——两个质量块各自的振幅；

ω——两个质量块自由振动的频率；

φ——初相角，接下来我们研究自振频率 ω 和振幅 A_1、A_2。

将式（12-50）代入微分方程（12-49），得到关于 A_1、A_2 的齐次方程组

$$\begin{bmatrix} k_{11}-\omega^2 m_{11} & k_{12}-\omega^2 m_{12} \\ k_{21}-\omega^2 m_{21} & k_{22}-\omega^2 m_{22} \end{bmatrix}\begin{Bmatrix} A_1 \\ A_2 \end{Bmatrix}=0 \tag{12-51}$$

若要 A_1、A_2 有不全为零的解，则系数行列式应等于零，即

$$\begin{vmatrix} k_{11}-\omega^2 m_{11} & k_{12}-\omega^2 m_{12} \\ k_{21}-\omega^2 m_{21} & k_{22}-\omega^2 m_{22} \end{vmatrix}=0 \tag{12-52}$$

通过此方程，可以解出 ω 的两个正的实根 ω_1、ω_2，即系统的两个自振频率。式（12-52）

为频率方程或特征方程，通常将系统的自振频率根据其数值按由小到大的顺序排列，分别称为第一阶固有频率、第二阶固有频率。将求出的 ω_1、ω_2 代入式（12-51），因为此时系数矩阵是奇异的，所以我们无法求出 A_1、A_2 的具体值，但根据其中的一个方程能得到 A_1、A_2 的比值关系，这个比值关系确定了系统作自由振动的固有模式，我们称之为振动模态。与 ω_1 相对应的是 $A_1^{(1)}A_2^{(1)}$，与 ω_2 相对应的是 $A_1^{(2)}A_2^{(2)}$，由式（12-51）得出

$$\begin{cases}\dfrac{A_2^{(1)}}{A_1^{(1)}}=-\dfrac{k_{11}-\omega_1^2m_{11}}{k_{12}-\omega_1^2m_{12}}=-\dfrac{k_{21}-\omega_1^2m_{21}}{k_{22}-\omega_1^2m_{22}}\\[2ex]\dfrac{A_2^{(2)}}{A_1^{(2)}}=-\dfrac{k_{11}-\omega_2^2m_{11}}{k_{12}-\omega_2^2m_{12}}=-\dfrac{k_{21}-\omega_2^2m_{21}}{k_{22}-\omega_2^2m_{22}}\end{cases}\tag{12-53}$$

由上式可以看出振型只与系统本身的性质 m_1、m_2、k_{11}、k_{12}、k_{21}、k_{22} 等有关，是系统的力学性质。

【例 12-7】 试求图 12-18（a）所示两个自由度的等截面梁的自振频率，并确定其主振型。

解： 图示结构有两个自由度，为求柔度系数，先作出结构在单位荷载作用下的弯矩图［图 12-18（b）、（c）］，再由图乘法可得柔度系数。

$$\delta_{11}=\delta_{22}=\frac{3l^3}{32EI}\quad \delta_{12}=\delta_{21}=\frac{7l^3}{96EI}$$

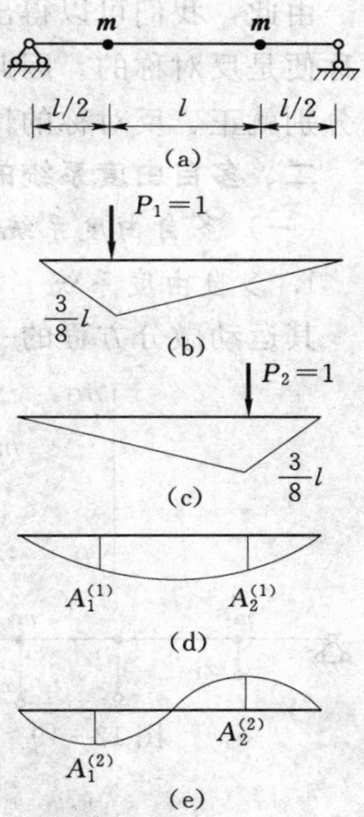

图 12-18　例 12-7 图

柔度矩阵为

$$\begin{bmatrix}\delta_{11} & \delta_{12}\\ \delta_{21} & \delta_{22}\end{bmatrix}=\begin{bmatrix}\dfrac{3l^3}{32EI} & \dfrac{7l^3}{96EI}\\[2ex] \dfrac{7l^3}{96EI} & \dfrac{3l^3}{32EI}\end{bmatrix}$$

刚度矩阵为

$$[K]=[\delta]^{-1}=\begin{bmatrix}\dfrac{3l^3}{32EI} & \dfrac{7l^3}{96EI}\\[2ex] \dfrac{7l^3}{96EI} & \dfrac{3l^3}{32EI}\end{bmatrix}^{-1}=\begin{bmatrix}\dfrac{27EI}{l^3} & -\dfrac{21EI}{l^3}\\[2ex] -\dfrac{21EI}{l^3} & \dfrac{27EI}{l^3}\end{bmatrix}$$

将此体系的运动方程写出来

$$\begin{bmatrix}m & 0\\ 0 & m\end{bmatrix}\begin{Bmatrix}\ddot{x}_1\\ \ddot{x}_2\end{Bmatrix}+\begin{bmatrix}\dfrac{27EI}{l^3} & -\dfrac{21EI}{l^3}\\[2ex] -\dfrac{21EI}{l^3} & \dfrac{27EI}{l^3}\end{bmatrix}\begin{Bmatrix}x_1\\ x_2\end{Bmatrix}=\begin{Bmatrix}0\\ 0\end{Bmatrix}$$

特征方程为

$$\begin{bmatrix}k_{11}-\omega^2m_{11} & k_{12}-\omega^2m_{12}\\ k_{21}-\omega^2m_{21} & k_{22}-\omega^2m_{22}\end{bmatrix}=\begin{bmatrix}\dfrac{27EI}{l^3}-\omega^2m & -\dfrac{21EI}{l^3}\\[2ex] -\dfrac{21EI}{l^3} & \dfrac{27EI}{l^3}-\omega^2m\end{bmatrix}=0$$

由此解得

$$\omega_1=\sqrt{\frac{6EI}{ml^3}}=2.45\sqrt{\frac{EI}{ml^3}}；\ \omega_2=\sqrt{\frac{48EI}{ml^3}}=6.93\sqrt{\frac{EI}{ml^3}}$$

由式（12-53）求得第一振型为

$$\frac{A_2^{(1)}}{A_1^{(1)}}=-\frac{k_{11}-\omega_1^2 m_{11}}{k_{12}-\omega_1^2 m_{12}}=-\frac{k_{11}-\omega_1^2 m}{k_{12}}=-\frac{\frac{27EI}{l^3}-\frac{6EI}{ml^3}\cdot m}{-\frac{21EI}{l^3}}=1$$

这一结果表明：图示结构按第一频率振动时，两质点的位移始终保持着同向且相等的关系，振型为正对称，如图 12-18（d）所示。

同理，第二振型可由式（12-53）求出为

$$\frac{A_2^{(2)}}{A_1^{(2)}}=-\frac{k_{11}-\omega_2^2 m_{11}}{k_{12}-\omega_2^2 m_{12}}=-\frac{k_{11}-\omega_2^2 m}{k_{12}}=-\frac{\frac{27EI}{l^3}-\frac{48EI}{ml^3}\cdot m}{-\frac{21EI}{l^3}}=-1$$

这一结果又表明：结构按第二频率振动时，两质点的位移为等值而反向的关系，振型形状为反对称，如图 12-18（e）所示。

由此，我们可以得出以下结论：若结构的刚度和质量分布都为对称，则其主振型不是正对称便是反对称的。因此，在结构刚度和质量分布都对称的情况下求自振频率时，我们也可以分别就正、反对称的情况取一半结构来进行计算，这样就使计算过程得到简化。

二、多自由度系统的自由振动

（一）多自由度系统运动微分方程的建立

1. 多自由度系统

其运动微分方程的一般形式为

$$\begin{bmatrix} m_1 & \cdots & & 0 \\ \vdots & m_2 & & \\ & & O & \\ 0 & \cdots & & m_n \end{bmatrix}\begin{Bmatrix} \ddot{x}_1 \\ \ddot{x}_2 \\ \vdots \\ \ddot{x}_n \end{Bmatrix}+\begin{bmatrix} k_{11} & k_{12} & \cdots & k_{1n} \\ k_{21} & k_{22} & \cdots & k_{2n} \\ \cdots & & & \\ k_{n1} & k_{n2} & \cdots & k_{nn} \end{bmatrix}\begin{Bmatrix} x_1 \\ x_2 \\ \vdots \\ x_n \end{Bmatrix}=\begin{Bmatrix} 0 \\ 0 \\ \vdots \\ 0 \end{Bmatrix} \tag{12-54}$$

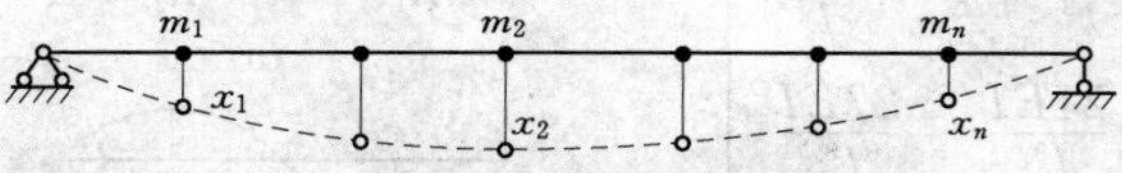

图 12-19　多自由度系统

解运动微分方程，所有质点都按同一频率同一相位作同步简谐振动，故其特解取如下形式

$$x_i=A_i\sin(\omega t+\varphi)\quad(i=1,2,\cdots,n) \tag{12-55}$$

式中　A_i——振幅；

ω——体系固有频率；

φ——相位角。

将式（12-54）代入式（12-55）中得

$$(K-\omega^2 M)A=0 \tag{12-56}$$

则多自由度系统的特征方程为

$$|K-\omega^2 M|=0 \tag{12-57}$$

2. 固有频率和振型

通过特征方程式（12-57）可以把 ω_1，ω_2，…，ω_n 求出来，ω_1，ω_2，…，ω_n 为各个质点的 n 个自振频率。现把这些 ω 值按由小到大的次序依次进行排列，分别称其为结构的第 1，第 2，…，第 n 频率，而 ω_1，ω_2，…，ω_n 的全体则称为结构自振的频谱。然后再把 ω_1，

ω_2，…，ω_n 依次代入式（12-56）中，将解出的 n 个自振频率中的任一个 ω_k 代入式（12-55），即得一个特解

$$x_i^{(k)}=A_i^{(k)}\sin(\omega_k t+\varphi_k)\quad(i=1,2,\cdots,n)\tag{12-58}$$

对于不同的质点，有下面的位移表达式

$$\begin{aligned}x_1^{(k)}&=A_1^{(k)}\sin(\omega_k t+\varphi_k)\\x_2^{(k)}&=A_2^{(k)}\sin(\omega_k t+\varphi_k)\\&\cdots\\x_i^{(k)}&=A_i^{(k)}\sin(\omega_k t+\varphi_k)\\&\cdots\\x_n^{(k)}&=A_n^{(k)}\sin(\omega_k t+\varphi_k)\end{aligned}$$

由上列位移式可见，此时，各质点均按同一频率 ω_k 作同步简谐振动，但是，各质点同在任一时刻其位移的相互比值

$$x_1^{(k)}:x_2^{(k)}:\cdots:x_n^{(k)}=A_1^{(k)}:A_2^{(k)}:\cdots:A_n^{(k)}$$

是一组恒定值，不随时间而变化。由此可见结构的振动在任何时刻都保持相同走势，整个结构振动时就像一个单自由度结构一样。当取另一不同的 ω_k 值时，以上比值又为另一组恒定值。在多自由度结构中，称其按任一自振频率 ω_k 进行的简谐振动为一个主振动，称与其对应的振动形式（即振动时质点的位移比值恒为某一组常数这一形态）为主振型，简称振型。一个自由度为 n 的结构可分解为 n 个主振动，有 n 个自振频率和 n 个振型。

下面来求振幅 A，将解出的一个 ω_k 代入式（12-56）

有

$$\left.\begin{aligned}(k_{11}-\omega_k^2m_1)A_1^{(k)}+k_{12}A_2^{(k)}+\cdots+k_{1n}A_n^{(k)}=0\\k_{21}A_1^{(k)}+(k_{22}-\omega_k^2m_2)A_2^{(k)}+\cdots+k_{2n}A_n^{(k)}=0\\\cdots\qquad\qquad\\k_{n1}A_1^{(k)}+k_{n2}A_2^{(k)}+\cdots+(k_{nn}-\omega_k^2m_n)A_n^{(k)}=0\end{aligned}\right\}(k=1,2\cdots,n)\tag{12-59}$$

由于式（12-59）的系数行列式为零，因此不能求得 $A_1^{(k)}$、$A_2^{(k)}$、…、$A_n^{(k)}$ 的确定值，不过式（12-59）的 n 个方程中有（n-1）个是独立的，所以，我们可以确定各质点振幅间的相对比值，因此也就确定了振型。据前所述，若我们令第一个元素 $A_1^{(k)}=1$，便可求出其余各元素的值，这样求得的振型向量称为规准化振型向量。

所以，一个结构有 n 个自由度，便有 n 个自振频率，相应地便有 n 个主振动和主振型。如前所述，自振频率和振型只取决于结构的质量分布和刚度系数，它们反映结构本身固有的力学特性。在多自由度结构的动力计算中，确定自振频率及振型是最重要的工作。

第五节 计算频率的近似方法

前面所述计算结构自振频率的方法是精确方法。而如果结构的自由度数目较多，则进行精确计算的工作量很大，比较麻烦。但是，考虑到在不少工程实际问题中，由于频率越高，振动速度也就越大，故此介质阻尼的影响也就越大，因而高频率的振动形式难以出现，所以，从实用的要求来说，仅仅计算结构前面几个较低的自振频率也就足够了。故在实际应用中，我们感兴趣于近似地计算结构较低频率的方法。下面介绍最常用的近似计算方法。

一、用瑞雷法求基本频率

瑞雷法也称能量法，是一个适宜于计算体系基本频率的近似方法。当系统作无阻尼自由振动时，系统没有输入能量，系统本身也不耗散能量，系统在整个运动过程中的总能量守恒，即体系的动能与变形势能之和应保持不变。当振动质量到达离平衡位置最远的瞬间，偏移最大而速度为零，此时体系的变形势能具有最大值 U_{max}，而动能 T 等于零。当振动质量通过平衡位置的瞬间，速度最大而偏移为零，此时体系的动能具有最大值 T_{max} 而变形势能 U 等于零。既然在每一时刻的总能量保持不变，那么，在上述两个极端时刻的总能量应该相等，从而下式成立

$$U_{max}=T_{max}$$

现由此等式建立确定频率的方程。

（一）单自由度系统的固有频率

单自由度系统自由振动的解为

$$x=A\sin(\omega t+\varphi)$$

系统的动能和势能

$$\begin{cases}T=\dfrac{1}{2}m\dot{x}^2=\dfrac{1}{2}mA^2\omega^2\cos^2(\omega t+\varphi)\\ U=\dfrac{1}{2}kx^2=\dfrac{1}{2}kA^2\sin^2(\omega t+\varphi)\end{cases}$$

系统最大的动能和势能为

$$T_{max}=\frac{1}{2}mA^2\omega^2\quad U_{max}=\frac{1}{2}kA^2$$

根据能量守恒原理，应该有 $U_{max}=T_{max}$，于是

$$\frac{1}{2}mA^2\omega^2=\frac{1}{2}kA^2$$

$$\omega=\sqrt{\frac{k}{m}}$$

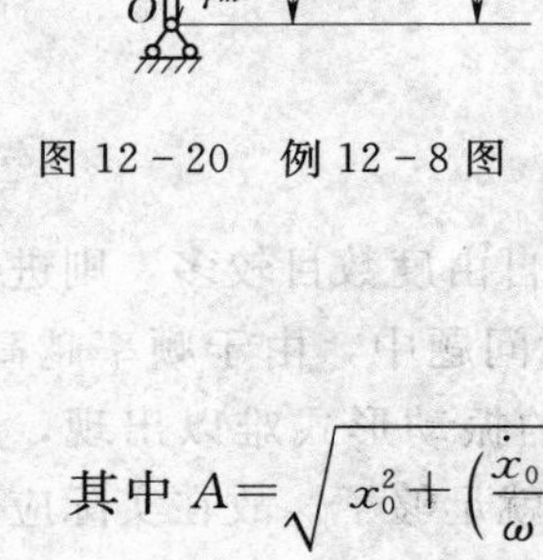

图 12-20　例 12-8 图

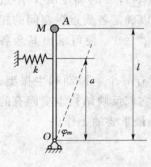

【例 12-8】 如图 12-20 所示的倒摆，由一根长为 l 的刚杆 OA 与其端点固定的一个质量为 M 的球组成，并借助一根柔性弹簧支承在铅垂位置。略去杆和弹簧的质量，试确定该摆在铅垂平面内作微小旋转振动时的固有频率 ω。

解： 令 φ_m 为简谐运动的振幅，弹簧的变形量近似为 $a\varphi_m$，球的重心降低了 $\Delta=l(1-\cos\varphi_m)\approx\frac{1}{2}l\varphi_m^2$，因此系统势能为

$$U=\frac{1}{2}ka^2\varphi_m^2-2Mgl\sin^2\frac{\varphi_m}{2}$$

$$U_{max}=\frac{1}{2}ka^2\varphi_m^2-\frac{1}{2}Mgl\varphi_m^2$$

$$x=A\sin(\omega t+\varphi)\qquad \dot{x}=A\omega\cos(\omega t+\varphi)$$

其中 $A=\sqrt{x_0^2+\left(\dfrac{\dot{x}_0}{\omega}\right)^2}$　$x_0=l\varphi_m\ \dot{x}_0=0$

$$T=\frac{1}{2}Ml^2\varphi_m^2\omega^2\cos^2(\omega t+\varphi)$$

$$T_{\max}=\frac{1}{2}Ml^2\varphi_m^2\omega^2$$

由 $U_{\max}=T_{\max}$ 得 $\omega=\sqrt{\frac{g}{l}\left(\frac{ka^2}{Mgl}-1\right)}$

（二）无限自由度系统的固有频率

现以梁为例，设其分布质量为 $m(x)$，可写出该弹性体系的振动方程为

$$y(x,t)=y(x)\sin(\omega t+\varphi)$$

其相应的速度方程为

$$v=\dot{y}(x,t)=\omega\cdot y(x)\cos(\omega t+\varphi)$$

其应变能的数值为

$$U=\frac{1}{2EI}\int_0^l M^2\mathrm{d}x=\frac{EI}{2}\int_0^l[y''(x,t)]^2\mathrm{d}x=\frac{EI}{2}\sin^2(\omega t+\varphi)\int_0^l[y''(x)]^2\mathrm{d}x$$

而当 $\sin(\omega t+\varphi)=1$ 时，该瞬间应变能有最大值为

$$U_{\max}=\frac{EI}{2}\int_0^l[y''(x)]^2\mathrm{d}x$$

梁的动能值表达式为

$$T=\frac{1}{2}\int_0^l m(x)v^2\mathrm{d}x=\frac{1}{2}\omega^2\cos^2(\omega t+\varphi)\int_0^l m(x)y^2(x)\mathrm{d}x$$

而最大动能发生于当 $\cos(\omega t+\varphi)=1$ 时，此时有

$$T_{\max}=\frac{1}{2}\omega^2\int_0^l m(x)y^2(x)\mathrm{d}x$$

由 $T_{\max}=U_{\max}$，可解出

$$\omega^2=EI\frac{\int_0^l[y''(x)]^2\mathrm{d}x}{\int_0^l m(x)y^2(x)\mathrm{d}x} \tag{12-60}$$

（三）多自由度系统的固有频率

参考式（12-60），如果体系上只有 n 个集中质量而不计分布质量时，则类似地应有

$$\omega^2=EI\frac{\int_0^l[y''(x)]^2\mathrm{d}x}{\sum_{i=1}^{n}m_iy_i^2} \tag{12-61}$$

（四）无限自由度＋多自由度系统的固有频率

如果体系上除分布质量 $m(x)$ 外，还有 n 个集中质量 m_i，则可导出 ω^2 应为下面形式

$$\omega^2=EI\frac{\int_0^l[y''(x)]^2\mathrm{d}x}{\int_0^l m(x)y^2(x)\mathrm{d}x+\sum_{i=1}^{n}m_iy_i^2} \tag{12-62}$$

在计算时，首先必须知道振幅曲线 $y(x)$，而精确的 $y(x)$ 往往事先是并不知道的，因此，必须先假定一个 $y^*(x)$ 来进行计算，因而所得的计算结果就会和精确值有一定偏差，即具有一定的近似性。若假设的曲线恰好与第一振型吻合，则求出的是第一频率的精确值；

若恰好与第二振型吻合，则求出的是第二频率的精确值，等等。但是在一般情况下，本法求的是第一频率的近似值。另外应该指出的是，$y^*(x)$ 本应是假设的振幅曲线，但是用本法计算时，它实际上被假设的振型曲线所代替。

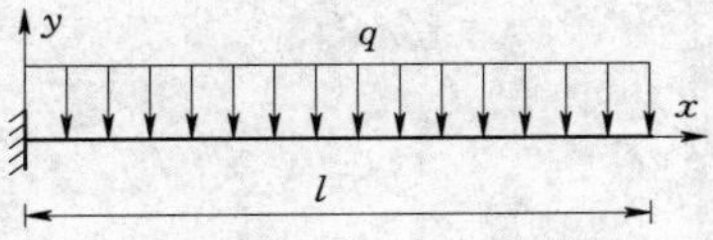

图 12－21　例 12－9 图

【例题 12－9】 试用能量法计算图 12－21 所示悬臂梁的自振频率，设梁的 EI 为常数。

解： 取梁在自重 q 作用下的弹性曲线（根据材料力学计算结果）作为振幅曲线，一般情况下，这样的选取会和实际振幅曲线比较接近。即令

$$y^*(x)=\frac{q}{2EI}\left(\frac{l^2x^2}{2}-\frac{lx^3}{3}+\frac{x^4}{12}\right)$$

$$\ddot{y}^*(x)=\frac{q}{2EI}(l^2-2lx+x^2)$$

$$\omega^2=EI\frac{\int_0^l[\ddot{y}^*(x)]^2\mathrm{d}x}{\int_0^l m(x)[y^*(x)]^2\mathrm{d}x}=\frac{EIg\int_0^l(l^2-2lx+x^2)^2dx}{q\int_0^l\left(\frac{l^2x^2}{2}-\frac{lx^3}{3}+\frac{x^4}{12}\right)^2\mathrm{d}x}=\frac{12.46EIg}{ql^4}$$

故

$$\omega=\frac{3.53}{l^2}\sqrt{\frac{EI}{m}}$$

再设定另一个振幅曲线求出结果以作比较，现设

$$y^*(x)=f\left(1-\cos\frac{\pi x}{2l}\right)$$

此时 $\ddot{y}^*(x)=f\frac{\pi^2}{4l^2}\cos\frac{\pi x}{2l}$

故有

$$\omega^2=EI\frac{\int_0^l[\ddot{y}^*(x)]^2\mathrm{d}x}{\int_0^l m[y^*(x)]^2\mathrm{d}x}=13.53\frac{EIg}{ql^4}$$

$$\omega=\frac{3.68}{l^2}\sqrt{\frac{EI}{m}}$$

而本题的精确解为

$$\omega=\frac{3.515}{l^2}\sqrt{\frac{EI}{m}}$$

本例的两种近似计算结果与精确值比较，结果都非常接近。第一种方法由于假设的振幅曲线更接近于实际曲线，因此计算结果更接近于精确值。由此可见，用能量法求基本频率能得到较好的结果。

可以证明，按假定的振型曲线求得的频率都大于实际的基本频率。其原因是用选定的曲线去代替实际的振型曲线时，等同于在体系上增加了某种附加约束，即相当于增大了体系的刚度，所以会使频率增大。

二、集中质量法

这种方法是将体系的分布质量集中于若干点上，根据静力等效原则，使集中后的质点重力与原来的分布质量的重力互为静力等效，也就是使它们各自的合力仍保持相等。这样使原体系无限自由度化为有限自由度的问题。其计算精度与集中质量数目的多少有关，集中质量

数目越多求得的结果精度越高，但计算工作量越大。

对于多自由度体系或无限自由度体系，采用集中质量法求其基本频率在实用上也很方便。此法是用一个单自由度体系来代替原体系，作用在单自由度体系上的质量 m 就称为等效集中质量。确定等效集中质量依据的原则是：等效体系振动时的动能应等于原体系的动能。显然，等效集中质量 m 所在位置不同，它的大小也将有所不同。通常是把等效集中质量放在最大位移处。下面导出其计算公式。

设具有分布质量 $\overline{m}(x)$ 的杆件按第一振型作振动，其位移为

$$y(x,t)=y(x)A(t)$$

则振动时其动能为

$$T=\int_0^l \frac{1}{2}\overline{m}(x)[\dot{y}(x,t)]^2\mathrm{d}x=\frac{1}{2}[\dot{A}(t)]^2\int_0^l \overline{m}(x)y^2(x)\mathrm{d}x$$

现以 m 表示此杆件的等效集中质量，$y_kA(t)$ 表示等效集中质量 m 所在处 k 点的位移，则等效体系的动能为

$$T^*=\frac{1}{2}my_k^2[\dot{A}(t)]^2$$

令 $T=T^*$，则得等效集中质量 m 的计算公式为

$$m=\int_0^l \overline{m}(x)\left[\frac{y(x)}{y_k}\right]^2\mathrm{d}x \tag{12-63}$$

如同在能量法中一样，精确的振型曲线 $y(x)$ 是未知的。因此，需选取满足边界条件并与第一振型相近的曲线作为振型曲线来进行计算，由于振动形式是完全任意假设的，故具体计算时，可多选几种假设的振型曲线以作比较。在求出 m 后，则基本频率就可按公式 $\omega=\sqrt{\frac{1}{\delta_{11}m}}$来算出。

【例题 12-10】 试用集中质量法计算简支梁在均布荷载 q 作用下的最小自振频率。

解：设将等效集中质量作用在梁的中点，下面试选用两种不同的振动曲线，分别计算并加以比较。

假定振动时梁轴挠曲形式为 $y(x,t)=y(x)A(t)$

(1) 设
$$y(x)=f\sin\frac{\pi x}{l}$$

则有
$$y_k=f$$

故
$$\frac{y(x)}{y_k}=\sin\frac{\pi x}{l}$$

以此代入式（12-63）得

$$m=\int_0^l \overline{m}\left[\frac{y(x)}{y_k}\right]^2\mathrm{d}x=\frac{\overline{m}l}{2}$$

又因为
$$\delta_{11}=\frac{l^3}{48EI}$$

故第一频率为

$$\omega=\sqrt{\frac{1}{\delta_{11}m}}=\sqrt{\frac{1}{\frac{1}{2}\overline{m}l\times\frac{l^3}{48EI}}}=\frac{9.798}{l^2}\sqrt{\frac{EI}{\overline{m}}}$$

与精确值 $\omega=\frac{9.8696}{l^2}\sqrt{\frac{EI}{\overline{m}}}$ 相比，误差为－0.7％

(2) 用单位均布力 $q=1$ 作用下的弹性曲线

$$y(x)=\frac{1}{24EI}(l^3x-2lx^3+x^4)$$

作为振动曲线。则有 $y_k=\frac{5l^4}{384EI}$

故

$$m=\int_0^l \overline{m}\left[\frac{16}{5l^4}(l^3x-2lx^3+x^4)\right]^2 \mathrm{d}x=0.504\,\overline{m}l$$

$$\omega=\sqrt{\frac{1}{\delta_{11}m}}=\sqrt{\frac{1}{0.504\,\overline{m}l\cdot\frac{l^3}{48EI}}}=\frac{9.7602}{l^2}\sqrt{\frac{EI}{\overline{m}}}$$

误差为－1.1％。

对于均布质量的单跨梁，其等效集中质量的计算公式也可改写成

$$m=\overline{m}\int_0^l\left[\frac{y(x)}{y_k}\right]^2\mathrm{d}x=\overline{m}l\xi \tag{12-64}$$

式中　ξ——等效集中质量系数。

小　结

本章对结构动力学的基本内容作了简单介绍。主要包括动力自由度、单自由度体系的振动分析、多自由度体系的振动分析和计算频率的近似方法等几个内容。在具体内容编排中，着重于讲述单自由度体系、双自由度体系的自由振动和多自由度系统自由振动，因为这是结构动力学的基础，而对受迫振动和阻尼的影响只做了简单叙述。

本书简略地介绍了近似计算方法。能量法和集中质量法是计算自振频率的有效计算方法。

思　考　题

12－1　如何区别动力荷载与静力荷载？在动力计算中它与静力计算有什么根本区别？

12－2　何谓结构的振动自由度？确定动力自由度的目的是什么？

12－3　对单自由度系统何为柔度系数？何为刚度系数？两者之间的关系是什么？

12－4　为什么说结构的自振频率和周期是结构的固有性质，怎样去改变它们？

12－5　小阻尼对自振频率、自振周期和振幅有什么影响？

12－6　什么叫主振型？实现主振型的条件是什么？

12－7　什么叫临界阻尼？什么叫阻尼比？如何测定阻尼比？

12－8　什么是共振现象？如何防止共振现象？

习　题

12－1　试确定习题 12－1 图所示体系的动力自由度，不计杆件分布质量和轴向变形。

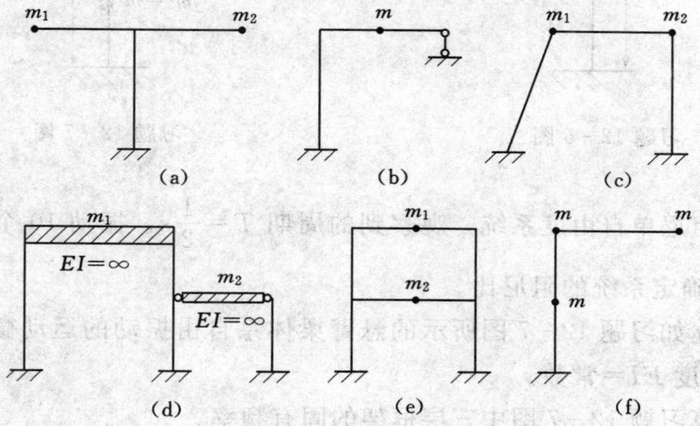

习题 12－1 图

12－2　试列出习题 12－2 图示结构的振动微分方程，不计阻尼。［提示：习题 12－2 图(a) 取刚性杆绕支座 A 的转角 θ 为广义坐标］

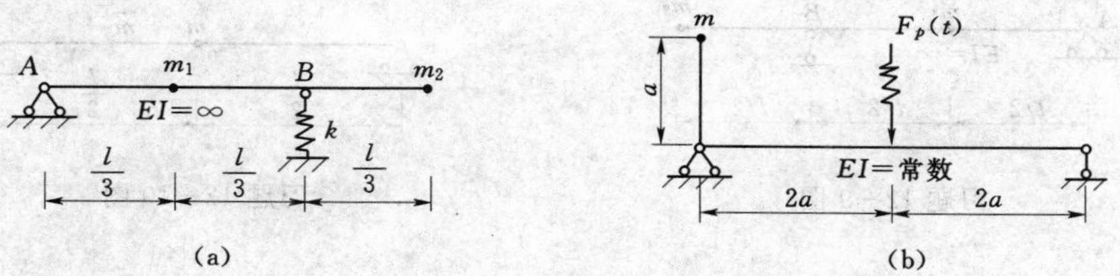

习题 12－2 图

12－3　试求习题 12－2 图中各结构的自振频率和周期，略去杆件自重及阻尼的影响。

12－4　试求习题 12－4 图示各结构的自振频率，略去杆件自重及阻尼影响。

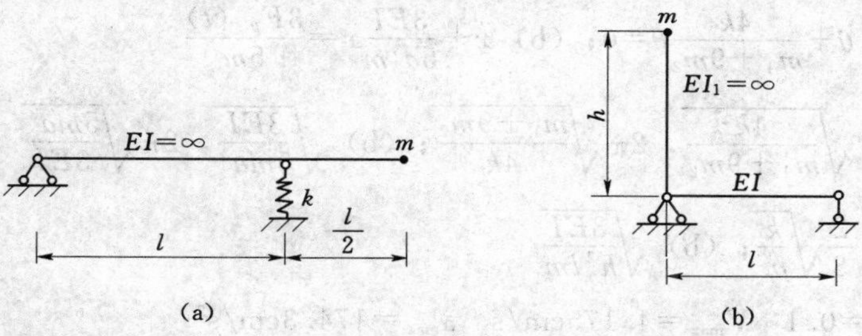

习题 12－4 图

12－5　习题 12－5 图示立柱顶端初始位移为 0.1cm（被拉到图中虚线所示位置后放松引起振动）$W=20\text{kN}$，$E=2\times10^3\text{kN/cm}^2$，$I=16\times10^4\text{cm}^4$，试求质点的位移振幅、最大速度与最大加速度。

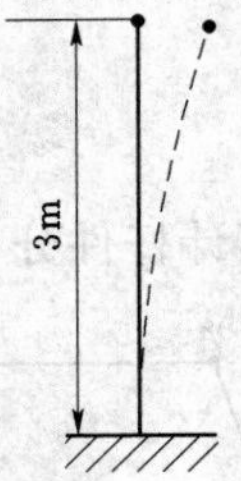

习题 12-5 图

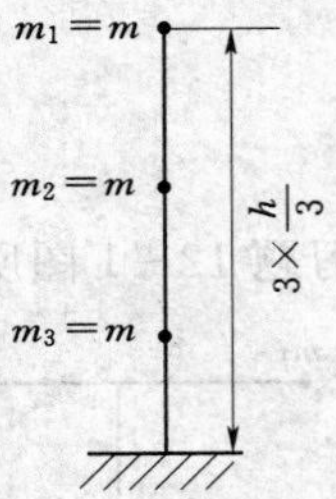

习题 12-7 图

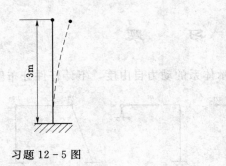

12-6 有一阻尼单自由度系统，观察到的周期 $T=\frac{1}{2}$s，振动 10 个完整周期后振幅降至原来的 1/4，试确定系统的阻尼比。

12-7 试建立如习题 12-7 图所示的悬臂梁体系自由振动的运动微分方程，悬臂梁的质量忽略且抗弯刚度 EI=常数。

12-8 试计算习题 12-7 图中三层框架的固有频率。

12-9 习题 12-9 图示伸臂梁有两个集中质量 $m_1=m_2=m$，梁的抗弯刚度为 EI，不计梁的质量，试建立系统的自由振动微分方程，并求系统的固有特性。

12-10 试用能量法求习题 12-10 图示简支梁的基本频率。

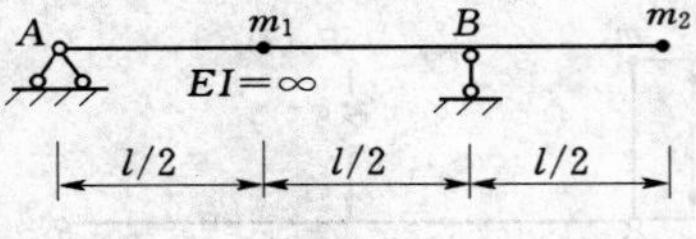

习题 12-9 图

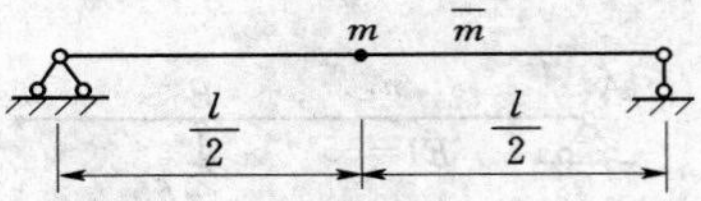

习题 12-10 图

参 考 答 案

12-1 (a) 3；(b) 2；(c) 1；(d) 2；(e) 4；(f) 3

12-2 (a) $\ddot{\theta}+\frac{4k}{m_1+9m_2}\theta=0$；(b) $\ddot{x}+\frac{3EI}{5a^3m}x=\frac{3F_p(t)}{5m}$

12-3 (a) $\sqrt{\frac{4k}{m_1+9m_2}}$，$2\pi\sqrt{\frac{m_1+9m_2}{4k}}$；(b) $\sqrt{\frac{3EI}{5ma^3}}$，$2\pi\sqrt{\frac{5ma^3}{3EI}}$

12-4 (a) $\frac{2}{3}\sqrt{\frac{k}{m}}$；(b) $\sqrt{\frac{3EI}{h^2lm}}$

12-5 $y_{\max}=0.1$ $V_{\max}=4.175\text{cm/s}$ $\alpha_{\max}=174.3\text{cm/s}^2$

12-6 $\xi=\frac{\delta}{2\pi}=0.02206$

12-7 $$\begin{bmatrix} m & 0 & 0 \\ 0 & m & 0 \\ 0 & 0 & m \end{bmatrix}\begin{Bmatrix} \ddot{x}_1 \\ \ddot{x}_2 \\ \ddot{x}_3 \end{Bmatrix}+\frac{81EI}{13h^3}\begin{bmatrix} 7 & -16 & 12 \\ -16 & 44 & -46 \\ 12 & -46 & 80 \end{bmatrix}\begin{Bmatrix} x_1 \\ x_2 \\ x_3 \end{Bmatrix}=\begin{Bmatrix} 0 \\ 0 \\ 0 \end{Bmatrix}$$

12－8 $\begin{Bmatrix}\omega_1\\ \omega_2\\ \omega_3\end{Bmatrix}=\begin{Bmatrix}0.29357\\ 0.66734\\ 0.93192\end{Bmatrix}\sqrt{\frac{k}{m}}$

12－9 $\frac{l^3m}{96EI}\begin{bmatrix}2 & -3\\ -3 & 12\end{bmatrix}\begin{Bmatrix}\ddot{x}_1\\ \ddot{x}_2\end{Bmatrix}+\begin{Bmatrix}x_1\\ x_2\end{Bmatrix}=\begin{Bmatrix}0\\ 0\end{Bmatrix}$

$\omega_1=2.73531\sqrt{\frac{EI}{ml^3}}\quad \omega_2=9.06190\sqrt{\frac{EI}{ml^3}}$

一阶振型为 $\begin{Bmatrix}-0.27698\\ 1\end{Bmatrix}$，二阶振型为 $\begin{Bmatrix}3.61032\\ 1\end{Bmatrix}$

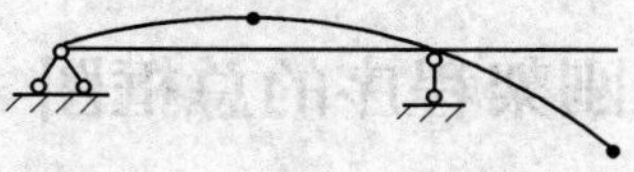

一阶振型

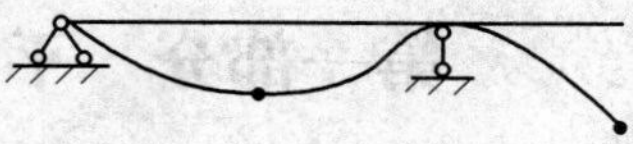

二阶振型

12－10 假设设振型曲线为 $Y(x)=\frac{ql^4}{24EI}\left(\frac{x^4}{l^4}-2\frac{x^3}{l^3}+\frac{x^2}{l^2}\right)$时，$\omega=\frac{22.45}{l^2}\sqrt{\frac{EI}{\bar{m}}}$

当 $m=\frac{1}{2}\bar{m}l$ 时，$\omega=\frac{6.979}{l^2}\sqrt{\frac{EI}{\bar{m}}}$

附录　平面刚架静力分析程序

用矩阵位移法计算平面刚架静力的问题可以通过计算机编程实现。在这里提供一个用 FORTRAN－77 语言编制的平面刚架静力分析程序❶，供读者参考。

第一部分　平面刚架程序的总框图

按照矩阵位移法（先处理法）的计算步骤，平面刚架静力分析的程序总框图如附图 1 所示。总框图分为两级子框图：一级子框图 1、2、3、4、5；二级子框图 01、02、03、04、05。根据 5 个一级子框图可以编出程序的主程序，每个一级和二级子框图分别对应一个子程序。另外图中还标明了子程序的名称，并用箭头表示了执行顺序和一级与二级子框图之间的调用关系。

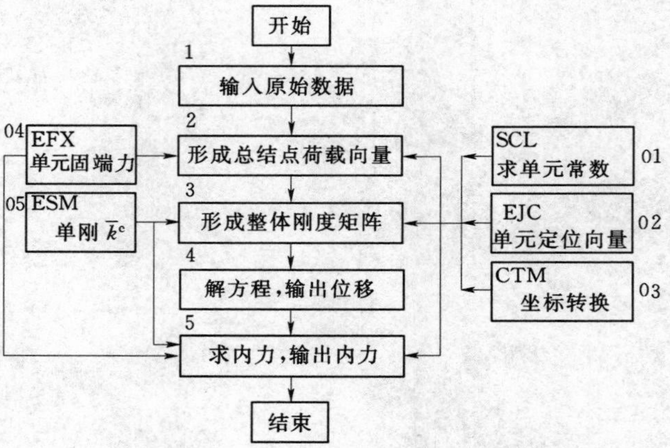

附图 1　平面刚架程序的总框图

按照上述总框图编制的平面刚架静力计算程序的适用范围是：①结构形式。由等截面直杆组成的具有任意几何形状的平面杆系结构：刚架、组合结构、桁架、排架和连续梁。平面刚架单元之间的连接结点可以是刚结点、铰结点或刚铰混合结点。②支座形式。结构的支座可以是固定支座、铰支座、滚轴支座和滑动支座。③荷载类型。作用在结构上的荷载包括结点荷载与非结点荷载。④材料性质。结构的各个杆件可以用不同的弹性材料组成。

在平面刚架的矩阵分析中，考虑了杆件的弯曲变形和轴向变形，而忽略了剪切变形的影响。

❶　本程序引自赵更新于 2002 年编著的《土木工程结构分析程序设计》。

第二部分 标识符号说明

程序输入数据标识符的含义说明如下：

NE——单元总数。

NJ——结点总数（包括支座结点）。

NR——支座结点个数。

N——结构的结点位移未知量个数。

NP——结点荷载的个数。

NF——非结点荷载的个数。

E——材料的弹性常数。

X(NJ)、Y(NJ)——结点坐标数组。

IJ(NE，2)——单元两端结点码数组。其中IJ（I，1）、IJ（I，2）分别为第I个单元始端和末端的结点码。

A（NE）——单元横截面面积数组。

ZI（NE）——单元横截面惯性矩数组。

PJ（NP，3）—— 结点荷载数组。其中PJ（I，1）、PJ（I，2）、PJ（I，3）分别为第I个结点荷载作用的结点码、作用方向代码及荷载数值。荷载作用方向以沿水平方向为“1”，竖直方向为“2”，力偶荷载为“3”。荷载数值以与x、y轴同向为正值，反之为负值，力偶荷载以逆时针方向为正值，反之为负值。

PF（NF，4）—— 非结点荷载数组。其中PF（I，1）、PF（I，2）、PF（I，3）、PF（I，4）分别为第I个非结点荷载作用的结点码、荷载类型号、数值q、位置参数c，参见表9-1。非结点荷载的数值q以与单元坐标系的$\bar{x}$、$\bar{y}$轴同向为正值，力偶以逆时针方向为正值。

JN（NJ，3）——结点位移分量数组。其中元素JN（I，1）、JN（I，2）、JN（I，3）分别为结点I的位移分量u_i、v_i、θ_i按结点码顺序输入的编号。

第三部分 源 程 序

```
C       平面刚架静力分析程序
        DIMENSION X(50),Y(50),IJ(50,2),A(50),ZI(50),JN(50,3),
     &  PJ(50,3),PF(50,4),TK(150,150),P(150)
        CHARACTER*12 INDAT,OUTDAT
        WRITE(*,*)'please input primary data file name!'
        READ(*,'(A12)')INDAT
        WRITE(*,*)'please input calculation result file name!'
        READ(*,'(A12)') OUTDAT
        OPEN(1,FILE=INDAT,STATUS='OLD')
        OPEN(2,FILE=OUTDAT,STATUS='NEW')
        READ(1,*)NE,NJ,N,NP,NF,E
```

```
      WRITE(2,10)NE,NJ,N,NP,NF,E
10    FORMAT(3X,'PLANE FRAME STRUCTURE ANALYSIS'/5X,'NE=',
     &I2,8X,'NJ=',I2,8X,'N=',I2,/5X,'NP=',I2,8X,'NF=',I2,
     &8X,'E=',E12.4
      CALL INPUT(NE,NJ,NP,NF,X,Y,IJ,A,ZI,JN,PJ,PF)
      CALL TSM(NE,NJ,N,E,X,Y,IJ,A,ZI,JN,TK)
      CALL JLP(NE,NJ,N,NP,NF,X,Y,IJ,JN,PJ,PF,P)
      CALL GAUSS(TK,P,N)
      CALL MVN(NE,NJ,N,NF,E,X,Y,IJ,A,ZI,JN,PF,P)
      CLOSE(1)
      CLOSE(2)
      END
C     输入原始数据
C     Read and print primary data.
      SUBROUTINE INPUT(NE,NJ,NP,NF,X,Y,IJ,A,ZI,JN,PJ,PF)
      DIMENSION X(NJ),Y(NJ),IJ(NE,2),A(NE),ZI(NE),JN(NJ,3),
     &PJ(NP,3),PF(NF,4)
      READ(1,*)(X(I),Y(I),I=1,NJ)
      READ(1,*)(IJ(I,1),IJ(I,2),A(I),ZI(I),I=1,NE)
      READ(1,*)((JN(I,J),J=1,3),I=1,NJ)
      IF(NP.GT.O)READ(1,*)((PJ(I,J),J=1,3),I=1,NP)
      IF(NF.GT.0)READ(1,*) ((PF(I,J),J=1,4),I=1,NF)
      WRITE(2,10)(I,X(I),Y(I),I=1,NJ)
      WRITE(2,20)(I,IJ(I,1),IJ(I,2),A(1),ZI(I),I=1,NE)
      WRITE(2,30)(I,(JN(I,J),J=1,3),I=1,NJ)
      IF(NP.GT.0)WRITE(2,40)((PJ(I,J),J=1,3),I=1,NP)
      IF(NF.GT.0)WRITE(2,50)((PF(I,J),J=1,4),I=1,NF)
10    FORMAT(/2X,'COORDINATES OF JOINT'/6X,'JOINT',12X,'X',
     &12X,'Y'/(6X,I4,5X,2F12.4))
20    FORMAT(/2X,'INFORMATION OF ELEMENTS'/6X,'ELEMENT',
     &4X,'JOINT-I',4X,'JOINT-J',10X,'A',12X,'ZI'/
     &(2X,3I10,6X,2F12.6))
30    FORMAT(/2X,'INFORMATION OF JOINT DEGREES OF FREEDOM'/
     &6X,'JOINT',6X,'u',7X,'v',6X,'ceta',/(2X,4I8))
40    FORMAT(/2X,'JOINT LOAD'/6X,'JOINT'8X,'XYM',12X,'LOAD'/
     &(6X,F5.0,6X,F5.0,7X,F12.4))
50    FORMAT(/2X,'NON-JOINT LOAD'/6X,'ELEMENT',8X,'TYPE',8X,
     &'LOAD',12X,'C'/(6X,F6.0,6X,F6.0,4X,2F12.4))
      END
C     计算单元常数
C     calculate length,sin and cosine of member.
      SUBROUTINE LSC(M,NE,NJ,X,Y,IJ,BL,SI,CO)
      DIMENSION X(NJ),Y(NJ),IJ(NE,2)
```

```
      I=IJ(M,1)
      J=IJ(M,2)
      DX=X(J)-X(I)
      DY=Y(J)-Y(I)
      BL=SQRT(DX*DX+DY*DY)
      SI=DY/BL
      CO=DX/BL
      END
C     形成单元定位向量
C     Set up element location vector.
      SUBROUTINE ELV(M,NE,NJ,IJ,JN,LV)
      DIMENSION IJ(NE,2),JN(NJ,3),LV(6)
      I=IJ(M,1)
      J=IJ(M,2)
      DO 10 K=1,3
      LV(K)=JN(I,K)
      LV(K+3)=JN(J,K)
10    CONTINUE
      END
C     计算结构坐标系中的单元刚度矩阵
C     calculate element stiffness matrix referred
C     to global coordinate system.
      SUBROUTINE ESM(M,NE,E,A,ZI,BL,SI,CO,EK)
      DIMENSION A(NE),ZI(NE),EK(6,6)
      C1=E*A(M)/BL
      C2=2.0*E*ZI(M)/BL
      C3=3.0*C2/BL
      C4=2.0*C3/BL
      S1=C1*CO*CO+C4*SI*SI
      S2=(C1-C4)*SI*CO
      S3=C3*SI
      S4=C1*SI*SI+C4*CO*CO
      S5=C3*CO
      S6=C2
      EK(1,1)=S1
      EK(1,2)=S2
      EK(1,3)=-S3
      EK(1,4)=-S1
      EK(1,5)=-S2
      EK(1,6)=-S3
      EK(2,2)=S4
      EK(2,3)=S5
      EK(2,4)=-S2
```

```
      EK(2,5)=-S4
      EK(2,6)=S5
      EK(3,3)=2.0*S6
      EK(3,4)=S3
      EK(3,5)=-S5
      EK(3,6)=S6
      EK(4,4)=S1
      EK(4,5)=S2
      EK(4,6)=S3
      EK(5,5)=S4
      EK(5,6)=-S5
      EK(6,6)=2.0*S6
      DO 10 I=1,5
      DO 10 J=I+1,6
10    EK(J,I)=EK(I,J)
      END
C     形成结构刚度矩阵
C     assemble total stiffness matrix.
      SUBROUTINE TSM (NE,NJ,N,E,X,Y,IJ,A,ZI,JN,TK)
      DIMENSION X(NJ),Y(NJ),IJ(NE,2),A(NE),ZI(NE),JN(NJ,3),
     & TK(N,N),EK(6,6),LV(6)
      DO 10 I=1,N
      DO 10 J=1,N
      TK(I,J)=0.0
10    CONTINUE
      DO 40 M=1,NE
      CALL LSC(M,NE,NJ,X,Y,IJ,BL,SI,CO)
      CALL ESM(M,NE,E,A,ZI,BL,SI,CO,EK)
      CALL ELV(M,NE,NJ,IJ,JN,LV)
      DO 30 L=1,6
      I=LV(L)
      IF(I.NE.0)THEN
      DO 20 K=1,6
      J=LV(K)
      IF(J.NE.0)TK(I,J)=TK(I,J)+EK(L,K)
20    CONTINUE
      END IF
30    CONTINUE
40    CONTINUE
      END
C     计算单元固端力
C     calculate element fixed-end forces.
      SUBROUTINE EFF(I,PF,NF,BL,FO)
```

```
      DIMENSION PF(NF,4),FO(6)
      NO=INT(PF(I,2))
      Q=PF(I,3)
      C=PF(I,4)
      B=BL-C
      C1=C/BL
      C2=C1*C1
      C3=C1*C2
      DO 5 J=1,6
5     FO(J)=0.0
      GO TO(10,20,30,40,50,60),NO
10    FO(2)=Q*C*(1.0-C2+C3/2.0)
      FO(3)=Q*C*C*(0.5-2.0*C1/3.0+0.25*C2)
      FO(5)=Q*C*C2*(1.0-0.5*C1)
      FO(6)=-Q*C*C*C1*(1.0/3.0-0.25*C1)
      RETURN
20    FO(2)=Q*B*B*(1.0+2.0*C1)/BL/BL
      FO(3)=Q*C*B*B/BL/BL
      FO(5)=Q*C2*(1.0+2.0*B/BL)
      FO(6)=-Q*C2*B
      RETURN
30    FO(2)=6.0*Q*C1*B/BL/BL
      FO(3)=Q*B*(2.0-3.0*B/BL)/BL
      FO(5)=-6.0*Q*C1*B/BL/BL
      FO(6)=Q*C1*(2.0-3.0*C1)
      RETURN
40    FO(2)=Q*C*(0.5-0.75*C2+0.4*C3)
      FO(3)=Q*C*C*(1.0/3.0-0.5*C1+0.2*C2)
      FO(5)=Q*C*C2*(0.75-0.4*C1)
      FO(6)=-Q*C*C*C1*(0.25-0.2*C1)
      RETURN
50    FO(1)=-Q*C*(1.0-0.5*C1)
      FO(4)=-0.5*Q*C*C1
      RETURN
60    FO(1)=-Q*B/BL
      FO(4)=-Q*C1
      END
C     形成结构综合结点荷载列向量
C     form total joint load vector.
      SUBROUTINE JLP(NE,NJ,N,NP,NF,X,Y,IJ,JN,PJ,PF,P)
      DIMENSION X(NJ),Y(NJ),IJ(NE,2),JN(NJ,3),PJ(NP,3),
     & PF(NF,4),P(N),FO(6),PE(6),LV(6)
      DO 10 I=1,N
      P(I)=0.0
```

```
10    CONTINUE
      IF(NP.GT.0)THEN
      DO 20 I=1,NP
      J=INT(PJ(I,1))
      K=INT(PJ(I,2))
      L=JN(J,K)
      IF(L.NE.0)P(L)=PJ(I,3)
20    CONTINUE
      END IF
      IF(NF.GT.O) THEN
      DO 40 I=1,NF
      M=INT(PF(I,1))
      CALL LSC (M,NE,NJ,X,Y,IJ,BL,SI,CO)
      CALL EFF (I,PF,NF,BL,FO)
      CALL ELV (M,NE,NJ,IJ,JN,LV)
      PE(1)=-FO(1)*CO+FO(2)*SI
      PE(2)=-FO(1)*SI-FO(2)*CO
      PE(3)=-FO(3)
      PE(4)=-FO(4)*CO+FO(5)*SI
      PE(5)=-FO(4)*SI-FO(5)*CO
      PE(6)=-FO(6)
      DO 30 J=1,6
      L=LV(J)
      IF(L.NE.0)P(L)=P(L)+PE(J)
30    CONTINUE
40    CONTINUE
      END IF
      END
```

C 高斯消元法解线性方程组

```
C     solution of simultaneous by the GAUSS
C     elimination method
      SUBROUTINE GAUSS(A,B,N)
      DIMENSION A(N,N),B(N)
      DO 20 K=1,N-1
      DO 20 I=K+1,N
      A1=A(K,I)/A(K,K)
      DO 10 J=K+1,N
      A(I,J)=A(I,J)-A1*A(K,J)
10    CONTINUE
      B(I)=B(I)-A1*B(K)
20    CONTINUE
      B(N)=B(N)/A(N,N)
      DO 40 I=N-1,1,-1
      DO 30 J=I+1,N
```

```
      B(I)=B(I)-A(I,J)*B(J)
30    CONTINUE
      B(I)=B(I)/A(I,I)
40    CONTINUE
      END
```

C　输出结点位移和单元杆端力

```
C     print joint displacements. calculate and print
C     member-end forces of elements.
      SUBROUTINE MVN(NE,NJ,N,NF,E,X,Y,IJ,A,ZI,JN,PF,P)
      DIMENSION X(NJ),Y(NJ),IJ(NE,2),A(NE),ZI(NE),P(N),
     & JN(NJ,3),PF(NF,4),LV(6),FO(6),D(6),FD(6),F(6),
     & EK(6,6)
      WRITE(2,10)
10    FORMAT(//2X,'JOINT DISPLACEMENTS'/5X,'JOINT',12X
     & 'u',14X,'v',11X,'ceta')
      DO 30 J=1,NJ
      DO 20 I=1,3
      D(I)=0.0
      L=JN(J,I)
      IF(L.NE.0)D(I)=P(L)
20    CONTINUE
      WRITE(2,25)J,D(1),D(2),D(3)
25    FORMAT(2X,I6,4X,3E15.6)
30    CONTINUE
      WRITE(2,35)
35    FORMAT(/2X,'MEMBER-EDN FORCES OF ELEMENTS'/4X,
     & 'ELEMENT',13X,'N',17X,'V',17X,'M')
      DO 100 M=1,NE
      CALL LSC(M,NE,NJ,X,Y,IJ,BL,SI,CO)
      CALL ESM(M,NE,E,A,ZI,BL,SI,CO,EK)
      CALL ELV(M,NE,NJ,IJ,JN,LV)
      DO 40 I=1,6
      L=LV(I)
      D(I)=0.0
      IF(L.NE.0)D(I)=P(L)
40    CONTINUE
      DO 60 I=1,6
      FD(I)=0.0
      DO 50 J=1,6
      FD(I)=FD(I)+EK(I,J)*D(J)
50    CONTINUE
60    CONTINUE
      F(1) =FD(1)*CO+FD(2)*SI
      F(2)=-FD(1)*SI+FD(2)*CO
```

```
      F(3)=FD(3)
      F(4)=FD(4)*CO+FD(5)*SI
      F(5)=-FD(4)*SI+FD(5)*CO
      F(6)=FD(6)
      IF(NF.GT.0) THEN
      DO 80 I=1,NF
      L=INT(PF(I,1))
      IF(M.EQ.L) THEN
      CALL EFF(I,PF,NF,BL,FO)
      DO 70 J =1,6
      F(J)=F(J)+FO(J)
70    CONTINUE
      END IF
80    CONTINUE
      END IF
      WRITE(2,90)M,(F(I),I=1,6)
90    FORMAT(2X,I8,4X,'N1=',F12.4,3X,'V1=',F12.4,3X,'M1=',
     & F12.4/14X,'N2=',F12.4,3X,'V2=',F12.4,3X,'M2=',F12.4)
100   CONTINUE
      END
```

参 考 文 献

[1] 李廉锟．结构力学（上）．第五版．北京：高等教育出版社，2010.
[2] 李廉锟．结构力学（下）．第五版．北京：高等教育出版社，2010.
[3] 郭玉明，申向东．结构力学．北京：中国农业出版社，2004.
[4] 洪范文．结构力学．第五版．北京：高等教育出版社，2005.
[5] 杨天祥．结构力学．第二版．北京：高等教育出版社，1986.
[6] 龙驭球，包世华．结构力学教程（Ⅰ、Ⅱ）．北京：高等教育出版社，2000.
[7] 龙驭球，包世华．结构力学．北京：高等教育出版社，1996.
[8] 李家宝．结构力学．第五版．北京：高等教育出版社，1999.
[9] 王焕定，章茂，景瑞．结构力学（Ⅰ、Ⅱ）．北京：高等教育出版社，2000.
[10] 彭俊生，罗永坤，王国园．结构力学指导型习题册．西安：西安交通大学出版社，2001.
[11] 赵光恒．结构动力学．北京：水利电力出版社，1996.
[12] 王新堂．计算结构力学与程序设计．北京：科学出版社，2001.
[13] 周竞欧，朱伯钦．结构力学（下）．第二版．上海：同济大学出版社，2004.
[14] 包世华，崔玉玺．结构力学．北京：中国建材工业出版社，2004.
[15] 杨力彬，赵萍．建筑力学（下）．第二版．北京：机械工业出版社，2009.
[16] 叶列平．混凝土结构．北京：清华大学出版社，2002.